# PHP 5 与 MySQL 5
# 网络程序开发原理与实践教程

满在龙　周遵麟　孙更新　编著

周　峰　审校

電子工業出版社

Publishing House of Electronics Industry

北京 · BEIJING

## 内 容 简 介

本书围绕 PHP 5 与 MySQL 5，重点介绍了通过 PHP 与 MySQL 交互的方法，详细讨论了结合 MySQL 数据库，使用图像、Flash 等技术，丰富网页内容、实现 Web 应用程序功能的方法。

本书理论与实例结合，通过大量的实例解析知识点的具体应用，使读者轻松了解并掌握知识点。

本书既适合 PHP 初学者，也适用于有一定 Web 编程基础的读者。通过对本书的学习，读者可以快速掌握 PHP 技术，提高自己的编程水平。



**图书在版编目(CIP)数据**

PHP 5 与 MySQL 5 网络程序开发原理与实践教程 / 满在龙，周遵麟，孙更新编著.—北京：电子工业出版社，2008.10

ISBN 978-7-121-07333-5

I. P… Ⅱ.①满…②周…③孙… Ⅲ.①PHP 语言－程序设计②关系数据库－数据库管理系统，MySQL 5 Ⅳ.TP312 TP311.138

中国版本图书馆 CIP 数据核字（2008）第 135224 号

责任编辑：徐云鹏

特约编辑：卢国俊

印　　刷：北京天竺颖华印刷厂

装　　订：三河市金马印装有限公司

出版发行：电子工业出版社

北京市海淀区万寿路 173 信箱　邮编：100036

北京市海淀区翠微东里甲 2 号　邮编：100036

开　　本：787×1092　1/16　印张：31.25　字数：800 千字

印　　次：2008 年 10 月第 1 次印刷

定　　价：56.00 元

# 前　言

PHP是当今非常流行的HTML嵌入脚本语言。通过它，用户可以快速、高效地开发出动态的Web服务器应用程序。凭借运行效率高、性能稳定等特点，PHP成为开发Web应用程序的强有力的开发语言。

本书共分为四部分来讲解，即基础部分、对象和错误处理部分、MySQL 5部分和应用实例部分。基础部分以大量的例子介绍PHP 5的基础知识；对象和错误处理部分介绍了PHP 5支持的面向对象编程、异常以及常出现的错误；MySQL部分介绍了MySQL 5的操作方法和通过PHP 5操作MySQL 5数据库的方法；应用实例部分紧密结合项目，介绍了PHP与MySQL的应用实例。

## 本书结构

本书共13章。基础部分包括第1章至第6章内容；对象和错误处理部分包括第7章至第8章内容；MySQL部分包括第9章至第10章内容；应用实例部分包括第11章至第13章内容。

第1章对PHP进行概述。

第2～6章介绍了PHP的基础知识、字符串、数组、文件系统等常用知识点。

第7章介绍了PHP的面向对象编程知识。

第8章介绍了PHP的错误处理、常见错误以及异常。

第9、10章介绍了数据库的基础知识和使用PHP连接数据库的方法。

第11章介绍了使用GD库操作图像的技术。该章向读者介绍了把数据库内容以图像形式进行输出的技术。

第12章介绍了使用Ming库输出Flash动画的方法。该章通过一个带动画效果的投票系统，介绍了产生动画的方法，以及动画与用户、服务器端交互的方法。

第13章介绍了使用PHP开发的网站实例。

## 本书特色

本书的特色归纳如下：

■ 实用性

本书首先着眼于实际的网页效果和网络应用程序，然后再探讨深层次的技巧问题。

■ 详尽的例子

本书知识点都是通过案例剖析讲解，每个例子都是作者精心选择的，并且可以直接应用到以后的工作实践中，从而让读者能学到真正的实战本领。

■ 延展性

本书每一个实例都可用做实际工作中的网页效果或一部分，在分析案例的过程中，会详细介绍相关的技术点。

■ 全面性

本书包含了 PHP 5 和 MySQL 5 的所有功能，并详细讲解了 PHP 5 新增的各项功能。

## 本书适合的读者

本书不仅适用于各种层次的大中专院校学生、网页设计人员、网络程序开发人员，并且对网页设计、网络应用程序开发的专业人士也有很高的参考价值。

以下人员对本书提出过宝贵意见并参与了本书的部分资料搜集工作，他们是孙宁、王荣芳、李德路、李岩、周科峰、陈勇、高云、于凯、王春玲、李永杰、韩亚男、陈卓、王伟、姚国发，感谢北京美迪亚电子信息有限公司的各位老师，谢谢你们的帮助和指导。

由于时间仓促，加之水平有限，书中的缺点和不足之处在所难免，敬请读者批评指正。

---

为了方便读者阅读，本书配套资料请登录“华信教育资源网”（http://www.hxedu.com.cn），在“资源下载”频道的“图书资源”栏目下载。

# 目 录

# 第 1 章　PHP 概述

**课前导读**

PHP 是一种内嵌的脚本编程语言。在学习 PHP 编程知识前，首先需要了解 PHP 的特点、工作原理以及编程工具等信息。

**重点提示**

本章介绍了 PHP 的特点及 PHP 5 的新变化，具体内容如下：

➢ PHP 的特点

➢ 构造方法和析构方法

➢ 对象的复制及对象属性和方法的访问方式：public、private 和 protected

➢ 接口、抽象类及__call()方法、__set()方法、__get()方法

➢ 静态属性和方法（static）。

## 1.1　PHP 的特点

PHP 语言是一种运行于服务器端的脚本语言，可以内嵌于 HTML 网页。它混合了 C、Java、Perl 等语言的语法，相比 ASP、Perl 等而言，能更快地执行动态网页。

**1．功能强大**

PHP 功能强大，可以满足用户的各种需要。

➢ 执行系统功能：操作文件、文件夹，执行系统命令，进行网络接口编程等。

➢ 它不但具有结构化的语言特征，还支持面向对象，使用类进行编程。

➢ 它还支持各种各样的数据库，如 SQL Server、MySQL 等。使用 PHP 语言可以完成增加、删除、修改数据的操作。

➢ 使用 PHP 语言可以绘制图像，产生 Flash 动画。本书第 12 章介绍了使用 Ming 库创建 Flash 动画的方法。

**2．自由开放，完全免费**

PHP 自由开放，完全免费。在网络中，可以获取 PHP 的源代码，并编译安装。这就使得使用者依据所需功能，自主决定安装所需部件。全世界的 PHP 爱好者为其开发优秀的代码，不断增加新的功能。

**3．支持多种系统平台**

PHP 支持多种系统平台，不但可以在 Linux、UNIX 平台上运行，还可以在 Windows 系统上运行，如 Windows 2000 Server、Windows Server 2003。但是 PHP 5 已经不支持在 Windows 95 平台上运行了。PHP 代码可以快速方便地从 Windows 平台上移植到其他系统平台上。PHP 可以与 Apache 结合使用，也可在 IIS 上发布运行。

## 1.2 PHP 5 的新变化

PHP 5 采用 Zend II 引擎，这大大提高了 PHP 5 的性能。PHP 5 相对于 PHP 4，发生了不少新变化。虽然在 PHP 4 平台上编写的代码大多可运行在 PHP 5 平台上，但是用户在使用 PHP 5 时，需要了解这些新特点、新变化。

PHP 5 的新变化主要体现在以下方面：

- 新的对象模型；
- 异常处理；
- XML、内存管理等。

下面主要介绍 PHP 5 对象模型方面的变化和特点。

PHP 4 对面向对象编程提供了有限的支持，PHP 5 重新编写了面向对象模型，体现在以下方面：

- 构造方法和析构方法；
- 对象的复制；
- 对象属性和方法的访问方式：public、private 和 protected；
- 接口；
- 抽象类；
- __call()、__set()、__get()；
- 静态属性和方法（static）。

下面分别介绍这些新变化。

**1．构造方法和析构方法**

在 PHP 4 中，方法名称与对象名同名时，这个方法为该对象的构造方法。PHP 4 定义构造方法的方式如下：

```
<?php
class PHP4
{
 function PHP4()
 {
     echo "PHP4";
 }
}
?>
```

而在 PHP 5 中，对象的构造方法为__construct()。上面代码在 PHP 5 中仍然可以运行，但是下面的定义方式更好：

```
<?php
class PHP5
{
 function __construct()
 {
```

```
        echo "PHP5";
    }
}
?>
```

在 PHP 4 中没有析构方法的概念，而 PHP 5 引入了析构方法。在 PHP 5 中，析构方法名称为__destruct()。下面的代码定义了对象 PHP5 的析构方法：

```
<?php
class PHP5
{
  function __construct()
  {
        echo "PHP5: construct";
  }
  function __destruct()
  {
        echo "PHP5: destruct";
  }

}
?>
```

**2．对象的复制**

在 PHP 4 中，传递参数时，实际是系统把该参数复制一次，然后把该参数的副本传递给函数或方法。在 PHP 5 中，对对象的赋值采用引用方式。这相当于采用“&”符号声明一个引用。

```
<?php
class PHP5
{
 var $version;
 function setversion($version)
 {
        $this->version=$version;
 }
 function getversion()
 {
        return $this->version;
 }
}
$v1 = new PHP5();
$v1->setversion(4);
```

```
$v2 = $v1;
$v1->setversion(5);
if($v1->getversion()== $v2->getversion())
 print("version is :".$v2->getversion());
?>
```

上面代码的运行结果为“version is :5”。这说明改变实例$v1 的内容，$v2 的内容也随着改变。

如果需要一个对象的副本，可以使用复制方法。PHP 5 提供了__clone()方法实现对象的复制。上面的代码可以修改为如下方式：

```
<?php
class PHP5
{
 var $version;
 function setversion($version)
 {
       $this->version=$version;
 }
 function getversion()
 {
       return $this->version;
 }
 //定义复制方法。
 function __clone()
 {
       $this->version=$this->version." clone.";
 }
}
$v1 = new PHP5();
$v1->setversion(4);
$v2 =clone $v1;
$v1->setversion(5);
if($v1->getversion()!= $v2->getversion())
  print("version is :".$v2->getversion());
?>
```

运行上面的代码，输出结果为“version is :4 clone.”。可以看出，$v2 只是$v1 的复制，改变$v1 的内容，不影响$v2 的内容。

**3．对象属性和方法的访问方式**

在 PHP 4 中，对象的方法和属性都是公共的，在对象外可以操纵对象的属性和方法。而在 PHP 5 中，可以使用三种访问方式控制对对象属性和方法的访问。这三种访问方式为 public、 private 和 protected。

这三种访问方式的说明如下。

➢ public：声明为方式的属性或方法允许在对象外部访问。

➢ private：声明为方式的属性或方法只允许本对象内的方法访问。

➢ protected：声明为方式的属性或方法允许本对象及其子对象访问。

**4．抽象类**

PHP 5 支持抽象类。抽象类使用关键词 abstract 声明。抽象类可以定义属性和方法，方法可以定义为抽象方法。抽象方法也是使用关键词 abstract 声明。抽象类可以在其派生类中实现，抽象方法也可以在其派生类中实现。

下面的代码定义了一个抽象类 PHP5。该类的派生类 PHP5_extend 实现了抽象类 PHP5，并增加了新方法 getversion()。

```
<?php
abstract class PHP5
{
 public $version;
 abstract function setversion($version);
}
class PHP5_extend extends PHP5
{
 function setversion($version)
 {
        $this->version=$version;
 }
 function getversion()
 {
        return $this->version;
 }
}
$v1 = new PHP5_extend();
$v1->setversion(4);
$v2 =$v1;
$v1->setversion(5);
if($v1->getversion()== $v2->getversion())
   print("version is :".$v2->getversion());
?>
```

**5．接口**

无论 PHP 4 还是 PHP 5 都支持对象继承，但是都不支持多重继承。PHP 5 支持接口，而接口可以实现多重继承。接口声明的方法没有具体实现代码，类似于抽象类。如果需要实现接口，需要使用“implement”关键字。一个类只能继承自一个类，但是可以实现多个接口。

关于接口，可以参考第7章的接口内容。

**6．__set()方法和__get()方法**

当访问对象中有不存在的属性时，可以使用__get()方法返回不存在属性的值；当对不存在的对象属性设置值时，可以使用__set()方法进行操作。

```
<?php
class PHP5
{
 function __get($name)
 {
       echo "你访问的属性".$name."不存在。";
 }
 function __set($name,$val)
 {
       echo "设置属性".$name."的值为".$val;
 }
}
$v1 = new PHP5();
$v1->setversion;
$v1->setversion=12;
?>
```

运行该段代码，结果如下。

```
你访问的属性 setversion 不存在。设置属性 setversion 的值为 12
```

**7．__call()方法**

当访问对象中有不存在的方法时，可以使用__call()方法进行操作。下面的代码使用__call()方法实现不存在方法的操作。

```
<?php
class PHP5
{
 function __call($name,$arguments)
 {
       echo "你访问的方法".$name."不存在。";
       echo "参数分别为：";
       foreach($arguments as $arg)
       {
             echo $arg.",";
       }
 }
}
$v1 = new PHP5();
```

```
$v1->setversion(4,12);
?>
```

运行该段代码，结果如下所示：

```
你访问的方法 setversion 不存在。参数分别为：4,12
```

### 8．静态属性和方法

PHP 5 支持静态属性和方法。静态属性使用关键词 static 声明。静态属性属于类，不属于任何一个对象，与任何对象无关。即使没有创建任何对象，也可以获取类中静态属性的值。调用静态属性的方法为“self::静态属性名称”。“self::”表示类自身，一般用来访问自身静态属性。

PHP 5 在面向对象方面还具有其他特点，如 final 等，这里不再介绍。在本书后面将有详细的介绍。

## 本章小结

本章讲解了 PHP 的特点，然后重点讲解了 PHP 5 与 PHP 4 的区别，即 PHP 5 的新特点。通过本章的学习，读者可以掌握 PHP 基础知识及其新特点，为学习后面的章节打下基础。

## 本章习题

1．简述 PHP 的特点。

2．简述 PHP 5 与 PHP 4 的区别。

## 本章答案

1．略　2．略

# 第 2 章　PHP 基本语法

**课前导读**

任何一门语言，都要从基本语法学起。本章将学习 PHP 的数据类型、常量、变量、函数和语句等。

**重点提示**

本章讲解 PHP 标记、数据类型、变量声明、条件语句、循环语句及函数，具体内容如下：

- PHP 标记、语句、注释及包含文件
- PHP 简单变量类型、数组、对象及类型转换
- PHP 常量及不同类型的变量
- PHP 运算符、条件语句及循环语句
- PHP 函数的定义、调用及递归

## 2.1　简单的 PHP 程序

PHP 的基本语法知识，如 PHP 标记、注释、包含文件的方法等，是 PHP 语言的基础。本节介绍 PHP 的基本语法。

### 2.1.1　PHP 标记

在 PHP 中，有以下的 4 种标记：

- PHP 的标准形式："<?php"和"?>"。"<?php"是 php 的开始标记，"?>"是 php 的结束标记。
- 简写形式："<?"和"?>"。"<?"是 php 的开始标记，"?>"为结束标记。使用该标记编程，需要设置 php.ini 中的选项 shor_open_tag 为 on。
- 具有 JavaScript 和 VBScript 风格的标记："<script language="PHP">"和"</script>"。"<script language="PHP">"为开始标记，"</script>"为结束标记。
- 具有 ASP 风格的标记："<%"和"%>"。使用该标记编程，需要设置 php.ini 中的选项 asp_tags 为 on。

下面使用不同 PHP 标记编写 PHP 脚本。

```
<?php
//标准书写。
echo " HELLO WORLD!";
?>
<?
//简短风格（需要设置 php.ini）。
echo " HELLO WORLD!";
?>
```

```
<script language="php">
//SCRIPT 风格（过于冗长）。
echo " HELLO WORLD!";
</script>
<%
//ASP 风格（需要配置设定）。
echo " HELLO WORLD!";
%>
```

PHP 有这么多的标记，但是为了养成一种好的书写习惯，建议使用第一种标记形式：“<?php”和“?>”。当 PHP 解析一个文件时，会寻找开始和结束标记，标记告诉 PHP 开始或停止解释其中的代码。此种方式的解析可以使 PHP 嵌入到各种不同的文档中，凡是在一对开始和结束标记之外的内容都会被 PHP 解析器忽略。

### 2.1.2 PHP 语句

PHP 语言在某些方面类似于 C 语言，比如语句之间是用分号分隔的。下面的代码使用“;”分隔语句。

```
<?php
echo "输出语句第一行\n";
echo "输出语句第二行\n";
?>
```

在以上两个输出语句中，每句结束都使用了分号。如果语句声明是 PHP 代码的最后一行，也就是说它后面是 PHP 代码的结束标记，这时也可以不加分号，因为它后面再没有语句需要分隔了。

下面的代码也是正确的：

```
<?php
echo "输出语句是最后一句";
echo "输出语句是最后一句"
?>
```

在每句结束时，最好都使用分号“;”作为语句的结束符号。这样可以养成一种良好的书写习惯，在书写复杂的程序时，避免因此类问题出现不必要的错误，以提高程序的开发效率。

### 2.1.3 注释

在适当的位置添加程序语句的注释，也是一种好的书写习惯。PHP 有以下三种添加程序注释的形式：

- 使用“//”注释程序。
- 使用“/*…*/”注释程序。
- 使用“#”注释程序。

代码如下所示：

```
<?php
//类似 C 语言的单行注释。
echo "第一种例子。\n";//类似 C 语言的单行注释。
/*用于多行注释
        可以任意换行。*/
echo "第二种例子。\n";
#类似 Perl 语言的注释 单行注释。
echo "第三种例子。\n";
?>
```

其中，经常采用的注释方式是“//”的单行注释和“/*…*/”的多行注释方式。在使用多行注释时，要避免使注释陷入递归循环中，否则会引起错误。

下面的代码就使“/*…*/”符号陷入了嵌套循环中：

```
<?php
echo "HELLO WORLD\n";
/*
后面一句注释引起了问题/*嵌套注释会引起问题。*/
*/
?>
```

删除嵌套的注释“/*嵌套注释会引起问题*/”部分，该段代码就可正常运行。

### 2.1.4　包含文件

PHP 中的包含文件功能，可以实现最大程度上的程序复用。将常用的功能写成一个函数，放在文件之中，包含该文件之后就可以调用这个文件中的函数，从而实现了程序的复用。

包含文件的两种方法：require 和 include。require 的使用方法为：

```
require("要包含的文件名称");
```

当包含文件出错时，会出现 Error，其下的 PHP 语句不会继续执行。因此这个函数通常放在 PHP 程序的最前面，PHP 程序在执行前，会先读入 require 所指定引入的文件，使它变成 PHP 程序的一部分。常用的函数也可以用这个方法将它引入程序中。

include 使用方法为：

```
include("要包含的文件名称");
```

当包含文件出错时，会出现 Warning，其下的 PHP 语句会继续执行。因此这个函数一般是放在流程控制的处理部分。PHP 程序在读到 include 的文件时，才将它读进来。这种方式，可以使程序执行流程简明易懂。

在实际程序设计中，可以将常用的一些模块保存在特定的文件中，使用时再把文件包含进来，这样就会使程序代码分块化、结构化。

## 2.2　PHP 数据类型

PHP 是一种弱类型语言，它不像 C 语言那样对数据类型有严格的区分。PHP 语言比较容易掌握，在使用时，可以“随心所欲”，即程序会自动根据需要转换数据类型。下面就 PHP 的变量类型做简单介绍。

### 2.2.1　简单变量类型

每种语言都有不同类型的变量，PHP 也不例外。PHP 语言支持多种数据类型，包括简单数值类型和布尔类型，还有更复杂的数组类型和对象类型。变量类型通常不由程序员决定，而由 PHP 运行过程决定。当然，有时需要，程序员也可使用 cast 或者函数 settype()将某种类型的变量转换成指定的类型。

简单变量类型主要有：整数（interger）、浮点数（float-point numbers）、字符串（string）类型。

**1．数值类型**

数值类型可以是整数或者是浮点数。下面来看一下如何对一个数值类型赋值。

对整数类型变量赋值的代码如下所示：

```
<?php
$a = 1234;  // 十进制数。
$a = -1234; // 负数。
$a = 0123;  // 八进制数 (等于十进制数的 83)。
$a = 0x12;  // 十六进制数(等于十进制数的 18)。
?>
```

对浮点数类型变量赋值的代码如下所示：

```
<?php
$a = 1.234;         // 浮点数“双精度数”。
$a = 1.2e3;         //浮点数双精度数的指数形式。
?>
```

**2．字符串类型**

字符串为由单引号或双引号定义的字符集合。字符串定义的语法格式有如下两种。

- 第一种：$str = 'this is a string';
- 第二种：$str = "this is a string";

这两种定义方式是有一些区别的。第一种使用单引号方式，它会将一切单引号中的内容当做字符处理；而第二种使用双引号方式，它支持变量的解析和转义字符。对变量的解析，两种方式的区别如下：

```
<?php
$str = "string";
$str1 = "str is $str";
$str2 = 'str is $str';
```

```
echo $str1; //输出：  str is string。
echo $str2; //输出：  str is $str。
?>
```

对转义字符的支持，两种方式的区别如下所示：

```
<?php
echo "a string \test";    //输出：a string est，已经将\t 作为转义字符处理。
echo 'a string \test';    //输出：a string \test，对转义字符不作处理。
?>
```

在表 2-1 中列出了 PHP 中的转义字符。如果要在双引号中包含“"”、反斜线“\”等转义字符，就必须在它们前面加上一个“\”。

表 2-1　PHP 中的转义字符

| 转义字符 | 含义 |
|---|---|
| \n | 换行符 |
| \r | 回车符 |
| \t | 水平制表符 |
| \\ | 反斜线 |
| \$ | 美元符号 |
| \" | 双引号 |

### 2.2.2　数组

数组是一种经常使用的数据类型。数组实际上是一个数据集合，很多数据存放在里面，可以按照一定方法存进去或取出来，还可以对它里面的数据进行排序等操作，还可以检查里面有没有需要的数据等。

**1．数组的定义**

可以使用 array()语法结构来新建一个 array（数组）。它接受一定数量的用逗号分隔的 key=>value 参数对。

代码如下所示：

```
<?php
$arr = array(1=>"a", 2=>"b", 3=>"c","d");
?>
```

数组里面的数据实际上是按一定顺序排列的，每个数据都有一个 key 对应，这个 key（键值）由自己决定，如果没有给出 key，系统会按序列分配一个键值（key）。这里的“"d"”并没有给出键值，但系统会分配给它一个键值 4。

既然系统能自动分配键值，那就可以将键值省略掉，上面的数组也可以书写成下面的这种形式。

```
<?php
$arr = array( "a", "b", "c", "d");
```

```
?>
```

这里要注意的是，系统分配键值（key）是从 0 开始的，因此，“a”的键值此时应该是 0。

**2．数组数据的访问**

在上面的例子中已经将一些数据放入了变量$arr 中，现在要将这些数据取出来，可按照下面的方式来访问。

代码如下所示：

```
<?php
$arr = array(1=>"a", 2=>"b", 3=>"c", "d");
echo $arr[1];    //输出“a”。
echo $arr[2];    //输出“b”。
echo $arr[3];    //输出“c”。
echo $arr[4];    //输出“d”。
?>
```

访问的方式：用变量名加上中括号内不同的 key 访问不同的数据。中括号内的 key 我们也称它为下标。要得到“a”这个数据，就应该使用$arr[0]。

**3．用字符串作为键名**

上面已经讲到的 key（键值，键名）都是整数。在 PHP 中规定，可作为键名的只有两种：整数（integer）和字符串（string）。那么下面来看一下如果使用字符串作为键名应该如何访问其键值。

代码如下所示：

```
<?php
$arr = array("a"=>"1", "b"=>"2", "c"=>"3", "4");

echo $arr['a'];    //输出“1”。
echo $arr['b'];    //输出“2”。
echo $arr['c'];    //输出“3”。
echo $arr[0];    //输出“4”。
?>
```

前面已经讲过，定义字符串要使用引号，所以在访问数组数据时中括号内的键名一定要用引号。

**4．用方括号的语法新建或修改**

前面已经介绍了建立数组和取出数组中内容的方法，现在介绍如何向数组中添加一个数据或者修改一个数据。这可以通过以下方式进行赋值或修改：

➢ 为指定键名的数组元素直接赋值，实现添加数据或修改数据；

➢ 也可以省略键名如数组名加上一对空的方括号（“[]”），进行直接赋值。

下面的代码添加数组元素：

```
<?php
$arr = array("a"=>"1", "b"=>"2", "c"=>"3", "4");
```

```
$arr['a'] = "X";
$arr['e'] = "1";
$arr[]   = "Y";

echo $arr['a'];    //输出“X”。
echo $arr['b'];    //输出“2”。
echo $arr['c'];    //输出“3”。
echo $arr['e'];    //输出“1”。
echo $arr[0];    //输出“4”。
echo $arr[1];    //输出“Y”。
?>
```

### 2.2.3 对象

在 PHP 中，对象同数组一样，是一种复合类型。在这里只做简单的介绍，后面有专门的章节详细介绍。

可以使用 new 语句产生一个对象。下面的代码定义并创建了一个对象：

```
<?php
class cls
{
function do_cls ()
{
echo "Doing cls.";
}
}
$bar = new cls;
$bar->do_cls();
?>
```

### 2.2.4 类型转换

PHP 中的类型强制转换和 C 语言中的非常相像，即在要转换的变量之前加上用括号括起来的目标类型。

```
<?PHP
$cls = 10; // $cls 是一个整型。
$bar = (float) $cls; // $bar 是一个浮点型。
?>
```

允许的强制转换有：

➢ (int)或者(integer)，转换成整型；
➢ (bool)或者(boolean)，转换成布尔型；
➢ (float)、(double)和(real)，转换成浮点型；

➢ (string)，转换成字符串；
➢ (array)，转换成数组；
➢ (object)，转换成对象。

注意，在括号内允许有空格和制表符，而其功能相同。

代码如下所示：

```
<?PHP
$cls = (int) $bar;
$cls = ( int ) $bar;//此处“( int )”中int前后有空格符。
?>
```

注意，为了将一个变量还原为字符串，还可以将变量放置在双引号中。

下面的代码对整形变量进行了强制转换：

```
<?PHP
$cls = 10;                  // $cls 是一个整型。
$str = "$cls";              // $str 是一个字符串。
$fst = (string) $cls;       // $fst  是一个字符串。

//输出结果：  "they are the same"。
if ($fst === $str)
{
        echo "they are the same";
        }
?>
```

通过类型的转换，可将变量或其所附带的值转换成另外一种类型。如：

```
<?php
$num = 123; //当前是整数类型。
//$num“临时性”地转换成了浮点型，$float变量所携带的数据类型就为浮点型，
//而$num变量依然为整数类型。
$float = (float)$num;
?>
```

注意，如果要将一个变量彻底转换成另一种类型，需要使用settype(mixed var,string type)函数。下面的代码转换一个变量类型：

```
<?php
$num = 123;
$float = (float)$num;
echo gettype($num)."<br />";//使用gettype(mixed var)函数来获取变量类型。
echo gettype($float)
?>
```

输出结果为：

```
integer
double
```

## 2.3　常量

在上一节中已经对PHP中的变量类型做了介绍，下面再对PHP中的常量类型做简单介绍。

**1．常量的命名规则**

常量是一个简单值的标识符，在脚本执行期间该值不能改变。常量的名称是区分大小写的，按照惯例，常量标识符总是大写的。

常量名和其他任何 PHP 变量需要遵循同样的命名规则：

- 由字母或者下划线开头；
- 其后可以为字母、数字或者下划线。

在命名时，不要使用 PHP 的关键字。这些关键字是系统定义的，是 PHP 语言的组成部分，因此不能作为常量、函数名或者类名。但是可以将它们作为变量使用，不过这样容易混淆。

下面为一些合法与非法的常量名：

```
<?php
//合法的常量名。
define("CHANG",        "something");
define("CHANG2",       "something else");
define("CHANG_BAR", "something more")


//非法的常量名。
define("2CHANG",       "something");

//这个是有效的，但应尽量避免使用
// PHP 能够提供魔法常数
//它将打破常规的用法
define("__CHANG__", "something");
?>
```

与 superglobals 一样，常量的范围是全局的。

**2．常量的语法**

可以通过 define()函数束定义常量。一个常量一旦被定义，就不能再改变或者取消定义。

常量只能包含标量数据，即 boolean、integer、float 和 string 类型数据。通过常量名字就可取得常量的值，不能在常量前面加上“$”符号。如果常量名是动态的，也可以使用函数 constant()来读取常量的值。使用 get_defined_constants()函数可以获得所有已定义的常量列表。

如果使用了一个未定义的常量，PHP 会把该常量作为字符串使用，如调用未定义的常量 CONSTANT，PHP 会把其作为“CONSTANT”对待。此时，系统将发出一个 E_NOTICE 级的错误。若检查是否定义了某常量，可以使用 defined()函数。

常量语法也可总结归纳为以下六点：

- 常量前面没有美元符号（$）；
- 常量只能用 define()函数定义，而不能通过赋值语句定义；
- 常量可以不用理会变量范围的规则而在任何地方定义和访问；
- 常量一旦定义就不能被重新定义或者取消定义；
- 常量默认为大小写敏感，按照惯例，常量标识符总是大写的；
- 常量的值只能是标量。

根据定义常量的语法，下面的代码可以输出常量的值：

```
<?php
define("CONSTANT", "Hello world");
//输出："Hello world"。
echo CONSTANT;
//输出："Constant" 并发出通知。
echo Constant;

define("GREETING", "Hello world", true);
//输出："Hello world"。
echo GREETING;
//输出："Hello world"。
echo Greeting;
?>
```

这里还需要注意的是，常量有别于变量，常量被定义后，其范围就是全局的。常量和（全局）变量处在不同的命名空间中。

下面的代码使用 define("MYNAME","JOE")就是定义了一个值为“JOE”的 MYNAME 常量。

```
<?php
define("MYNAME","JOE");
$MYNAME="BOB";
echo MYNAME;            //输出：JOE。
echo $MYNAME;           //输出：BOB。
?>
```

另外，如果需要将常量和变量的值一起输出，就需要用到 PHP 的字符串运算了，可以使用英文句号（.）将字符串连接合并成新的字符串，类似于 ASP 中的&连接符。代码如下：

```
<?php
define("MYNAME","JOE");
$MYNAME="BOB";
echo MYNAME.",".$MYNAME;//输出：JOE,BOB。
?>
```

## 2.3.1　常量类型

和变量中的预定义变量一样，PHP 也有预定义常量，即不需要 define()函数定义就可以使用的常量。下面就来看看这些预定义常量。

__FILE__表示文件的完整路径和文件名，类似于 ASP 中 Server.Mappath 取得当前文件的路径。

下面的代码输出该常量的值：

```
<?php
echo __FILE__;
?>
```

在 PHP 中预定义常量可以分为：

- 内核预定义常量，在 PHP 内核、Zend 和 SAPI 模块中定义的常量。
- 标准预定义常量，PHP 中默认定义的常量。

PHP 定义了以下一些预定义常量，如表 2-2 所示。

表 2-2　PHP 中的预定义常量

| 常量名称 | 说明 |
|---|---|
| __FILE__ | 标识 PHP 程序文件名。若引用文件（include 或 require），则在引用文件内的该常量为引用文件名，而不是引用它的文件名 |
| __LINE__ | 标识 PHP 程序行数。若引用文件（include 或 require），则在引用文件内的该常量为引用文件的行，而不是引用它的文件行 |
| PHP_VERSION | 标识 PHP 程序的版本 |
| PHP_OS | 标识执行 PHP 解析器的操作系统名称 |
| TRUE | 标识真值（true） |
| FALSE | 标识伪值（false） |
| E_ERROR | 标识最近的错误 |
| E_WARNING | 标识最近的警告 |
| E_PARSE | 标识解析语法有问题 |
| E_NOTICE | 标识代码发生问题但不一定是错误处 |

当然在实际编程时，以上的默认常量是不够用的。可以使用 define()函数来自定义常量。下面的代码定义了常量：

```
<?php
define("NAME","JOE");
?>
```

## 2.3.2　综合实例：求圆的面积

前面已经介绍了有关常量的定义和使用方法，下面使用常量求圆的面积，具体代码如下：

```
<?php
```

```
define ("PI","3.1415926");
function area($r)
{
return PI*$r*$r;
}
//使用 area 函数，求圆的面积
$r=2;
$s=area($r);
echo "半径为$r 的圆的面积为$s";
?>
```

## 2.4　变量

### 2.4.1　变量命名

PHP 中的变量用一个符号“$”后面跟变量名来表示。变量名是区分大小写的。变量名需要遵循一定的规则，具体如下：

- 由字母或者下划线开头，
- 其后为任意数量的字母，数字或者下划线；
- 不能为关键词。

下面的代码定义了变量：

```
<?php
$var = 'Name';
$Var = 'Joe';
echo "$var, $Var";                //输出："Name, Joe"。

$2site = 'not yet';        //非法变量名，以数字开头。
$_2site = 'not yet';       //合法变量名，以下划线开头。
$I 网站 is = 'sport';      //合法变量名，可以用中文。
?>
```

### 2.4.2　声明变量

在 PHP 中，声明变量的语法非常简单。在声明变量时，只需在变量名之前添加一个“$”符号即可。例如下面的声明变量示例：

```
<?php
$var;
$Var;
$_2site;
$I 网站 is;
?>
```

### 2.4.3　变量赋值

在 PHP 中，为变量赋值有两种方式。

一种方式是传值赋值。当将一个表达式的值赋予一个变量时，整个原始表达式的值被赋值到了目标变量。这意味着，当一个变量的值赋予另外一个变量时，改变其中一个变量的值，将不会影响到另外一个变量。这种方式可以使用两种方法来实现。

（1）使用“=”操作符赋值：

```
<?php
$x = 2; //这里把数字 2 赋值给了变量$x。
?>
```

（2）变量之间赋值：

```
<?php
$x = 2; //这里把整数 2 赋值给了变量$var。
$y = $x; //这里把前面$x 获得的整数 2 成功地传递给了变量$y。
?>
```

另外一种方式是引用赋值。当将新的变量简单地引用了原始变量时，如果改动新的变量，将影响到原始变量，反之亦然。这意味着，其中没有执行复制操作，因而使用这种赋值操作在程序执行效率上会更加快捷。

使用引用赋值，将一个“&”符号加到将要赋值的变量前。看看下面的示例，它将会输出“My name is JOE”两次。

```
<?php
$name = 'JOE';                    // 将'JOE'赋值给变量$name。
$mz = &$name;                     //将$name 引用赋值给$mz。
$mz = "My name is $mz";
echo $mz;                         //输出：My name is JOE。
echo $name;                      // $name 也同样输出：My name is JOE。
?>
```

注意，只有有名字的变量才可以引用赋值。下面的代码会发生错误：

```
<?php
$foo = 1;
$bar = &$foo;        //这是一个有效的赋值。
$bar = &(2 * 3);      //这是一个无效的赋值; 这里的变量没有名字。

function test()
{
        return 1;
}
```

```
$bar = &test();      //无效。
?>
```

### 2.4.4 未赋值变量

如果变量未被赋值而直接使用，将会出现怎样的结果？下面的示例会做出解答。

```
<?php
//$x 没有被赋值。
var_dump($x);
echo "<br>";

if($x=='')
{
echo 'i have on value';
}
echo "<br>";

if($x==null)
{
echo 'i am null';
}
?>
```

输出结果为：

```
NULL
i have on value
i am null
```

### 2.4.5 外部变量

在 PHP 语言中，还存在着一些外部变量。这些变量保存在一种特殊的全局数组变量中。其中，HTML 表单数据在传递时，就可以通过这些数组获取表单数据。可以用简单的方式处理表单数据，这也是 PHP 的一个特点。

**1．HTML 表单（GET 和 POST 方法）**

HTML 表单是 Web 编程中常用的数据输入界面。表单使用 GET 或者 POST 方法将数据传送给 PHP 程序脚本。当一个表单体交给 PHP 脚本时，表单中的信息自动在脚本中变得可用。下面来看一个简单的 HTML 表单：

```
<form action="reg.php" method="POST">
用户名称：<input type="text" name="username"><br>
用户密码：<input type="password" name="password"><br>
电子邮件地址：<input type="text" name="email"><br>
<input type="submit" name="submit" value="注册">
```

```
</form>
```

这是一个简单的用户注册页面，表单使用了 POST 方法提交数据。表单中定义了一些简单的<INPUT>元素。当用户填写好注册信息，单击“注册”按钮后，表单中的数据将会提交到 reg.php 页面进行处理。

根据特定的设置和个人喜好，可以通过很多种方法访问 HTML 表单中的数据。下面来看从一个简单的使用 POST 方法提交 HTML 表单的例子。

```
<?php
//接收并处理传递过来的数据，输出：接收到的用户名称 username。
print $_POST['username'];
print $_REQUEST['username'];
import_request_variables('p', 'p_');
print $p_username;
//对这些较长的预定义变量，可用 register_long_arrays 指令关闭。
print $HTTP_POST_VARS['username'];
//如果 PHP 指令 register_globals = on 时可用。
//不过自 PHP 4.2.0 起默认值为：register_globals = off。
//因此不提倡使用下面这种方法。
print $username;
?>
```

如果把表单的方式改为 GET 方法，也是类似的，只不过要用适当的 GET 预定义变量。下面的 URL 包含 id。在获取该变量值时，可用$_GET['id']获取：

```
http://www.joe.com.cn/test.php?id=1
```

可以将相关的表单变量编成组，或者用此特性从多选输入框中取得值。下面是将一个表单 POST 给自己并在提交时显示数据的示例。

```
<?php
if (isset($_POST['action']) && $_POST['action'] == 'submitted')
{
        print '<pre>';
        print_r($_POST);
        print '<a href="'. $_SERVER['PHP_SELF'] .'">请重试</a>';
        print '</pre>';
}
else
{
?>
<form action="<?php echo $_SERVER['PHP_SELF']; ?>" method="POST">
Name:   <input type="text" name="personal[name]"><br>
Email: <input type="text" name="personal[email]"><br>
```

```
Beer: <br>
<select multiple name="beer[]">
        <option value="warthog">Warthog</option>
        <option value="guinness">Guinness</option>
        <option value="stuttgarter">Stuttgarter Schwabenbr</option>
</select><br>
<input type="hidden" name="action" value="submitted">
<input type="submit" name="submit" value="submit me!">
</form>
<?php
}
?>
```

**2. IMAGE SUBMIT 变量名**

当提交表单时，可以用一幅图像代替标准的提交按钮，例如：

```
<input type="image" src="image.gif" name="sub">
```

当用户单击图像中的某处时，相应的表单会被传送到服务器，并加上两个变量 sub_x 和 sub_y。它们包含了用户点击图像的坐标。有经验的用户可能会注意到被浏览器发送的实际变量名包含的是一个点而不是下划线，但 PHP 自动将点转换成了下划线。

**3. HTTP Cookies**

PHP 支持 Netscape 规范定义中的 HTTP Cookies。Cookies 可在客户端浏览器存储数据，并能追踪或识别再次访问的用户。可以用 setcookie()函数设定 Cookies。Cookies 是 HTTP 信息头中的一部分，因此 SetCookie()函数必须在向浏览器发送任何输出之前调用。对于 header()函数也有同样的限制。Cookies 数据会在相应的 cookies 数据数组中可用，如超全局变量 $_COOKIE、$HTTP_COOKIE_VARS 和$_REQUEST 等。

如果要将多个值赋给一个 Cookie 变量，必须将其赋成数组：

```
<?php
setcookie("MyCookie[cls]", "Testing 1", time()+3600);
setcookie("MyCookie[bar]", "Testing 2", time()+3600);
?>
```

这将会建立两个单独的 Cookie，尽管 MyCookie 在脚本中是一个单一的数组。如果在仅仅一个 Cookie 中设定多个值，可以考虑先在值上使用 serialize()或 explode()。

在浏览器中，一个 Cookie 会替换掉同名的 Cookie，除非路径或者域不同。下面是一个 setcookie()的示例。

```
<?php
if (isset($_COOKIE['count']))
{
$count = $_COOKIE['count'] + 1;
}
```

```
else
{
        $count = 1;
}
setcookie("count", $count, time()+3600);
setcookie("Cart[$count]", $item, time()+3600);
?>
```

## 2.4.6 环境变量

在 PHP 中，使用$_ENV 和$_SERVER 获取系统的环境变量。这些环境变量包含了 Web 服务器的一些配置信息，以及浏览器的一些状态信息。使用 phpinfo()函数可以返回更多的环境信息，其中包含了$_ENV 和$_SERVER 的内容。下面就来看几个 PHP 环境变量的实际应用。

代码如下所示：

```
<HTML>
<HEAD>
<TITLE>测试 PHP 中的环境变量</TITLE>
</HEAD>
<BODY>
<?php
print("现在使用的文件的名称为：  ");
print(__FILE__);
print(" <BR>\n");
print("<hr>");
print("操作系统为：  ");
print(PHP_OS);
print("<hr>");
print("php 的版本为：  ");
print(PHP_VERSION)
?>
</BODY>
</HTML>
```

该例界面如图 2.1 所示。

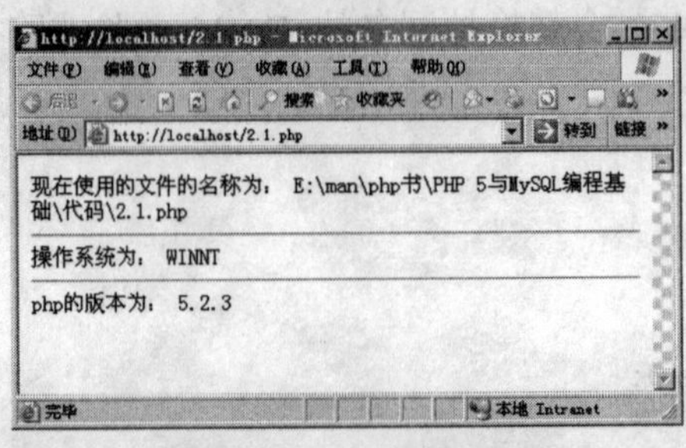


图 2.1 环境变量

### 2.4.7　可变变量

在 PHP 中还有这样一种变量，它们的名称前面有两个“$”符号，这种变量被称为可变变量。使用可变变量名是很方便的。一个变量的变量名可以动态地设置和使用。一个普通的变量通过声明来设置，下面来看示例。

```
<?php
$x ="HELLO";
?>
```

一个可变变量获取了一个普通变量的值作为这个可变变量的变量名。在上面的例子中，HELLO 使用了两个符号“$”以后，就可以作为一个可变变量的变量了。例如：

```
<?php
$$x = "WORLD";
?>
```

这时，两个变量都被定义了：$x 的内容是“HELLO”，并且$HELLO 的内容是“WORLD”。因此，下面的代码可输出可变变量：

```
<?php
echo "$x ${$x}";
?>
```

以下写法更准确并且会输出同样的结果：

```
<?php
echo "$x $HELLO";
?>
```

它们都会输出：

```
HELLO WORLD
```

要将可变变量用于数组，必须解决一个问题。这就是当写下$$x[1]时，解析器需要知道是将$x[1]作为一个变量，还是将$$x 作为一个变量，并取出该变量索引为[1]的值。解决此问题的语法是：对第一种情况用${$x[1]}，对第二种情况用${$x}[1]。

### 2.4.8　变量范围

所有普通变量都是局部变量，为了使得函数中可以使用外部变量，需要使用 global 语句。而如果将该变量的作用范围限制在该函数之内，需要使用 static 语句。

变量的范围就是它的生效范围。大部分的 PHP 变量只有一个单独的范围。这个单独的范围跨度同样包含了 include 和 require 引入的文件。

代码如下所示：

```
<?php
$x = 1;
include "y.inc";
```

```
?>
```

这里的变量$x 将会在包含文件 y.inc 中生效。但是，在用户自定义函数中，一个局部函数范围将被引入。在默认情况下，任何用于函数内部的变量将被限制在局部函数范围内。

例如：

```
<?php
$x = 1;              //全局范围
function Test()
{
        echo $x;    //局部范围
}
Test();
?>
```

这段代码不会有任何输出，因为 echo 语句引用了一个局部版本的变量$x，而且在这个范围内，它并没有被赋值。这里需要注意的是，PHP 的全局变量和 C 语言有一点点不同，在 C 语言中，全局变量在函数中自动生效，除非被局部变量覆盖；而在 PHP 中，全局变量在函数中使用时，必须申明为全局。

（1）使用 global

下面来看一下使用 global 的示例：

```
<?php
$x = 1;
$y = 2;
function Sum()
{
        global $x, $y;
        $y = $x + $y;
}
Sum();
echo $y;
?>
```

输出结果为：

```
3
```

在函数中申明了全局变量$x 和$y，任何变量的所有引用变量都会指向到全局变量。对于一个函数能够申明的全局变量的最大个数，PHP 没有限制。

在全局范围内访问变量的第二种方法，是用特殊的 PHP 自定义$GLOBALS 数组。使用$GLOBALS 替代 global，上面的示例也可以写成：

```
<?php
$x = 1;
```

```
$y = 2;
function Sum()
{
        $GLOBALS["y"] = $GLOBALS["x"] + $GLOBALS["y"];
}
Sum();
echo $y;
?>
```

输出结果为：

```
3
```

在$GLOBALS 数组中，每一个变量为一个元素，键名对应变量名，值对应变量的内容。$GLOBALS 之所以在全局范围内存在，是因为$GLOBALS 是一个超全局变量。以下示例显示了超全局变量的用处。

```
<?php
function test_global()
{
//大多数的预定义变量并不 super，它们需要用 global 关键字来使它们在函数的本地区域中有效。
global $HTTP_POST_VARS;
print $HTTP_POST_VARS['name'];
//Superglobals 在任何范围内都有效，它们并不需要 global 声明。
print $_POST['name'];
}
?>
```

（2）使用静态变量

变量范围的另一个重要特性是静态变量（static variable）。静态变量仅在局部函数域中存在，但当程序执行离开此作用域时，其值并不丢失。看看下面的示例：

```
<?php
function Test ()
{
        $x = 0;
        echo $x;
        $x++;
}
?>
```

本函数没什么用处，因为每次调用时都会将$x 的值设为 0 并输出“0”。将变量加一的$x++没有作用，因为一旦退出本函数，则变量$x 就不存在了。要写一个不会丢失本次计数值的计数函数，需要将变量$x 定义为静态的：

```
<?php
function Test()
{
        static $x = 0;
        echo $x;
        $x++;
}
?>
```

现在，每次调用 Test()函数都会输出$x 的值并加一。

静态变量也提供了一种处理递归函数的方法。递归函数是一种调用自己的函数。定义递归函数时要小心，因为可能会无穷递归下去。必须确保有充分的方法来中止递归。

下面这个简单的函数递归计数到 10，使用静态变量$count 来判断何时停止：

```
<?php
function Test()
{
        static $count = 0;

        $count++;
        echo $count;
        if ($count < 10)
{
            Test ();
        }
$count--;
}
?>
```

下面的代码将会导致解析错误：

```
<?php
function foo()
{
static $int = 0;            //正确的声明
static $int = 1+2;          //错误的声明  （表达式的结果给静态变量）
static $int = sqrt(121);    //错误的声明  （表达式的结果给静态变量）
$int++;
echo $int;
}
?>
```

（3）全局和静态变量的引用

在 PHP 中，对于变量的 static 和 global 定义是以引用的方式实现的。如，在一个函数域内部用 global 语句引用一个真正的全局变量，实际上是建立了一个到全局变量的引用。这有可能导致预料之外的行为。例如：

```
<?php
function test_global_ref()
{
		global $obj;
		$obj = &new stdclass;
}
function test_global_noref()
{
		global $obj;
		$obj = new stdclass;
}
test_global_ref();
var_dump($obj);
test_global_noref();
var_dump($obj);
?>
```

输出结果为：

```
NULL
object(stdClass)(0) {
}
```

类似的行为也适用于 static 语句。引用并不是静态地存储的，代码如下所示：

```
<?php
function &get_instance_ref()
{
		static $obj;
		echo "Static object: ";
		var_dump($obj);
		if (!isset($obj))
{
			//将一个引用赋值给静态变量
			$obj = &new stdclass;
		}
		$obj->property++;
		return $obj;
```

```
}
function &get_instance_noref()
{
        static $obj;

echo "Static object: ";
        var_dump($obj);
        if (!isset($obj))
{
            //将一个对象赋值给静态变量
            $obj = new stdclass;
        }
        $obj->property++;
        return $obj;
}

$obj1 = get_instance_ref();
$still_obj1 = get_instance_ref();
echo "\n";
$obj2 = get_instance_noref();
$still_obj2 = get_instance_noref();
?>
```

输出结果为：

```
Static object: NULL
Static object: NULL

Static object: NULL
Static object: object(stdClass)(1) {
  ["property"]=>
  int(1)
}
```

在上面的示例中，当把一个引用赋值给一个静态变量时，第二次调用&get_instance_ref()函数时，其值并没有被记住。

## 2.5 运算符

PHP 具有丰富的运算符集，它们中的大部分来自于 C 语言。按照不同的功能，可以将这些运算符划分为：算术运算符、比较运算符、字符串运算符以及逻辑运算符等。当这些运算符同在一个表达式中时，它们的优先级是不同的，在最后一小节中，将详细介绍。

## 2.5.1　算术运算符

算术运算符用于简单的算术运算。PHP 中的算术运算符包括取反、加、减、乘、除和取模，如表 2-3 所示。

表 2-3　算术运算符

| 算术运算符示例 | 名称 | 效果 |
| --- | --- | --- |
| -$a | 取反 | $a 的负值 |
| $a+$b | 加法 | $a 和$b 的和 |
| $a-$b | 减法 | $a 和$b 的差 |
| $a*$b | 乘法 | $a 和$b 的积 |
| $a/$b | 除法 | $a 除以$b 的商 |
| $a%$b | 取模 | $a 除以$b 的余数 |

在使用算术运算符时，应该特别注意，除法和取模运算符的除数部分不能为零，做除法运算的结果不总是整数，也可以是浮点数。

下面是一个取因子的示例，其中应用到了算术运算符：

```
<?php
function factornumber($number)
{
        for ($i=1; $i<=($number/2); $i++)
        {
            if ($number % $i == 0)
            {
                echo "$i * ".($number/$i)." = $number\n";
            }
        }
}
factornumber(50);
?>
```

输出结果为：

```
1 * 50 = 50
2 * 25 = 50
5 * 10 = 50
10 * 5 = 50
25 * 2 = 50
```

## 2.5.2　增 1 和减 1 运算符

增 1 和减 1 运算符，即“++”和“--”运算符，它的主要功能是将表达式自身加一和减一。PHP 支持 C 语言风格的前/后递增与递减运算符。因此，增 1 和减 1 运算符可以因书写方法的不同，其表达的含义也不同。如果将表达式置于增 1 运算符的前面，表示先返回该表达式的值，再进行增 1 的运算；反之，将增 1 运算符置于表达式的前面，表示先进行增 1 运算后，再返回该表达式的值。减 1 运算符的含义与之相同。

递增/递减运算符不影响布尔值。递减 NULL 值也没有效果，但是递增 NULL 的结果是 1。

增 1 和减 1 运算符及其使用效果如表 2-4 所示。

**表 2-4 增 1 和减 1 运算符**

| 递增 / 递减运算符 | 名称 | 效果 |
| --- | --- | --- |
| ++$a | 前加 | $a 的值加一，然后返回$a |
| $a++ | 后加 | 返回$a，然后将$a 的值加一 |
| --$a | 前减 | $a 的值减一，然后返回$a |
| $a-- | 后减 | 返回$a，然后将$a 的值减一 |

下面是增 1 和减 1 运算符的示例：

```
<?php
echo "<h3>后加</h3>";
$a = 5;
echo "输出 5: " . $a++ . "<br />\n";
echo "输出 6: " . $a . "<br />\n";

echo "<h3>前加</h3>";
$a = 5;
echo "输出 6: " . ++$a . "<br />\n";
echo "输出 6: " . $a . "<br />\n";

echo "<h3>后减</h3>";
$a = 5;
echo "输出 5: " . $a-- . "<br />\n";
echo "输出 4: " . $a . "<br />\n";

echo "<h3>前减</h3>";
$a = 5;
echo "输出 4: " . --$a . "<br />\n";
echo "输出 4: " . $a . "<br />\n";
?>
```

下面是涉及字符变量的算数运算的示例：

```
<?php
$i = 'W';
for ($n=0; $n<6; $n++)
{
        echo ++$i . "\n";
```

```
}
?>
```

输出结果为：

```
X
Y
Z
AA
AB
AC
```

递增或递减对布尔值没有效果。

### 2.5.3　比较运算符

比较运算符负责条件判断、比较等运算操作，是程序中经常被用到的一种运算符。比较运算符的结果只有两种：TRUE 和 FALSE。

比较运算符及其使用效果如表 2-5 所示。

表 2-5　比较运算符

| 比较运算符示例 | 名称 | 效果 |
|---|---|---|
| $a==$b | 等于 | TRUE，如果$a 等于$b |
| $a===$b | 全等 | TRUE，如果$a 等于$b，并且它们的类型也相同 |
| $a!=$b | 不等 | TRUE，如果$a 不等于$b |
| $a<>$b | 不等 | TRUE，如果$a 不等于$b |
| $a!==$b | 非全等 | TRUE，如果$a 不等于$b，或者它们的类型不同 |
| $a<$b | 小与 | TRUE，如果$a 严格小于$b |
| $a>$b | 大于 | TRUE，如果$a 严格$b |
| $a<=$b | 小于等于 | TRUE，如果$a 小于或者等于$b |
| $a>=$b | 大于等于 | TRUE，如果$a 大于或者等于$b |

与 C 语言一样，在 PHP 中也有三元运算符“?:”。

三元运算符的使用方法如下：

```
(expr1) ?(expr2) : (expr3);
```

方法说明：

- 在 expr1 求值为 TRUE 时，表达式的值为 expr2；
- 在 expr1 求值为 FALSE 时，表达式的值为 expr3。

下面是使用三元运算符给变量赋默认值的示例。

```
<?php
//使用三元运算符给变量赋默认值
$action = (empty($_POST['action'])) ? 'default' : $_POST['action'];

//使用 if/else 来完成相同功能
if (empty($_POST['action']))
```

```
{
    $action = 'default';
}
else
{
    $action = $_POST['action'];
}
?>
```

三元运算符是一个语句，因此其返回值是语句运算结果。

### 2.5.4 字符串运算符

在 PHP 中，除了算术运算符，字符串运算符也被广泛应用。字符串运算符有两个：

- 连接运算符“.”用于返回其左右参数连接后的字符串，其作用就是将两个字符串表达式连接起来。如果其中的一个是非字符串表达式，将被转化为字符串型。
- 连接赋值运算符“.=”用于将右边参数附加到左边的参数后。

下面看看使用这两种字符串运算符的示例。

```
<?php
//连接运算符“.”
$x = "HELLO ";
$y = $x . "WORLD!";  //这里$y 成为："HELLO WORLD!"。

//连接赋值运算符“.=”
$x = "HELLO ";
$x .= "WORLD!";        //这里$x 成为："HELLO WORLD!"。
/*其实也可以理解为只有一种，即连接运算符*/
?>
```

### 2.5.5 逻辑运算符

在 PHP 中提供了逻辑与、或、异或、非等逻辑运算符。

逻辑运算符及其使用效果如表 2-6 所示。

表 2-6 逻辑运算符

| 比较运算符示例 | 名称 | 效果 |
| --- | --- | --- |
| $a and $b | And（逻辑与） | TRUE，如果 $a 与 $b 都为 TRUE |
| $a or $b | Or（逻辑或） | TRUE，如果 $a 或 $b 任一为 TRUE |
| $a xor $b | Xor（逻辑异或） | TRUE，如果 $a 或 $b 任一为 TRUE，但两者一样时为 FALSE |
| ! $a | Not（逻辑非） | TRUE，如果 $a 不为 TRUE |
| $a && $b | And（逻辑与） | TRUE，如果 $a 与 $b 都为 TRUE |
| $a \|\| $b | Or（逻辑或） | TRUE，如果 $a 或 $b 任一为 TRUE |

下面是使用逻辑运算符的示例：

```
<?php
$x = 1;
$y = 2;
$z = 3;

print !($x > $y && $y < $z);//结果为：TRUE。
print (($x > $y) and ($y < $z));//结果为：FALSE。
print ($x == $y or $y < $z); //结果为：TRUE。
print $x == $y || $y < $z; //结果为：TRUE。
$a = $x < $y; //$a = true。
$b = $y === $z; //$b = false。
print   $a xor $b; //结果为：TRUE。
?>
```

### 2.5.6 运算符的优先级

运算符优先级指定了表达式运算顺序。表达式的运算顺序一般符合数学中的数学运算规则。如，表达式 1+2*3 的结果是 7 而不是 9，因为乘号“*”的优先级比加号“+”的优先级要高。必要时可以用括号来强制改变优先级。例如：(1+2)*3 的值为 9。如果运算符优先级相同，则使用从左到右的顺序进行运算。

表 2-7 从高到低列出了运算符的优先级。同一行中的运算符具有相同优先级，此时它们的结合方向决定求值顺序。

左结合表示表达式从左向右求值，右结合则相反。

**表 2-7　运算符优先级**

| 结合方向 | 运算符 | 附加信息 |
| --- | --- | --- |
| | new | New |
| 左 | [ | array（） |
| | ++ -- | 递增 / 递减运算符 |
| | ! ~ - (int) (float) (string) (array) (object) @ | 类型 |
| 左 | * / % | 算数运算符 |
| 左 | + - . | 算数运算符和字符串运算符 |
| 左 | << >> | 位运算符 |
| | < <= > >= | 比较运算符 |
| | == != === !== | 比较运算符 |
| 左 | & | 位运算符和引用 |
| 左 | ^ | 位运算符 |
| 左 | \| | 位运算符 |
| 左 | && | 逻辑运算符 |

（续表）

| 结合方向 | 运算符 | 附加信息 |
|---|---|---|
| 左 | \|\| | 逻辑运算符 |
| 左 | ? : | 三元运算符 |
| 右 | = += -= *= /= .= %= &= \|= ^= <<= >>= | 赋值运算符 |
| 左 | and | 逻辑运算符 |
| 左 | xor | 逻辑运算符 |
| 左 | or | 逻辑运算符 |
| 左 | , | 多处用到 |

下面是结合方向的示例，代码如下：

```
<?php
$x = 3 * 3 % 5; // (3 * 3) % 5 = 4
$x = true ? 0 : true ? 1 : 2; // (true ? 0 : true) ? 1 : 2 = 2

$x = 1;
$y = 2;
$x = $y += 3; // $x = ($y += 3) -> $x = 5, $y = 5
?>
```

需要注意，使用括号可以增强代码的可读性。

## 2.6　条件语句

任何 PHP 的脚本都是由一系列语句构成的。一条语句可以是一个赋值语句，一个函数调用，也可以是一个什么也不做的空语句。语句通常以分号结束。此外，还可以用花括号将一组语句封装成一个语句块。语句块本身可以当做是一行语句。在 PHP 中，有两组基本的控制语句，分别是条件语句和循环语句。

### 2.6.1　if 语句

if 结构是 PHP 最重要的结构，它允许按照条件执行代码片段。对于 if...else 条件语句可以划分为三种结构。

第一种是只用到 if 条件，其语法格式如下：

```
if(expr)
{
statement
}
```

其中，expr 为判断的条件，通常都是用逻辑运算符号当判断的条件；statement 为符合条件的执行部分程序，若程序只有一行，可以省略大括号{}。

下面是省略大括号的示例：

```
<?php
if($x==1)echo "JOE" ;
?>
```

这里特别要注意的是，使用“==”判断是否相等，而不是“=”，ASP 程序员可能常犯这个错误，“=”是赋值。

下面是执行部分有多行，不可省略大括号的示例，代码如下所示：

```
<?php
if($x==1)
{
echo “JOE” ;
echo "<br>" ;
}
?>
```

第二种是除了 if 条件之外，加上了 else 条件，其语法格式如下：

```
if (expr)
{
statement1
}
else
{
statement2
}
```

如果 else 语句部分只有一行语句，可以不用加上大括号。

下面是 if…else 语句的示例：

```
<?php
if($x==1)
{
echo "JOE" ;
echo "<br>";
}
else
{
echo "BOB";
echo "<br>";
}
?>
```

第三种就是递归的 if...else 循环，通常用在多种决策判断时。它将数个 if...else 拿来合并运用处理。

下面是递归的 if…else 循环示例：

```
<?php
if($x>$y)
{
echo "x 比 y 大";
}
elseif ( $x == $y )
{
echo "x 等于 y";
}
else
{
echo "x 比 y 小";
        }
?>
```

上面的示例只用两层 if…else 循环，用来比较 x 和 y 两个变量。在实际使用这种递归 if…else 循环时，一定要小心谨慎。因为太多层的循环容易使设计的逻辑出问题，这些都会造成程序出现莫名其妙的问题。

### 2.6.2 switch 语句

switch 语句和 if 语句相似。switch 语句通常处理复合式的条件判断，每个子条件都是 case 指令部分。switch 语句把同一个变量或表达式与很多不同的值比较，并根据它等于哪个值来执行不同的代码。

switch 语句的语法如下：

```
switch(expr)

{
case expr1: statement1;
break;
case expr2: statement2;
break;
default: statementN;
break;
}
```

语法结构说明如下：

- expr 为比较的条件，通常为变量名称；
- case 后的 expr1、expr2 等，通常表示变量值；
- 冒号“:”后则为符合该条件要执行的部分；

➢ 在 case 后的 expr1、expr2 等没有与 expr 对应部分时，可以使用 default 处理；
➢ 在执行完 case 后的对应代码部分后，要用 break 跳出循环。

下面看看要完成相同的功能，使用 switch 语句和 if 语句的区别，代码如下所示：

```
<?php
if ($x == 0)
{
        echo "x equals 0";
}
elseif ($x == 1)
{
        echo "x equals 1";
}
elseif ($x == 2)
{
        echo "x equals 2";
}

switch ($x)
{
        case 0:
                echo "x equals 0";
                break;
        case 1:
                echo "x equals 1";
                break;
        case 2:
                echo "x equals 2";
                break;
}
?>
```

default 是可以省略的。在设计时，要将出现机率最大的条件放在最前面，出现机率最小的条件放在最后面，可以增加程序的执行效率。

### 2.6.3　实例：判断成绩等级

下面看一个关于判断成绩等级的示例，该例子使用 if 语句完成。

```
<?php
if ($score >=90)
{
        echo "优秀";
```

```
}
elseif ($score >=60&&$ score <90)
{
        echo "一般";
}
elseif ($score <60)
{
        echo "差";
}
?>
```

下面使用 switch 语句完成该示例，代码如下所示：

```
<?php
switch ($score)
{
        case($score >=90):
                echo "优秀";
                break;
        case($score >=60&&$ score <90):
                echo "一般";
                break;
        case ($score <60):
                echo "差";
                break;
}
?>
```

说明：当循环判断的条件较多时，建议使用 switch 语句来完成判断。使用 switch 语句可以使程序书写更清晰，开发效率更快。

## 2.7 循环语句

在上一章节中，介绍了 PHP 中的条件语句，本章节介绍 PHP 中的 3 种循环语句：for、while 和 do 语句，以及如何终止循环。

### 2.7.1 for 语句

for 循环语句是 PHP 中最典型的循环语句，也是最复杂的循环语句。

for 循环的语法结构如下：

```
for (expr1; expr2; expr3)
{
statement
```

```
}
```

语法结构说明如下：

- ➢ 第一个表达式 expr1 在循环开始时无条件执行，为条件的初始值；
- ➢ expr2 为判断的条件，通常都是用逻辑运算符号当判断的条件；
- ➢ expr3 为执行 statement 后要执行的部分，用来改变条件，供下次循环判断，如加一等等；
- ➢ statement 为符合条件的执行部分程序；
- ➢ 每一次循环，表达式 expr2 都被计算，如果结果为 TRUE，则循环和嵌套的语句继续执行；否则，则整个循环结束；
- ➢ 每次循环结束时，expr3 被执行。

下面是一个简单使用 for 循环的示例，代码如下所示：

```
<?php
for ( $i = 1 ; $i <= 10 ; $i ++)
{
echo "这是第".$i."次循环<br>" ;
    }
?>
```

下面是 3 个关于 for 循环中表达式的示例，它们都显示数字 1～10。代码如下所示：

```
<?php
/*  示例 1 */
for ($i=1; $i<=10; $i++)
{
print $i;
}

/*示例 2 */
for ($i = 1;;$i++)
{
if ($i >10)
{
            break;
        }
        print $i;
}

/*示例 3 */
$i = 1;
for (;;)
{
```

```
if ($i >10)
{
                break;
        }
        print $i;
        $i++;
}
?>
```

当然，第一个示例显然是最好的，但是可以发现，在 for 循环中，很多场合可以使用空的表达式。

### 2.7.2 while 语句

在 PHP 中，while 语句是一种常用的循环语句。

while 语句的语法结构为：

```
while(expr)
{
...
}
```

或者

```
while (expr) :
...
endwhile ;
```

只要 while 表达式为 TRUE，就重复执行嵌套的语句。每次循环开始时检查 while 表达式的值，所以即使在嵌套语句内改变了它的值，本次执行也不会终止，而直到循环结束。类似于 if 语句，可以使用大括号把一组语句括起来，在同一个 while 循环中执行多条语句。

下面是两个关于 while 循环的示例，它们都显示数字 1～10。

代码如下所示：

```
<?php
/*示例 1 */
$i=1;
while ($i<=10)
{
print $i++;
}

/*示例 2 */
$i=1;
while ($i<=10):
```

```
print $i;
$i++;
endwhile;
?>
```

### 2.7.3　do 语句

在 PHP 中，do 语句其实就是 do…while 语句的简写，它也是 while 语句的变体。do…while 循环只有一种形式。

do 语句的语法结构为：

```
do
{
...
}
while (表达式);
```

do…while 非常类似于 while 循环，只是它在每次循环结束时检查表达式是否为真，而不是在循环开始时。它和严格的 while 循环的主要区别是：

➢ do…while 的第一次循环肯定要执行，其真值表达式仅在循环结束时检查；

➢ 严格的 while 循环，在每次循环开始时就检查真值表达式，如果在开始时就为 FALSE，循环会立即终止执行。

下面是 do…while 的示例，代码如下所示：

```
<?php
$i = 0;
do
{
print $i;
} while ($i>0);
?>
```

上面的循环只执行了一次。因为第一次循环后，当检查真值表达式时，它的值是 FALSE，循环执行终止。

另一种不同的 do…while 循环用法是：把语句放在 do…while(0)之中，在循环内部用 break 语句来结束执行循环。

下面是这种用法的示例，代码如下所示：

```
<?php
do
{
        if ($i < 5)
{
        echo "i is not big enough";
```

```
            break;
        }
        $i *= $factor;
        if ($i < $minimum_limit)
{
            break;
        }
        echo "i is ok";
} while(0);
?>
```

### 2.7.4　break 与 continue 语句

break 和 continue 是在循环体中控制程序跳转的语句。break 可以中断当前的循环控制结构；而 continue 常被用来跳出剩下的当前循环并继续执行下一次循环。

**1．break**

break 可以结束当前 for、while、do…while 或者 switch 结构的执行。break 可以接受一个可选的数字参数来决定跳出几重循环。

```
<?php
$arr = array('one', 'two', 'three', 'four', 'stop', 'five');
while (list (, $val) = each($arr)) {
    if ($val == 'stop') {
        break;      /*在这里也可以写成："break 1;"。*/
    }
    echo "$val<br />\n";
}

/* 看看 switch 中，break 的使用效果 */

$i = 0;
while (++$i) {
    switch ($i) {
    case 5:
        echo "At 5<br />\n";
        break 1;   /*结束当前这一层的 switch 循环。*/
    case 10:
        echo "At 10; quitting<br />\n";
        break 2;   /* 结束 switch 和 while 循环。*/
    default:
        break;
    }
```

```
}
?>
```

**2．continue**

continue 用来在循环结构中跳过本次循环中剩余的代码，并在条件求值为真时开始执行下一次循环。continue 接受一个可选的数字参数来决定跳过几重循环到循环结尾。

下面的代码使用 continue 实现特定功能。

```
<?php
while (list ($key, $value) = each($arr))
{
if (!($key % 2))
{
//跳过多余部分
continue;
        }
        do_something_odd($value);
}

$i = 0;
while ($i++ < 5)
{
        echo "外部<br />\n";
        while (1)
{
            echo "  中间<br />\n";
            while (1)
{
                echo "  内部<br />\n";
                continue 3;
            }
            echo "这里永远不能输出。<br />\n";
        }
        echo "这里也不会输出。<br />\n";
}
?>
```

省略 continue 后面的分号会导致混淆。下面的示例示意了不应省略 continue 后面的分号，代码如下所示：

```
<?php
for ($i = 0; $i < 5; ++$i)
{
```

```
if ($i == 2)
continue
print "$i\n";
}
?>
```

希望输出的结果是：

```
0
1
3
4
```

可实际输出的结果是：

```
2
```

因为 print()调用的返回值是“int(1)”，看上去作为了上述可选的数字参数。

### 2.7.5 实例：循环输出表格

下面看一个循环输出表格的示例，代码如下所示：

```
/*功能：循环输出表格*/
<HTML>
<HEAD>
<TITLE>循环输出表格</TITLE>
</HEAD>
<BODY>
<?php
print "<TABLE WIDTH="100%"> ";
for($count=0; $count > 6; $count++)
{
print "<TR><TD BGCOLOR='$RowColor'>";
print "<FONT SIZE=2><CENTER>行数  $count</CENTER></FONT></TD></TR> ";
}
print "</TABLE> ";
?>
</body>
</html>
```

## 2.8 函数

函数（function）是一段执行指定功能的代码。函数可以接受一组参数，并返回操作结果。使用函数可以节省编译时间，因为无论调用多少次，函数只需被编译一次。

### 2.8.1　函数的定义

在 PHP 中，使用 function 声明一个自定义的函数。

函数定义的语法格式如下：

```
function 函数名（形式参数列表）
{
函数体
}
```

语法结构说明：

➢ 形式参数列表是使用逗号分隔的一个变量序列，在函数体中可以把形式参数作为已经定义过的变量来使用。

➢ 一般函数体中通过 return 语句来实现返回值，返回值可以是任何数据类型。

函数内部可以包括其他的函数。在调用函数内部定义的某个函数时，该函数在调用前必须是已经定义了的。

下面是一个有条件的函数的示例，代码如下所示：

```
<?php
$makefoo = true;
/*在这不能调用自定义函数 foo（），因为它还不存在。但是能调用 bar（）。 */
bar();

if ($makefoo)
{
function foo ()
{
echo "在程序没有执行到 if 语句以前 foo()函数不存在。<br>";
}
}
/*能调用 foo()，因为$makefoo 的条件已经满足且为真 */
if ($makefoo) foo();

function bar()
{
echo "在程序一开始 bar()立刻存在。<br>";
}

?>
```

下面是一个关于函数中的函数的示例，代码如下所示：

```
<?php
function foo()
```

```
{
function bar()
{
$str= "在函数 foo()被调用前 bar()不存在。<br>";
return $str;
}
}

foo();
$str=bar();
echo $str;
?>
```

从以上可知，当调用函数中的内部函数时必须按照定义函数时的顺序，从外到内依次都调用到才行，否则程序将会提示找不到自定义函数。

## 2.8.2 使用 require()和 include()

require()和 include()是用来包含文件的两个函数。

require 的语法结构为：

```
require(“要包含的文件名称”);
```

当包含文件出错时，会出现 Error，其下的 PHP 语句不会继续执行。因此这个函数通常放在 PHP 程序的最前面，PHP 程序在执行前，会先读入 require 所指定引入的文件，使它变成 PHP 程序的一部分。常用的函数也可以用这个方法将它引入程序中。

使用 require()函数的示例如下：

```
<?php
require 'prepend.php';
require $somefile;
require ('somefile.txt');
?>
```

include 的语法结构为：

```
include(“要包含的文件名称”);
```

当包含文件出错时，会出现 Warning，其下的 PHP 语句会继续执行。因此这个函数一般是放在流程控制的处理部分。PHP 程序在读到 include 的文件时，才将它读进来。这种方式，可以使程序执行时的流程简明易懂。

使用 include()函数包含文件的示例如下：

```
//vars.php
```

```
<?php
$color = 'green';
$fruit = 'apple';
?>
//test.php
<?php

echo "A $color $fruit"; //输出结果为：A。

include 'vars.php';

echo "A $color $fruit"; //输出结果为：A green apple。

?>
```

如果 include()出现于调用文件中的一个函数里，则被调用的文件中所包含的所有代码将表现得如同它们是在该函数内部定义的一样。所以它将遵循该函数的变量范围。

使用 include()函数的示例如下：

```
//vars.php
<?php
$color = 'green';
$fruit = 'apple';
?>
<?php

function foo()
{
        global $color;
        include 'vars.php';
        echo "A $color $fruit";
}

foo();                          //输出结果为： A green apple
echo "A $color $fruit";         //输出结果为： A green
?>
```

### 2.8.3 形参和实参

在 PHP 中，函数的参数传递有两种方式：按值传递参数和按引用传递参数。

按值传递参数时，形参的改变不影响实参。下面是一个按值传递参数的示例，代码如下所示：

```
<?php
var $a=123;
my_fun($a);
echo $a; //调用 my_fun 后,$a 仍然是 123
function my_fun($a)
{
$a=$a+100;
}
?>
```

按引用传递参数时，形参的改变影响实参。下面是一个按引用传递参数的示例，代码如下所示：

```
<?php
var $a=123;
my_fun($a);
echo $a; //调用 my_fun 后,$a 的值已经变成了 223
function my_fun(&$a) //变量$a 前面加一个&,表示引用地址.
{
$a=$a+100;
}
?>
```

### 2.8.4 函数调用

函数调用的语法形式为：

```
函数名(实际参数列表);
```

实际参数列表要与形式参数列表相对应，如果实际参数个数多于形式参数个数，多余的参数会被舍弃；如果实际参数个数比形式参数个数少，不足部分以空参数代替。如果函数有返回值，可以利用函数调用为变量赋值：变量名=函数名（实际参数列表）。

下面是一个调用求立方函数的示例，代码如下所示：

```
<?php
function squ($x)
{
return $x*$x*$x;
}
?>
<?php
$y=2;
echo $y."的立方是".squ($y);//输出为：2 的立方是 8。
?>
```

下面是一个动态调用函数的示例，代码如下所示：

```
<HTML>
<HEAD>
<TITLE>动态调用函数</TITLE>
</HEAD>
<BODY>
<FONT SIZE=5>
<?php
function wr1($x)   //定义 function wr1()函数。
{
print($x);   //打印字符串。
}

function wr2($x) //定义 function wr2()函数。
{
print("<B>$x</B>"); //打印字符串。
}

$myFunction = "wr1";   //定义变量。
$myFunction("HELLO!<BR>"); //由于变量后面有括号，所以找名字相同的 function 函数。
print("<BR>\n");
$myFunction = "wr2"; //定义变量。
$myFunction("WORLD!");   //由于变量后面有括号，所以找名字相同的 function 函数。
print("<BR>\n");
?>
</FONT>
</BODY>
</HTML>
```

### 2.8.5 递归

如果一个函数部分地包含它自己，或者调用一个函数，这个函数又调用了它自己，则称这个函数是递归的。

下面是一个使用循环实现逆向输出字符串中内容的示例，代码如下所示：

```
<?php
function nxsc_x($str)
{
for($i=1;$i<=strlen($str);$i++)
{
echo substr($str,-$i,1);
}
```

```
}
?>
```

下面是一个使用递归实现逆向输出字符串中内容的示例，代码如下所示：

```
<?php
function nxsc_d($str)
{
        if (strlen($str)>0)
        nxsc_d(substr($str,1));
        echo substr($str,0,1);
        return;
}
?>
```

### 2.8.6　实例：求和函数

下面是一个求出以 Num 开头的所有 text 文本框中的值的总和的示例，其界面代码如下：

```
<HTML>
<HEAD>
<title>my title</title>
</HEAD>
<body>
<form name="mainForm" method="post" action="post.asp">
<input type="text" name="Num1" value="5">
<input type="text" name="Num2" value="8">
<input type="text" name="Num3" value="3">
<input type="text" name="Num4" value="6">
<input type="text" name="String1" value="xxx">
<input type="text" name="String2" value="yyy">
<input type="text" name="String3" value="zzz">
<input type="button" value="合计" onclick="DoSum(this.form)">
</form>
</body>
</html>
```

下面是按要求写出的求和 DoSum 函数，代码如下所示：

```
<?php
function DoSum()
{
var totalsum;
totalsum=0
```

```
for (var i=0;i<form.elements.length;i++)
{
var e = form.elements;
if(e.name.substring(0,3)=='Num')
{
if(!isNaN(e.value)
{
totalsum=totalsum+e.value.toString(10)
}
}
}
}
?>
```

## 本章小结

本章介绍了 PHP 语言的基本语法结构，包括变量、常量、数据类型、运算符、函数、条件和循环语句等知识。PHP 语言与 C 语言有着重要的联系，其中很多语法现象也是相似的，学习 PHP 的同时可参照 C 语言来学习，这样能从其他的角度促进知识的积累。对于每一门语言，基础的语法知识无疑是最重要的，但只要不断实践，牢牢地掌握其实质，学习 PHP 就会事半功倍了。

下一章将详细介绍 PHP 中的内置函数和实用的技巧。

## 本章习题

1. PHP 有几种书写方式，其注释的方式有哪些，请举例写出？
2. PHP 中的数据类型有哪些？
3. PHP 中有哪些运算符？
4. PHP 中前增 1 和后增 1 运算符的区别是什么？
5. PHP 中，哪些语句用来实现分支和循环结构？

## 本章答案

1. PHP 可以有：标准书写、简短风格、Script 风格和 ASP 风格等四种方式书写。

示例如下所示：

```
//标准书写。
<?php
echo " HELLO WORLD!";
?>
```

```
//简短风格（需要设置 php.ini）。
<? echo " HELLO WORLD!"; ?>

//SCRIPT 风格（过于冗长）。
<script language="php"> echo " HELLO WORLD!"; </script>

//ASP 风格（需要配置设定）。
<% echo " HELLO WORLD!"; %>
```

PHP 中有以下三种添加程序注释的形式：使用“//”注释程序、使用“/*…*/”注释程序和使用“#”注释程序。

示例如下所示：

```
<?php
echo "第一种例子。\n";//类似于 C 语言的注释 单行注释。
echo "第二种例子。\n";/*用于多行注释
                    可以任意换行。*/
echo "第三种例子。\n";#类似于 Perl 语言的注释 单行注释。
?>
```

2．PHP 中有常量和变量两种类型。细分变量又包括：整型、浮点型、字符串型、布尔型、数组和对象。

3．按照不同的功能，可以将这些运算符划分为：算术运算符、增 1 和减 1 运算符、比较运算符、字符串运算符以及逻辑运算符等。

4．如果将表达式置于增 1 运算符的前面，表示先返回该表达式的值，再进行增 1 的运算，是后增 1 运算。反之，将增 1 运算符置于表达式的前面，表示先进行增 1 运算后，再返回该表达式的值，是前增 1 运算。

5．if…else 和 switch 语句可用来实现分支结构。for、while 以及 do…while 语句可用来实现循环结构。

# 第 3 章　Web 技术

**课前导读**

Web 页面由 HTML 表单或 HTML 与 PHP 组成。PHP 脚本既可以生成 HTML 页面内容，也可从 HTML 页面获取表单数据，从而实现 Web 页面间传递数据的内容。

**重点提示**

本章讲解各种常用表单组件及表单的两种方法，最后讲解如何获取表单数据，具体内容如下：

➢ 文本框、密码框和多选框的应用
➢ 单选框和下拉框的应用
➢ 表单的 GET 方法和 POST 方法
➢ 获取表单所有数据
➢ 获取表单指定变量的值

## 3.1　HTML 基础

本节讲述 HTML 的一些基础知识，包括 HTML 表单、文本框、下拉框、多选框、按钮等控件。如果读者已经了解这方面的知识，可以跳过本节。

### 3.1.1　表单

用户在访问网页时，可以填写表单，并向服务器提交数据。表单是用户与网站交互的主要元素。使用 HTML 标记<FORM>可创建表单，也可以使用各种控件设计表单，如文本框、多选框、单选框、下拉框等组件。<FORM>，常用的属性如下：

➢ NAME：设置或获取表单的名称。
➢ ID：获取标识表单的字符串。
➢ ACTION：设置将表单内容提交到的 URL。
➢ METHOD：设置将表单数据发送到服务器的方式。有两种方式：GET 和 POST。
➢ ENCTYPE：设置表单的 MIME 编码。该属性通常用来设置表单提交的数据格式。如果上传文件，上传文件界面的该属性需要设置为“multipart/form-data”；其他情况，该属性可采用默认值。

下面为上传表单的代码：

```
<form enctype="multipart/form-data" action="upload.php" method="post">
<input type="hidden" name="max_file_size" value="100000">
<input name="userfile" type="file">
<input type="submit" value="上传文件">
</form>
```

代码说明：

➢ 该表单为上传表单，当用户单击“上传文件”按钮时，将数据以POST方式提交到文件upload.php处理；

➢ 该表单声明了hidden类型的控件、上传控件和提交按钮；

➢ hidden类型的控件指定了文件最大字节数。

创建表单中输入控件可以使用INPUT元素。INPUT元素的TYPE属性可以指定创建控件的类型。常用的控件类型如下。

➢ button：按钮控件；

➢ checkbox：多选框控件；

➢ file：文件上传控件；

➢ hidden：该控件可以传送客户端或服务器端的状态信息；

➢ text：文本框控件，为单行文本；

➢ password：密码框；

➢ radio：单选控件；

➢ reset：重置按钮，用户单击该按钮，将清空该表单中所有控件的信息；

➢ submit：提交按钮，单击该按钮，将表单中所有数据提交到指定的URL中。

另外，使用<TEXTAREA>可创建能输入多行的文本框；使用<SELECT>可以创建下拉框。下面介绍一下常用的控件。

**1．文本框**

文本框是HTML页面中经常使用的控件。文本框可使用户输入文本、数字等信息。下面的代码声明了一个名为“Name”的文本框：

```
<input type="text" name="Name" ID="NameID" size="20"    value=" " maxlength="12" >
```

代码说明：

➢ name属性指定了文本框的名称；

➢ ID属性指定了标识文本框的字符串；

➢ size属性指定了文本框的大小；

➢ value属性指定了文本框的初始值；

➢ maxlength属性指定了文本框内字符的最大数目。

若要输入多行文本，可以使用<TEXTAREA>。该元素可以创建一个多行的文本域。下面创建一个2行、宽度为20的文本域：

```
<textarea rows="2" name="S1" cols="20" >textarea example</textarea>
```

代码说明：

➢ 该行代码创建了一个2行、宽度为20、默认值为“textarea example”的文本域；

➢ name属性指定文本域的名称；

➢ rows属性指定行数；

➢ cols属性指定宽度，单位为字符。

**2．密码框**

密码框与文本框类似，只是类型不同。在用户向该框输入密码时，以星号代替输入内容进行显示。创建密码框的代码如下：

```
<input type="password" name="T1" size="20">
```

**3．多选框**

多选框允许用户选择多个选项，如图 3.1 所示。

该界面的代码如下：

```
<form method="POST" action="">
  <input type="checkbox" name="Fav" value="足球" checked onclick="click()">足球<p>
  <input type="checkbox" name="Fav" value="篮球" onclick="click()">篮球</p>
  <input type="checkbox" name="Fav" value="乒乓球" onclick="click()">乒乓球
  <input type="submit" value="提交" name="B1">
  <input type="reset" value="重置" name="B2">
</form>
```

代码说明：

➢ name 属性指定了多选框的名称；

➢ value 属性指定了该选项的选中值；

➢ checked 属性指定该选项的选中状态；

➢ onclick 属性指定了鼠标左键单击时触发的代码。

**4．单选框**

单选框只允许用户在一组选项中选择一个选项，如图 3.2 所示。

图 3.1　多选框

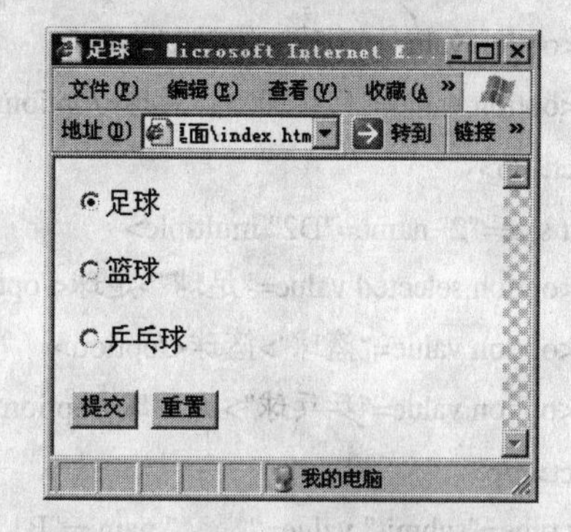


图 3.2　单选框

该界面的代码如下：

```
<form method="POST" action="">
  <input type="radio" name="Fav" value="足球" checked>足球<p>
  <input type="radio" name="Fav" value="篮球">篮球</p>
  <input type="radio" name="Fav" value="乒乓球">乒乓球<p>
  <input type="submit" value="提交" name="B1">
  <input type="reset" value="重置" name="B2">
</form>
```

代码说明：

➢ name 属性指定了单选框的名称；
➢ value 属性指定了该选项的选中值；
➢ checked 属性指定该选项的选中状态。

5．下拉框

下拉框以列表的形式显示选择项，如图 3.3 所示。

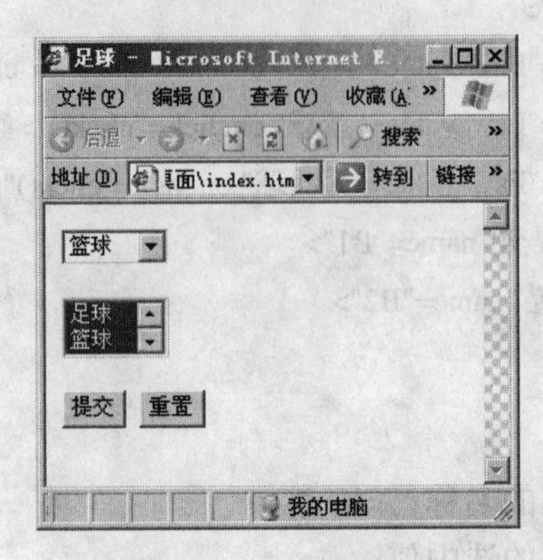

图 3.3　下拉框

该界面的代码如下：

```
<form method="POST" action="">
 <select size="1" name="D1">
       <option selected value="足球">足球</option>
       <option value="篮球">篮球</option>
       <option value="乒乓球">乒乓球</option>
 </select><p>
 <select size="2" name="D2" multiple>
       <option selected value="足球">足球</option>
       <option value="篮球">篮球</option>
       <option value="乒乓球">乒乓球</option>
 </select></p>
 <input type="submit" value="提交" name="B1">
 <input type="reset" value="重置" name="B2">
</form>
```

代码说明：

➢ size 属性指定下拉框中的行数；
➢ name 属性指定下拉框的名称；
➢ multiple 属性指定下拉框中是否允许选中多个项目，在图 3.3 中，下面位置的下拉框允许选中多个选项；
➢ selected 属性指定选中的选项；
➢ option 指定下拉框的选项。

### 3.1.2 GET和POST方法

客户端在与服务器端连接时，HTML页面无法通过HTML记录客户端信息。服务器端把每个客户端的请求单独处理，在请求完成后就结束与客户端的连接。当从一个HTML页面转到另一个HTML页，前页的变量也就消失，无法传到后一页。HTTP协议无法记录Web应用程序环境的变量和Web应用程序内的值。因此，HTTP协议是无状态的。

页面间信息的传递可以通过很多种方法实现，如表单、Session、Cookie等。PHP可以通过表单获取从一页传递到另一页的变量，可以更快、更容易地实现各种Web站点功能。通过表单传递变量最基本的方法是GET和POST方法。

**1．GET**

GET方法把表单内容作为URL查询字符串的一部分，从一页传递到另一页。下面的表单采用GET方法传递信息。

```
<form method="GET" action="index1.php">
        <input type="checkbox" name="Fav" id="Fav" value="football" checked >足球<p>
        <input type="checkbox" name="Fav" id="Fav"   value="basketball" >篮球</p>
        <input type="checkbox" name="Fav" id="Fav"   value="tabletennis" >乒乓球
        <input type="submit" value="submit" name="B1">
        <input type="reset" value="reset" name="B2">
</form>
```

当用户单击“提交”按钮时，浏览器地址栏将出现下面的URL：

```
http://localhost/3/3.1.2/index1.php?Fav=football&Fav=tabletennis&B1=submit
```

URL地址说明：

使用GET方法传递数据时，把表单中变量名和值附加到ACTION属性中指定的URL后，并使用“？”分割。

组合URL的具体方法如下：

（1）获取ACTION属性中指定的URL；

（2）在URL后添加“？”；

（3）以“变量名=值”的格式把变量名和值附加到“？”后；

（4）再次附加变量名和值时，需要先附加符号“&”区分不同变量名，再以“变量名=值”的格式把变量名和值附加到“&”后。可以附加多组变量名和值。

使用GET方法传递数据，将产生一个新的URL查询字符串。但是GET方法也把表单中的数据显示在浏览器地址栏中，如在百度（www.baidu.com）搜索时，百度页面会把搜索关键词以GET方法进行传递。而在登录界面中，使用GET方法将会显示用户的名称和密码，造成用户重要信息泄露。因此，在表单传递数据时，很少采用GET方法，而是采用POST方法。

**2．POST**

在表单传递变量时，经常使用POST方法。POST方法比GET方法更安全，它不会把表单数据显示在URL中；而且POST方法可以传递更长的数据内容。

下面代码中的表单使用POST方法传递数据：

```
<form method="POST" action="index1.php">
```

```
        <input type="checkbox" name="Fav" id="Fav" value="football" checked >足球<p>
        <input type="checkbox" name="Fav" id="Fav"   value="basketball" >篮球</p>
        <input type="checkbox" name="Fav" id="Fav"   value="tabletennis" >乒乓球
        <input type="submit" value="submit" name="B1">
        <input type="reset" value="reset" name="B2">
</form>
```

## 3.2 在 PHP 中获取表单数据

本节通过一个注册界面的例子，介绍 PHP 获取表单数据的方法。在将表单数据提交给 PHP 脚本时，表单中的信息可自动在 PHP 脚本中使用。

### 3.2.1 界面

该例界面如图 3.4 所示。该界面显示了注册界面常有的信息，如姓名、性别、爱好等。

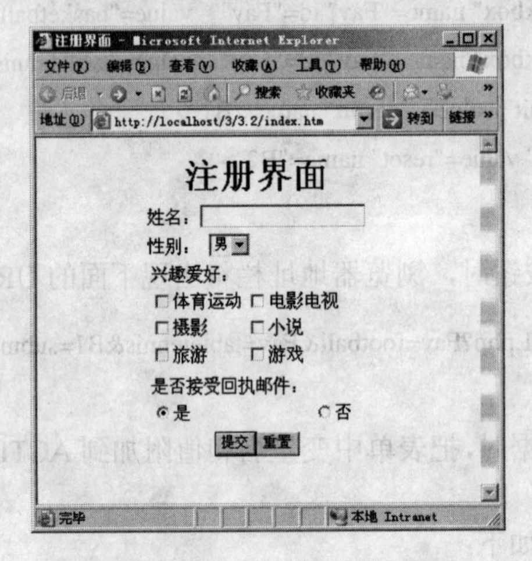


图 3.4 获取表单数据例子界面

该界面的代码比较简单，具体如下：

```
<form method="POST" action="index.php">
<table align=center>
<tr><td><p align="center"><b><font size="6">注册界面</font></b></td></tr>
<tr><td><p>姓名：<input type="text" name="Name" size="20"></p></td></tr>
<tr><td><p>性别：
        <select size="1" name="SEX">
        <option value="男" selected>男</option>
        <option value="女">女</option>
        </select></p>
</td></tr>
<tr><td>
        <table><tr><td colspan=2><p>兴趣爱好：</td></tr>
```

```
                <tr><td><input type="checkbox" name="Fav[]" id="Fav" value="体育运动">体育运动</td>
                <td><input type="checkbox" name="Fav[]" id="Fav" value="电影电视">电影电视</td></tr>
                <tr><td><input type="checkbox" name="Fav[]" id="Fav" value="摄影">摄影</td>
                <td><input type="checkbox" name="Fav[]" id="Fav" value="小说">小说</td></tr>
                <tr><td><input type="checkbox" name="Fav[]" id="Fav" value="旅游">旅游</td>
                <td><input type="checkbox" name="Fav[]" id="Fav" value="游戏">游戏</td></tr>
            </table>
        </td></tr>
        <tr><td>
            <table>
                <tr><td>是否接受回执邮件：</td></tr>
                <tr><td><input type="radio" value="Yes" checked name="R1">是</td>
                    <td><input type="radio" name="R1" value="No">否</td></tr>
            </table>
        </td></tr>
        <tr><td>
            <p align="center"><input type="submit" value="提交" name="B1"><input type="reset" value="重置"
name="B2"></p>
        </td></tr>
        </p>
      </table>
      </form>
```

该界面把表单数据提交到文件 index.php 进行处理。如果存在多个多选框，多选框的名称需要加上符号“[]”；否则，PHP 可能只获取到最后一个选项的值。

## 3.2.2 获取表单数据

下面介绍获取表单数据的方法：

### 1. 获取表单所有数据

这里介绍的通用方法是获取通过 POST 方法传递表单数据的方法。PHP 提供了$_POST 变量，该变量包含所有通过 POST 方法提交的变量值。$_POST 为自动全局变量，可以在 PHP 脚本中直接使用。

$_POST 可以看做是由表单变量组成的数组，可以被遍历。该方法遍历$_POST 变量，并输出表单所有的变量值。

```
<?php
//$post 保存非空变量值。
$post = array();
//$empty 保存空值。
$empty = array();
//遍历$_POST 变量。
```

```
foreach ($_POST as $varname => $varvalue)
{
//检查当前处理变量是否为空：为空，则加入$empty；否则，加入$post。
    if (empty($varvalue))
    {
        $empty[$varname] = $varvalue;
    }
 else
 {
        $post[$varname] = $varvalue;
    }
}
//输出所有变量及其值。
echo "<pre>";
if (empty($empty))
{
    echo "表单数据如下：<BR>";
    var_dump($post);
}
else
{
    echo "表单中存在" . count($empty) . "个空值<BR>";
    echo "空值如下：<br>";
 var_dump($empty);
    echo "表单数据如下：<br>";
 var_dump($post);
 }
?>
```

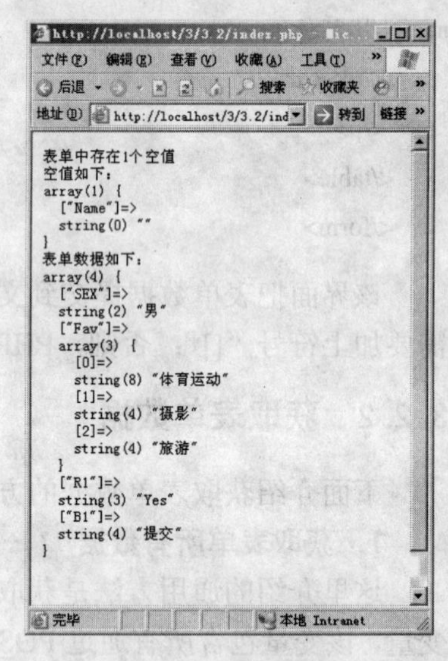


图 3.5　输出表单数据

代码说明：

函数 empty()检查参数值是否为空，如果为空，则返回 True；否则，返回 False。

运行该段代码，如图 3.5 所示。

**2．获取表单指定变量的值**

上面介绍的方法可以获取表单所有值。这里介绍的方法是获取指定变量的值。前面讲过，变量$_POST 可以看做是由表单变量组成的数组，也就可以直接访问指定的元素值。下面的代码获取指定变量的值。

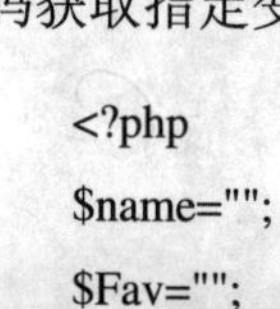

```
<?php
$name="";
$Fav="";
```

```
$Sex="";
$IsSendMail="";
//检查指定变量值是否存在，存在，则获取该变量值。
if(isset($_POST["Name"]))
    $name=$_POST["Name"];
if(isset($_POST["Fav"]))
    $Fav=$_POST["Fav"];
if(isset($_POST["SEX"]))
    $Sex=$_POST["SEX"];
if(isset($_POST["R1"]))
    $IsSendMail=$_POST["R1"];
echo "姓名为：".$name."<BR>";
echo "性别为：".$Sex."<BR>";
echo "爱好为：<BR>" ;
if(is_array($Fav))
{
     foreach($Fav as $val)
     echo $val.";";
     echo "<BR>";
}
else
 echo $Fav."<BR>";
echo "是否发送回执邮件：".$IsSendMail."<BR>";
?>
```

代码说明：

- 函数 isset()检查参数是否存在，如果存在，则返回 True；否则，返回 False。
- 函数 is_array()检查参数是否为数组，如果是，则返回 True；否则，返回 False。

## 本章小结

本章介绍了 Web 页面间传递数据的方法。Web 页面传递是网站中非常重要的技术，熟悉页面传递内容将有助于网站编程。页面间数据传递也常用到 JavaScript 辅助实现客户端功能。

## 本章习题

1．GET 和 POST 方法的主要区别是什么？

2．下面为表单代码，选中体育运动、小说、旅游项目，在 index.php 中使用$_POST["Fav"]的结果是什么？

```
<form method="POST" action="index.php">
```

```
<table><tr><td colspan=2><p>兴趣爱好：</td></tr>
        <tr><td><input type="checkbox" name="Fav" value="体育运动">体育运动</td>
        <td><input type="checkbox" name="Fav" value="电影电视">电影电视</td></tr>
        <tr><td><input type="checkbox" name="Fav" value="摄影">摄影</td>
        <td><input type="checkbox" name="Fav" value="小说">小说</td></tr>
        <tr><td><input type="checkbox" name="Fav" value="旅游">旅游</td>
        <td><input type="checkbox" name="Fav" value="游戏">游戏</td></tr>
    </table>
</form>
```

3．使用 JavaScript 如何操纵题目 2 中表单中的多选框？

## 本章答案

1．GET 方法把参数数据加到提交表单的 ACTION 属性所指的 URL 中，由表单内各个字段和值对应，并由“&”连接。

POST 方法将表单内各个字段与其内容于 HTML HEADER 内一起传送到 ACTION 属性所指的 URL 地址。

GET 方法传递的数据可由$_GET 获取，POST 方法传递的数据可由$_POST 获取。

2．旅游。

如果正确获得用户选择，需要修改成如下格式。

```
<form method="POST" action="index.php">
<table><tr><td colspan=2><p>兴趣爱好：</td></tr>
        <tr><td><input type="checkbox" name="Fav[]" value="体育运动">体育运动</td>
        <td><input type="checkbox" name="Fav[]" value="电影电视">电影电视</td></tr>
        <tr><td><input type="checkbox" name="Fav[]" value="摄影">摄影</td>
        <td><input type="checkbox" name="Fav[]" value="小说">小说</td></tr>
        <tr><td><input type="checkbox" name="Fav[]" value="旅游">旅游</td>
        <td><input type="checkbox" name="Fav[]" value="游戏">游戏</td></tr>
    </table>
</form>
```

3．如果能正确操作该多选框，需要为每个选项设置 ID，代码如下：

```
<form method="POST" action="index.php">
<table><tr><td colspan=2><p>兴趣爱好：</td></tr>
        <tr><td><input type="checkbox" name="Fav[]" id="Fav" value="体育运动">体育运动</td>
        <td><input type="checkbox" name="Fav[]" id="Fav" value="电影电视">电影电视</td></tr>
        <tr><td><input type="checkbox" name="Fav[]" id="Fav" value="摄影">摄影</td>
        <td><input type="checkbox" name="Fav[]" id="Fav" value="小说">小说</td></tr>
        <tr><td><input type="checkbox" name="Fav[]" id="Fav" value="旅游">旅游</td>
        <td><input type="checkbox" name="Fav[]" id="Fav" value="游戏">游戏</td></tr>
```

```
	</table>
</form>
<input type="button" onclick="buttonclick();" value="测试">
```

JavaScript 的代码如下：

```
<SCRIPT language=javascript >
function buttonclick()
{
obj=document.getElementsByName("Fav");
len=obj.length;
str="";
for(i=0;i<len;i++)
{
 if(obj[i].checked)
	str=str+obj[i].value;
}
alert(str);
}
</script>
```

# 第 4 章　字符串函数

**课前导读**

在 Web 编程里，字符串总会经常使用。对于 PHP 程序员来说，正确地使用和处理字符串是非常重要的。PHP 提供了大量操作字符串的函数。这些函数功能强大，使用也比较简单。前面的章节简要介绍了字符串运算符的基础知识，本章将会对字符串操作函数进行深入的学习。

**重点提示**

本章讲解了字符串的赋值及字符串运算符，然后重点讲解了各种字符串函数和正则表达式，具体内容如下：

- 字符串赋值和字符串运算符
- 字符串的查找与比较
- 字符串的截取、大小转换、字符长度
- 字符串的分割、替找与连接
- 正则表达式

## 4.1　字符串

字符串就是一系列字符，是 PHP 脚本中常用的数据类型。PHP 是一种弱类型语言，不同类型的数据一般可直接一起使用，系统自动转换成相应类型进行处理。下面的代码把数值和字符串混合操作。

```
<?php
$a=2;
 $b="3";
$c=$a.$b;
echo '$a='.$a."<BR>";
echo '$b='.$b."<BR>";
echo '$a.$b='.$c."<BR>";
$c=$a+$b;
echo '$a+$b='.$c."<BR>";
?>
```

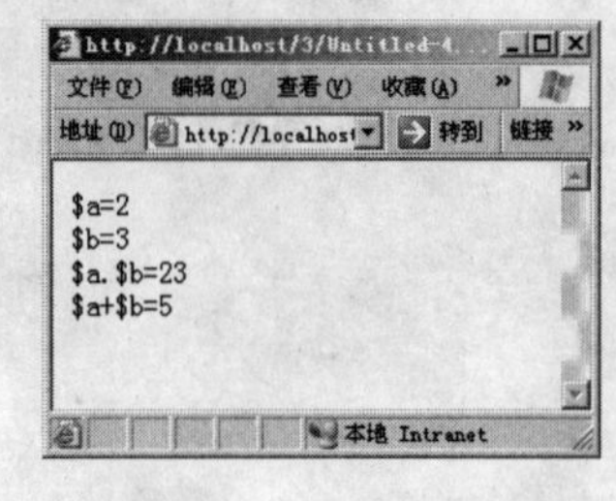


图 4.1　字符串连接

运行该段代码，结果如图 4.1 所示。

### 4.1.1　字符串赋值

在 PHP 中，一般用双引号或单引号定义一个字符串。下面两种定义字符串的格式都是正确的。

```
<?php
$str = 'this is a string';
$str = "this is a string";
?>
```

这两种定义方式有一些区别。使用单引号“'”方式，会将单引号中的所有内容当做字符处理；而使用双引号“"”方式则不然，它支持变量的解析和转义字符。下面的代码说明了两种定义方式在变量解析方面的区别。

```
<?php
$str = "string";
$str1 = "str is $str";
$str2 = 'str is $str';
//输出结果：str is string。
echo $str1;
//输出：str is $str。
echo $str2;
?>
```

下面的代码说明了两种定义方式对转义字符支持的区别。

```
<?php
//输出：a string est。已经将\t 作为转义字符处理
echo "a string \test";
//输出：a string \test。对转义字符不作处理
echo 'a string \test';
?>
```

在表 4-1 中列出了 PHP 中的转义字符。如果要在双引号中包含“"”、反斜线“\”等转义字符，就必须在它们前面加上一个“\”。

表 4-1　PHP 中的转义字符

| 转义字符 | 含义 |
| --- | --- |
| \n | 换行符 |
| \r | 回车符 |
| \t | 水平制表符 |
| \\ | 反斜线 |
| \$ | 美元符号 |
| \" | 双引号 |

在 PHP 中，也可以使用 echo、print 对字符串进行赋值。echo 和 print 都是输出字符串的函数。echo 和 print 都不是真正意义上的函数，而是语言结构，所以不必用双括号调用。在使用它们输出时，也可以实现对变量的赋值。

下面的代码在对变量赋值的同时，输出变量的值。

```
<?php
//在赋值的同时,也输出了变量的值。
echo $str="echo string","<br>";
//在赋值的同时,也输出了变量的值。
print $str="print string";
?>
```

echo 与 print 在赋值功能上是相同的，但是它们还是有区别的。print 具有返回值，返回 1，而 echo 没有返回值。因此从程序运行速度上看，echo 要比 print 更快一些。下面的代码输出了 print 的返回值：

```
<?php
$return = print "test";
//输出 1。
echo $return;
?>
```

也正因为 print 具有返回值，echo 不具有返回值，所以 print 能应用于复合语句中，而 echo 不能。

下面的代码将 print 用于复合语句中：

```
<?php
//输出：str 变量未定义。
isset($str) or print "str 变量未定义";
//将提示错误。
isset($str) or echo "str 变量未定义";
?>
```

代码说明：

➢ isset()函数检查变量是否存在，如果存在，则返回 True；否则，返回 False。

➢ 变量$str 未定义，isset($str)返回 False，系统将执行 or 运算符后的语句 print，输出“str 变量未定义”。

echo 可以一次输出多个字符串，而 print 则不可以。下面的代码使用 echo 一次输出多个字符串：

```
<?php
//输出 this is a string。
echo "this ","is ","a ","string";
?>
```

### 4.1.2 字符串运算符

PHP 有两个字符串运算符，分别介绍如下。

➢ 连接运算符“.”：返回其左右参数连接后的字符串，如“2."3"”连接结果为“23”。

➢ 连接赋值运算符“.=”：将右边参数附加到左边的参数后。

这两种字符串运算符的使用代码如下所示：

```
<?php
$str1 = "str1 ";
$str = $str1."contain";
//输出：str1contain。
echo $str;
$str2 = "str2 ";
$str2 .= "contain";
//输出：str2contain。
echo $str2;
?>
```

多个字符串可以使用“.”连接符进行连接，例如：

```
<?php
$name = "JOE";
//输出的结果为：JOE_ZL。
echo $name."_ZL";
?>
```

如果在输出时不使用句号“.”连接符，也可以输出连接的字符串：

```
<?php
$name = "JOE";
//双引号里的变量能和一般的字符串自动区分开，并可以正常显示出来。
//下面输出 JOE_ZL。
echo "$name_ZL ";
?>
```

## 4.2　字符串函数

PHP 提供了大量的字符串处理函数，如查找、截取、比较字符串等函数。下面介绍一下常用的字符串函数。

### 4.2.1　查找字符串

PHP 中用于查找或者匹配的函数非常多，如 strstr()、strpos()等，它们都有不同的意义。本小节介绍常用的函数 strstr()和函数 stristr()，这两个函数用来查找子字符串在字符串中出现的位置。这两个函数在功能上和返回值上都是一样的；但是函数 strstr()在查找子字符串时区分大小写，而函数 stristr()不区分大小写。

函数 strstr()的语法结构如下：

```
string strstr ( string str, string needle)
```

语法结构说明：

函数 strstr()返回子字符串 needle 在字符串 str 中第一次的出现位置到字符串 str 结束部分。如果没有找到子字符串 needle，则返回 False。

函数 strstr()可以判断一个字符串中是否含有另外一个字符串。下面的代码检查字符串是否含有指定的子字符串：

```
<?php
$sonstr = "JOE";
$str = "JOE_ZL";
//下面代码输出：str 中有 sonstr。
if (strstr($str, $sonstr))
{
 echo "str 中有 sonstr";
}
else
{
 echo "str 中没有 sonstr ";
}
?>
```

使用函数 strpos()可以实现查找字符串的功能。函数 strpos()的语法结构如下：

```
int strpos ( string str, string needle [, int offset])
```

语法结构说明：

➢ 该函数返回子字符串 needle 在字符串 str 中最先出现的位置；若未发现指定的子字符串，则返回 False；

➢ 参数 offset 为可选项，表示从 offset 处开始查找。

如果查找子字符串在字符串最后出现的位置，可以使用函数 strrpos()实现。该函数语法结构与函数 strpos()相同，只是返回子字符串在字符串最后出现的位置。

下面的代码输出指定子字符串在字符串中的位置：

```
<?php
$str="使用函数 strpos（）。函数 strrpos ()。";
echo '$str 为：'.$str."<BR>";
echo '$str 中“函数”起始位置为：'.strpos($str,"函数")."<BR>";
echo '$str 中“strpos”起始位置为：'.strpos($str,"strpos")."<BR>";
echo '$str 中“函数”最后位置为：'.strrpos($str,"函数");
?>
```

运行该段代码，结果如图 4.2 所示。

下面的代码自定义了函数 check_str()。该函数把字符串中所有的指定子字符串以红色字体显示。函数 check_str()实现步骤如下：

（1）获取字符串$str 的长度；

（2）获取子字符串$sonstr 的长度；

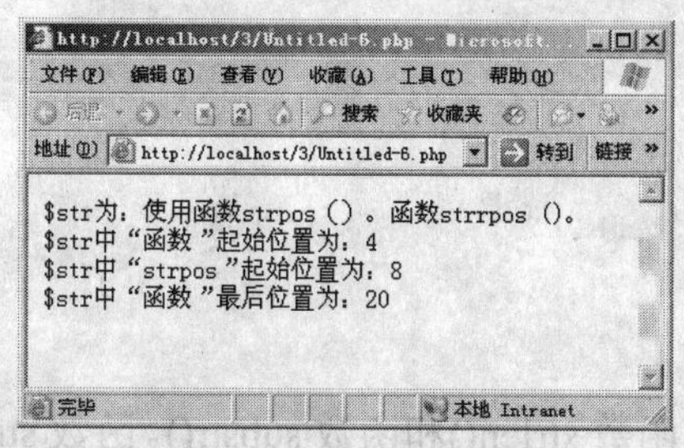


图 4.2　输出子串位置

（3）判断$str 和$sonstr 的长度：若子字符串长度大于字符串长度，则转（13）；

（4）把字符串赋给$substr；

（5）获取$sonstr 在$str 中的位置$subpos；

（6）若$subpos 为 false，则转步骤（11）；

（7）截取$substr 中$subpos 前的字符串连接在$resstr；

（8）把$sonstr 以红色字体连接在$resstr；

（9）重新设置$substr；

（10）重复步骤（5）～（10）；

（11）把$substr 连接在$resstr；

（12）返回$resstr，转步骤（14）；

（13）返回 false；

（14）结束。

该函数具体实现代码如下：

```
<?php
$str = "使用函数 strpos()。函数 strrpos ()。";
$sonstr = "函数";
echo '“'.$sonstr.'” 在$str 中位置如下（红色字体）： '."<BR>";
echo check_str($str, $sonstr);
function check_str($str, $sonstr)
{
 $substr=$str;
 $strlen=strlen($str);
 $sublen=strlen($sonstr);
 if($strlen<$sublen)
        return false;
 $resstr="";
 $pos=0;
        while(($subpos=strpos($substr,$sonstr))!== false)
        {
                $resstr.=substr($substr,0,$subpos);
                $resstr.="<font color=red>".$sonstr."</font>";
                $pos=$subpos+$sublen;
                $substr=substr($substr,$pos);
```

```
        }
        $resstr.=$substr;
        return $resstr;
    }
?>
```

在这段代码中，使用到了函数 strlen()和函数 substr()。函数 strlen()用来获取字符串的长度。函数 substr()用来截取指定位置和长度的子字符串，语法结构如下：

```
string substr ( string string, int start [, int length])
```

语法结构说明：

- 参数 start 为截取子字符串的起始位置；
- 参数 length 为可选项，标识截取子字符串的长度；
- 该函数将字符串 string 的第 start 位起的字符串取出 length 个，并返回。

运行该段代码，结果如图 4.3 所示。

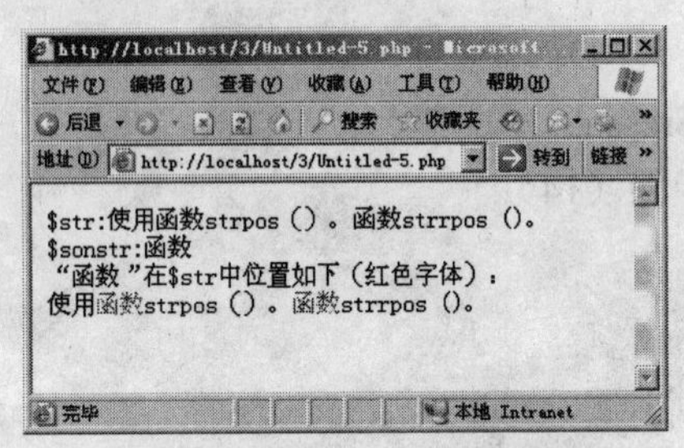


图 4.3 以红色字体显示查找结果

### 4.2.2 比较

在 PHP 中，字符串的比较可以通过两种方式来完成。第一种是通过比较运算符，第二种是通过比较函数。

**1．比较运算符**

在 PHP 中一般可以使用“==”和“!=”符号进行比较，比较两个字符串相等或不等。下面的代码使用比较符号对字符串进行比较。

```
<?php
$NAME1 = "JOE";
$NAME2 = "BOB";
//输出结果为：NAME1 与 NAME2 不相等。
if ($NAME1 != $ NAME2)
{
echo " NAME1 与 NAME2 不相等";
}
else
{
echo " NAME1 与 NAME2 相等";
```

```
}
?>
```

PHP 还提供了比较符号“!==”和“===”。这两个比较符号一般用于不确定类型对象的比较。如果用“!==”和“===”符号进行比较，两个比较对象的类型和内容要严格相等才能返回 True；否则，返回 False。而使用“==”和“!=”符号比较不同类型的对象时，系统会将字符串自动转换成相应的类型，以便进行比较。

2．比较函数

PHP 还提供了用于字符串比较的函数，如 strcmp()、strcasecmp()、strncasecmp()、strncmp()等。这些函数的功能都是对指定的两个字符串进行比较，这些函数的返回值可能为以下三种结果：

- 大于 0 的整数：表示前者字符串大于后者字符串；
- 小于 0 的整数：表示前者字符串小于后者；
- 0：两者相等。

函数 strcmp()也用来比较字符串，但这种比较是区分大小写的。该函数的语法结构如下：

```
int strcmp ( string str1, string str2)
```

在比较时，先比较 str1 和 str2 的第一个字符。若字符相同，则比较下一个字符。若所有字符都相同，则返回 0。在比较时出现不同的字符，则依据不同字符的 ASCII 码返回值，前者比较字符的 ASCII 码大于后者，则返回大于 0 的整数；否则，返回小于 0 的整数。例如，下面代码输出 1：

```
<?php
//输出结果：1。这里比较的是“a”和“A”。
echo strcmp("abcde", "Abcde");
?>
```

函数 strcasecmp()用于不区分大小写字符串的比较。该函数的语法结构如下：

```
int strcasecmp ( string str1, string str2)
```

下面的代码输出-1。因为比较时不区分大小写，因此输出的是字符“e”和“f”的结果。

```
<?php
//输出结果：-1。这里其实比较的是“e”和“f”。
echo strcasecmp("abcde", "Abcdf");
?>
```

函数 strncmp()用于比较字符串的一部分。该函数的语法结构如下：

```
int strncmp ( string str1, string str2, int len)
```

语法结构说明：

- 参数 str1 和 str2 为待比较的字符串；
- 参数 len 为可选项，为比较字符串的长度；
- 该函数从字符串的开头进行比较指定长度的字符。

下面的代码使用 strncmp()进行比较。

```
<?php
//输出结果：1。这里其实比较了“abc” 和“Abc”。
echo strncmp("abcde", "Abcde", 3);
?>
```

函数 strncasecmp()在比较字符串的一部分时，不区分大小写。该函数的语法结构与函数 strncmp()相同。下面的代码使用 strncasecmp()进行比较。

```
<?php
//输出结果：0。这里其实比较了“abc” 和“ABc”，由于不区分大小写，所以两者是相同的。
echo strncasecmp("abcde", "ABcde", 3);
?>
```

文件名称“10.txt”、“2.txt”在以升序排序时，人们会把“10.txt”排在“2.txt”后面。如果使用上面介绍的函数进行比较，会返回-1，也就是“10.txt”比“2.txt”小。如果不单单比较字符串大小，函数 strnatcmp()和 strnatcasecmp()可以满足这种要求。函数 strnatcmp()和 strnatcasecmp()是用于自然对比的函数。

下面的代码使用 strncasecmp()和 strnatcasecmp()进行比较。

```
<?php
//输出结果：1。这里其实比较了“10” 和 “2”。
echo strnatcmp("10.txt", "2.txt");
//输出结果：1。这里其实比较了“10” 和 “2”，并且不区分大小写。
echo strnatcasecmp("10.TXT", "2.txt");
?>
```

### 4.2.3 截取字符串

PHP 提供了一个 substr()函数，用来实现截取字符串功能，语法结构如下：

```
string substr(sting str,integer start,integer [length]);
```

其中，参数 start 和 length 可以为负值。若 start 为负数，则从字符串 str 的尾部起始计算；若 length 为负数，则表示子字符串取到倒数第 length 个。下面为 substr()函数的例子。

```
<?php
$str = "abcdefgh";
echo '$str:'.$str."<BR>";
echo 'substr($str,2):'.substr($str,2)."<BR>";//从 0 开始计数
echo 'substr($str,2,3):'.substr($str,2,3)."<BR>";
echo 'substr($str,-1):'.substr($str,-1)."<BR>";//从字符串的末尾开始
echo 'substr($str,-5,2):'.substr($str,-5,2)."<BR>";
echo 'substr($str,-5,-2):'.substr($str,-5,-2)."<BR>";
?>
```

运行该段代码，结果如图 4.4 所示。

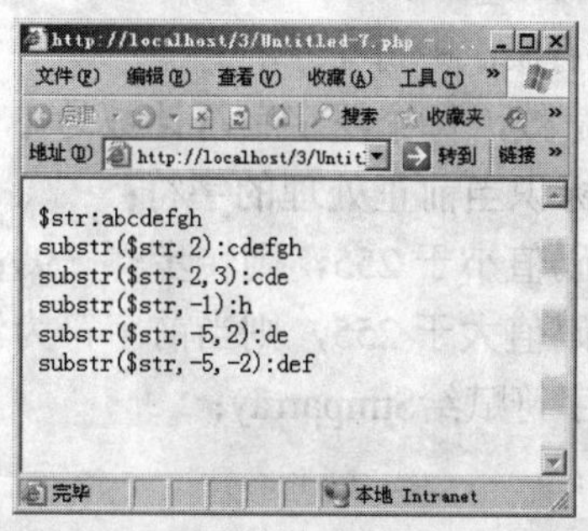


图 4.4　截取字符串

下面的代码是使用函数 substr()截取字符串。这里只是说明 substr()函数的实现过程，并不推荐自定义 PHP 提供的函数。

```
<?php
function mysubstr($str, $start, $length=NULL)
{
//如果字符串为空，或$start 大于字符串长度，则返回空字符串。
if ($str=='' || $start>strlen($str))
    return "";
//若起始子字符串的位置小于 0，则重新设置该起点位置。
if($start<0)
    $start=strlen($str)+$start;
//若未设置$length，则重新设置该变量。
if ($length == NULL)
    $length = (strlen($str) - $start);
//若$length 小于 0，则重新计算子字符串的长度。
if($length<0)
    $length=strlen($str)+$length-$start;
//若$start+$length 超过字符串长度，则返回空字符串。
if ($length>strlen($str)-$start)
    return "";
//获取子字符串。
for ($i=$start; $i<($start+$length); $i++)
{
    $substr .= $str[$i];
}
return $substr;
}?>
```

使用函数 substr()截取中文字符串时，有时会出现乱码现象。因此，在处理中文字符串时，使用其他的截取方法。下面是一个截取中文字符串的自定义函数 gbsubstr()。

函数 gbsubstr()的实现步骤如下：

（1）获取$str 的长度赋值给$str_len；

（2）$tmparray 为数组，保存$str 中每个字符；

（3）$gblen 标识已处理字符数，每个汉字字符计数为 1，设置其值为 0；

（4）处理每一个字符，$i 标识当前正处理的字符；

（5）若当前字符的 ASCII 码值小于 255，则转步骤（9）；

（6）若当前字符的 ASCII 码值大于 255，则当前字符为汉字字符；

（7）把当前字符和下一个字符赋给$tmparray；

（8）$i 增 1，转步骤（11）；

（9）把当前字符赋给$tmpstr；

（10）$gblen 增 1；

（11）重复步骤（4）至（11）；

（12）若$start 小于 0，重新设置$start；

（13）若$len 小于 0，重新设置$len；

（14）获取$tmparray 中从$start 起$len 个字符，并保存在$tmpstr；

（15）返回$tmpstr；

（16）结束。

该函数的具体实现代码如下：

```
<?php
$str="使用函数 strpos（）。函数 strrpos ()。";
echo '$str:'.$str."<BR>";
echo ' gbsubstr($str,3,3):'.gbsubstr($str,3,3)."<BR>";
echo ' gbsubstr($str,3,-3):'.gbsubstr($str,3,-3);
//gbsubstr（）截取包括汉字字符的字符串。
//每个汉字字符作为一个字符处理。
function gbsubstr($str, $start, $len)
{
 //保存截取后的子字符串。
 $tmpstr = "";
 //保存$str 中的每个字符。每个汉字字符作为一个字符保存在数组元素中。
 $tmparray=array();
 //获取$str 的长度。
 $str_len=strlen($str);
 //标识$str 中字符的数目。
 $gblen=0;
 //把$str 中的字符保存到数组中。
 for($i = 0; $i < $str_len; $i++)
      {
  //汉字字符由两个字节保存。每个字节的 ASCII 码值大于 255。
  //若字节的 ASCII 码值大于 255，则表示该字节为多字节字符（如汉字）。
  //而普通的英文字符均采用单字节保存，且其值小于 255。
```

```
        if(ord(substr($str, $i, 1)) > 0xa0)
            {
            //当前字符为汉字字符，需要获取两个字节数据才可正常获取字符。
                $tmparray[]= substr($str, $i, 2);
            //$i 增 1。
                $i++;
            }
            else
            {
            //保存英文字符。
                $tmparray[]= substr($str, $i, 1);
            }
        //$str 中字符数目增 1。
            $gblen++;
        }
    //若$start 小于 0，则从字符串尾部起始。
        if($start<0)
            $start=$gblen+$start;
    //若$start 大于整个字符串长度，则返回空。
        if($start>=$gblen)
            return "";
    //若$len 小于 0，则子字符串取到倒数第$len 个。
    //重新设置$len 的值，也就是子字符串的终点。
        if($len<0)
            $strlen=$gblen+$len;
    else
        $strlen = $start + $len;
    if($strlen>=$gblen)
        $strlen=$gblen;
    //获取所有的字符，并保存。
    for($i = $start; $i < $strlen; $i++)
        {
            $tmpstr .= $tmparray[$i];
        }
    //返回子字符串。
    return $tmpstr;
}
?>
```

运行该段代码，结果如图 4.5 所示。

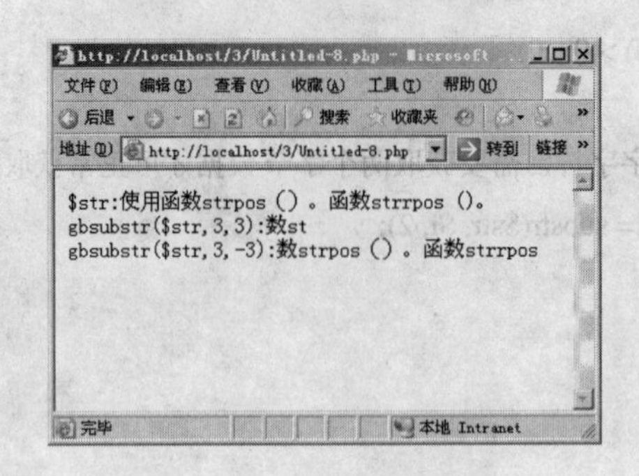


图 4.5 中文字符串

在实际开发过程中，有时为了支持多语言，数据库里的字符串可能以 UTF-8 编码保存，在网站开发中可能需要截取字符串的一部分。为了避免出现乱码现象，就需要使用自定义的 UTF-8 字符串截取函数。

UTF-8 编码的字符可能由 1~3 个字节组成，具体数目可以由第一个字节判断出来。具体方法如下：

（1）第一个字节大于 224 的，它与它之后的 2 个字节一起组成一个 UTF-8 字符；

（2）第一个字节大于 192 小于 224 的，它与它之后的 1 个字节组成一个 UTF-8 字符；

（3）否则，第一个字节本身就是一个英文字符（包括数字和一小部分标点符号）。

下面是一个自定义截取 UTF-8 字符串的函数。

```
<?php
//$sourcestr 是要处理的字符串。
//$cutlength 为截取的长度（即字数）。
function UTF8substr($sourcestr,$cutlength)
{
        $returnstr='';
        $i=0;
        $n=0;
//获取字符串的字节数。
        $str_length=strlen($sourcestr);
//处理所有的字符串字符。
        while (($n<$cutlength) and ($i<=$str_length))
        {
        //获取当前处理的字符。
                $temp_str=substr($sourcestr,$i,1);
        //获取当前字符的 ASCII 码。
$ascnum=Ord($temp_str);
//判断当前字符的 ASCII 码值是否大于 224，如果是，则进行处理。
                if ($ascnum>=224)
                {
                //获取 3 个字符组成一个有效的 UTF-8 编码字符。
                        $returnstr=$returnstr.substr($sourcestr,$i,3);
```

```
//根据 UTF-8 编码规范，将 3 个连续的字符计为单个字符。
            $i=$i+3;
        //字符个数增 1。
            $n++;
        }
    //如果 ASCII 位大于 192 小于 244，则进行如下处理。
        else if ($ascnum>=192 and $ascnum<224)
        {
            $returnstr=$returnstr.substr($sourcestr,$i,2);
//根据 UTF-8 编码规范，将 2 个连续的字符计为单个字符。
            $i=$i+2;
            $n++;
        }
    //如果当前字符是大写字母，则进行如下处理。
        else if ($ascnum>=65 && $ascnum<=90)
        {
            $returnstr=$returnstr.substr($sourcestr,$i,1);
            $i=$i+1;
            $n++;
        }
    //其他情况下，包括小写字母和半角标点符号，则进行如下处理。
        else
    {
            $returnstr=$returnstr.substr($sourcestr,$i,1);
            $i=$i+1;
        //小写字母和半角标点等于半个高位字符宽。
            $n=$n+0.5;
        }
    }
return $returnstr;
}
?>
```

### 4.2.4 转换大小写

在字符串处理过程中，有时会遇到英文字符的大小写转换问题。PHP 提供了两个英文字符大小写转换函数：strtoupper()和 strtolower()，前者将小写字符转变成大写字符，后者作用与前者相反。

strtoupper()函数的语法格式如下：

```
string strtoupper (string str);
```

strtolower()函数的语法格式如下：

```
string strtolower (string str);
```

下面为这两个函数的应用示例：

```
<?php
echo    strtoupper("big");
echo    strtolower("SHORT");
?>
```

输出结果为：

```
BIG
Short
```

PHP 还提供了另外两种用于转换大小写的函数。

Ucfirst()函数：

该函数将字符串的第一个字的首字母改成大写，其语法格式为：

```
string ucfirst(string str);
```

ucwords()函数：该函数将字符串每个字的字首字母全都改成大写，其语法格式为：

```
string ucwords(string str);
```

下面为这两个函数的应用示例：

```
<?php
echo    ucfirst ("big");
echo    ucwords ("this is a big one");
?>
```

输出结果为：

```
Big
This Is A Big One
```

### 4.2.5 获取字符串长度

PHP 提供了 strlen()函数用来计算字符串的长度。Strlen()函数使用代码如下所示：

```
<?php
$str = "test";
//输出结果为： 4。
echo strlen($str);
?>
```

对于 strlen()函数，它将汉字以及全角字符都当做两个或四个字符来计算。在这里还有两个函数可以帮助解决这个问题，就是 mbstring 和 icon。

函数的使用方法如下所示：

```
$len = iconv_strlen($str, "GBK");
```

```
$len = mb_strlen($str, "GBK");
```

在 mbstring 模块中还提供了大量的对含有多字节字符的字符串的处理函数，如果需要时，可以查看 PHP 的中文使用手册，进行学习，这里就不赘述了。

我们在这里同样也可以用一个函数来实现 strlen 获取字符串长度的功能：

代码所示如下：

```
<?php
function strlen($str)
{
if ($str == '') return 0;
$count = 0;
while (1)
{
if ($str[$count] != NULL)
{
$count++;
continue;
}
else
{
break;
}
}
return $count;
}
?>
```

### 4.2.6　分割字符串

PHP 允许把一个字符串按照一个分割符分割成一个数组，或者将一个数组组合成一个字符串。分割字符串的函数为 explode()。

它的使用代码如下所示：

```
<?php
$str = "this is a array";
//使用空格符号，将 str 字符串分割成了数组。
$array = explode(" ", $str);
?>
```

上面的 explode()函数，把$str 字符串按空格进行分割，结果返回一个数组 array("this", "is", "a", "array")。

与 explode()函数具有类似功能的还有：preg_split()、split()、spliti()等函数。

而有分割就必然有合并，使用 implode()和 join()函数，就可以把一个数组合并成一个字符串，它们两个具有完全相同的功能。

implode()函数的使用代码如下所示：

```
$array = array("this", "is", "a", "array");
$str = implode(" ", $array); //使用空格符号作为连接符号，将 array 数组合并成了一个字符串 str
```

上面的 implode()函数将数组$array 的每个元素用空格字符进行连接，返回一个字符串$str：" this is a array "。

在实际的开发过程中，会遇到多种多样的问题。如当英文文章分页时，就不能简单地依靠原有的函数，而需要自己动手来编写函数了。下面是一个分割字符串的函数，并可防止英文单词被截断。

该函数的具体实现代码如下所示：

```
<?php
/*
参数$str 为待截的字符串；
参数$start 标识截取开始位置；
参数$end 标识截取的结束位置。
*/
function wordSubstr($str,$start,$end)
{
        if($start!=0)
        {
 //如果被截的字母前面一个不是空格，表示这个字母并不是一个单词的开始。
 if(substr($str,$start-1,1)!=" ")
                {
                        //去除第一个不完整单词。
                        for($i=1;$i<20;$i++)
                        {
        //向下查找直至出现空格为止，空格后的第一个字母为分页的第一个单词的开始。
        if(substr($str,$start+$i,1)==" ")
                        {
                                break;
                        }
                        }
                        $start+=$i;
                }
 }
 //如果结束处不是空格，表示一个单词还没有完。
        if(substr($str,$end,1)!="")
        {
                //往下循环，直到找到空格后退出。
```

```
        for($i=1;$i<20;$i++)
            {
                if(substr($str,$start+$end+$i,1)==" ")
                {
                break;
                }
            }
            $end+=$i;
    }
    //获取分断单词。
    return substr($str,$start,$end);
}
?>
```

## 4.2.7 替换字符串

在字符串的处理过程中，替换是一种很常见的操作。替换字符串是将一个字符串的一部分变换为另外一个新的字符串，以满足新的操作要求。在 PHP 中通常使用用 str_replace()函数进行替换操作。

它的使用方法如下所示：

```
str_replace("要替换的内容", "要取代原内容的字符串", "原字符串")
```

下面的代码将原字符串中的“x”替换成了“c”：

```
echo str_replace("x ", " c ", "a+b=x"); //输出结果为：  " a+b=c"
```

在使用 str_replace()函数时需要注意，它对大小写是敏感的。因此在字符串替换过程中大小同时存在，就要小心操作了。

同时，str_replace()函数还可以实现多对一、多对多的替换，但是无法实现一对多的替换。

下面的代码实现了多对一替换：

```
echo str_replace(array("xyz","abc"),"X","xyz _ abc _ Y");
```

输出结果为：

```
X _ X _ Y
```

第一个参数中的 array("xyz","abc")都被替换成了"X" 。

下面的代码实现了多对多替换：

```
echo str_replace(array("xyz", "abc"), array("X + Y", "Z"), " xyz _ abc _ M");
```

输出结果为：

```
X + Y _ Z _ M
```

第一个数组中的元素被第二个数组中相对应的元素替换掉了，如果有一个数组比另一个数组元素数要少，那么不足的都会当做空来处理。

此外，在 PHP 中还提供了 substr_replace()函数，实现替换一部分的字符串。它的使用方法如下所示：

```
substr_replace (原字符串，要替代的字符串，开始替换的位置 ，[替换的长度])
```

其中，“开始替换的位置”从 0 开始计算，应该小于原字符串的长度。要替换的长度是可选的。例如：

```
echo substr_replace("abcdefg", "BCD", 1); //输出结果为：  "aBCD"
echo substr_replace("abcdefg", " BCD ", 1, 2); //输出结果为：  "aBCDdefg"
```

第一个例子中，从第二个位置（即“b”）开始替换，从而把“bcdefg”都替换成了“BCO”。

第二个例子中，也是从第二个位置（即“b”）开始替换，但只能替换 2 个长度，即到“d”，所以就把“bc”替换成了“BCD”。

下面的代码实现了 str_replace()替换字符串的功能：

```
<?php
function str_replace($sonstr, $new sonstr, $str)
{
$m = strlen($str);
$n = strlen($sonstr);
$x = strlen($new sonstr);

if (strchr($str, $ sonstr) == false) return false;
for ($i=0; $i<=($m-$n+1); $i++)
{
$i = strchr($str, $ sonstr);
$str = str_delete($str, $i, $n);
$str = str_insert($str, $i, $new sonstr);
}
return $str;
}
?>
```

### 4.2.8 字符串连接

PHP 没有直接给出字符串连接的函数，对于普通的字符串连接，都是使用“.”连接符完成的。

在实际开发过程中，为了方便快捷地实现字符串连接的功能，可以把该功能做成函数。下面为 mystrcat()函数连接字符串功能的实现方法。

```
<?php
function mystrcat($str1, $str2)
{
 if (!isset($str1) || !isset($str2)) return;
```

```
 $newstr = $str1;
 for($i=0; $i<count($str); $i++)
 {
       $newstr .= $str[$i];
 }
 return $newstr;
}
?>
```

下面的代码调用该函数实现字符串连接：

```
<?php
$str1="HELLO";
$str2="WORLD! ";
function mystrcat($str1, $str2)
{
 if (!isset($str1) || !isset($str2)) return;
 $newstr = $str1;
 for($i=0; $i<count($str); $i++)
 {
       $newstr .= $str[$i];
 }
 return $newstr;
}
echo   strcat($str1,$str2);
?>
```

输出结果为：

```
HELLO WORLD!
```

## 4.3 正则表达式

正则表达式描述了一种字符串匹配的模式，可以用来查找、替换复杂子字符串。正则表达式是非常简单的，而不是通常理解的一种神秘语言。PHP 既支持 Perl 兼容的 PCRE 正则表达式函数，也支持 POSIX 扩展的正则表达式函数。本节将介绍正则表达式函数，阅读完这一节后，就能了解正则表达式的语法了。

### 4.3.1 正则表达式语法

正则表达式作为一个模板，将某个字符模式与所搜索的字符串进行匹配。正则表达式主要是由普通字符和特殊字符组成的模板。普通字符就是 a~z、A~Z 以及可输出的字符，特殊字符是其他一些控制字符。这些特殊字符如表 4-2 所示。

表 4-2　特殊字符说明

| 字符 | 描述 |
| --- | --- |
| \ | 将其后的字符标记为一个特殊字符。如“\n”匹配一个换行符；“\$”匹配“$” |
| ^ | 该字符不在“[”内使用，表示匹配字符串的开始位置。在“[”内使用，表示不接受该字符集合 |
| $ | 匹配字符串的结束位置 |
| * | 匹配其前子表达式零次或多次，如模式“my*”可以匹配“m”、“my”或“myy”等 |
| + | 匹配其前子表达式一次或多次，如模式“my+”可以匹配“my”或“myy”等 |
| ? | 匹配其前子表达式零次或一次，如模式“my?”可以匹配“m”或“my”等 |
| {n} | n 为不小于 0 的整数，匹配其前子串 n 次，如“my{2}”可以匹配“myy” |
| {n,} | n 为不小于 0 的整数，匹配其前子串至少 n 次 |
| {n,m} | n、m 为不小于 0 的整数，匹配其前子串至少 n 次，最多 m 次 |
| . | 匹配除“\n”之外的任何单个字符 |
| x\|y | 匹配 x 或 y |
| [xyz] | 匹配 xyz 中任意一个字符 |
| [^x] | 匹配除了 x 之外的任意字符 |
| [a-z] | 匹配 a～z 范围内的任意字符 |
| [^a-z] | 匹配除了字符 a～z 之外的任意字符 |
| \r | 匹配一个回车符 |
| \w | 匹配包括下划线的任何单词字符。\W 等价于[^\w] |

下面是由正则表达式字符组成的表达式，具体意义如下。

➢ “^ab*”：匹配以 a 开头和 0 个或者更多 b 组成的字符串，如“a”、“ab”、“abbb”等。

➢ “^ab+”：和上面一样，但最少有一个 b，如“ab”、“abbb”等。

➢ “ab?”：匹配 0 个或者一个 b。

➢ “a?b+$”：匹配由一个或者 0 个 a，再加上一个以上的 b 结尾的字符串。

下面的表达式由括号组成。

➢ “ab{2}”：使用大括号限制字符出现的个数，该表达式匹配一个 a 后面跟两个 b，如“abb”。

➢ “ab{2,}”：该表达式匹配一个 a 后面跟至少两个 b，如“abb”、“abbbb”等。

➢ “ab{3,5}”：该表达式匹配一个 a 后面跟最少 3 个、最多 5 个 b，如“abbb”、“abbbb”、“abbbbb”。

➢ “a(bc)*”：匹配 a 后面跟 0 个或者一个“bc”的字符串。

➢ “a(bc){1,5}”：匹配 a 后面跟一个到 5 个“bc”的字符串。

➢ “[ab]”：匹配单个的 a 或者 b，如“a”、“b”。

➢ “[a-d]”：匹配 a 到 d 的单个字符，如“a”、“b”等。它和“a|b|c|d”、“[abcd]”相同。

➢ “^[a-zA-Z]”：匹配以字母开头的字符串。

➢ “[0-9]%”：匹配一个数字后跟着“%”的字符串。

➢ “^,[a-zA-Z0-9]$”：匹配以逗号开始，以一个数字或字母结尾的字符串。

下面的表达式由“|”、“.”组成。

➢ “my|your”：匹配含有“my”或者“your”的字符串。

➢ “(b|cd)ef”：匹配含有“bef”或者“cdef”的字符串。

➢ “^a.[0-9]”：匹配的字符串以a开头，后跟一个字符，再跟一个数字。

### 4.3.2　检查邮件地址有效性

检查电子邮件地址的合法性，可使用下面的正则表达式。

```
^[_.0-9a-zA-Z-]+@([0-9a-zA-Z][0-9a-zA-Z-]+)+\.[a-z]$
```

检查邮件地址合法性的正则表达式模式，可以分解为开始字符“^”、邮箱名称“[_.0-9a-zA-Z-]+”、符号“@”、域名“([0-9a-zA-Z][0-9a-zA-Z-]+)+”、点符号“\.”和结束字符“$”。各部分的具体解释如下：

➢ 开始字符“^”表示匹配字符串的开始位置。
➢ “[_.0-9a-zA-Z-]+”表示由字符、横线、下划线和点组成的字符串。
➢ “@”表示邮箱名称后必须有个“@”符号。
➢ 域名“([0-9a-zA-Z][0-9a-zA-Z-]+)+”部分是由字符、横线、下划线和点组成的字符串。
➢ 结束字符“$”表示匹配结束。

下面是对电子邮件地址进行检查的自定义函数，这个函数没有使用正则表达式。

```
<?php
/*
判断字符串 emailAddr 是否为合法的电子邮件地址，如果是，则返回 true；否则，返回 false。
*/
function emailCheck(emailAddr)
{
 if((emailAddr == null) || (emailAddr.length < 2))
        return false ;
        //需出现'@',且不在首字符.
        var aPos = emailAddr.indexOf("@" ,1) ;
        if(aPos < 0)
        {
            return false ;
        }
        // '@'后出现'.',且不紧跟其后.
        if(emailAddr.indexOf("." ,aPos+2) < 0)
        {
            return false ;
        }
        return true ;
}
?>
```

下面使用正则表达式来检查电子邮件地址：

```
<?php
if (ereg ("^[_.0-9a-zA-Z-]+@([0-9a-zA-Z][0-9a-zA-Z-]+)+\.[a-z]$",$email))
```

```
{
echo "您的 E-mail 通过初步检查";
}
else
    echo "您的 E-mail 没有通过初步检查";
?>
```

在上面的程序中，用到了一个 ereq()函数。

Ereq()函数的语法格式如下：

```
int ereg(string pattern, string string, array [regs]);
```

语法格式说明如下：

➢ ereq()函数以 pattern 的规则解析比对字符串 string。该函数进行匹配时，区分字符的大小写。

➢ 若指定参数 regs，该函数将匹配结果返回值放在参数 regs 中；若省略参数 regs，则只是单纯地匹配，若匹配成功，则返回 true；否则，返回 false。

➢ 若指定参数 regs，参数 regs 为数组类型：regs[0]为原字符串 string；regs[1]为第一个合乎匹配规则的字符串；regs[2]为第二个合乎规则的字符串，以此类推。

与该函数类似的函数还有 ereqi()、ereg_replace()、eregi_replace()等。这些函数的作用如下：

➢ 函数 ereqi()在匹配时，不区分大小写。

➢ 函数 ereg_replace()以区分大小写形式替换与正则表达式匹配的字符串。

➢ 函数 eregi_replace()以不区分大小写形式替换与正则表达式匹配的字符串。

## 本章小结

本章介绍了 PHP 语言中的字符串和正则表达式的相关知识。对 PHP 程序员来说，正确地使用和处理字符串，是一项非常重要的技能。PHP 提供了大量的字符串操作函数，功能强大，需要花费大力气去深入研究，灵活运用。正则表达式使用在验证程序中，可以起到简化程序代码的作用，灵活地使用好正则表达式能够提高编程效率，使程序结构更清晰化。本章需要记忆的内容比较多，难度不大。在实际应用中，一定要灵活使用，才能写出简洁高效的程序。

## 本章习题

1．PHP 中的字符串运算符有哪几种？

2．编写一个程序，对新闻标题作如下处理：对超过十个全角字符的新闻标题之后的部分，用省略号“…”代替。

3．写一个正则表达式，匹配由 26 个英文字母组成的字符串。

## 本章答案

1．在 PHP 中，有两个字符串运算符。一个是连接运算符（“.”），它返回其左右参数连接后的字符串。另一个是连接赋值运算符（“.=”），它将右边参数附加到左边的参数后。

2．示例程序如下所示：

```
<?php
if ( strlen(trim($rs['news_name'])) > 20 )
{
echo substr(trim($rs['news_name']),0,16)."…";
}
else
{
echo trim($rs['news_name']);
}
?>
```

3．^[A-Za-z]+$

# 第5章　数　　组

**课前导读**

PHP 的数组是非常有用的，并比其他高级语言更灵活。数组可使不同类型的值组合在一起，并可按照数值或字符串作为数组的索引进行查询。本章将介绍 PHP 中使用数组的方法。

**重点提示**

本章讲解数组的创建、赋值及多维数组、遍历数组，然后讲解数组实现栈功能，具体内容如下：

- 创建数组并赋值
- 多维数组、遍历数组及数组排序
- 数组实现栈——表达式求值
- 运算符的优先级和计算函数

## 5.1　创建数组

在 PHP 中，创建数组比较简单，不但可以创建一维数组，而且可以创建多维数组。本节介绍创建数组的方法。

### 5.1.1　创建数组的方法

创建数组的方法有三种，分别如下：

- 直接赋值创建数组；
- 使用 array()创建数组；
- 使用指定索引方式创建数组。

下面具体介绍创建数组的方法。

**1．直接赋值创建数组**

这种方法比较简单，直接把数组值赋给数组元素就可以。下面的代码使用直接赋值方式创建了数组：

```
<?php
$b[0]=1;
$a[]=1;
$a[]="qwer";
$a[]=false;
?>
```

这段代码定义了两个数组：$a 和$b。数组$b 拥有一个元素，设置该元素的索引值为 0，其值为 1；$a 数组有三个元素，元素值分别为 1、"qwer"和 false。

在声明数组时，可以省略数组的索引。声明数组$a 时，就省略了索引。数组的默认索引值为0，数组$a可以使用下面的方式输出：

```
<?php
echo "\$a[0]:".$a[0];
echo "<BR>";
echo "\$a[1]:".$a[1];
echo "<BR>";
echo "\$a[2]:".$a[2];
?>
```

**2．使用array()创建数组**

另一种方法是使用array()创建数组。array()接收使用逗号分隔的元素，创建数组。以这种方式创建的数组，元素按照指定顺序进行存储，元素的索引值从0开始。

下面的代码创建指定元素的数组$a：

```
<?php
$a=array(1,false,"asdf");
echo "\$a[0]:".$a[0];
echo "<BR>";
echo "\$a[1]:".$a[1];
echo "<BR>";
echo "\$a[2]:".$a[2];
echo "<BR>";
?>
```

上面的创建方式和下面的创建方式相同：

```
<?php
$a[0]=1;
$a[1]= false;
$a[2]="asdf";
?>
```

**3．使用指定索引方式创建数组**

在PHP中，数组的索引值不但可以为数值，也可以为字符串。下面创建以字符串为索引值的数组：

```
<?php
$a["first"]="car";
$a["second"]="bus";
?>
```

该段代码声明了数组$a，该数组有两个元素。索引值为“first”的元素值为“car”；索引值为“second”的元素值为“bus”。

使用 array()可以创建指定索引值的数组，索引值可以为字符串。在创建时，使用逗号分隔索引/值。下面的代码创建了索引值为字符串的数组：

```
<?php
$a=array(
        "first"=>"car",
        "second"=>"bus",
        "third"=>"bike"
        );
echo "<pre>";
print_r($a);
echo "</pre>";
echo "\$a[\"first\"]:".$a["first"];
echo "<BR>";
echo "\$a[\"second\"]:".$a["second"];
echo "<BR>";
echo "\$a[\"third\"]:".$a["third"];
?>
```

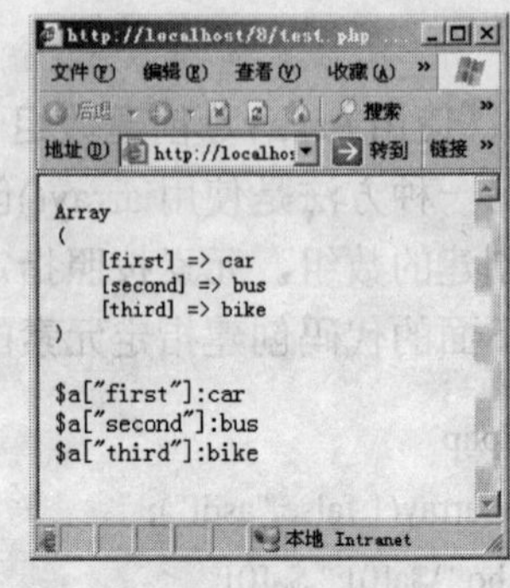


图 5.1 输出数组

运行该段代码，结果如图 5.1 所示。

### 5.1.2 多维数组

PHP 也支持多维数组。使用创建数组的方法可以方便地创建多维数组。下面的代码创建了两个多维数组。

```
<?php
$a[0]="car";
$a[1][0]="bus";
$a[1][1]="bike";
$c["first"]=1;
$c["second"]["first"]=21;
$c["second"]["second"]=22;
echo "Array a :";
echo "<pre>";
print_r($a);
echo "</pre>";
echo "Array c :";
echo "<pre>";
print_r($c);
echo "</pre>";
?>
```

该段代码声明了两个数组。这两个数组的第二个元素都是一个数组。运行该段代码，结果如图 5.2 所示。

使用 array()也可以创建多维数组。上面的代码可以转换成如下创建方式：

```
<?php
$a=array(
    "car",
    array(
        "bus",
        "bike"
        )
    );
$c=array(
    "first"=>1,
    "second"=>array(
                    "first"=>21,
                    "second"=>22
                    )
    );
echo "Array a :";
echo "<pre>";
print_r($a);
echo "</pre>";
echo "Array c :";
echo "<pre>";
print_r($c);
echo "</pre>";
?>
```

运行该段代码，结果同样如图 5.2 所示。

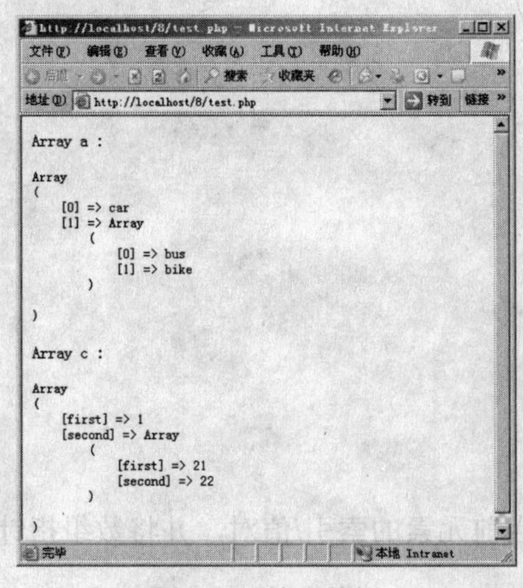


图 5.2　输出数组

### 5.1.3 遍历数组

检索数组的最简单方法和其他语言访问数组方法相同，就是使用索引值直接检索。下面的代码检索数组第一个元素的值：

```
<?php
$a=array(1,2,3);
$b=array("first"=>"car","second"=>"bus");
echo $a[0];
echo $b["first"];
?>
```

也可以使用 foreach 来检索数组所有值。下面的代码输出值为“car”的元素的索引值：

```
<?php
$b=array("first"=>"car","second"=>"bus","third"=>"bike");
foreach($b as $key=>$val)
{
 if($val=="car")
 {
       echo $key." is ".$val;
       break;
 }
}
?>
```

上面的代码也可以修改成如下形式：

```
<?php
$b=array("first"=>"car","second"=>"bus","third"=>"bike");
while(list($key,$val)=each($b))
{
 if($val=="car")
 {
       echo $key." is ".$val;
       break;
 }
}
?>
```

代码说明：

函数 each()返回数组中当前元素的索引/值对，并将数组指针向前移动一步。该函数语法结构如下：

```
array each ( array $array)
```

该函数的参数$array 为数组；返回值也为数组，用于保存数组$array 当前元素的索引值和元素值。如果内部指针到达数组的末端，则返回 False。

函数 list()把数组元素的值返回给指定变量。该函数把数组元素分成单个元素赋值给指定变量，语法结构如下：

```
void list ( mixed ...)
```

该函数的参数为变量列表。使用该函数时，需要将其放在“=”的左边。

另外，使用函数 count()和 key()也可以遍历数组。

```
<?php
$b=array("first"=>"car","second"=>"bus","third"=>"bike");
$n=count($b);
for($i=0;$i<$n;$i++)
{
 if($b[key($b)]=="car")
 {
      echo key($b)." is ".$b[key($b)];
      break;
 }
 next($b);
}
?>
```

代码说明：

- 函数 count()返回数组中非空元素的数目，该函数与 sizeof()相同。
- 函数 key()获取指定数组当前元素的索引值。
- 函数 next()将数组的内部指针向后移动。

如果数组是多维数组，上面的代码不能进行有效的遍历。若数组元素为数组，上面的代码只能输出“Array”。下面的代码使用自定义函数遍历多维数组。自定义函数为 TraversArray()，如果数组元素仍然为数组，该函数将递归调用自身进行遍历。该函数实现步骤如下：

（1）生成缩进的空格字符串；

（2）使用 each()遍历数组；

（3）若当前元素不为数组类型，输出数组元素，转步骤（7）；

（4）输出当前元素索引值和“{”；

（5）调用自身；

（6）输出“}”；

（7）重复步骤（3）至（7），直至遍历所有元素；

（8）返回。

具体实现代码如下：

```
<?php
//定义多维数组。
$b=array(
```

```
        "first"=>"car",
        "second"=>"bus",
        "third"=>
            array(
                "bike",
                "train",
                array(
                    1,
                    2
                )
            )
        );
//使用自定义函数 ListArray()遍历数组。
TraversArray($b);
//$n 保存缩进的数目，每次缩进为 4 个空格。
$n=0;
//定义函数 TraversArray()。
function TraversArray($arr)
{
 //为使用$n，需要声明其为全局变量。
 global $n;
 //$sz 保存空格数目。
 $sz="";
 //生成需要缩进的空格字符串。
 for($i=0;$i<$n;$i++)
      $sz.="    ";
 //开始遍历数组元素。
 while(list($key,$val)=each($arr))
 {
      //判断当前元素是否为数组类型，如果是，则调用函数自身进行处理。
      if(is_array($val))
      {
           //缩进数目增 1。
           $n++;
           //输出数组元素的索引值。
           echo $sz.$key." => <BR>";
           echo $sz."{<BR>";
           //调用函数 TraversArray()。
           TraversArray($val);
           //缩进数目减少 1。
```

```
            $n--;
            echo "<BR>";
            echo $sz."}";
        }
        //当前数组元素不是数组，则输出数组元素内容。
        else
            echo $sz.$key." => ".$val."<BR>";
    }
}
?>
```

代码说明：

函数 is_array()检查参数是否为数组类型，如是，则返回 True；否则，返回 False。

类似 is_array()的函数如表 5-1 所示。

表 5-1 检查变量类型函数

| 方法 | 说明 |
|---|---|
| is_bool | 判断参数是否为布尔数，如果是，则返回 True；否则，返回 False |
| is_float | 判断参数是否为浮点数，如果是，则返回 True；否则，返回 False |
| is_int | 判断参数是否为整数，如果是，则返回 True；否则，返回 False |
| is_numeric | 判断参数是否为数字或数字字符串，如果是，则返回 True；否则，返回 False |
| is_resource | 判断参数是否为资源型，如果是，则返回 True；否则，返回 False |
| is_object | 判断参数是否为对象，如果是，则返回 True；否则，返回 False |
| is_null | 判断参数是否为 NULL，如果是，则返回 True；否则，返回 False |
| is_string | 判断参数是否为字符串，如果是，则返回 True；否则，返回 False |

运行该段代码，结果如图 5.3 所示。

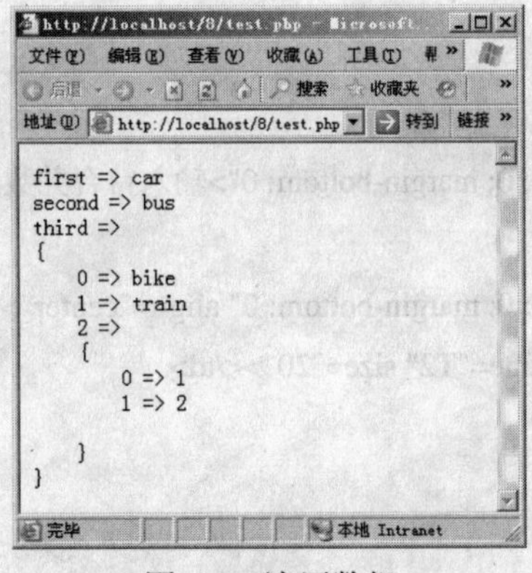


图 5.3 遍历数组

## 5.2 数组实例

本节介绍一个操作数组的例子。该例子允许用户通过输入建立数组，提供了合并数组、对数组排序等功能。

### 5.2.1　界面

本例的界面如图 5.4 所示，提供了合并数组、求数组、对数组排序等功能。

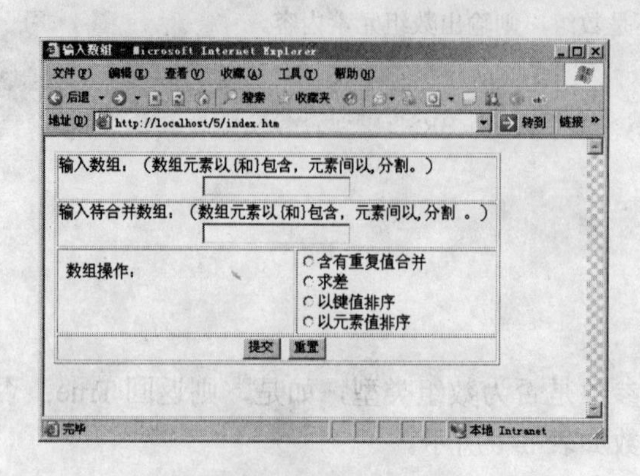


图 5.4　数组实例界面

具体实现代码如下：

```
<form method="POST" action="index.php">
<table border="1"      id="table1">
 <tr>
        <td colspan="2">
        <p style="margin-top: 0; margin-bottom: 0">输入数组：（数组元素以“{”和“}”包含，元素间以“,”
分隔。）</p>
        <p    style="margin-top:   0;   margin-bottom:   0"   align="center"><input   type="text"   name="T1"
size="20"></td>
 </tr>
 <tr>
        <td colspan="2">

                <p style="margin-top: 0; margin-bottom: 0">输入待合并数组：（数组元素以“{”和“}”包含，
元素间以“,”分隔。）</p>
                <p style="margin-top: 0; margin-bottom: 0" align="center">
                <input type="text" name="T2" size="20"></td>
 </tr>
 <tr>
        <td width="157">

                <p> 数组操作：</p>

        <p>   </td>
        <td>
```

```
        <p style="margin-top: 0; margin-bottom: 0"><input type="radio" value="V1" name="R1">含有重复值合并</p>
        <p style="margin-top: 0; margin-bottom: 0"><input type="radio" name="R1" value="V2">求差</p>
        <p style="margin-top: 0; margin-bottom: 0">
        <input type="radio" name="R1" value="V4">以键值排序</p>
        <p style="margin-top: 0; margin-bottom: 0">
        <input type="radio" name="R1" value="V5">以元素值排序</p></td>
    </tr>
    <tr>
        <td colspan="2" align="center">    <input type="submit" value="提交" name="B1">
            <input type="reset" value="重置" name="B2"></td>
    </tr>
  </table>
  </form>
```

该界面允许用户输入两个数组。输入数组的格式如下：

- 数组以“{”开头，以“}”结尾；
- 元素间以“,”间隔。

用户可以输入字符串“{1,2,{a,3,{d,c}},d}”，该字符串表示的数组结构如图 5.5 所示。

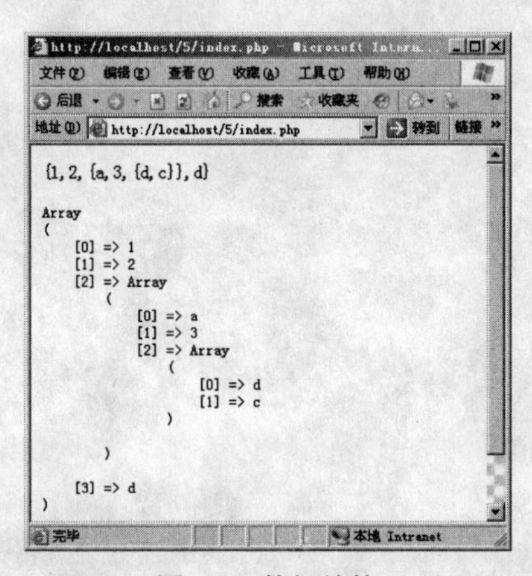

图 5.5　数组结构

### 5.2.2　创建数组

由输入字符串创建数组，需要把字符串进行解析。解析的方法如下：

（1）获取当前字符；

（2）若当前字符是“{”，则创建一个新的数组；

（3）若当前字符是“}”，则返回创建的数组；

（4）若当前字符不是“{”和“}”，则获取下一个“,”字符位置；

（5）若不存在下一个“,”，则把当前位置至末尾字符放入数组；

（6）若存在下一个“,”，则把当前位置至下一个“,”的字符串放入数组；

（7）重复步骤（1）至（7），直至处理完所有字符。

输入字符串可含有多个“{”，也就是可以为多维数组。因此，在创建数组时，需要递归调用创建方法。

创建数组的函数为 getArray()，其具体代码如下：

```
<?php
//参数$st 为当前处理字符串在字符串$str 中的起点位置。
function getArray($str,&$st)
{
 $n=strlen($str);
 $arr=array();
 for($i=$st;$i<$n;$i++)
 {
       $c=substr($str,$i,1);
       if($c=='{')
       {
              $i=$i+1;
              //若当前字符为“{”，则创建一个新的数组。
              $arrtemp=getArray($str,$i);
       }
       else if($c=='}')
       {
              $st=$i+1;
              //创建新数组结束。
              return $arr;
       }
       else
       {
              //获取当前元素的值。
              $pos=strpos($str,',',$i);
              if($pos!==false)
              {
                     $arrtemp=substr($str,$i,$pos-$i);
                     $i=$pos;
              }
              else
              {
                     $arrtemp=substr($str,$i,$n-$i);
                     $i=$n;
              }
       }
       //把当前元素加入数组，当前元素也可能为数组。
```

```
        if($arrtemp!="")
            $arr[]=$arrtemp;
    }
    $st=$i;
    return $arr;
}
?>
```

在创建数组前，需要对用户输入字符进行处理，以适合函数 getArray()的处理要求。通过上面的代码可以看出，字符“}”前必须有一个字符“,”才能保证正确地创建数组。

函数 CreateArray()对创建数组的字符串进行处理，并调用函数 getArray()创建数组，具体代码如下：

```
<?php
function CreateArray($str)
{
 $n=strlen($str);
 $start=0;
 while($l=strpos($str,'}',$start))
 {
        if(substr($str,$l-1,1)!=',')
        {
            $str1=substr($str,0,$l).",";
            $str=$str1.substr($str,$l);
        }
        $start=$l+2;
 }
 $start=1;
 return getArray($str,$start);
}
?>
```

### 5.2.3　数组排序

利用 PHP 内置函数 sort()、ksort()、usort()、uksort()等对数组元素进行排序。函数 sort()和 ksort()可以依据数组元素的值和键进行排序；函数 usort()和 uksort()可以依据用户自定义的比较函数对数组元素的值和键进行排序。

该例自定义比较函数 cmp()和 kcmp()对数组排序。函数 cmp()依据数组元素的值排序，函数 kcmp()依据数组元素的键进行排序，并且这两个函数都可以对多维数组进行排序。

这两个函数相似，只是使用 usort()和 uksort()的不同。cmp()函数具体代码如下：

```
<?php
function cmp(&$a,&$b)
```

```
{
        if(is_array($a))
        {
        //kcmp()函数需要使用 uksort()。
            usort($a,"cmp");
            if(!is_array($b))
                return -1;
            else
            {
                //kcmp()函数需要使用 uksort()。
            usort($b,"cmp");
                return 1;
            }
        }
        else
        {

            if(is_array($b))
            {
            //kcmp()函数需要使用 uksort()。
                usort($b,"cmp");
                return 1;
            }
            else
            {
                if($a==$b)return 0;
                return $a>$b?1 :-1;
            }
        }
}
?>
```

调用 cmp()函数的方法如下：

```
<?php
usort($fruits,"cmp");
?>
```

使用该函数对 5.2.2 小节所创建的数组排序后的结果如图 5.6 所示。

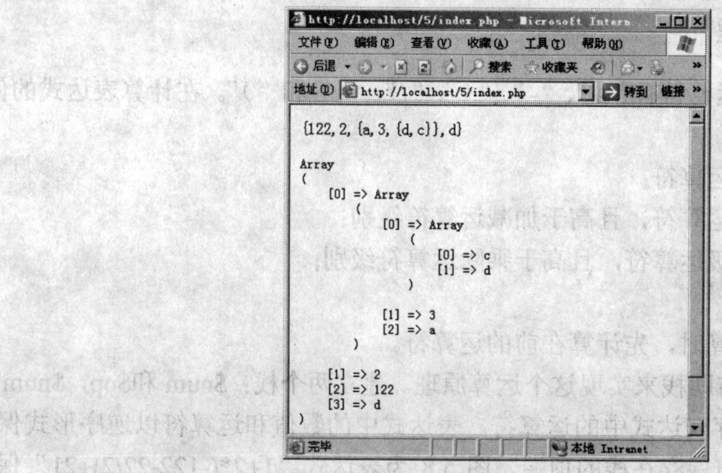


图 5.6　输出排序后的数组

## 5.3　数组实现栈——表达式求值

本节介绍一个实例，该实例可以对表达式求值。通过对该实例的介绍，可帮助读者掌握使用数组实现栈功能的方法，以及操作数组的其他函数。

### 5.3.1　界面

该例子提供了用户输入表达式的界面，如图 5.7 所示。

该界面比较简单，具体代码如下：

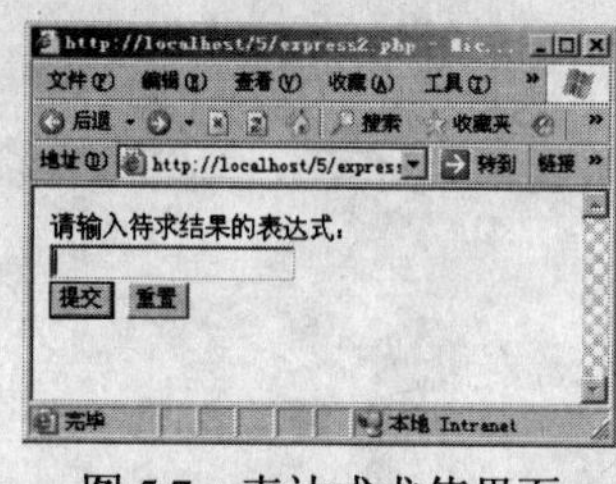


图 5.7　表达式求值界面

```
<html>
<head>
  <title></title>
</head>
<body>
<form method="POST" action="express1.php">
```

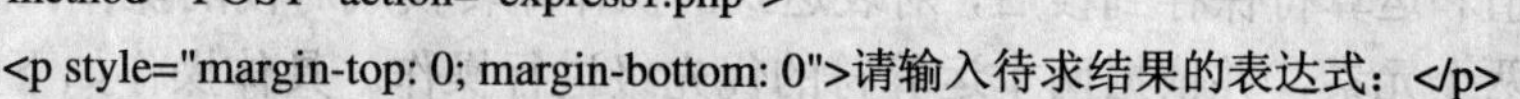

```
    <p style="margin-top: 0; margin-bottom: 0">请输入待求结果的表达式：</p>
    <p style="margin-top: 0; margin-bottom: 0">
    <input type="text" name="express" size="20"></p>
    <p style="margin-top: 0; margin-bottom: 0">
    <input type="submit" value="提交" name="B1">
    <input type="reset" value="重置" name="B2"></p>
</form>
</body>
</html>
```

该例子拥有一个表单，把用户输入数据提交到文件 express1.php 处理；表单含有一个文本框，该框的 name 为“express”。

## 5.3.2　求表达式值原理

本例表达式所支持的运算符有“+”、“-”、“*”、“/”、“(”和“)”。在计算表达式的值时，需要遵守如下原理：

- 加减运算符为同级运算符；
- 乘除运算符为同级运算符，且高于加减运算符级别；
- “(”和“)”为同级运算符，且高于乘除运算符级别；
- 先乘除后加减；
- 同级运算符比较运算时，先计算在前的运算符。

在具体实现时，可以借助栈来实现这个运算原理。建立两个栈：$num 和$op，$num 保存表达式中的数值，$op 保存表达式中的运算符。表达式中的数值和运算符以逆序形式保存到栈中，在前的运算符和数值保存在栈的顶端。图 5.8 为表达式“1+2*(-122-22/2)+21”保存到数组的结果。

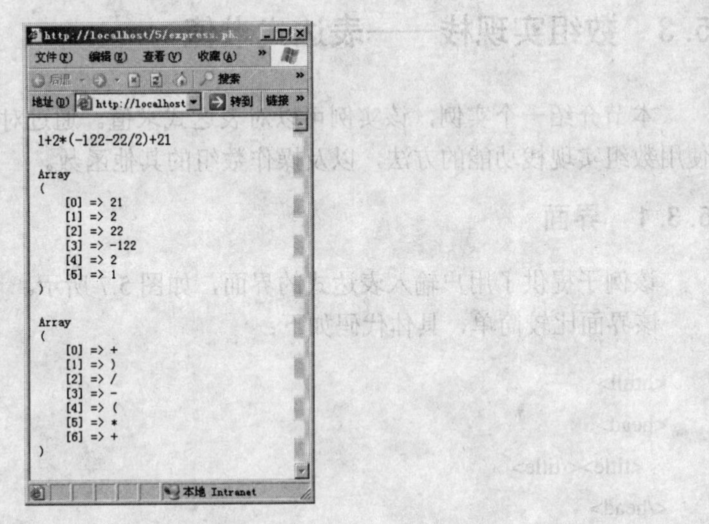


图 5.8　栈的内容

表达式中的数值和运算符保存到栈后，对表达式的操作即转换成对栈的操作。在求值时，先运算符栈顶端的两个元素，并依据两个运算符的优先级进行操作。具体操作如下：

（1）若前个运算符优先级高于后一个优先级，则进行前个运算符的运算。运算结果保存到数值栈第一个操作数位置中，并清除数值栈中第二个操作数。

（2）若前个运算符优先级等于后一个优先级，则清除运算符栈中的两个运算符。只有两个运算符为“(”和“)”时，才会出现这种情况。运算符优先级的说明见 5.3.4 小节。

（3）若前个运算符优先级小于后一个优先级，则把后一个运算符与下一个运算符进行比较，并依据比较结果进行相应操作。

（4）当数值栈只有一个元素时，整个求值计算结束。若此时运算符栈运算符多于一个，表示表达式存在错误。

## 5.3.3　解析表达式

解析表达式的作用就是把表达式中的数值和运算符分离，并分别保存到栈中。栈使用数组来实现。PHP 提供了两个函数 array_push()和 array_pop()，用来模拟栈的功能。函数

array_push()的语法结构如下：

```
int array_push (array array, mixed var [, mixed ...])
```

语法结构说明：

➢ 该函数将一个或多个变量存入数组末尾，也就是入栈；

➢ 返回数组新的长度，数组 array 的长度将增加入栈变量的数目；

➢ 参数 array 为作为栈的数组；

➢ 参数 var 为待入栈的变量。

函数 array_pop()的语法结构如下：

```
mixed array_pop ( array array)
```

语法结构说明：

➢ 该函数弹出并返回数组 array 末尾的元素，并将数组 array 的长度减 1；若数组 array 为空，将返回 NULL；

➢ 参数 array 为作为栈的数组。

该例使用两个数组$op 和$num 表示保存运算符和操作数的栈。在解析表达式时，遇到运算符就保存到数组$op，遇到数值就存入数组$num。解析表达式的步骤可分为获取运算符和操作数两部分。如果表达式含有负数，还要分离出负数部分。

获取运算符的步骤比较简单，只要当前字符为“+”、“-”、“*”、“/”、“(”和“)”，就可以认为该字符为运算符，就可以存入运算符栈中。

解析表达式的步骤如下：

（1）保存当前操作数在表达式位置的变量为$start，设置其初始值为 0；

（2）保存前一个字符的变量为$pre，设置其初始值为-1；

（3）获取表达式中当前处理字符；

（4）若字符不是“0”~“9”间的字符，则转步骤（8）；

（5）若$pre 为“+”、“-”、“*”、“/”和“(”，则把$pre 存入运算符栈；

（6）若$pre 为“)”，则输出错误信息“)”后不能跟数字；

（7）设置$pre 为当前字符；

（8）若字符不是“+”、“-”、“*”、“/”、“)”和“(”，则转步骤（13）；

（9）若当前字符为“-”，$pre 为“(”或-1，表示其值为负数；

（10）若$pre 为字符，则压入运算符栈；

（11）若$pre 不为数值，则转步骤（13）；

（12）获取当前操作数，若不为空，则压入操作数栈；

（13）显示错误，转步骤（17）；

（14）设置$pre 为当前字符；

（15）$start 增 1；

（16）重复步骤（3）至（16），直至处理完所有字符；

（17）结束。

解析表达式的具体代码如下：

```
<?php
//创建运算符栈。
```

```
$op=array();
//创建操作数栈。
$num=array();
//获取表达式的长度。
$n=strlen($str);
$start=0;                //当前操作数在表达式的起始值。
$pre=-1;                 //前一个字符。
$kh=0;                   //括号的数目。$kh 为 0 表示括号匹配。
$c="";           //当前处理的字符。
//处理所有字符。
for($i=0;$i<$n;$i++)
{
 $c=substr($str,$i,1);                    //获取当前处理字符。
 //若当前字符为数值，则进行处理。
 if($c>='0' and $c<='9')
 {
      //若前一个字符为运算符，则加入运算符栈。
      if( $pre=='+' or $pre=='-'
            or $pre=='*' or $pre=='/'
            or $pre=='('
      )
      {
            array_push($op,$pre);
      }
      //若前一个字符为“)”，则输出错误。
      //在字符“)”后不能跟数字。
            if($pre==')')
            {
                  echo "“(”后不能跟数字！";
            break;
            }
      $pre=$c;                             //设置前一个字符为当前字符。
      continue;
 }
 //若当前字符为运算符，则进行处理。
 else if(
            $c=='+' or $c=='-'
            or $c=='*' or $c=='/'
            or $c=='(' or $c==')'
            )
```

```
{
    //设置括号数目
    if($pre=='(')
        $kh++;
    if($pre==')')
        $kh--;
    //若第一个字符为“-”或“(”后字符为“-”，表示其后操作数为负数。
    if($c=='-' and ($pre=='(' or $pre==-1))
    {
        //若当前操作数为负数，则把“-”包含到操作数中。
        //该字符串转换成数值时，可以转换成负数。
        continue;
    }
    //若前一个字符为运算符，则压入运算符栈。
    //若前一个字符为运算符，需要遵循一定条件；否则，不能遵守数学运算法则。
    if((
        ($pre=='+' or $pre=='-' or $pre=='*' or $pre=='/' or $pre=='(')
        and $c=='('
        )
        or
        ( $pre==')' and ($pre=='+' or $pre=='-'
        or $pre=='*' or $pre=='/'
        or $pre==')')
        )
      )
    {
        array_push($op,$pre);
    }
    //若前一个字符为数值，则压入操作数栈。
    else if(is_numeric($pre))
    {
        //获取当前操作数字符串。
        $sz=substr($str,$start,$i-$start);
        //若当前操作数字符串不为空，则压入栈。
        if(trim($sz)!="")
            array_push($num, floor($sz));
    }
    //表达式包含其他字符，则输出错误信息。
    else
    {
```

```
                echo "含有不正确的运算符。";
                break;
            }
            $pre=$c;
            $start=$i+1;
        }
        else
        {
            echo "含有不正确的运算符。";
            break;
        }
    }
    //把最后运算符或操作数压入栈。
    if($c==')')
     array_push($op,$c);
    else if($c>='0' and $c<='9')
    {
     $sz=substr($str,$start);
     array_push($num,floor($sz));
    }
    else
    {
     echo "含有不正确的运算符。";
    }
    //反转数组，才可使表达式在前的运算符或操作数在栈的顶端。
    $op=array_reverse($op);
    $num=array_reverse($num);
    if($kh!=0)
     echo "括号不匹配！";
    ?>
```

### 5.3.4 运算符优先级

该例依据数学运算规则，设置了运算符的优先级。为了方便比较运算符计算顺序，利用表 5-2 表示各运算符的比较结果。

表 5-2 运算符比较结果表

| + | - | * | / | ( | ) | # |
|---|---|---|---|---|---|---|
| + | 1 | -1 | -1 | -1 | 1 | 1 |
| - | 1 | -1 | -1 | -1 | 1 | 1 |
| * | 1 | 1 | 1 | -1 | 1 | 1 |
| / | 1 | 1 | 1 | -1 | 1 | 1 |
| ( | -1 | -1 | -1 | -1 | 0 | |
| ) | 1 | 1 | 1 | 0 | 1 | 1 |

其中，比较运算符中左侧运算符在表中最左列，右侧运算符在表中第一行。表格中数字为该单元格所在行的运算符和该单元格所在列的运算符比较结果。比较结果的意义如下：

➢ 1：该单元格所在行的运算符优先级大于该单元格所在列运算符；

➢ -1：该单元格所在行的运算符优先级小于该单元格所在列运算符；

➢ 0：该单元格所在行的运算符优先级等于该单元格所在列运算符。

“#”符号表示栈的底部，任何运算符优先级都高于该符号。表格中没有任何信息的单元格表示运算符不能比较。

本例使用函数 CheckOp()实现该表的比较结果。该函数的具体实现代码如下：

```
<?php
function CheckOp($op1,$op2)
{
 if($op2=='#')
      return 1;
 if(($op1=='+' or $op1=='-') and
      ($op2=='-' or $op2=='+' or $op2==')'))
      return 1;
 if(($op1=='*' or $op1=='/') and
      ($op2=='-' or $op2=='+' or $op2==')' or $op2=='*' or $op2=='/'))
      return 1;
 if(($op1=='+' or $op1=='-') and
      ($op2=='*' or $op2=='/' or $op2=='(' ))
      return -1;
 if(($op1=='*' or $op1=='/')   and $op2=='(')
      return -1;
 if($op1=='(' and $op2==')')
      return 0;
 if($op1=='(')
      return -1;
 if($op2==')')
      return 1;
}
?>
```

## 5.3.5 计算函数

该例自定义了一个计算函数，具体代码如下：

```
<?php
function Math($op,$par1,$par2)
{
 if($op=='+')
      return ($par1+$par2);
```

```
        if($op=='-')
            return ($par1-$par2);
    if($op=='*')
            return ($par1*$par2);
    if($op=='/')
            return ($par1/$par2);
    }
?>
```

## 5.3.6 求表达式值

求取表达式值比较复杂，下面详细介绍其实现过程。

**1．获取栈中元素**

在获取栈中元素时，没有使用 PHP 内置的 array_pop()函数，而是自定义一个函数 pop()。该函数可以获取指定位置的元素，它拥有两个参数，一个表示操作的数组，一个表示指定元素的位置。实现步骤如下：

（1）如果指定位置$pos 小于 0，则$pos 减 1，并返回表示栈底符号“#”；

（2）如果$arr 不为数组，转步骤（5）；

（3）若$pos 大于数组的长度，则设置$pos 为数组长度减 1；

（4）返回指定位置元素值，转步骤（6）；

（5）返回 0；

（6）结束。

该函数的具体实现代码如下：

```
<?php
function pop($arr,&$pos)
{
 if($pos<0)
 {
        $pos--;
        return '#';
 }
 if(is_array($arr))
 {
        if($pos>=count($arr))
               $pos=count($arr)-1;
        return $arr[$pos--];
        }
        else
        return 0;
 }
?>
```

因为函数 pop()第二个参数为按引用传递参数，函数 pop()内对该参数的转变也会影响到实际参数的变化。在获取栈中元素值后，标识栈位置的变量$nPos_op 和$nPos_num 值也会指向下一个元素。因此，需要适时对变量$nPos_op 和$nPos_num 增 1。

**2．由栈求表达式值的原理**

由栈求表达式值的原理可分为下面三个部分：

（1）比较栈中指定运算符，依据比较结果，对操作数栈中指定位置元素进行运算；

（2）把运算结果存入操作数栈中指定位置；

（3）修改操作数栈和运算符栈的指针。

下面以表达式“1+2*(-122-22)”为例介绍其求值的过程。表达式“1+2*(-122-22)”解析后的运算符栈和操作数栈如图 5.9 所示。

求值过程如下：

（1）$nPos_op 和$nPos_num 初始值分别为 4 和 3，取值后，其值减 1。

（2）获取运算符栈顶部两个运算符“+”和“*”。此时，$nPos_op 为 2，$nPos_num 为 3。

（3）“+”优先级小于“*”，则$nPos_op 增 1 指向“*”，即“*”为当前运算符。$nPos_num 标识当前运算符的第一个操作数“2”的位置，即 2。

（4）获取$nPos_op 和其后位置的运算符“*”和“(”，此时$nPos_op 为 1，$nPos_num 不变。

（5）“*”优先级小于“(”，则$nPos_op 增 1 为 2，指向“(”。$nPos_num 仍然标识运算符“*”的第一个操作数“2”的位置，即 2。

（6）获取运算符“(”和“-”。此时$nPos_op 为 0，$nPos_num 减 1 为 1，标识“-”的第一个操作数。

（7）“(”优先级小于“-”，则$nPos_op 增 1 为 1，指向“-”。$nPos_num 不变。

（8）获取当前运算符“-”和下一个运算符“)”。此时$nPos_op 为-1，$nPos_num 不变。

（9）“-”优先级大于“)”，则获取$nPos_num 指向的操作数$par1 和下一操作数$par2 进行计算，并把结果放入操作数$par2 的位置，$nPos_num 指向并删除操作数$par1 元素。使$nPos_op 指向当前运算符“-”，并删除该元素。此时，$nPos_num 为 1，$nPos_op 为 1。操作数栈和运算符栈如图 5.10 所示。

```
操作数栈:              运算符栈:
Array                  Array
(                      (
    [0] => 22              [0] => )
    [1] => -122            [1] => -
    [2] => 2               [2] => (
    [3] => 1               [3] => *
)                          [4] => +
                       )
```

图 5.9 栈的内容（1）

```
运算符栈:              操作数栈:
Array                  Array
(                      (
    [0] => )               [0] => -144
    [1] => (               [1] => 2
    [2] => *               [2] => 1
    [3] => +           )
)
```

图 5.10 栈的内容（2）

（10）获取当前运算符“(”和下一个运算符“)”。此时$nPos_op 为-1，$nPos_num 为 1。

（11）“(”优先级与“)”相同，删除这两个运算符，此时$nPos_op 为 0，$nPos_num 为 1，操作数栈和运算符栈如图 5.11 所示。

（12）获取当前运算符“*”和下一个运算符“#”。“#”表示已到栈底。此时$nPos_op 为-2，$nPos_num 为 1。

（13）“*”优先级大于“#”，把“*”计算结果放入操作数栈中，并删除第一操作数处的元素，删除“*”元素。此时，$nPos_num 为 1，$nPos_op 为 0。操作数栈和运算符栈如图 5.12 所示。

（14）获取当前运算符“+”和下一个运算符“#”。

（15）“+”优先级高于“#”，进行加法运算并放入操作数栈中，如图 5.13 所示。

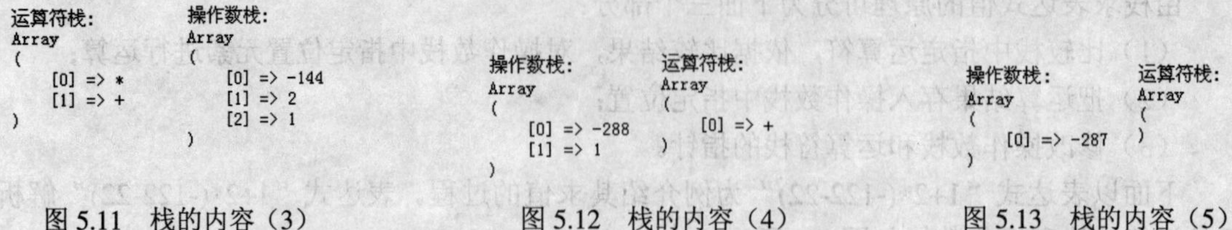


图 5.11　栈的内容（3）　　图 5.12　栈的内容（4）　　图 5.13　栈的内容（5）

对这个求值过程总结如下：

（1）当前一个运算符优先级高于后一个运算符时，需要做如下工作：

- 获取两个操作数；
- $nPos_num 增 1；
- 把计算结果放入第二个操作数元素处；
- 使$nPos_num 指向第一操作数元素；
- 删除第一操作数处元素；
- 使$nPos_op 指向当前运算符，并删除该元素。

（2）当前一个运算符优先级等于后一个运算符时，两个运算符分别为“（”和“）”。这时需要使$nPos_op 指向“）”，并删除这两个元素。

（3）当前一个运算符优先级小于后一个运算符时，需要做如下工作：

- $nPos_op 增 1；
- 若第一个运算符为“（”且第二个运算符不为“（”或“）”时，$nPos_num 减 1；
- 若第一个运算符为“+”或“-”，且第二个运算符不为“*”或“/”时，$nPos_num 减 1。

**3．由栈求表达式的值**

具体的求表达式值的步骤如下：

（1）变量$nPos_op 保存运算符栈的指针，初始值为运算符栈的顶端；

（2）变量$nPos_num 保存操作数栈的指针，初始值为操作数栈的顶端；

（3）若操作数栈长度为 1，则转步骤（17）；

（4）获取第一个运算符，若为空，则转步骤（17）；

（5）获取第二个运算符，若为空，则转步骤（17）；

（6）比较两个运算符，若大于 0，则转步骤（7）；若等于 0，则转步骤（14）；若为小于 0，则转步骤（13）；

（7）获取第一个操作数，若为空，则转步骤（17）；

（8）获取第二个操作数，若为空，则转步骤（17）；

（9）设置$nPos_num 和$nPos_op 指针值；

（10）设置当前操作数；

（11）删除已经使用过的操作数；

（12）删除已经使用过的运算符，转步骤（16）；

（13）设置$nPos_num 和$nPos_op 指针值，转步骤（16）；

（14）设置当前操作数；

（15）删除运算符“（”和“）”；

（16）转步骤（3）；

（17）结束。

求值的具体代码如下：

```
<?php
//设置初始值。
$nPos_op=count($op)-1;
$nPos_num=count($num)-1;
//开始求值。
while(count($num)!=1)
{
 //获取运算符。
 $option1=pop($op,$nPos_op);
 if(is_null($option1))
 {
      $err_type=1;
      break;
 }
 $option2=pop($op,$nPos_op);
 if(!is_null($option2))
 {
      //比较两个运算符的优先级，并依据优先级采取动作。
      if(CheckOp($option1,$option2)>0)
      {
           //获取两个操作数。
           $par1=pop($num,$nPos_num);
           if(is_null($par1))
           {
                break;
           }
           $par2=pop($num,$nPos_num);
           if(is_null($par2))
           {
                break;
           }
           //使$nPos_num 指向第二个操作数。
           $nPos_num++;
```

```
            //把计算结果存入第二个操作数元素中。
            $num[$nPos_num]= Math($option1,$par1,$par2);
            //删除第一个操作数元素。
            array_splice($num,++$nPos_num,1);
            //若$nPos_num 大于栈的长度，则重新赋值。
            if($nPos_num>=count($num))
                $nPos_num=count($num)-1;
            //使$nPos_op 指向$option2。
            $nPos_op++;
            //删除$option1 元素。
            array_splice($op,++$nPos_op,1);
            if($nPos_op>=count($op))
                $nPos_op=count($op)-1;
        }
        //前一个运算符小于后一个运算符，则采取如下动作。
        if(CheckOp($option1,$option2)<0)
        {
            $nPos_op++;
            //第一个运算符为“（”且第二个运算符不为“（”或“）”时，$nPos_num 减 1；
            if($option1=='(' and !($option2==')' or $option2=='('))
            {
                if($nPos_num<count($num)-1)
                    $nPos_num--;
            }
            //第一个运算符为“+”或“-”且第二个运算符不为“*”或“/”时$nPos_num 减 1。
                if(($option1=='+' or $option1=='-') and   ($option2=='*' or $option2=='/'))
                $nPos_num--;
        }
        //两个运算符分别为“（”和“）”时，采取如下动作。
        if(CheckOp($option1,$option2)==0)
        {
            $nPos_op++;
            //删除这两个元素。
            array_splice($op,$nPos_op,1);
            array_splice($op,$nPos_op,1);
        }
    }
}
?>
```

最后，我们可以输出栈的变化情况：

```
echo "<PRE>";
print_r($num);
echo "</pre>";
echo "<PRE>";
print_r($op);
echo "</pre>";
*/
}
if($err_type!=0)
{
 echo "存在错误！请检查表达式是否正确！";
 return   false;
}
return $num[0];
}
//该函数弹出指定位置的数组元素值。
function pop($arr,&$pos)
{
 if($pos<0)
 {    $pos--;
      return '#';
      }
 if(is_array($arr))
 {
      if($pos>=count($arr))
            $pos=count($arr)-1;

      return $arr[$pos--];
      }
     else
      return 0;
}
function Math($op,$par1,$par2)
{
 if($op=='+')
      return ($par1+$par2);
```

```
    if($op=='-')
        return ($par1-$par2);
  if($op=='*')
        return ($par1*$par2);
  if($op=='/')
        return ($par1/$par2);
  }
  //获取运算符的优先级。
  function CheckOp($op1,$op2)
  {
   if($op2=='#')
        return 1;
   if(($op1=='+' or $op1=='-')
        and ($op2=='-' or $op2=='+' or $op2==')'))
        return 1;
   if(($op1=='*' or $op1=='/')
        and ($op2=='-' or $op2=='+'
             or $op2==')' or $op2=='*' or $op2=='/'))
        return 1;
   if(($op1=='+' or $op1=='-')
        and ($op2=='*' or $op2=='/'
             or $op2=='(' ))
        return -1;
   if(($op1=='*' or $op1=='/')
        and $op2=='(')
        return -1;
   if($op1=='(' and $op2==')')
        return 0;
   if($op1=='(')
        return -1;
   if($op2==')')
        return 1;
   }
  ?>
```

运行该例子，输入表达式“1+2*(-122-22/2)+21”，单击“提交”按钮，结果如图 5.14 所示。

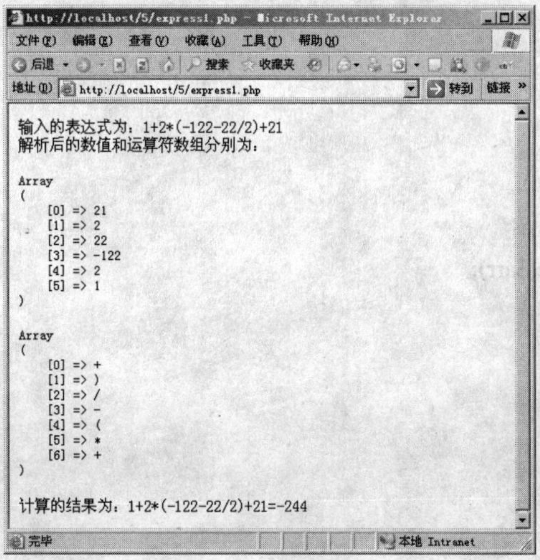

```
输入的表达式为：1+2*(-122-22/2)+21
解析后的数值和运算符数组分别为：

Array
(
    [0] => 21
    [1] => 2
    [2] => 22
    [3] => -122
    [4] => 2
    [5] => 1
)

Array
(
    [0] => +
    [1] => )
    [2] => /
    [3] => -
    [4] => (
    [5] => *
    [6] => +
)

计算的结果为：1+2*(-122-22/2)+21=-244
```

图 5.14 计算结果

## 本章小结

本章介绍了数组创建、多维数组、数组遍历的原理及方法。然后通过第一个例子介绍了数组的合并、排序等操作；通过第二个例子介绍了表达式求值方法，从而学习使用数组实现堆栈的方法。通过本章的学习，读者可以轻松实现对数组的操作。

## 本章习题

1．如何获取数组元素的数目？
2．如何搜索数组的不同元素？
3．如何去掉数组中重复元素？

## 本章答案

1．

```
<?php
$arr1=array(“1”,”2”);
$num=count($arr1);
 print_r($num);
?>
```

2.

```
<?php
 $arr1=array(“1”,”2”);
 $arr2=array(“3”,”2”,”4”);
 $arr_diff=array_diff ($arr);
```

```
 print_r($arr_diff);
?>
```

3.

```
<?php
 $arr_unique=array_unique($arr);
 print_r($arr_unique);
?>
```

# 第6章 文件系统

**课前导读**

有些网站拥有后台管理功能，如枚举网站的文件夹和文件、操作这些文件等。PHP 提供了文件或者文件夹的处理函数。PHP 函数提供的文件系统内置函数众多，功能强大。这为 PHP 程序员提供了方便，但也为网站带来不安全的因素。有些文件系统函数是危险的，若被黑客利用，会给这些非法用户提供入侵的机会。因此，PHP 程序员应慎重使用这些函数时。

**重点提示**

本章讲解文件夹的新建、浏览和搜索，然后讲解文件的创建、复制、删除等操作，具体内容如下：

➢ 使用 opendir()、readdir()和 closedir()函数浏览指定目录
➢ 使用函数 TravelDir2Dis()实现搜索指定目录
➢ 建立新文件夹
➢ 创建新文件并向文件写入内容
➢ 读取文件的内容和复制文件
➢ 文件和文件夹的删除及 PHP 探针

## 6.1 文件夹操作

PHP 文件系统函数众多，操作文件夹的函数如表 6-1 所示。

**表 6-1 文件夹操作函数**

| 函数 | 说明 |
|---|---|
| chdir | 改变目录，成功则返回 true，失败则返回 false |
| Chroot | 改变根目录，成功则返回 true，失败则返回 false。该函数不适用于 Windows 平台 |
| dir | directory 类，读取一个目录 |
| closedir | 关闭目录句柄 |
| getcwd | 取得当前工作目录 |
| opendir | 打开目录，返回句柄 |
| readdir | 返回目录中下一个文件的文件名 |
| rewinddir | 指定的目录流重置到目录的开头 |
| scandir | 列出指定路径中的文件和目录 |

本节将通过操作文件夹的例子介绍这些函数的使用方法。

### 6.1.1 浏览指定目录

使用 opendir()、readdir()和 closedir()函数可以浏览指定目录。下面通过例子向读者介绍浏

览目录的方法。这个例子列举指定目录下的子目录和文件，并为子目录添加链接。单击子目录的链接可以看到该子目录下的文件和文件夹。

本例的界面如图 6.1 所示。

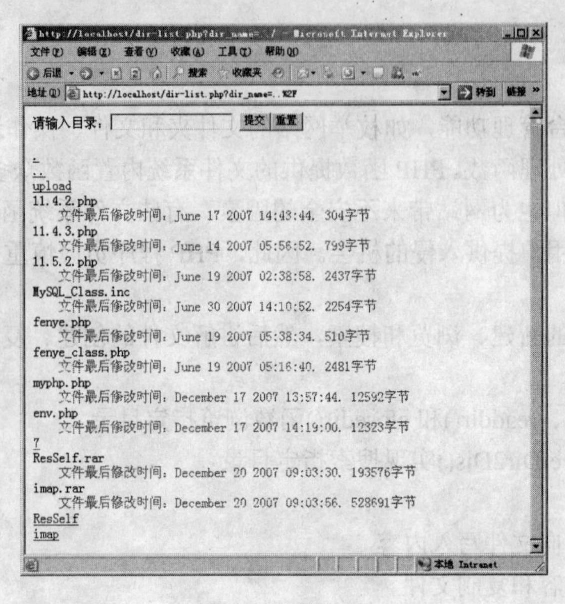


图 6.1　浏览目录

该例子的实现流程如下：

（1）获取表单信息；

（2）获取根目录；

（3）把输入目录转换成物理目录；

（4）判断该目录是否存在，不存在则转步骤（13）；

（5）打开该目录；

（6）获取该目录下一个文件或目录名$name；

（7）若$name 不是文件，则转步骤（10）；

（8）获取文件的最后修改时间和字节数；

（9）输出该文件信息，转步骤（11）；

（10）若$name 为目录，则输出该目录的链接；

（11）转步骤（6），直至获取所有的文件和目录；

（12）输出当前目录下所有文件；

（13）结束。

下面介绍该例子的实现过程。

**1．界面**

该例子界面比较简单，由一个表单组成。表单由文本框 dir_name、“提交”和“重置”按钮构成。单击“提交”按钮，将把表单信息提交到本文件处理。

界面具体实现代码如下：

```
<html>
<head>
```

```
<title></title>
</head>
<body>
<form method="GET" action="<?php echo $_SERVER['PHP_SELF'];?>">
<p>请输入目录：<input type="text" name="dir_name" size="20">
<input type="submit" value="提交" name="B1"><input type="reset" value="重置" name="B2"></p>
</form>
</body>
</html>
```

代码说明：

- 内置变量$_SERVER['PHP_SELF']返回当前正在执行脚本的文件名，即本文件的名称；
- 表单信息的处理代码包含在本文件中。

**2．获取表单信息**

表单信息主要为用户输入的目录信息，实现代码如下：

```
<?php
//判断该变量是否存在，如不存在，则不进行任何处理。
// isset()返回 true，则表示存在该变量。
if(isset($_GET['dir_name']))
{
$dir_name=$_GET['dir_name'];
}
?>
```

**3．获取根目录**

获取根目录可以用内置变量$_SERVER 实现，具体代码如下：

```
<?php
$realdir=$_SERVER["DOCUMENT_ROOT"];
?>
```

代码说明：

内置变量$_SERVER["DOCUMENT_ROOT"]返回当前运行脚本所在的文档根目录。

**4．输入目录转换物理目录**

用户输入的目录为相对于根目录的相对目录，不是真实的物理目录。为保证脚本的正常运行，需要把输入目录转换成物理目录。

转换代码如下：

```
<?php
//检查根目录最后一个字符是否为字符“\”，如是，则去掉该字符。
// strlen()获取字符串的长度。
// substr()获取指定位置的字符。
//转义字符"\\"为“\”。
```

```
if(substr($realdir,strlen($realdir)-1)=="\\")
$realdir=substr($realdir,0,strlen($realdir)-1);
//若输入目录$dir_name 最后一个字符不为“\”，则加上该字符。
if(substr($dir_name,0,1)!="/")
	$dir_name="/".$dir_name;
//把输入目录和根目录转换成物理目录。
$realdir.=$dir_name;
?>
```

### 5．打开目录并输出目录和文件

下面的代码打开目录并输出该目录下的文件和子目录：

```
<?php
 //判断用户输入的目录是否存在，如存在，则浏览该目录。
if(is_dir($realdir))
{
 //打开该目录，并把返回句柄赋给变量$hdir。
$hdir=opendir($realdir);
//获取下一个文件或目录并赋给变量$name。
//若没有文件或目录可返回，则返回 false。
while(false !== ($name=readdir($hdir)))
{
 //$name 转换成物理地址，并检查是否为文件。
			if(is_file($realdir."/".$name))
			{
			//若是文件，则把文件信息保存在变量$str。
				$str=$name."<br>";
			//获取文件的修改时间。
				$str.="    <font color=red>文件最后修改时间：".date("F d Y
H:i:s.", filemtime($realdir."/".$name));
			//获取文件的大小，单位为字节。
				$str.="      ".filesize($realdir."/".$name)."字节</font><BR>";
				echo $str;
			}
		//若$name 为目录，则输出该目录。
			if(is_dir($realdir."/".$name))
		{
			//设置该目录的链接。
				$str="<a href='".$_SERVER['PHP_SELF'];
			$str.="?dir_name=/".$name."'>".$name."</a><BR>";
			echo $str;
```

```
        }
    }
    //关闭句柄。
    closedir($hdir);
    }
    ?>
```

代码说明：

➢ 函数 is_dir(dirname)检查目录 dirname 是否存在，如果存在并且为目录，则返回 true；否则返回 false。dirname 可以为相对路径，以当前工作目录检查其相对路径。

➢ 函数 opendir(path)返回打开目录并返回目录句柄。若 path 指定目录不存在，或者因为权限限制不能打开目录，该函数将返回 false。

➢ 函数 readdir(dirhandle)返回目录中下一个文件或目录的名称，这也包括“.”和“..”；若没有可返回的目录或文件，将返回 false。参数 dirhandle 为已打开的目录句柄。

➢ 在检查函数 readdir()返回值是否为 false 时，要使用全等于，即类型和值都等于 false 才表示没有可返回的文件或目录。

➢ 函数 readdir()返回的“.”和“..”分别表示当前目录和父目录，不需要时可过滤掉。过滤代码如下：

```
<?php
while(false !== ($name=readdir($hdir)))
{
//若$name 为“.”或“..”，则获取下一个目录或文件。
if ($name == "."&&$name == "..")continue;
…
}
?>
```

➢ 函数 filemtime(filename)返回文件最后被修改的时间，出错时返回 false。该函数返回的时间可用 date()进行格式化。

➢ 函数 filesize(filename)返回文件的大小，出错时返回 false。

## 6.1.2　搜索指定目录

6.1.1 小节可以显示指定目录下所有文件和文件夹。但是文件夹和文件混在一起，查看不大方便。本小节的例子允许用户查找指定的文件和文件夹，界面如图 6.2 所示。

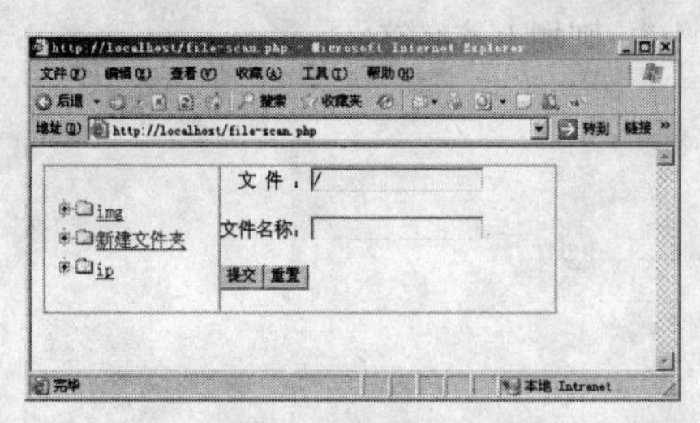


图 6.2　搜索文件

该例具体实现过程如下。

**1．树状目录**

树状目录由函数 TravelDir2Dis()实现。该函数通过递归遍历指定目录，并把所有目录构成树状目录。树状目录由不同的层构成，层的单击事件为客户端函数 showObj()。每个层还可以包含其他层，也就是拥有子目录。

该函数实现步骤如下：

（1）获取根目录；

（2）获取当前目录的物理路径；

（3）打开该目录；

（4）获取该目录下一个文件或目录$file；

（5）若$file 为文件，则转步骤（9）；

（6）构建该目录所在层的名称；

（7）把该目录名称输出到层中；

（8）调用函数 TravelDir2Dis()；

（9）转步骤（4），直至获取所有文件或目录；

（10）结束。

该函数具体实现代码如下：

```
<?php
function TravelDir2Dis( $dirURL,$chdiv, $NoDiv,$nIndent=0 )
{
 //$nIndent 保存层的层次。不同层间需要缩进一定空格，使用层次数可控制缩进空格数。
$nIndent++;
//$numst 保存当前目录中子目录数目。层的名称由“div”加上$numst 构成。
//若$numst 不足三位，则前加“0”。
$numst=0;
//$NoDiv  作用同$nIndent。
$NoDiv++;
//获取根目录。
$realdir=$_SERVER["DOCUMENT_ROOT"];
//若根目录最后字符为“/”，则去掉该字符。
if(substr($realdir,strlen($realdir)-1)=="\\")
     $realdir=substr($realdir,0,strlen($realdir)-1);
//$dirURL 为当前目录的相对路径。
//若$dirURL 第一个字符不为“/”，则加上该字符。
if(substr($dirURL,0,1)!="/")
 $dirURL="/".$dirURL;
//组成当前目录的物理路径。
$realdir.=$dirURL;
echo "<table>";
echo "<tr>";
```

```
echo "<td>";
//打开该目录。
if ($handle = opendir($realdir))
{
 //获取所有的子目录。
 while (false !== ($file = readdir($handle)))
        {
        //若当前目录不为"."和".."，则进行处理。
                        if ($file != "." && $file != "..")
                        {
                                $wholeFileName = $dirURL.$file;
                                $realdir1=$realdir.$file;
                                if (is_dir($realdir1))
                                {
                                        $numst++;          //当前目录数目加1。
                                //把目录数转换成三位的字符形式，并构成层的名称。
                                //$chdiv 为当前层的名称。
                                //当前层下层的名称为当前层名称加上三位由$numst 构成的字符。
                                        $div=NumToString($numst,$chdiv);
                                //输出该目录构成的层。
                                        PrintDirName($file,$div,$NoDiv, $nIndent,"#",$wholeFileName);
                                //递归调用函数自身，遍历所有子目录。
                                        TravelDir2Dis($wholeFileName."/",$div,$NoDiv,$nIndent);
                                //输出当前层结束标志。
                                        echo   "</div>";
                                }
                        }
        }
}
echo "</td>";
echo "</tr>";
echo "</table>";
}
?>
```

函数 NumToString()依据当前目录子目录数和父层的名称构成当前层的名称。该函数具体实现代码如下：

```
<?php
function NumToString($numst,$chdiv)
{
```

```
$sttemp=0;
//获取$numst 百位上的数字。
        $temp=(int)($numst/100);
 //$chdiv 为父层名称。其子层名称为其名称加上$numst 转换成的三位字符。
        $chdiv=$chdiv.$temp;
 //获取$numst 十位上的数字。
        $sttemp=(int)($numst-$temp*100);
        $temp=(int)($sttemp/10);
        $chdiv=$chdiv.$temp;
 //获取$numst 个位上的数字。
        $temp=(int)($sttemp-$temp*10);
        $chdiv=$chdiv.$temp;
 //返回构成的子层名称。
        return $chdiv;
}
?>
```

函数 PrintDirName()把当前目录名称输出到层中，具体实现代码如下：

```
<?php
function PrintDirName($file, $chdiv, $NoDiv,$nIndent,$href,$wholeFileName)
{
 //输出缩进空格。
for( $i=0; $i<$nIndent; $i++ ) echo " ";
//$file 为目录名称。
$filename=$file;
//若目录名称长度大于 10，则显示其缩略形式。
//缩略形式为该名称前 6 个字符加上省略号。
if(strlen($file)>10)
 $filename=substr($file,0,6)."...";
//$imgid 为图片的 ID。
$imgid="img".substr($chdiv,3,strlen($chdiv)-3);
echo  "<a  href=\"$href\"  onclick=\"showObj('$chdiv','$imgid',$NoDiv,'$wholeFileName')\"><img  id=$imgid
src=\"img/plus.gif\" border=0>$filename</a><br>";
        echo "<div id=$chdiv style=\"display:none\">";
}
?>
```

使用下面的方法就可以输出根目录下的所有文件夹：

```
<?php TravelDir2Dis("/","div",0); ?>
```

**2．界面**

该例子界面代码比较简单，具体代码如下：

```
<table border="1" width="85%" cellspacing="0" cellpadding="0" id="table1">
<tr>
<td><?php TravelDir2Dis("/","div",0); ?> </td>
<td width="295">
<form method="GET" action="<?php echo $_SERVER['PHP_SELF'];?>">
<p>  文 件 ：<input type="text" name="DirName" size="20" value="/"> </p>
<p>文件名称：<input type="text" name="strScan" size="20"></p>
<p>
<input type="submit" value="提交" name="B1"><input type="reset" value="重置" name="B2">
</p>
</form>
</td>
</tr>
</table>
```

代码说明：

➢ $_SERVER['PHP_SELF']返回当前正在执行脚本的文件名，表单信息的处理代码包含在本文件中。

➢ 文本框 DirName 用于输入搜索目录名称。单击树状目录中的文件夹，该文件夹地址自动添加到该文本框中。

➢ 文本框 strScan 用于输入搜索关键词。

**3．获取输入信息**

6.1.1 小节已经介绍了获取用户输入信息，并转换成物理路径的方法，这里不再介绍。具体代码如下：

```
<?php
if(isset($_GET['DirName']))
{
 //获取输入的搜索目录和关键词。
 $dir_name=$_GET['DirName'];
 if(!isset($_GET['strScan']))
         $strScan="";
 else
         $strScan=$_GET['strScan'];
 //检查关键词中是否存在"\\"和"/"，若存在，则退出处理。
 $n=strpos($strScan,"/");
 if($n!==false)
 {
     echo "查询字符串存在问题!";
         return false;
```

```
}
$n=strpos($strScan,"\\");
if($n!==false)
{
        echo "查询字符串存在问题!";
        return false;
}
}
?>
```

4．搜索函数

函数 findfile()实现对指定目录的搜索，其实现代码如下：

```
<?php
function findfile($dir_name,$strScan)
{
//获取根目录。
$realdir=$_SERVER["DOCUMENT_ROOT"];
//检查根目录最后一个字符是否为"\\"，如是，则去除该字符。
if(substr($realdir,strlen($realdir)-1)=="\\")
        $realdir=substr($realdir,0,strlen($realdir)-1);
//检查$dir_name 第一个字符是否为"\\"，如是，则去除该字符。
if(substr($dir_name,0,1)!="/")
        $dir_name="/".$dir_name;
//检查$dir_name 最后一个字符是否为"\\"，如不是，则加上该字符。
if(substr($dir_name,strlen($dir_name)-1)!="/"
    && substr($dir_name,strlen($dir_name)-1)!="\\")
        $dir_name.="/";
//构建搜索目录的物理路径。
$realdir=$realdir.$dir_name;
//打开该目录。
$hdir=opendir($realdir);
$str="";
//遍历该目录。
while($name=readdir($hdir))
{
 if($name=="."||$name=="..")continue;
 //查找该文件或目录名称是否含有关键词。
 //若存在关键词，$n 大于等于 0；否则，为 false。
        if(trim($strScan)!="")
            $n=strpos(strtolower($name),strtolower($strScan));
```

```
            else
                    $n=0;
        //若为文件，且$n 不为 false，则输出该文件名。
            if(is_file($realdir.$name))
            {
                    if($n!==false)
                    {
                            echo    $name."<BR>";
                    }
            }
        //若为目录，且$n 不为 false，则输出该目录。
        //用户单击输出的链接，可以当前搜索条件搜索该目录。
            else if(is_dir($realdir.$name))
            {
                    if($n!==false)
                    {
                    $str.="<a href='".$_SERVER['PHP_SELF'];
$str.="?DirName=".$dir_name.$name."&ScanDir=".$strScan."'>";
$str.=$name."</a><BR>";
                    }
            }
}
closedir($hdir);
return $str;
}
?>
```

该搜索函数把名称中含有关键词的目录输出，但并没有把子目录中含有关键词的文件输出。实际上，该函数可以通过递归调用自身实现对子目录的搜索。该函数可以修改成如下代码：

```
<?php
function findfile($dir_name,$strScan)
{
 //获取根目录。
$realdir=$_SERVER["DOCUMENT_ROOT"];
//检查根目录最后一个字符是否为"\\"，如是，则去除该字符。
if(substr($realdir,strlen($realdir)-1)=="\\")
        $realdir=substr($realdir,0,strlen($realdir)-1);
 //检查$dir_name 第一个字符是否为"\\"，如是，则去除该字符。
if(substr($dir_name,0,1)!="/")
```

```
            $dir_name="/".$dir_name;
    //检查$dir_name 最后一个字符是否为"\\"，如不是，则加上该字符。
    if(substr($dir_name,strlen($dir_name)-1)!="/"
            && substr($dir_name,strlen($dir_name)-1)!="\\")
            $dir_name.="/";
    //构建搜索目录的物理路径。
    $realdir=$realdir.$dir_name;
    //打开该目录。
    $hdir=opendir($realdir);
    $str="";
    //遍历该目录。
    while($name=readdir($hdir))
    {
     if($name=="."||$name=="..")continue;
     //查找该文件或目录名称是否含有关键词。
     //若存在关键词，$n 大于等于 0；否则，为 false。
            if(trim($strScan)!="")
                $n=strpos(strtolower($name),strtolower($strScan));
            else
                $n=0;
        //若为文件，且$n 不为 false，则输出该文件名。
            if(is_file($realdir.$name))
            {
                if($n!==false)
                {
                    echo ".<font color=red>".$name.".</font>路径为:".$realdir."<BR>";
                }
            }
        //若为目录，且$n 不为 false，则输出该目录。
        //用户单击输出的链接，可以当前搜索条件搜索该目录。
            else if(is_dir($realdir.$name))
            {
                findfile($dir_name.$name,$strScan);
            }
    }
    closedir($hdir);
    return $str;
    }
    ?>
```

运行该段代码，结果如图 6.3 所示。

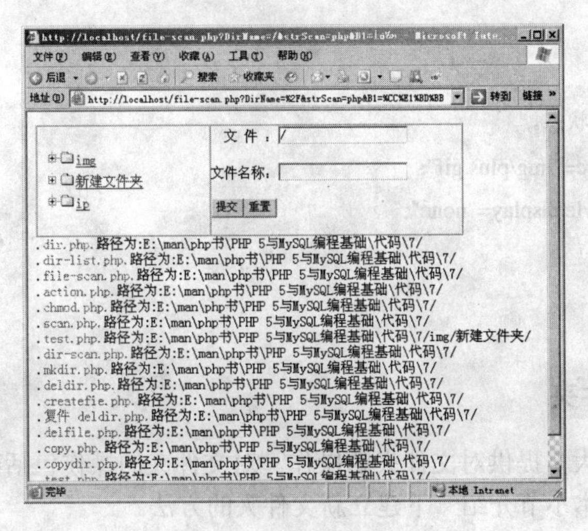


图 6.3　搜索文件结果

**5．客户端函数**

树状目录的单击事件响应函数为 showObj()，该函数具体代码如下：

```
<script>
function showObj(str,imgid,num,wholeFileName)
{
//num 表示层数，依据层名称构建方法获取层的名称。
    No=3*num+6;
    subchar=str.substr(0,No);
//由层的名称获取层对象。
    divObj=eval(subchar);
//获取图片对象。
    imgObj=eval(imgid);
//获取文本框对象。
    var obj=document.getElementById("DirName");
//获取层显示信息。
    if (divObj.style.display=="none")
{
//若层没有显示，则设置为显示，并把图片修改为打开状态图片。
        imgObj.src="img/open.gif";
        divObj.style.display="inline";
    //把层的相对路径设置为文本框的 value。
        if(obj!=null)
        {
            obj.value=wholeFileName;
        }
    }
```

```
        else
    {
    //把层设置为不显示状态。
            imgObj.src="img/plus.gif";
            divObj.style.display="none";
        }
    }
    </script>
```

## 6.1.3　建立新文件夹

网站的后台管理大多提供对文件夹的操作。对文件夹的操作包括建立新文件夹、复制文件夹和删除文件夹。本小节介绍一下建立新文件夹的方法。

该例子不但提供了建立新文件夹的功能，还提供了根目录下的树状目录，如图 6.4 所示。单击目录节点，该目录的相对目录地址自动填充到父目录地址文本框中。该例还提供了新建目录的权限设置。

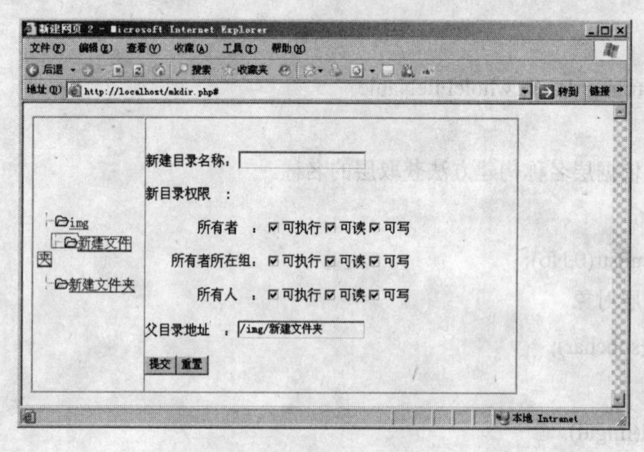


图 6.4　新建目录

该例子具体实现过程如下。

### 1．树状目录

该例界面左侧为树状目录，由函数 TravelDir2Dis()实现，该函数在 6.1.2 小节已介绍，这里不再介绍。

### 2．界面

界面左侧为树状目录，右侧为创建目录的界面。具体实现代码如下：

```
<table border="1" width="85%" cellspacing="0" cellpadding="0" id="table1">
<tr>
    <td><?php TravelDir2Dis("/","div",0); ?> </td>
    <td width="442">
        <form method="GET" action="
<?php
//输出树状目录。
```

```
echo $_SERVER['PHP_SELF'];
?>">
新建目录名称：<input type="text" name="newdir_name" size="20"><p>新目录权限  :</p>
    <p>        所有者  ：<input type="checkbox"
checked name="owner[]" value="1">可执行<input type="checkbox" checked name="owner[]" value="4">可读
<input type="checkbox" checked  name="owner[]" value="2">可写
</p>
    <p>    所有者所在组：<input type="checkbox"  checked name="group[]"
value="1">可执行<input type="checkbox"  checked name="group[]" value="4">可读<input type="checkbox"
checked name="group[]" value="2">可写
  </p>
    <p>        所有人  ：<input type="checkbox"
checked  name="everybody[]" value="1">可执行<input type="checkbox" checked name="everybody[]"
value="4">可读<input type="checkbox" checked  name="everybody[]" checked  value="2">可写
  </p>
    <p>
    父目录地址  ：<input type="text" name="DirName" size="20" value="/"></p>
    <p>
    <input type="submit" value="提交" name="B1"><input type="reset" value="重置" name="B2">
</p>
</form>
</td>
</tr>
</table>
```

### 3. 获取新建目录权限

新建目录权限由 3 个八进制数表示，按顺序分别指定所有者、所有者所在的组以及所有人的访问权限。这三个数的值最大为 7，每个数字表示的意义如下：

- 数字 1 表示使目录可执行；
- 数字 2 表示使目录可写；
- 数字 4 表示使目录可读；
- 其他数字均由这三个数字组合而成。

获取新建目录权限代码如下：

```
<?php
$mode=0777;
if(isset($_GET['everybody']))
$everybodys=$_GET['everybody'];
else
    $everybodys[]="";
if(isset($_GET['owner']))
```

```
        $owners=$_GET['owner'];
    else
        $owners[]="";
    if(isset($_GET['group']))
        $groups=$_GET['group'];
    else
        $groups[]="";
    $owner=0;
    foreach($owners as $o)
    {
        $owner+=ceil($o);
    }
    if($owner<0)$owner=0;
    if($owner>7)$owner=7;
    $everybody=0;
    foreach($everybodys as $o)
    {
        $everybody+=ceil($o);
    }
    if($everybody<0)$everybody=0;
    if($everybody>7)$everybody=7;
    $group=0;
    foreach($groups as $o)
    {
        $group+=ceil($o);
    }
    if($group<0)$group=0;
    if($group>7)$group=7;
    $mode=octdec(100)*$owner+octdec(10)*$group +$everybody;
    ?>
```

#### 4. 创建目录

在新建目录前，需要判断该目录是否存在。新建目录的具体代码如下：

```
<?php
if(isset($_GET['newdir_name']))
{
$path="";
//获取根目录。
$realdir=$_SERVER["DOCUMENT_ROOT"];
if(substr($realdir,strlen($realdir)-1)=="\\")
```

```
                $realdir=substr($realdir,0,strlen($realdir)-1);
  //获取新建目录路径。
  $newdir_name=$_GET['newdir_name'];
        if(substr($newdir_name,0,1)!="/")
                $newdir_name= "/".$newdir_name;
  //获取父目录路径。
  if(!isset($_GET['DirName']))
  {
                $Dir_Name="";
  }
  else
  {
                $Dir_Name=$_GET['DirName'];
  }
        if(substr($Dir_Name,0,1)!="/")
                $Dir_Name= "/".$Dir_Name;
  $path=$realdir.$Dir_Name ;
  $path.=$newdir_name;
  //新建目录名称不能为空。
  if(trim($newdir_name)=="")
  {
                echo "目录不能为空!";
                return false;
  }
  //判断新建目录是否存在，如存在，则返回。
  if(file_exists($path))
  {
  echo "该目录已经存在！";
  return false;
  }
  //新建目录并输出新建信息。
  mkdir($path,$mode);
  echo "新建目录为:".$path.";权限为:0".decoct($mode);
  }
  ?>
```

代码说明：

函数 file_exists(path)检查参数 path 是否存在，如果存在，则返回 true；否则，返回 false。参数 path 可以是文件或目录。

**5．客户端函数**

树状目录单击事件的响应函数为 showObj()，该函数具体代码与 6.1.2 小节相同，这里不再介绍。

## 6.2 操作文件

PHP 提供了操作文件的函数。这些函数虽然不如其他语言所提供的功能强大，但是使用这些函数处理文本文件，还是非常灵活的。本节介绍建立新文件、读、复制、删除文件等操作。

### 6.2.1 创建新文件

通过函数 fopen()、fwrite()和 fclose()可以创建新文件，步骤如下：

（1）判断新建文件名是否已存在，如果存在，则转步骤（5）；

（2）使用 fopen()新建一个文件；

（3）使用函数 fwrite()向新文件写入数据；

（4）使用 fclose()关闭文件；

（5）结束。

下面的例子在用户指定目录建立一个文件，该文件内容由用户输入，如图 6.5 所示。

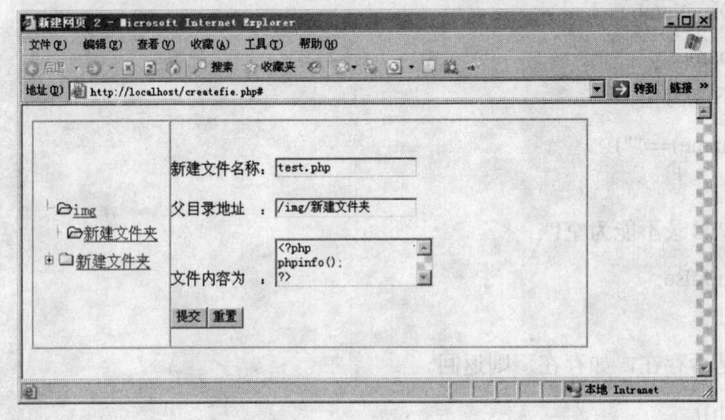


图 6.5　新建文件

该例子具体实现过程如下。

#### 1．界面

该例界面左侧为树状目录，右侧为用户输入表单。树状目录由函数 TravelDir2Dis()实现，在 6.1.2 小节已介绍，这里不再介绍。

界面的具体实现代码如下：

```
<table border="1" width="85%" cellspacing="0" cellpadding="0" id="table1">
<tr>
<td><?php TravelDir2Dis("/","div",0); ?> </td>
<td width="442">
        <form method="GET" action="<?php echo $_SERVER['PHP_SELF'];?>">
            新建文件名称：<input type="text" name="newfile_name" size="20"><p>
            父目录地址  ：<input type="text" name="DirName" size="20"></p>
            <p>
```

```
            文件内容为  ：<textarea rows="3" name="content" cols="21"></textarea></p>
            <p>
            <input type="submit" value="提交" name="B1"><input type="reset" value="重置" name="B2">
        </p>
        </form>
</td>
</tr>
</table>
```

代码说明：

➢ $_SERVER['PHP_SELF']返回当前正在执行脚本的文件名，表单信息的处理代码包含在本文件中。

➢ 文本框 newfile_name 用于输入新建文件名称。

➢ 文本框 DirName 用于输入新建文件所在目录。单击树状目录中的文件夹，该文件夹地址自动添加到该文本框中。

➢ 文本区 content 用于输入文件内容。

**2．建立新文件**

本例在用户指定的目录下建立指定的文件。在本例中，指定目录和文件都转换成物理目录。建立新文件的过程如下：

（1）获取指定目录、文件名和文件内容；

（2）获取目录和文件的物理目录；

（3）检查该目录是否存在，如果不存在，则转步骤（8）；

（4）检查该目录下是否存在新建文件，如果存在，则转步骤（8）；

（5）建立新文件；

（6）写入文件内容；

（7）关闭该文件；

（8）结束。

创建新文件的具体代码如下：

```
<?php
//检查新文件名是否设置，如果没有设置，则不处理。
if(isset($_GET['newfile_name']))
{
$path="";
//获取根目录。
$realdir=$_SERVER["DOCUMENT_ROOT"];
//若根目录最后字符为“\”，则去掉该字符。
    if(substr($realdir,strlen($realdir)-1)=="\\")
        $realdir=substr($realdir,0,strlen($realdir)-1);
//获取新文件名。
$newfile_name=$_GET['newfile_name'];
```

```
//若新文件名为空，则显示错误信息并退出。
        if(trim($newfile_name)=="")
    {
            echo "文件名不能为空!";
            return false;
    }
    //获取新文件的父目录。
    if(!isset($_GET['DirName']))
    {
            $Dir_Name="";
    }
    else
    {
            $Dir_Name=$_GET['DirName'];
    }
    //为了正确构建新文件的物理路径，需要检查处理新文件和父目录中的"/"字符。
    //检查父目录第一个字符是否为"/"，若不是，则加上该字符。
    if(substr($Dir_Name,0,1)!="/")
     $Dir_Name="/".$Dir_Name;
    //检查父目录最后一个字符是否为"/"，若是，则去除该字符。
    if(substr($Dir_Name,strlen($Dir_Name)-1)=="\\")
     $Dir_Name=substr($Dir_Name,0,strlen($Dir_Name)-1);
    $realdir.=$Dir_Name;
    //检查父目录是否正确。
    if(!is_dir($realdir))
    {
     echo "父目录不存在！ ";
     return false;
    }
    //检查新文件名第一个字符是否为"/"，若不是则加上该字符。
    if(substr($newfile_name,0,1)!="/")
            $newfile_name="/".$newfile_name;
     //把新文件的物理路径保存于变量$path。
    $path=$realdir.$newfile_name;
    //检查该文件是否存在，如果已存在，则退出。
    if(file_exists($path))
    {
     echo "该文件已经存在！ ";
     return false;
    }
```

```
//获取文件内容。
if(!isset($_GET['content']))
{
        $content="";
}
else
{
        $content=$_GET['content'];
}
 //新建该文件。
$fp=fopen($path,"ab+");
//把文件内容写入该文件。
fwrite($fp,$content);
//关闭该文件。
fclose($fp);
}
?>
```

代码说明：

本段代码使用了两个方法，如表 6-2 所示。

表 6-2　创建新文件的方法说明

| 函数 | 说明 |
|---|---|
| fopen（） | 打开文件或者 URL。常用打开文件方式如表 6-3 所示 |
| fwrite（） | 向文件写入内容 |
| fclose（） | 关闭一个打开的 TextStream 文件并释放占用的资源 |

表 6-3　打开方式说明

| 打开方式 | 说明 |
|---|---|
| 'r' | 只读方式打开 |
| 'r+' | 读写方式打开 |
| 'w' | 写入方式打开，并清空文件内容。如果文件不存在，则创建该文件 |
| 'w+' | 读写方式打开，并清空文件内容。如果文件不存在，则创建该文件 |
| 'a' | 写入方式打开，将文件指针指向文件末尾。如果文件不存在，则创建该文件 |
| 'a+' | 读写方式打开，将文件指针指向文件末尾。如果文件不存在，则创建该文件 |

## 6.2.2　读取文件内容

PHP 提供了很多用于读取文件内容的函数，使用这些函数读取文件内容非常简单。本节通过一个例子介绍读取文件的方法。这个例子通过用户输入的 IP 地址，获取该 IP 地址所在的位置，界面如图 6.6 所示。

下面是该例子的具体实现过程。

### 1．界面代码

该例提供了一个界面，方便用户输入 IP 地址。该界面的代码如下：

```
<html>
<body>
<P align=center>通过 IP 地址获取地理位置</P>
<form method=post action="<?php echo $_SERVER['PHP_SELF'];?>">
<p aling=center>
请输入 IP 地址：<input type=text name="ip">
<input type=submit value="提交">
</p>
</form>
</body>
</htm>
```

### 2．获取 IP 地址位置原理

Internet 中的每一台主机都会有一个 32 位二进制地址，这个地址是唯一的，这就是 IP 地址。IP 地址由四部分构成，每部分 8 位，以“.”分隔。每一个 IP 地址都对应着一个地理位置，通过这种对应关系，可以通过 IP 地址获取该地址所在地理位置。本例中，ip.txt 文件保存 IP 地址与地理位置的对应关系，通过查询该文件，就可以实现 IP 地址到地理位置的转换。

该文件的内容如图 6.7 所示。

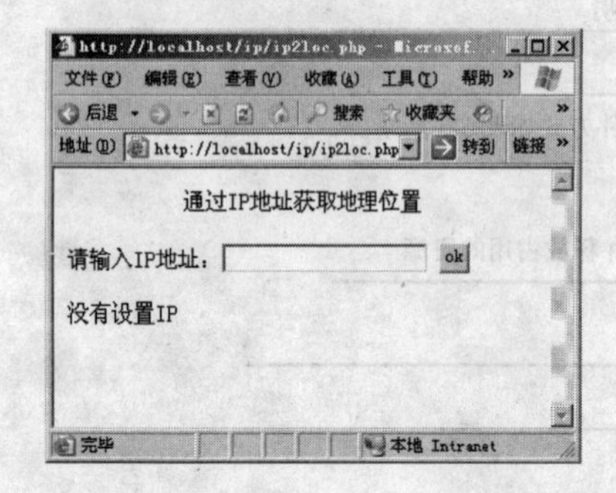


图 6.6　查询 IP 地址地理位置

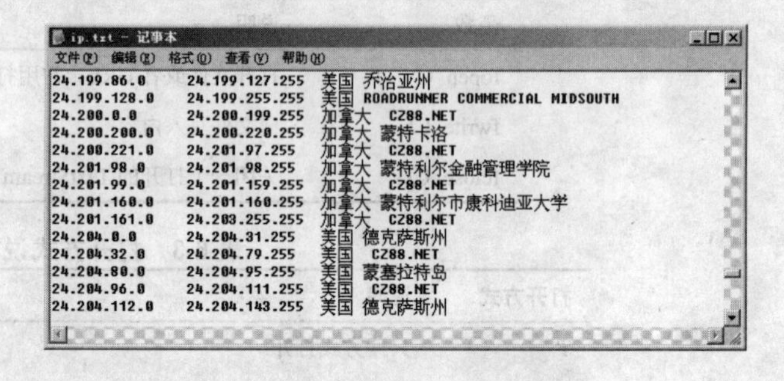


图 6.7　ip.txt 的内容结构

从该文件内容可以看出，该文件一行保存一个单位的 IP 地址范围。每行保存了三部分信息：起始 IP 地址、结束 IP 地址和地理位置描述。若输入的 IP 地址与某行起始 IP 地址相同，或在某行起始 IP 地址与结束 IP 地址之间，则该行的地理位置就是输入 IP 地址的地理位置。因此，需要打开文件，对每行数据与输入 IP 地址进行比较。

比较的方法很简单，只要输入的 IP 地址满足以下条件，就认为找到了输入 IP 地址的地理位置。

- 输入 IP 地址的每部分数值均不小于起始 IP 地址相应部分数值；
- 输入 IP 地址的每部分数值均不大于结束 IP 地址相应部分的数值。

### 3．打开文件并读取内容

可以使用 PHP 提供的 fgets()、fread()等函数读取文本文件 ip.txt 的内容。这些函数如表 6-4 所示。

表 6-4 打开并读取文件函数说明

| 函数 | 说明 |
|---|---|
| Fread() | 从文件中读取指定数目的字节 |
| fgets() | 从文件指针中读取一行 |
| fgetc() | 从文件读取字符 |
| fscanf() | 从文件中格式化读取内容 |
| file() | 把文件内容全部读入一个数组中 |
| feof () | 检查文件指针是否到了文件结束的位置：文件指针到了EOF或出错时，则返回 true；否则，返回 false |

下面来打开 ip.txt 文件，并读取该文件所有内容。

```
<?php
$fp=fopen($FileName,"r");
//读取所有内容。若文件指针没有 EOF，则 feof()返回 false，即文件没有读取结束。
while(!feof($fp))
{
 //读取文件的一行数据。
 $line=fgets($fp);
 …
}
?>
```

#### 4. 比较起始地址与输入 IP 地址

文本文件 ip.txt 每行的数据都以空格进行分隔。因此，使用空格把每行的数据分隔，就可以获取起始 IP 地址、结束 IP 地址和地理位置描述。若使用空格把每行的数据分隔开，并保存在数组$DesIP 中，数组$DesIP 第一个元素的值便是每行的起始地址。

输入 IP 地址的每部分数值均不小于起始 IP 地址相应部分数值，该功能的具体实现流程如下：

（1）分隔输入 IP 地址；

（2）分隔起始 IP 地址；

（3）设置$bFirst 保存比较结果，初始值为 false；

（4）比较 IP 地址对应部分；

（5）若输入 IP 地址部分大于起始 IP 地址，则$bFirst 为 3，转步骤（9）；

（6）若输入 IP 地址部分小于起始 IP 地址，则$bFirst 为 1，转步骤（8）；

（7）若输入 IP 地址部分等于起始 IP 地址，则$bFirst 为 2，比较下一部分数值，转步骤（4）；

（8）输入 IP 地址不在起始 IP 地址与结束 IP 地址范围内；

（9）结束。

下面打开文本文件 ip.txt，并比较输入 IP 地址与每行起始 IP 地址。

```
<?php
```

```
$line=fgets($fp);
//分隔一行数据，$DesIP 包含起始 IP 地址、结束 IP 地址和地理位置描述。
$DesIP=split(" ",$line);
/*$bFirst 保存起始 IP 地址与用户输入 IP 地址比较结果。
$bFirst 值如下：
 false：初始值；
 1：用户输入 IP 小于起始 IP 地址；
 2：用户输入 IP 等于起始 IP 地址；
 3：用户输入 IP 大于起始 IP 地址。
*/
$bFirst=false;
/*$bSecond 保存结束 IP 地址与用户输入 IP 地址比较结果。
$bSecond 值如下：
 false：初始值；
 1：用户输入 IP 小于结束 IP 地址；
 2：用户输入 IP 等于结束 IP 地址；
 3：用户输入 IP 大于结束 IP 地址。
*/
$bSecond=false;
//从一行数据中读取起始 IP 地址。
foreach($DesIP as $DesIPt)
{
 //起始地址和结束地址之间有很多空格且空格数目不确定，$DesIPt 可能为空。
 //若$DesIPt 为空，则不进行处理。
if(trim($DesIPt)=="")continue;
      //把 IP 地址分隔成四部分。
      $DesIPArray=split("\.",$DesIPt);
 //若$bFirst 为 false，则是获取起始 IP 地址。
 if($bFirst===false)
 {
 //表示输入 IP 地址下标。
             $i=0;
       //与当前行起始 IP 地址的每一部分进行比较。
       //$DesIPNum 为当前行起始 IP 地址的每一部分。
       foreach($DesIPArray as $DesIPNum)
       {
             //获取输入 IP 地址相应部分。
                   $m=$SourceipArray[$i];
             //把比较部分转换成数字。
                   if(is_numeric($m))$m=ceil($m);
```

```
            if(is_numeric($DesIPNum))
                $DesIPNum=ceil($DesIPNum);
        //进行比较。
    //若输入 IP 地址部分大于起始 IP 地址部分，则设置$bFirst 为 3，退出循环。
    //若小于，则设置$bFirst 为 1，退出循环。这时，该行不是查找的行。
    //若等于，还需要进行比较才可确定该行是否是查找行。
            if($m>$DesIPNum)
            {
                $bFirst=3;
                break;
            }
            else if($m==$DesIPNum)
            {
                $bFirst=2;
            }
            else
            {
                $bFirst=1;
                break;
            }
            $i++;
    }
    }
}
?>
```

### 5. 比较结束地址与输入 IP 地址

输入 IP 地址每部分数值均要不大于结束 IP 地址相应部分数值，该功能的具体实现流程如下：

（1）分隔输入 IP 地址；
（2）分隔结束 IP 地址；
（3）若$bFirst 为 2 或 3，则进行下面的步骤；否则，转步骤（10）；
（4）比较 IP 地址对应部分；
（5）如果输入 IP 地址部分值大于结束 IP 地址，设置$bSecond 为 3，则转步骤（8）；
（6）如果输入 IP 地址部分值小于结束 IP 地址，设置$bSecond 为 1，则转步骤（9）；
（7）如果输入 IP 地址部分值等于结束 IP 地址，设置$bSecond 为 2，则转步骤（4）；
（8）输入 IP 地址不在起始 IP 地址与结束 IP 地址范围内，转步骤（10）；
（9）获取地理位置；
（10）结束。

具体的实现代码如下：

```
<?php
foreach($DesIP as $DesIPt)
{
//起始地址和结束地址之间有很多空格且空格数目不确定，$DesIPt 可能为空。
//若$DesIPt 为空，则不进行处理。
if(trim($DesIPt)=="")continue;
    //把 IP 地址分隔成四部分。
    $DesIPArray=split("\.",$DesIPt);
//若$bFirst 为 3 或 2，则进行获取结束 IP 地址并进行比较。
//$bFirst 为 3 或 2，表示输入 IP 地址不小于起始 IP 地址。
if($bFirst==3 or $bFirst==2)
{
$i=0;
//保存结束 IP 地址。
$EndIp=$DesIPt;
//比较 IP 地址每一部分。
foreach($DesIPArray as $DesIPNum)
        {
         //获取输入 IP 地址相应部分值。
              $m=$SourceipArray[$i];
              if(is_numeric($m))$m=ceil($m);
              if(is_numeric($DesIPNum))
              $DesIPNum=ceil($DesIPNum);
         //进行比较。
    //若输入 IP 地址部分大于起始 IP 地址部分，则设置$bSecond 为 3，退出循环。这时，该行不是查找的行。
    //若小于，则设置$bSecond 为 1，退出循环，该行为查找行。
    //若等于，还需要进行比较才可确定该行是否是查找行。
              if($m>$DesIPNum)
              {
                  $bSecond=3;
                  break;
              }
              else if($m==$DesIPNum)
                  $bSecond=2;
              else
              {
                  $bSecond=1;
                  break;
              }
```

```
                $i++;
            }
        }
}
?>
```

6．获取地理位置

若输入 IP 地址在起始 IP 地址和结束 IP 地址范围内，则该 IP 地址的地理位置信息就已经查找到。获取地理信息的方法如下：

```
<?php
if(($bSecond==2 or $bSecond==1) and $bFirst>=2)
{
$Result=$Result.$DesIPt;
}
?>
```

7．获取地理位置的全部代码

通过 IP 地址获取地理位置的全部代码如下：

```
<?php
if(isset($_POST["ip"]) && trim($_POST["ip"])!="")
{
        $ip=trim($_POST["ip"]);
echo $ip."的地理位置为：".IP2Loc($ip,"ip.txt");
}
else
{
echo  "没有设置 IP";
}
Function IP2Loc($ip,$FileName)
{
        $SourceipArray=split("\.",$ip);
        if(count($SourceipArray)!=4)
        {
                return $ip."地址格式不正确!";
        }
        $fp=fopen($FileName,"r");
        while(!feof($fp))
        {
                $line=fgets($fp);
                $DesIP=split(" ",$line);
                $bFirst=false;
```

```
$bSecond=false;
$EndIp="";
$Result="";
foreach($DesIP as $DesIPt)
{
if(trim($DesIPt)=="")continue;
    $DesIPArray=split("\.",$DesIPt);
    if(($bSecond==2 or $bSecond==1) and $bFirst>=2)
    {
        $Result=$Result.$DesIPt;
    }
    else if($bFirst==3 or $bFirst==2)
    {
    $i=0;
    $EndIp=$DesIPt;
        foreach($DesIPArray as $DesIPNum)
        {
            $m=$SourceipArray[$i];
            if(is_numeric($m))$m=ceil($m);
            if(is_numeric($DesIPNum))
            $DesIPNum=ceil($DesIPNum);
            if($m>$DesIPNum)
            {
                $bSecond=3;
                break;
            }
            else if($m==$DesIPNum)
                $bSecond=2;
            else
            {
                $bSecond=1;
                break;
            }
            $i++;
        }
    }
    else if($bFirst===false)
    {
        $i=0;
        foreach($DesIPArray as $DesIPNum)
```

```
                {
                    $m=$SourceipArray[$i];
                    if(is_numeric($m))$m=ceil($m);
                    if(is_numeric($DesIPNum))
                    $DesIPNum=ceil($DesIPNum);
                    if($m>$DesIPNum)
                    {
                        $bFirst=3;
                        break;
                    }
                    else if($m==$DesIPNum)
                    {
                        $bFirst=2;
                    }
                    else
                    {
                        $bFirst=1;
                        break;
                    }
                    $i++;
                }
            }
        }
        if(($bSecond==2 or $bSecond==1) and $bFirst>=2)
        break;
    }
    return "<font color=red>".$Result."</font>.结束 IP 为:".$EndIp."<BR>";
}
?>
```

运行该段代码，输入 IP 地址“24.36.79.123”，单击“提交”按钮，界面显示 IP 地址所在的地理位置，如图 6.8 所示。

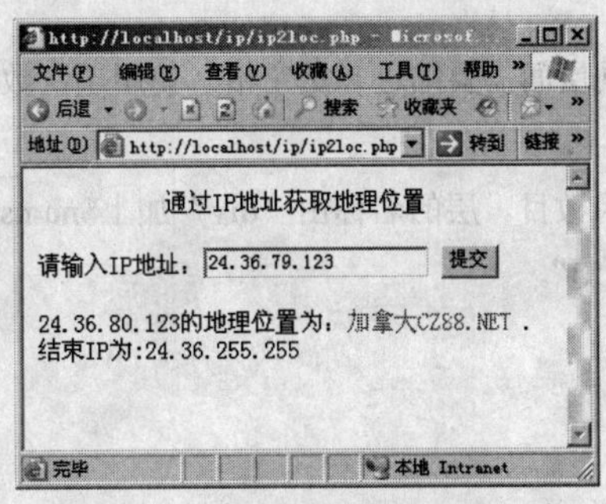


图 6.8　查找 IP 地址的地理位置

## 6.2.3　复制文件

PHP 提供了 copy()函数用于复制文件。Copy()函数的语法格式如下：

```
bool copy(string sourcePath,string destPath)
```

语法格式说明：

- 参数 sourcePath 为待复制的文件名，参数 destPath 为复制后的文件名；
- copy()函数将文件从 sourcePath 复制到 destPath。若成功，则返回 true；否则，返回 false。

本小节介绍一个复制文件的例子，界面如图 6.9 所示。

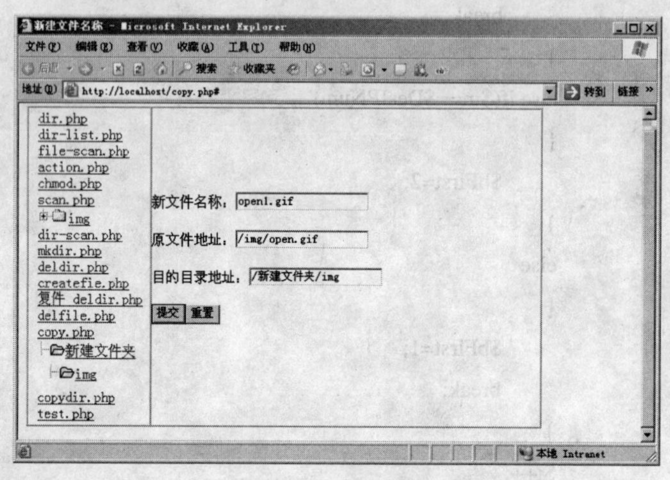


图 6.9　复制文件

该例子使用方法如下：

- 单击树状目录中的文件夹，该文件夹相对目录将填充到“目的目录地址”文本框中；
- 单击树状目录中的文件，该文件相对目录将填充到“原文件地址”文本框中；
- 输入新文件名称，单击“提交”按钮，把文件复制到指定目录中。

该例子具体实现过程如下。

### 1．树状目录

本例子中的树状目录，与前些章节中的树状目录有些不同，该树状目录枚举出了目录下的文件，它们的实现方法相似。下面列出了具体代码。

```
<?php
function TravelDir2Dis( $dirURL,$chdiv, $NoDiv,$nIndent=0 )
{
//$nIndent 保存层的层次。不同层间需要缩进一定空格，使用层次数可控制缩进空格数。
$nIndent++;
//$numst 保存当前目录中子目录数目。层的名称由“div”加上$numst 构成。
//若$numst 不足三位，则前加“0”。
$numst=0;
//$NoDiv  作用同$nIndent。
$NoDiv++;
//获取根目录。
```

```
$realdir=$_SERVER["DOCUMENT_ROOT"];
//若根目录最后字符为“/”，则去掉该字符。
if(substr($realdir,strlen($realdir)-1)=="\\")
	$realdir=substr($realdir,0,strlen($realdir)-1);
//$dirURL 为当前目录的相对路径。
//若$dirURL 第一个字符不为“/”，则加上该字符。
if(substr($dirURL,0,1)!="/")
 $dirURL="/".$dirURL;
//组成当前目录的物理路径。
$realdir.=$dirURL;
echo "<table>";
echo "<tr>";
echo "<td>";
//打开该目录。
if ($handle = opendir($realdir))
{
 //获取所有的子目录。
 while (false !== ($file = readdir($handle)))
	{
	//若当前目录不为“.”和“..”，则进行处理。
			if ($file != "." && $file != "..")
			{
				$wholeFileName = $dirURL.$file;
				$realdir1=$realdir.$file;
				if (is_dir($realdir1))
				{
					$numst++;		//当前目录数目加 1。
				//把目录数转换成三位的字符形式，并构成层的名称。
				//$chdiv 为当前层的名称。
				//当前层下层的名称为当前层名称加上三位由$numst 构成的字符。
					$div=NumToString($numst,$chdiv);
				//输出该目录构成的层。
					PrintDirName($file,$div,$NoDiv, $nIndent,"#",$wholeFileName);
				//递归调用函数自身，遍历所有子目录。
					TravelDir2Dis($wholeFileName."/",$div,$NoDiv,$nIndent);
				//输出当前层结束标志。
					echo "</div>";
				}
			//以下为显示文件的代码。
			else if (is_file($realdir1))
```

```
                    {
                    //该函数为自定义函数，在层中显示文件。
                        PrintFileName($file,$nIndent,"#",$wholeFileName);
                    }
                }
            }
}
echo "</td>";
echo "</tr>";
echo "</table>";
}
function PrintFileName($file, $nIndent,$href,$disname)
{
 //显示文件前的缩进空格。$nIndent 为层次数。
for( $i=0; $i<$nIndent; $i++ ) echo " ";
//$href 为链接 URL。
//$disname 为文件的相对路径。
//$file 为文件名称。
echo "<a href=\"$href\" onclick=\"showfile('$disname')\">$file</a><br>";
}
?>
```

每个文件的链接都有一个 onclick 事件，该事件的响应函数为 showfile()；每个文件夹链接的 onclick 事件的响应函数为 showObj()。函数 showObj()和 showfile()的具体代码如下：

```
<script>
function showObj(str,imgid,num,wholeFileName)
{
 //num 表示层数，依据层名称构建方法获取层的名称。
        No=3*num+6;
        subchar=str.substr(0,No);
 //由层的名称获取层的对象。
        divObj=eval(subchar);
 //获取图片的对象。
        imgObj=eval(imgid);
 //获取文本框对象。
        var obj=document.getElementById("dDirName");
 //获取层显示信息。
        if (divObj.style.display=="none")
{
 //若层没有显示，则设置为显示，并把图片修改为打开状态图片。
```

```
			imgObj.src="img/open.gif";
			divObj.style.display="inline";
		//把层的相对路径设置为文本框的 value。
			if(obj!=null)
			{
				obj.value=wholeFileName;
			}
		}
		else
	{
	//把层设置为不显示状态。
			imgObj.src="img/plus.gif";
			divObj.style.display="none";
		}
	}
	function showfile(str,disname)
	{
	var obj=document.getElementById("sFileName");
	obj.value=(str);
	}
	</script>
```

2．界面

该文件界面的代码如下，由于比较简单，不再详细注释。

```
<table border="1" width="85%" cellspacing="0" cellpadding="0" id="table1">
<tr>
<td><?php TravelDir2Dis("/","div",0); ?> </td>
<td width="442">
<form method="GET" action="<?php echo $_SERVER['PHP_SELF'];?>">
	新文件名称：<input type="text" name="newfile_name" size="20"><p>
	原文件地址：<input type="text" name="sFileName" size="20"></p>
	目的目录地址：<input type="text" name="dDirName" size="20"></p>
	<p>
	<input type="submit" value="提交" name="B1"><input type="reset" value="重置" name="B2">
</p>
</form>
</td>
</tr>
</table>
```

代码说明：

➢ $_SERVER['PHP_SELF']返回当前正在执行脚本的文件名，表单信息的处理代码包含在本文件中；

➢ 文本框 newfile_name 用于输入新文件名称；

➢ 文本框 sFileName 用于输入原文件相对路径；

➢ 文本框 dDirName 用于输入新文件所在目录相对路径。

**3．获取输入信息并转换成物理路径**

前面已经介绍了获取用户输入信息并转换成物理路径的方法，这里不再介绍。具体代码如下：

```
<?php
//获取根目录，并把该路径中最后一个"/"字符去掉。
$realdir=$_SERVER["DOCUMENT_ROOT"];
if(substr($realdir,strlen($realdir)-1)=="\\")
$realdir=substr($realdir,0,strlen($realdir)-1);
//获取新文件名称。若没有设置，则不进行处理。
if(isset($_GET['newfile_name']))
{
$newfile_name=$_GET['newfile_name'];
$sFileName="";
if(isset($_GET['sFileName']))
{
        $sFileName=$_GET['sFileName'];
}
//构建待复制文件的物理路径。
    if(substr($sFileName,0,1)!="/")
        $sFileName=$realdir."/".$sFileName;
    else
        $sFileName=$realdir.$sFileName;
$dDirName="./";
if(isset($_GET['dDirName']))
{
        $dDirName=$_GET['dDirName'];
}
//构建新文件的物理路径。
    if(substr($dDirName,0,1)!="/")
        $dDirName="/".$dDirName;
$dfilename=$realdir.$dDirName."/".$newfile_name;
}
?>
```

### 4．检查输入信息

在复制文件前，需要检查待复制文件和新文件。若复制文件不存在，则退出处理；若新文件存在也退出处理。具体实现代码如下：

```
<?php
//待复制文件不存在，则退出处理。
if(!file_exists($sFileName))
{
 echo "文件".$sFileName."不存在！";
 return false;
}
//若该文件已存在，则退出。
if(file_exists($dfilename))
{
 echo "文件".$dfilename."已经存在！";
 return false;
}
?>
```

### 5．复制文件

使用 copy()函数复制文件，代码如下：

```
<?php
//把指定文件复制到指定位置上。
copy($sFileName,$dfilename);
?>
```

## 6.2.4　复制文件夹

使用 copy()函数只能复制文件，不能复制文件夹。下面将实现复制文件夹的操作，界面如图 6.10 所示。该操作的实现步骤如下：

（1）打开待复制文件夹；

（2）读取该文件夹下一文件或目录$name；

（3）若$name 为文件，则把该文件复制到指定目录，转步骤（6）；

（4）若$name 为文件夹，则在指定目录下建立该文件夹；

（5）对文件夹$name 重复步骤（1）～（7）；

（6）转步骤（2），直至读取所有文件和文件夹；

（7）结束。

从步骤可以看出，该操作通过递归实现。函数 dircopy()通过递归调用自身，实现了复制文件夹的功能。本例其他代码与 6.2.3 小节代码相同，这里不再介绍。

函数 dircopy()具体代码如下：

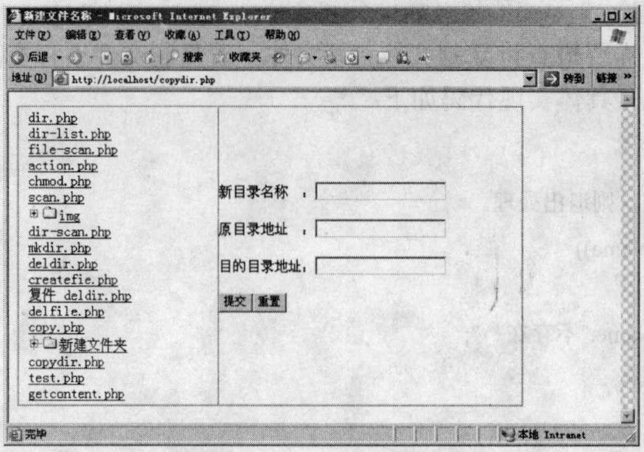

图 6.10 复制文件夹

```
<?php
function dircopy($ddir,$sdir)
{
//参数$sdir 为待复制目录，$ddir 为新复制目录。
//为构建新的目录，若$sdir 或$ddir 最后一个字符为“/”，则去除该字符。
    if(substr($sdir,strlen($sdir)-1)=="\\")
    $sdir=substr($sdir,0,strlen($sdir)-1);
    if(substr($ddir,strlen($ddir)-1)=="\\")
    $ddir=substr($ddir,0,strlen($ddir)-1);
//打开待复制目录。
    $hdir=opendir($sdir);
//遍历该目录。
while(false !== ($name=readdir($hdir)))
{
//不复制“.”、“..”。
if ( $name == "." || $name == "..") continue;
//$name 为文件，则进行复制。
    if(is_file($sdir."/".$name))
        {
            copy($sdir."/".$name,$ddir."/".$name);
        }
    //若$name 为目录，则建立新目录，并调用自身进行处理。
        else if(is_dir($sdir."/".$name))
        {
            mkdir($ddir."/".$name);
            dircopy($ddir."/".$name,$sdir."/".$name);
        }
}
```

```
closedir($hdir);
}
?>
```

主程序调用函数 dircopy()前，需要建立用户指定的新目录，具体代码如下：

```
<?php
mkdir($dfilename);
dircopy($dfilename,$sFileName);
?>
```

## 6.2.5 删除文件

删除文件可以使用 unlink()函数实现。本节的例子将删除一个指定的文件，界面如图 6.11 所示。

该例子使用方法如下：

- 单击树状目录中的文件，该文件相对目录将填充到“删除文件名称”文本框中；
- 单击“提交”按钮，删除该文件。

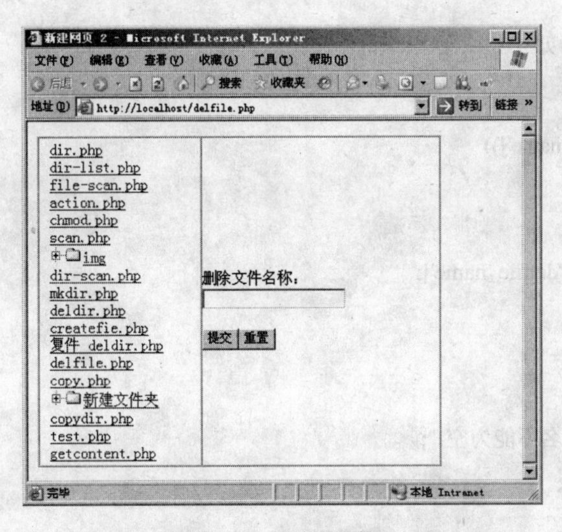


图 6.11 删除文件

该例子具体实现过程如下。

### 1. 树状目录

本例中的树状目录，与 6.2.4 节中的树状目录相同。单击文件节点时，文件相对路径填充到“删除文件名称”文本框中。但是单击文件夹节点时，只打开该文件夹节点下的文件和文件夹信息。

### 2. 界面

该例界面代码比较简单，具体如下：

```
<table border="1" width="85%" cellspacing="0" cellpadding="0" id="table1">
<tr>
    <td><?php TravelDir2Dis("/","div",0); ?> </td>
```

```
			<td width="442">
			<form method="GET" action="<?php echo $_SERVER['PHP_SELF'];?>">
				删除文件名称：<input type="text" name="delfile_name" size="20"><p>
				<input type="submit" value=" 提 交 " name="B1"><input type="reset" value=" 重 置 "
name="B2"></p>
	</form>
	</td>
	</tr>
	</table>
```

**3．删除文件**

下面是该例子的具体实现步骤：

（1）获取删除文件名称；

（2）检查文件名称是否为空，如果为空，则退出处理；

（3）检查该文件是否存在，如果不存在，则退出处理；

（4）检查该文件类型是否为文件，如果是，则删除文件；

（5）结束。

删除文件具体代码如下：

```
<?php
if(isset($_GET['delfile_name']))
{
$path="";
$delfile_name=$_GET['delfile_name'];
$path.=$delfile_name;
if(trim($delfile_name)=="")
{
		echo "文件名不能为空!";
		return false;
}
if(!file_exists($path))
{
 echo "该文件不存在！";
 return false;
}
if(is_file($path))
{
		unlink($path);
		echo $path."文件已经删除。";

}
else
```

```
        echo $path."不是文件无法删除。";
    }
?>
```

本段代码比较简单，不再注释。

### 6.2.6 删除文件夹

PHP 提供了 rmdir()函数删除文件夹。该函数的语法格式如下：

```
bool rmdir(dirname)
```

语法格式说明：

- ➢ 该函数删除 dirname 所指定的目录。若成功删除，则返回 true；否则，返回 false。
- ➢ 目录 dirname 必须是空目录，并且用户要有相应的权限才可成功删除目录。

因此，在使用该函数删除目录时，需要先删除该目录下的文件和文件夹。本小节介绍的例子用于删除指定的目录，界面如图 6.12 所示。

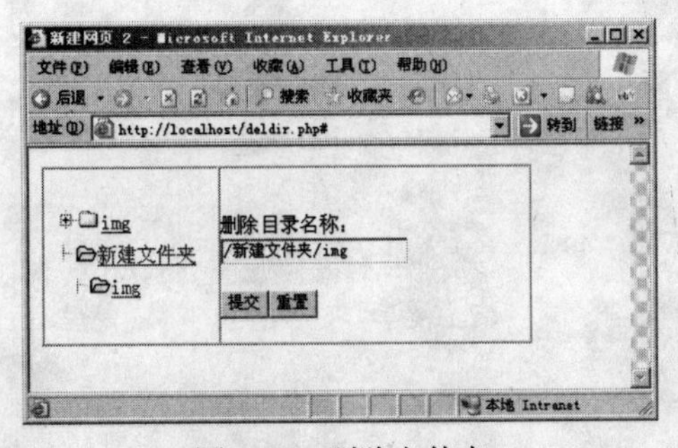


图 6.12 删除文件夹

删除目录的实现步骤如下：

（1）打开待删除的文件夹$dirname；

（2）读取该文件夹下一文件或目录$name；

（3）若$name 为文件，则把该文件删除，转步骤（5）；

（4）若$name 为文件夹，则对文件夹$name 重复步骤（1）～（5）；

（5）转步骤（2），直至读取所有文件和文件夹；

（6）删除文件夹$dirname

（7）结束。

可以看出，该操作通过递归实现。函数 deldir()通过递归调用自身，实现了删除指定文件夹的功能。

函数 deldir()具体代码如下：

```
<?php
function deldir($sdir)
{
        if(substr($sdir,strlen($sdir)-1)=="\\")
        $sdir=substr($sdir,0,strlen($sdir)-1);
$hdir=opendir($sdir);
```

```
//遍历目录并删除文件夹和文件。
while(false !== ($name=readdir($hdir)))
{
 if ( $name == "." || $name == "..") continue;
 //若$name 为文件，则删除。
        if(is_file($sdir."/".$name))
                {
                        unlink ($sdir."/".$name);
                }
        //若$name 为目录，则调用 deldir()删除。
                else if(is_dir($sdir."/".$name))
                {
                        deldir($sdir."/".$name);
                }
}
closedir($hdir);
//删除当前目录。
rmdir($sdir);
}
?>
```

## 6.3 PHP 探针

PHP 探针是一个实现特定功能的 PHP 程序，用来检测服务器信息、服务器所支持组件以及与 PHP 有关的一些变量值。

本节介绍一个简单的 PHP 探针。该探针只显示了服务器信息和 PHP 的一些参数，如图 6.13 所示。

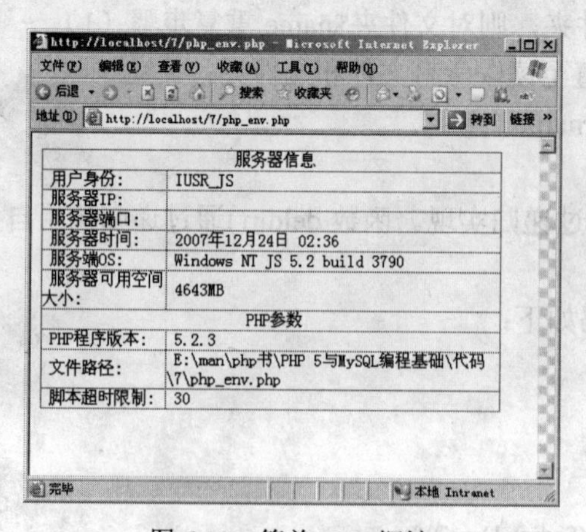


图 6.13　简单 PHP 探针

### 1．获取服务器信息

服务器信息包括当前运行 PHP 程序的用户、操作系统版本、服务器时间等信息，具体实现代码如下：

```
<table border=0 width=450 cellspacing=0 cellpadding=0 bgcolor="#3F8805">
<tr><td>
<table border=0 width=450 cellspacing=1 cellpadding=0>
    <tr bgcolor="#EEFEE0" height=18>
            <td align=left colspan=2>
            <p align="center"> 服务器信息</td>
        </tr>
        <tr bgcolor="#EEFEE0" height=18>
            <td align=left> 用户身份:</td>
        <td> <?php echo get_current_user();?></td>
        </tr>
        <tr bgcolor="#EEFEE0" height=18>
            <td align=left> 服务器 IP:</td>
        <td> <?php echo getenv('SERVER_ADDR');?></td>
        </tr>
        <tr bgcolor="#EEFEE0" height=18>
            <td align=left> 服务器端口:</td>
        <td> <?php echo    getenv("SERVER_PORT");?></td>
        </tr>
        <tr bgcolor="#EEFEE0" height=18>
            <td align=left> 服务器时间:</td>
        <td> <?php echo    date("Y 年 m 月 d 日  h:s",time());?></td>
        </tr>
        <tr bgcolor="#EEFEE0" height=18>
            <td align=left> 服务端 OS:</td>
        <td> <?php echo php_uname();?></td>
        </tr>
        <tr bgcolor="#EEFEE0" height=18>
            <td align=left> 服务器可用空间大小:</td>
        <td> <?php echo intval(diskfreespace("/") / (1024 * 1024));?>MB</td>
        </tr>
</td></tr>
</table>
```

### 2．PHP 参数

PHP 参数包括 PHP 版本、文件路径等信息，具体实现代码如下：

```
<table border=0 width=450 cellspacing=0 cellpadding=0 bgcolor="#3F8805">
```

```
<tr><td>
<table border=0 width=450 cellspacing=1 cellpadding=0>
 <tr bgcolor="#EEFEE0" height=18>
            <td align=left colspan=2>
            <p align="center"> PHP 参数</td>
        </tr>
        <tr bgcolor="#EEFEE0" height=18>
            <td align=left> PHP 程序版本:</td>
        <td> <?php echo PHP_VERSION;?></td>
        </tr>
        <tr bgcolor="#EEFEE0" height=18>
            <td align=left> 文件路径:</td><td> <?php echo __FILE__;?></td>
        </tr>
        <tr bgcolor="#EEFEE0" height=18>
            <td align=left> 脚本超时限制:</td>
        <td> <?php echo get_cfg_var("max_execution_time");?></td>
        </tr>
</table>
</td></tr>
</table>
```

## 本章小结

本章介绍了使用 PHP 操作文件、文件夹的方法，对文件夹的操作包括浏览、建立、复制、删除、搜索指定文件夹；对文件的操作包括建立、读取、复制、删除文件。这些操作均是通过例子介绍的，这有助于读者了解这些函数的意义和使用方法。这些例子稍加修改也可以用于网站的后台管理。通过本章的学习，读者可以轻松实现对网站文件夹、文件的管理。

## 本章习题

1. 如何检查一个文件是否存在？
2. 如何创建一个临时文件？
3. 如何获取驱动器中剩余空间？

## 本章答案

1.

```
<?php
$filename="exam1.php";
if(!file_exists($filename))
```

```
{
 echo $filename."文件不存在<BR>";
}
else
{
 echo $filename. "文件存在<BR>";
}
?>
```

2.

```
<?php
$pre_filename="exam";
//$tmp 为临时文件的名称。$pre_filename 为临时文件的前缀。
$tmp=tempnam("",$pre_filename);
if(!file_exists($tmp))
{
 echo $tmp. "临时文件不存在<BR>";
}
else
{
 echo $tmp. "临时文件存在<BR>";
}
?>
```

3.

```
<?php
$name="c://";
$free=diskfreespace($name);
echo $free;
?>
```

# 第7章 对　　象

**课前导读**

现在，软件项目越来越大，代码越来越复杂，软件维护难度也越来越大。传统的结构化编程方法越来越不能适应这种情况。而主流的面向对象编程可以较好地解决这个问题。在面向对象编程中，实体被描述成类。有关实体的动作或信息被描述成类的方法和属性，这些方法和属性被封装在类内。类是对现实事物的描述方式，它对同一种事物的方法和属性进行描述，是抽象的描述。对象是类的实例，是类的具体化。创建对象也称之为实例化。多个对象可以属于同一个类，一个类也可以创建多个对象。这就实现了代码的重复利用，提高了编写效率。

**重点提示**

本章讲解对象、类、接口、类的特殊方法及对象的串行化，具体内容如下：

- 对象的定义及其属性和方法访问权限
- 构造函数和析构函数及对象比较
- 类的静态属性与类常量
- 类的继承与重写
- 抽象类与接口的定义、实现、继承
- 对象的串行化、复制及特殊方法__get、__set 和__call

## 7.1 对象及其相关的概念

PHP 3 支持面向对象编程（OOP）。PHP 4 对其有所改进，但是对面向对象编程编程的支持还是很有限的。PHP 4 支持类定义、成员定义和继承，但是不支持多次继承和封装。PHP 5 重新编写了对象模型，使其可以满足面向对象编程的需要。下面介绍在 PHP 5 中的面向对象编程。

### 7.1.1 定义对象

PHP 使用关键词 class 定义一个类。在 PHP 4 中，可以使用下面的方式定义一个类：

```
class   ClassName {
//定义类的属性。
var $a;
...
//定义类的方法。
function method_class（）
{
...
}
```

```
    ...
}
```

类定义说明：

➢ ClassName 为类的名称；

➢ $a 为属性的名称；

➢ method_class()为类中方法的名称。

属性是描述对象的数据，方法是描述对象的操作或行为。下面是使用 PHP 4 中的类定义方法定义的类：

```
class MyClass_php4
{
var $version=4;
function getVer()
{
    return $this->version;
}
}
```

代码说明：

➢ 访问对象的属性和方法，需要使用“->”；

➢ 访问类的属性前不需要添加“$”字符，如使用$this 访问属性的格式为$this->version；

➢ $this 为一个特殊的变量，只能在类内部使用，标识对象实例本身。使用它，可以访问该对象的所有属性和方法。

使用 PHP 4 定义方法定义的类仍然可以在 PHP 5 环境中运行。在 PHP 5 中，声明类的方法如下：

```
class MyClass [extends Another_Class]
{
//定义属性。
{public|protected|private} name;
    ...
//定义方法。
{public|protected|private} function method_class
{
    ...
}
    ...
}
```

类定义说明：

➢ MyClass 为类的名称；

➢ extends Another_Class 表示继承自类 Another_Class。继承将在后面章节介绍。

➢ 定义属性不需要使用关键词 var，需使用 public、protected 和 private 对属性进行修饰；

➢ public、protected 和 private 为 PHP 5 提供的三种访问对象成员的方式。这些限制访问方式可以用于对象的属性和方法。

### 7.1.2　对象属性和方法访问权限

PHP 4 不支持限制访问对象成员的方法。代码在类外部都可以访问对象的属性和方法，也可以修改对象的属性，没有任何限制。PHP 5 允许限制对类成员的访问，提供了三种访问方式，即 public、protected 和 private。

➢ 声明为 public 的类属性和方法为类的公有属性和方法，无论在类内部还是类外部的代码都可以访问。

➢ 声明为 private 的类属性和方法为类的私有属性和方法。这种属性和方法在类外部是不允许访问的，只能在类内部访问。声明 private 属性和方法类的子类成员，也不能访问这些私有属性和方法。

➢ 声明为 protected 的属性和方法为类的限制属性和方法。这种属性和方法在声明该成员的类和该类的子类中都可以访问，但是在类的外部不能访问。protected 将在继承一节举例介绍。

下面的代码显示了不同限制访问方式的访问方法：

```
<?php
class a
{
protected $pro;
private   $pri;
public $pub;
public function setAA($pub="pub",$pro="pro",$pri="pri")
{
        $this->pro=$pro;
        $this->pri=$pri;
        $this->pub=$pub;
}
}
//创建类。
$a_class=new a();
//调用方法设置类中属性的值。
$a_class->setAA();
//输出“pub”。
echo $a_class->pub;
//将输出错误信息：“Fatal error: Cannot access private property a::$pri in…”。
echo $a_class->pri;
//将输出错误信息：“Fatal error: Cannot access protected property a::$ pro in…”。
//echo $a_class->pro;
```

```
?>
```

代码说明：

➢ 使用关键词 new 创建类；

➢ 创建类时，在 new 后直接跟类的名称，如 new a()；也可以为 new a。

在定义类的属性时，也可以对属性指定初始值。下面的代码为类属性指定初始值：

```
<?php
class a
{
 public $pub="pub";
}
$a_class=new a;
echo $a_class->pub;
?>
```

在类 a 中定义了属性$pub，并设置该属性初始值为“pub”。因为该属性拥有初始值，因此，没有对其赋值，也可以输出“pub”。

属性的初始值一般为 boolean、integer、float、string、NULL、array 类型的数值，不可以为 object 和 resource 类型。

从编程的角度看，方法是设置在类中的函数。通过方法可以对类中的属性进行操作，如读取、修改类中的 private 属性。方法的定义和函数定义相同。如果在方法中访问该类内的属性，需要使用$this。

在引用类的方法时，可以通过方法参数传递值。如果实际传递的参数少于方法的参数，系统会报错。若多于方法的参数，系统会忽略多余的参数。下面定义的类，可以完成任意个数字的求和计算：

```
<?php
class sum
{
 private $num=0;
 public function sum()
 {
      $this->num = func_num_args();
      $sum=0;
      for ($i = 0; $i < $this->num; $i++)
      {
           $sum += func_get_arg($i);
      }
         return $sum;
 }
 public function getCount()
 {
```

```
        return $this->num;
    }
}
$obj=new sum();
$n=$obj->sum(1,2,3,4,5,6,7);
echo "总和为：".$n."<BR>";
$count=$obj->getCount();
echo "参数数目为：".$count;
?>
```

代码说明：

➢ 该类定义了两个方法，即sum()和getCount()，分别完成对参数的求和以及返回参数的数目；

➢ 函数func_num_args()返回函数的参数数目；

➢ 函数func_get_arg()返回指定的参数值，其语法结构如下：

```
func_get_arg ( int arg_num)
```

其中，arg_num为参数在参数列表中的偏移量。该函数返回值为参数的值，可能是数值，也可能是数组。

另外，函数func_get_args()以数组形式返回参数列表。

运行该段代码，结果如图7.1所示。

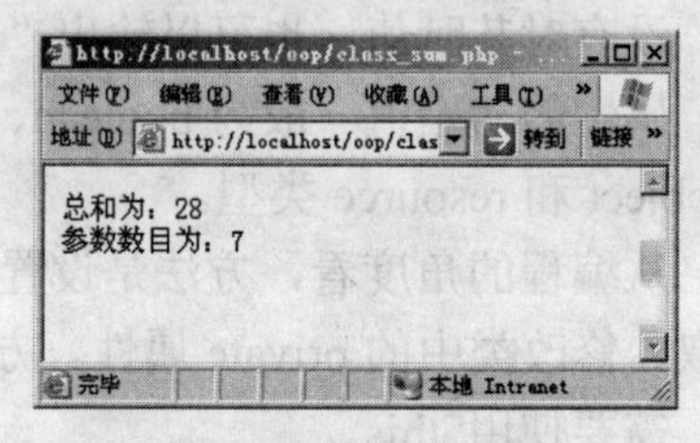


图7.1　数字的求和

## 7.1.3　构造函数与析构函数

在使用new创建对象时，如果定义了构造方法，系统会调用构造方法，完成类的初始化工作。类的构造方法和类的方法相同，也可以含有参数。

PHP 4可以像C++那样，使用与类名相同的函数名称表示类的构造方法。PHP 5支持使用__construct()定义构造方法。当然，PHP 5也支持使用与类名相同的方法名称表示类构造方法的方式。下面是定义类的构造方法：

```
<?php
class Book
{
private $name;
function __construct($name)
    {
        $this->name = $name;
    }
public function getName()
{
        return $this->name;
```

```
    }
}
$obj=new Book("PHP 与 MySQL");
echo $obj->getName();
?>
```

当对象被释放时，如果定义了析构方法，系统会自动调用它，释放对象占用的内存。析构方法为__destruct()，没有参数。子类不能自动调用父类的析构方法，但可以显示调用父类的析构方法。

在 PHP 5 编译环境中，若定义了与类名同名的构造方法，也定义了__construct()构造方法，__construct()构造方法会被使用。下面的代码定义了两种构造方法：

```
<?php
class myclass
{
 private $name;
 function myclass()
 {
      $this->name="myclass()被调用。";
 }
 function __construct()
 {
      $this->name="__construct()被调用。"";
 }
 function getName()
 {
      echo $this->name;
 }
}
$name=new myclass();
$name->getName();
?>
```

运行该段代码，结果如图 7.2 所示。

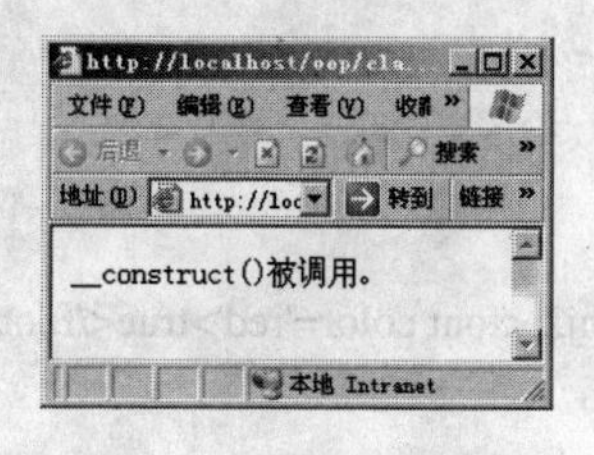


图 7.2　两种构造方法

### 7.1.4　对象比较

PHP 5 提供了两种操作符比较对象：==和===。当使用比较操作符（==）时，只有满足下面的条件，比较的结果才会 TRUE：

- 两个对象属于同一个类；
- 两个对象具有相同的属性和值；
- 两个对象被定义在相同的命名空间。

使用“==”符号比较的是两个对象的内容是否一致。

当使用全等符“===”时，满足下面的条件，比较的结果才会是 TRUE：

- 两个对象指向同一个类；
- 两个对象被定义在特定的命名空间。

使用全等符“===”比较的是两个对象是否是同一个对象，也就是两个对象是否指向同样的内存地址。

下面为对象比较的例子：

```
<?php
class sum
{
        private $num=0;
        public function sum()
        {
                $this->num = func_num_args();
                $sum=0;
                for ($i = 0; $i < $this->num; $i++)
                {
                $sum += func_get_arg($i);
                }
        return $sum;
        }
        public function getCount()
        {
                return $this->num;
        }
}
$obj1=new sum();
$obj2=new sum();
if($obj1==$obj2)
 echo "未赋值前对象 obj1==对象 obj2:<font color='red'>true</font>;";
else
 echo "未赋值前对象 obj1==obj2:<font color='red'>false</font>;";
echo "<br>";
```

```
if($obj1===$obj2)
 echo "未赋值前对象 obj1===对象 obj2:<font color='red'>true</font>;";
else
 echo "未赋值前对象 obj1===对象 obj2:<font color='red'>false</font>;";
echo "<br>";
$n=$obj1->sum(1,2,3,4,5,6,7);
if($obj1==$obj2)
 echo " obj1 调用方法 sum（）后:obj1==obj2:<font color='red'>true</font>;";
else
 echo " obj1 调用方法 sum（）后:obj1==obj2:<font color='red'>false</font>;";
echo "<br>";
if($obj1===$obj2)
 echo " obj1 调用方法 sum（）后:obj1===obj2:<font color='red'>true</font>";
else
 echo " obj1 调用方法 sum（）后:obj1===obj2:<font color='red'>false</font>";
$obj3=$obj1;
echo "<br>";
if($obj1===$obj3)
 echo "obj1===obj3:<font color='red'>true</font>";
else
 echo "obj1===obj3:<font color='red'>false</font>";
?>
```

运行该段代码，结果如图 7.3 所示。

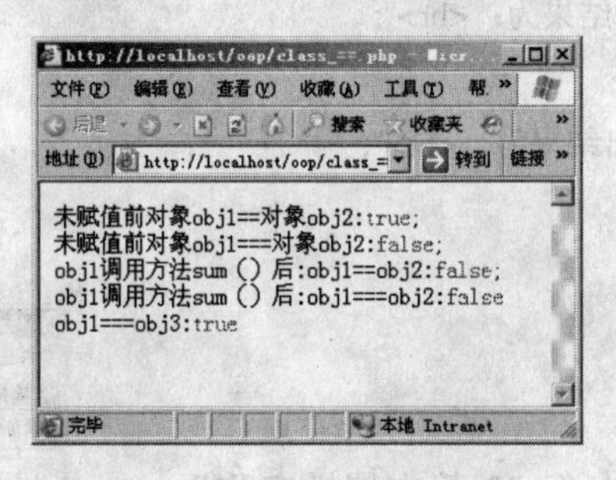


图 7.3 对象比较结果

## 7.2 类常量和静态属性

本节介绍类的静态属性和类常量。

### 7.2.1 静态属性

类可以拥有属性和方法。在创建对象后，每个对象都有一块保存这些属性的内存区域。每个对象的属性值可能不同。如果这些由同类创建的对象共享一个变量，将是非常麻烦的。

PHP 5 支持静态属性。静态属性属于类，不属于任何一个对象，与任何对象无关。即使没有创建任何对象，也可以获取静态属性的值。

静态属性使用 static 修饰。static 可以与其他一些关键词组合使用，如 private、function 等。下面的代码创建了一个类，该类拥有一个静态属性$count，用于记录该类创建对象的数目。

```
<?php
class MyClass
{
 //声明一个静态属性，记录创建对象的数目。
        public static $count=0;
        function __construct()
        {
        //每创建对象，$count 值增 1。
                self::$count=self::$count+1;
        }
        function getCount()
        {
                return self::$count;
        }
}
for($i=0;$i<20;$i++)
{
 $obj=new MyClass;
}
echo " $obj->getCount()的输出结果为：<br>";
echo $obj->getCount()."<BR>";
echo " MyClass:: $count 的输出结果为：<br>";
//直接通过类访问静态属性。
 echo MyClass:: $count;
?>
```

代码说明：

➢ 调用静态属性的方法为“self::静态属性名称”。

➢ “self::”表示类自身，一般用来访问自身静态属性。访问静态属性时，不能使用关键词“$this”。

➢ 直接通过类名访问静态属性的方法为：类名::静态属性名。

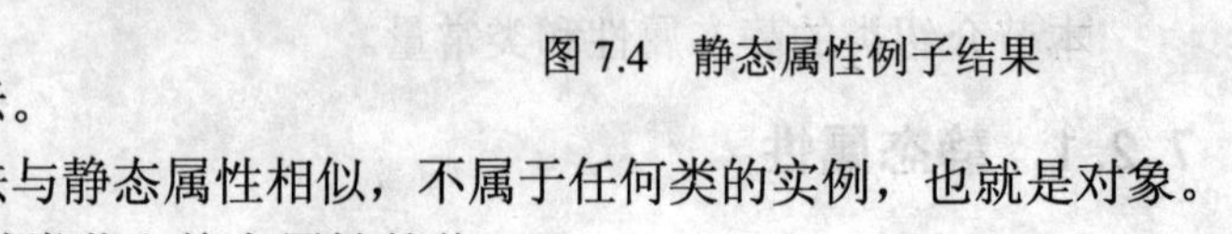


图 7.4　静态属性例子结果

运行该段代码，结果如图 7.4 所示。

PHP 5 也支持静态方法。静态方法与静态属性相似，不属于任何类的实例，也就是对象。没有创建类的任何实例，仍然可以通过类获取静态属性的值。

下面的例子创建了一个矩形类，可以输出矩形面积。

```
<?php
class Rect
{
 //声明一个静态方法，获取矩形的面积。
 static function getArea($width,$height)
        {
              return $width*$height;
        }
}
echo "高和宽分别为 12 和 24 的矩形面积为：<br>";
echo Rect:: getArea(12,24);
?>
```

运行该段代码，结果如图 7.5 所示。

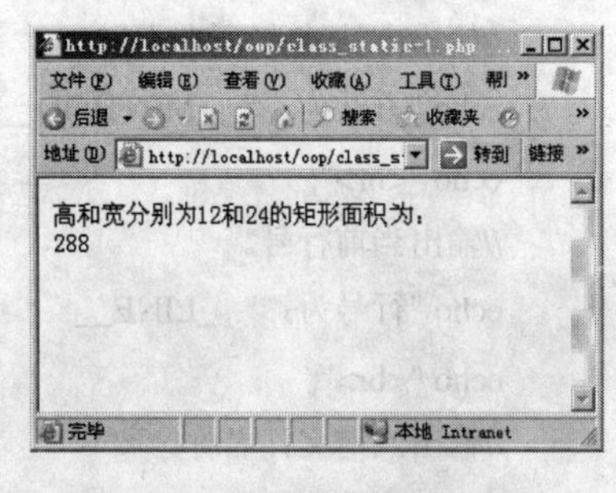


图 7.5　静态方法例子结果

静态方法中调用静态属性或静态方法时，可以使用下面两种方式：

➢ 类名::静态属性或静态方法；

➢ self::静态属性或静态方法名称。

在调用静态方法或属性时，最好使用关键词“self::”，这样即使类的名称改变了，也不影响代码的使用。在静态方法中，不能使用“$this”，当然也就不能访问非静态属性和非静态方法了。

## 7.2.2　类常量

PHP 5 支持类常量。类常量和静态属性一样，不属于类的实例，只属于类本身。它不创建类的实例，可以像访问静态属性的那样访问它。

声明类常量的方法如下：

```
const 类常量名称=值;
```

下面定义了一个类，该类拥有圆周率常量：

```
<?php
class Math
{
 const pi=3.1415926535897932;
}
echo Math::pi;
?>
```

PHP 5 还提供了“__LINE__”、“__FILE__”、“__FUNCTION__”、“__CLASS__ ”和“__METHOD__”等常量。这些常量是 PHP 预定义的，它们的值是变化的，在不同环境中，会有不同的值。

下面为使用这些常量的例子：

```
<?php
class Const_Class
{
 function Print_Info()
 {
	//输出类的名称。
	echo "类名：".__CLASS__;
	echo "<br>";
	//输出函数名。
	echo "函数名为：".__FUNCTION__;
	echo "<br>";
	//输出方法(包括所在类)。
	echo "方法为：".__METHOD__;
	echo "<br>";
	//输出当前行号。
	echo "行号为：".__LINE__;
	echo "<br>";
	//输出当前文件名称。
	echo "当前文件为：".__FILE__;
	echo "<br>";
	}
}
$obj=new Const_Class();
$obj->Print_Info();
?>
```

运行该段代码，结果如图 7.6 所示。

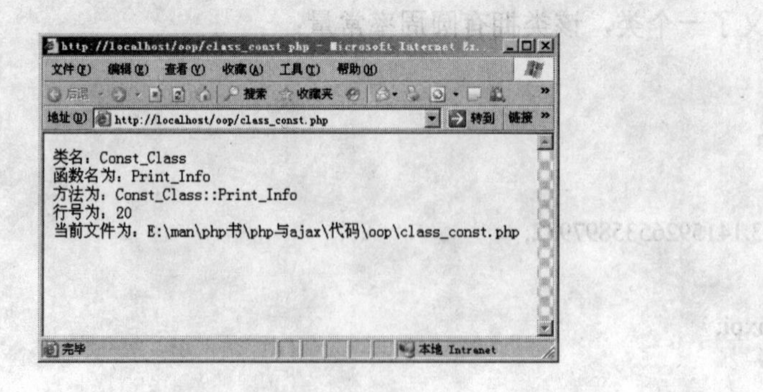


图 7.6　类常量应用

## 7.3 继承

在介绍了类之后，可以定义一个矩形类，该类具有四条边、相邻边互相垂直、对边相等等属性。如果存在一个正方形类，这个类与矩形类属性相似，只是正方形类的四条边都相等。通常这两个类拥有相同的变量和函数，矩形类既适合描述矩形，也适合描述正方形。正方形类只是矩形类的扩展，拥有矩形类的所有属性和函数，可以说正方形类继承自矩形类。

正方形类继承自矩形类，是矩形类的子类；矩形类派生出正方形类，是正方形类的父类。子类拥有父类的方法和属性，包括构造函数，但是子类不能访问父类的私有属性和方法。子类可以在父类的基础上添加其他方法和属性。子类可以通过关键词“extends”实现继承。

### 7.3.1 定义继承

下面定义了矩形类 Rect 和正方形类 Square：

```
<?php
//定义矩形类。
class Rect
{
//定义矩形的宽和高。
private $Width;
private $Height;
//定义矩形类的构造函数。构造函数对矩形的高和宽进行赋值。
function __construct($Width,$Height)
    {
        $this->Height = $Height;
        $this->Width = $Width;
    echo "执行父类的构造函数。<BR>";
}
//设置矩形的高和宽。
    public function SetSide($Width,$Height)
{
        $this->Height = $Height;
        $this->Width = $Width;
}
//获取矩形的面积。
public function getArea()
{
        return $this->Height*$this->Width;
}
}
//定义正方形类 Square，继承自类 Rect。
```

```
class Square extends Rect
{
}
$obj=new Square(12,12);
echo $obj->getArea();
?>
```

类 Square 是类 Rect 的派生类。虽然类 Square 没有设置任何属性和方法，但是类 Square 继承了类 Rect 的方法和属性，包括构造函数，通过类 Square 的对象都可以访问。运行该段代码，结果如图 7.7 所示。

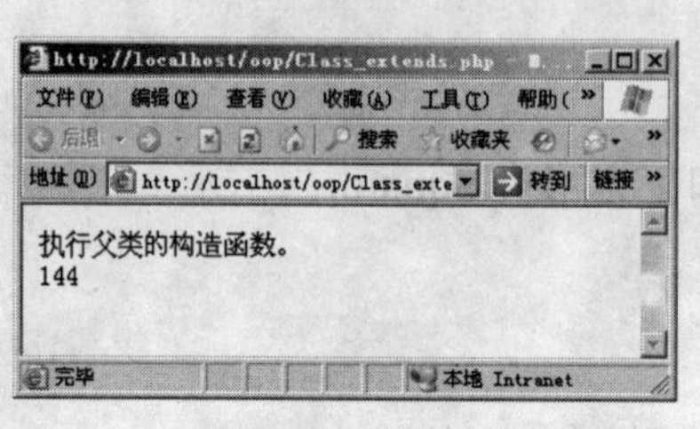


图 7.7　类继承

下面为类 Square 增加一个构造函数，具体代码如下：

```
<?php
//定义矩形类。
class Rect
{
 //定义矩形的宽和高。
 private $Width;
 private $Height;
 //定义矩形类的构造函数。构造函数对矩形的高和宽进行赋值。
 function __construct($Width,$Height)
        {
                $this->Height = $Height;
                $this->Width = $Width;
        echo "执行父类的构造函数。边长为：".$Width."和".$Height."<BR>";
 }
 //设置矩形的高和宽。
        public function SetSide($Width,$Height)
 {
                $this->Height = $Height;
                $this->Width = $Width;
 }
 //获取矩形的面积。
 public function getArea()
 {
```

```
            return $this->Height*$this->Width;
        }
    }
    //定义正方形类Square，继承自类Rect。
    class Square extends Rect
    {
     function __construct($Side)
            {
                $this->SetSide($Side,$Side);
                echo "执行子类的构造函数。边长为".$Side."<BR>";
            }
    }
    //调用了子类的构造函数。
    $obj=new Square(16);
    echo "计算边长为 16 的正方形面积：<br>";
    echo $obj->getArea();
    echo "<BR>";
    //虽然使用了两个参数，仍然调用了子类的构造函数，结果仍为边长为 14 的正方形面积。
    $obj=new Square(14,13);
    echo "计算边长为 14 和 13 的矩形面积：<br>";
    echo $obj->getArea();
    ?>
```

该段代码执行类 Square 的构造函数，并没有执行父类的构造函数。运行该段代码，结果如图 7.8 所示。

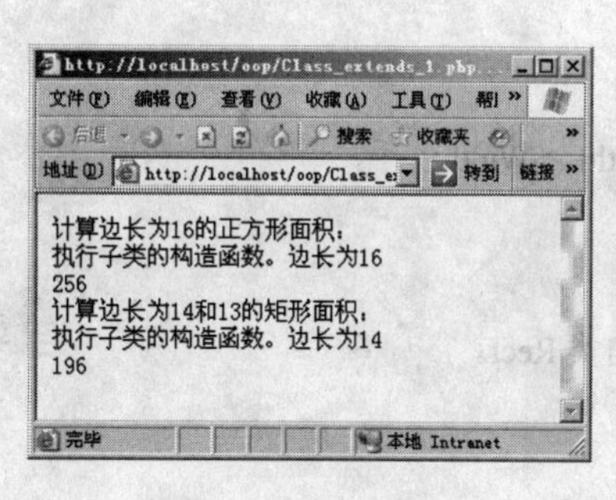


图 7.8　继承实例结果

### 7.3.2　继承的访问方式

PHP 5 支持 public、protected 和 private 的限制访问方式。

➢ 声明为 public 的方法和属性可以被类外部和内部访问，也可以被子类访问；

➢ 声明为 protected 属性和方法可以被类内部方法访问，也可以被子类内部方法访问，但是不能被类外部访问；

➢ 声明为 private 的属性和方法只可以被声明该属性和方法的类内部访问，该类外部和其子类都不能访问该属性和方法。

下面为限制访问方式的例子。该例把上面例子中函数 SetSide()的访问方式修改为 protected。

```
<?php
//定义矩形类。
class Rect
{
 //定义矩形的宽和高，为私有属性。
 private $Width;
 private $Height;
 //定义矩形类的构造函数。构造函数对矩形的高和宽进行赋值。
 function __construct($Width,$Height)
        {
              $this->Height = $Height;
              $this->Width = $Width;
        echo "执行父类的构造函数。边长为：".$Width."和".$Height."<BR>";
 }
 //设置矩形的高和宽，为限制方法，只能被子类和自身内部访问。
     protected function SetSide($Width,$Height)
 {
              $this->Height = $Height;
            $this->Width   = $Width;
 }
 //获取矩形的面积。
 public function getArea()
 {
          return $this->Height*$this->Width;
 }
}
//定义正方形类 Square，继承自类 Rect。
class Square extends Rect
{
 function __construct($Side)
        {
              $this->SetSide($Side,$Side);
              echo "执行子类的构造函数。边长为".$Side."<BR>";
        }
}
//声明正方形类，该类构造函数调用父类的限制方法 SetSide()。
echo "计算边长为 16 的正方形面积：<br>";
```

```
$obj=new Square(16);
echo $obj->getArea();
echo "<BR>";
//声明矩形类。
echo "计算边长为 14 和 13 的矩形面积：<br>";
$obj=new Rect(14,13);
//如果调用方法 SetSide()，将会出现下列错误。
//Fatal error: Call to protected method Rect::SetSide()…
//$obj->SetSide(26,26);
echo $obj->getArea();
?>
```

## 7.4　类重写

父类的方法不能满足子类的需要，子类需要对父类的方法进行重写。重写是对父类方法进行重写，重写的方法在父类和子类中具有相同的名称。在 C++中，系统对重载函数是通过不同参数数目、不同参数类型、不同返回值来区分的。在 PHP 5 中，调用函数时，实际参数可以比形参数目多，也就是 PHP 5 不支持参数不同的同名函数。在 PHP 5 中，子类对父类的方法进行重写。重写时，PHP 5 不限制参数数目、参数类型和返回值。

### 7.4.1　实现方法重写

下面的代码定义了一个矩形类和一个椭圆类。椭圆类继承自矩形类，该类描述在指定高度和宽度的矩形内绘制的椭圆。矩形的高度和宽度为椭圆的高度和宽度。椭圆的面积求法和矩形不同，因此，需要重写方法 getArea()。

```
<?php
//定义矩形类。
class Rect
{
 //定义矩形的宽和高，为私有属性。
 protected $Width;
 protected $Height;
 //定义矩形类的构造方法。构造函数对矩形的高和宽进行赋值。
 function __construct($Width,$Height)
       {
             $this->Height = $Height;
             $this->Width = $Width;
       echo "执行父类的构造方法。边长为：".$Width."和".$Height."<BR>";
 }
 //设置矩形的高和宽，为限制方法，只能被子类和自身内部访问。
     public function SetSide($Width,$Height)
```

```
    {
        $this->Height = $Height;
        $this->Width  = $Width;
    }
    //获取矩形的面积。
    public function getArea()
    {
        return $this->Height*$this->Width;
    }
    //获取矩形的宽度。
    public function getWidth()
    {
        return $this->Width;
    }
    //获取矩形的高度。
    public function getHeight()
    {
        return $this->Height;
    }
}
//定义椭圆类 ellpse，继承自类 Rect。
class ellpse extends Rect
{
    //重载方法 getArea()获取椭圆的面积。
    //参数$precision 指定面积值的精度。
    public function  getArea($precision=0)
    {
        $n=pi()*($this->Width/2)*($this->Height/2);
        $precision=ceil($precision);
        if($precision<=0)
            return round($n);
        else
            return round($n,$precision);
    }
}
//声明椭圆类。
$obj=new ellpse(16,12);
echo "计算边宽和高分别为 16 和 12 的椭圆面积：<br>";
echo $obj->getArea(2);
echo "<BR>";
```

```
//声明矩形类。
$obj=new Rect(14,13);
echo "计算边长为 14 和 13 的矩形面积：<br>";
echo $obj->getArea();
?>
```

运行该段代码，结果如图 7.9 所示。

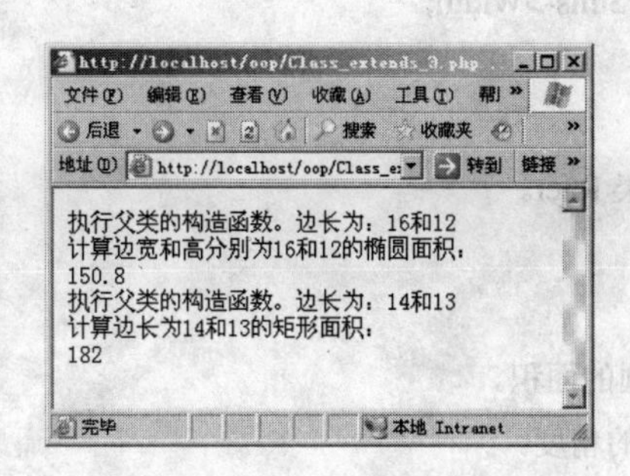


图 7.9　重写例子结果

从运行结果看出，求椭圆面积时，椭圆类的 getArea()方法被执行；在求矩形面积时，矩形类的 getArea()方法被执行。

## 7.4.2　parent 和 self

如果子类的方法需要调用父类的同名方法，可以使用关键字“parent::”，它指向子类的父类，通常在调用父类的构造函数和方法时使用。PHP 5 还提供了一个关键词“self::”，它指向当前类，通常用来访问类的静态属性等。下面使用这两个关键词求同宽和高的矩形和椭圆的面积差。

```
<?php
//定义矩形类。
class Rect
{
 //定义矩形的宽和高，为私有属性。
 protected $Width;
 protected $Height;
 //定义矩形类的构造函数。构造函数对矩形的高和宽进行赋值。
 function __construct($Width,$Height)
     {
           $this->Height = $Height;
           $this->Width = $Width;
     echo "执行父类的构造函数。边长为：".$Width."和".$Height."<BR>";
 }
 //设置矩形的高和宽，为限制方法，只能被子类和自身内部访问。
     public function SetSide($Width,$Height)
     {
```

```
            $this->Height = $Height;
           $this->Width   = $Width;
    }
    //获取矩形的面积。
    public function getArea()
    {
            return $this->Height*$this->Width;
    }
}
//定义椭圆类 ellpse，继承自类 Rect。
class ellpse extends Rect
{
    //重载方法 getArea()获取椭圆的面积。
    //参数$precision 指定面积值的精度。
    public function   getArea($precision=0)
    {
        $n=pi()*($this->Width/2)*($this->Height/2);
        $precision=ceil($precision);
        if($precision<=0)
            return round($n);
        else
            return round($n,$precision);
    }
    //方法 getAreaDiff()获取同宽和高的矩形和椭圆的面积差。
    public function getAreaDiff($precision=0)
    {
        //调用父类的方法获取矩形的面积。
        $rect_area=parent::getArea();
        //获取椭圆的面积。
        $ellpse=$this->getArea(2);
        //获取面积差。
        $diff=$rect_area-$ellpse;
        return $diff;
    }
}
//声明椭圆类。
$obj=new ellpse(16,12);
echo "宽和高分别为 16 和 12 的矩形与椭圆面积差为：<br>";
echo $obj->getAreaDiff (2);
?>
```

运行该段代码，结果如图 7.10 所示。

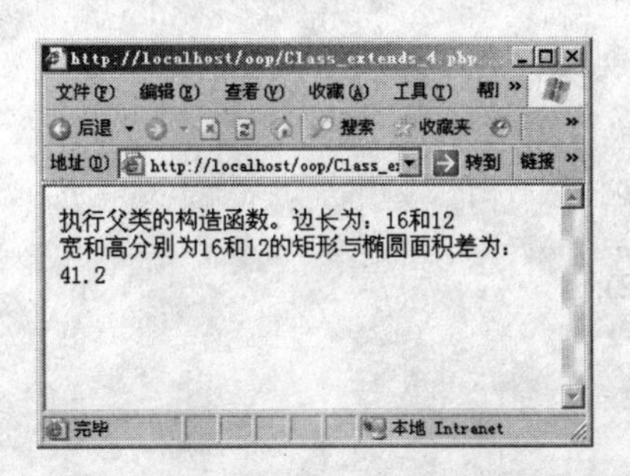


图 7.10　parent 和 self 例子结果

## 7.5　复制

PHP 4 不支持引用调用，当传递对象参数时，系统会创建这个对象的副本，所有的操作都是对这个副本进行。当程序出现问题进行调试时，非常麻烦，既要跟踪对象，又要检查对象的副本。

PHP 5 支持以引用方式调用对象。当创建一个对象时，系统返回该对象的句柄或者该对象的 ID。传递对象时，系统传递的是对象的句柄。

下面的代码为传递对象参数的例子。该例子声明了一个类，该类拥有半径和面积两个属性。函数 round_obj()对该类创建对象面积进行取精度操作。

```
<?php
class Circle
{
 public $rad;
 public $area;
 function __construct($rad)
       {
              $this->rad = $rad;
              $this->area=pi()*$this->rad*$this->rad;
 }
}
$arr_circle=array();
$n=4;
for($i=0;$i<$n;$i++)
{
 $arr_circle[$i]=new Circle(rand(1,10));
 $obj=$arr_circle[$i];
 echo "取精度前第".$i."个对象面积为：".$obj->area;
 echo "<br>";
 round_obj($obj);
```

```
 echo "取精度后第".$i."个对象面积为：<font color=red>".$obj->area."</font>";
 echo "<br>";
}
function round_obj($obj)
{
 $obj->area=round($obj->area,2);
}
?>
```

在主程序调用函数 round_obj()，参数传递给该函数时，系统把参数的对象 ID 传递给函数。函数 round_obj()对参数的操作也是对实际对象的操作。在函数 round_obj()取精度操作后，实际对象的面积也发生了变化。

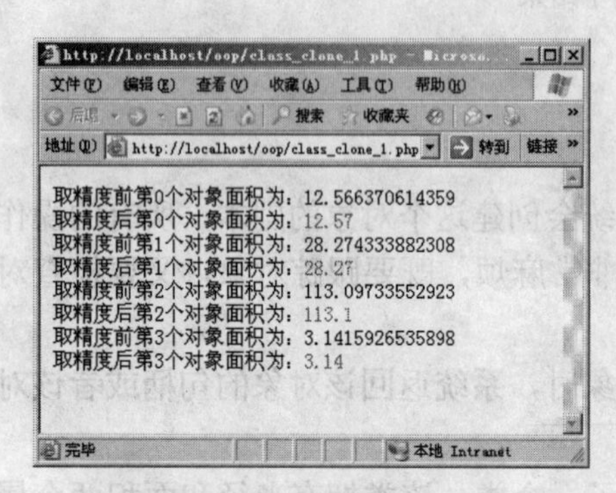


图 7.11　复制例子结果

运行该段代码，结果如图 7.11 所示。

如果参数为对象，有时希望在函数内对参数的改变不影响原来的对象。这就需要用到对象复制。PHP 支持对象复制，使用关键词__clone 实现对象复制。__clone 与__construct、__destruct 一样，前面为双下划线。

复制对象时，需要实现以下两个步骤：

（1）传递对象时，使用关键词 clone；

（2）在类内实现__clone()方法。若没有__clone()方法，系统将建立一个与原对象拥有相同属性和方法的对象。若在复制时改变对象的属性，要在__clone()中改变属性。

下面定义了一个类，该类提供了__clone()方法。__clone()方法改变了原来对象的半径和面积属性。具体代码如下：

```
<?php
class Circle
{
 public $rad;
 public $area;
 function __construct($rad)
      {
            $this->rad = $rad;
            $this->area=pi()*$this->rad*$this->rad;
 }
 function __clone()
 {
        $this->rad=$this->rad*2;
        $this->area=$this->area*4;
```

```
}
}
$arr_circle=array();
$n=4;
for($i=0;$i<$n;$i++)
{
 $arr_circle[$i]=new Circle(rand(1,10));
 $obj=$arr_circle[$i];
 //把复制对象传递给函数 round_obj()。
 //改变该参数，不影响原来的对象属性。
 round_obj(clone $obj);
      echo "复制对象前，第".$i."个对象面积为：".$obj->area;
 echo "<br>";
}
function round_obj( $obj)
{
 $obj->area=round($obj->area,2);
 echo "复制对象后：<font color=red>半径为：".$obj->rad."；面积为：".$obj->area."</font>";
 echo "<br>";
}
?>
```

运行该段代码，结果如图 7.12 所示。

图 7.12　复制例子结果

## 7.6　类的高级特性

上一节介绍了类。本节介绍类的另外一些高级特性，包括抽象类、final 类和 final 方法、接口、__GET 和__SET 方法等。

### 7.6.1　抽象类

前面介绍的 Rect 类和 Ellpse 类均为形状方面的类，这两个类具有宽度和高度属性，还具有获取面积的方法。虽然这两个类都具有获取面积的方法，但是这两个方法的实现方法不一样。如果这两个类均继承自一个类 Shape，该类拥有获取面积的方法 getArea()。类 Shape 的方法 getArea()具体代码由其子类具体实现，类 Shape 根本不需要实现该方法。该方法可以定义为抽象方法。抽象方法只为方法的声明，没有具体实现。拥有抽象方法的类 Shape 为抽象类。

PHP 5 支持抽象类。抽象类可以使用关键词 abstract 来修饰。如果方法也使用 abstract 修饰，表示该方法为抽象方法。

抽象类和抽象方法具有以下特点：

➢ 抽象类不能被实例化。

➢ 抽象方法只为方法的声明，没有具体实现。抽象方法可以使用下面方式声明。声明不含有括号“{”和“}”，以“;”结尾；

```
abstract function function_name(paraments);
```

其中，function_name 为方法名称，paraments 为方法的参数。

➢ 如果类中含有一个以上的抽象方法，该类即为抽象类，必须使用关键词 abstract 进行修饰。

➢ 抽象类的子类可以实现父类中的抽象方法，也可以不实现。子类若实现了父类中的所有抽象方法，子类不是抽象类，否则，为抽象类。

➢ 子类为抽象类，不能再次声明父类中的抽象方法。

➢ 抽象类的子类若不是抽象类，可以进行实例化。

下面定义了一个抽象类和两个继承自该类的子类，具体代码如下：

```
<?php
abstract class Shape
{
 //定义宽和高。
 public $Width;
 public $Height;
 //定义抽象方法。
 abstract function getArea();
}
//定义矩形类。
class Rect extends Shape
{
 //定义矩形类的构造函数。构造函数对矩形的高和宽进行赋值。
 function __construct($Width,$Height)
       {
             $this->Height = $Height;
             $this->Width = $Width;
 }
 //获取矩形的面积。
 public function getArea()
```

```
 {
           return $this->Height*$this->Width;
 }
}
//定义椭圆类 ellpse，继承自类 Shape。
class ellpse extends Shape
{
 //重载方法 getArea()获取椭圆的面积。
 //参数$precision 指定面积值的精度。
 function __construct($Width,$Height)
     {
           $this->Height = $Height;
           $this->Width = $Width;
 }
 public function   getArea($precision=0)
 {
       $n=pi()*($this->Width/2)*($this->Height/2);
       $precision=ceil($precision);
       if($precision<=0)
             return round($n);
       else
             return round($n,$precision);
 }
}
//声明椭圆类。
$obj=new ellpse(16,12);
echo "宽和高分别为 16 和 12 的椭圆面积为：<br>";
echo $obj->getArea (2);
/*
如果使用下面语句，系统将会提示下面错误信息：
Fatal error: Cannot instantiate abstract class Shape in
*/
$shape_obj=new Shape();
?>
```

运行该段代码，结果如图 7.13 所示。

如果抽象方法有参数，在实现抽象方法时，要注意参数的数目，但参数名称可以不一致。下面为参数数目不一致的例子。

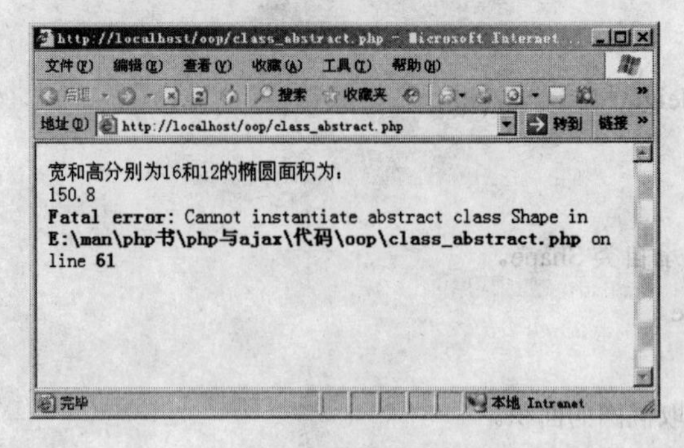


图 7.13 抽象类例子结果

```
<?php
abstract class Shape
{
 //定义宽和高。
 public $Width;
 public $Height;
 //定义抽象方法。
 abstract function getArea();
}
//定义椭圆类 ellpse，继承自类 Shape。
class ellpse extends Shape
{
 //重载方法 getArea()获取椭圆的面积。
 //参数$precision 指定面积值的精度。
 function __construct($Width,$Height)
     {
            $this->Height = $Height;
            $this->Width = $Width;
 }
 //实现抽象方法 getArea()。该方法含有一个参数，而抽象方法没有参数。
 //在前面例子中，该方法的参数是拥有默认值的。
 public function    getArea($precision)
 {
        $n=pi()*($this->Width/2)*($this->Height/2);
        $precision=ceil($precision);
        if($precision<=0)
            return round($n);
        else
            return round($n,$precision);
 }
}
```

```
//声明椭圆类。
$obj=new ellpse(16,12);
echo $obj->getArea (2);
?>
```

该段代码中的子类实现抽象方法 getArea()。该方法拥有一个参数，而其父类中的抽象方法 getArea()没有参数。运行该段代码，会出现下面的错误提示：

```
Fatal error: Declaration of ellpse::getArea() must be compatible with that of Shape::getArea() in…
```

## 7.6.2　final 类和 final 方法

前面介绍的类和抽象类都可以被继承。如果希望声明的类不被继承，可以使用关键词 final 实现。final 类不能被继承，final 方法不能被重载。

下面为 final 类和 final 方法的例子，并指出了错误的代码。

```
<?php
class first
{
 public $name;
 final function setName($name)
        {
              $this->name=$name;
        }
}
final class second extends first
{
 public $name_second;
 /*
 下面代码重载了父类 final 方法，系统会提示以下错误信息。
 Fatal error: Cannot override final method first::setName() in…
 */
 function setName($name)
 {
        $this->name_second=$name;
 }
}
/*
下面类继承自 final 类，系统会提示下面的错误信息。
Fatal error: Class third may not inherit from final class (second) in…
*/
class third extends second
{
```

```
}
?>
```

## 7.7 接口（Interfaces）

### 7.7.1 定义接口

PHP 5 通过接口可以实现多重继承和方法的多态。接口只能包含抽象方法和常量。使用关键词 Interfaces 可以实现接口的定义，定义方法如下所示：

```
Interfaces Interfaces_Name
{
 const var_name;
 function function_name();
}
```

定义方法说明：

- Interfaces_Name 为接口的名称。
- var_name 为常量的名称。接口中的常量为静态常量，不用使用关键词 static 进行修饰；
- function_name 为方法的名称。该方法为抽象方法，不需要使用关键词 abstract 进行修饰；
- 接口中的方法为抽象方法，只有该方法的声明，没有该方法的具体实现代码。
- 接口可以继承。
- 接口可由类实现，一个类可以实现多个接口。

接口的定义和抽象类的声明相似。虽然接口拥有的方法为抽象方法，但是声明接口不能使用关键词 abstract 进行修饰。下面的接口声明是错误的：

```
<?php
abstract interface User
{
}
?>
```

运行该段代码，系统会提示如下错误信息。

```
Parse error: syntax error, unexpected T_INTERFACE, expecting T_CLASS in…
```

接口中的方法为抽象方法，也不能使用关键词 final 和 abstract 进行修饰。下面的接口声明是错误的。

```
<?php
interface User
{
 final function getArea();
}
```

```
?>
```

下面的码使用 abstract 修饰接口中的方法也是错误的：

```
<?php
interface User{
    abstract function getArea();
}
?>
```

运行上面的代码，系统提示如下错误信息：

Fatal error: Access type for interface method User::getArea() must be omitted in…

在接口声明中，虽然不可以使用 final 和 abstract 进行修饰，但是可以使用 public 进行修饰。下面代码是正确的：

```
<?php
interface User
{
    public function getArea();
}
?>
```

接口中抽象方法的访问权限只能为 public，不可以为 private 和 protected。下面的代码中，接口中方法的访问权限为 private，这是错误的：

```
<?php
interface User
{
    private function getArea();
}
?>
```

运行该段代码，系统会提示如下错误：

Fatal error: Access type for interface method User::getArea() must be omitted in…

## 7.7.2 接口的实现

接口可以由类实现。类可以使用关键词 implements 实现接口。类可以实现一个接口，也可以实现多个接口。类在实现接口时，要实现接口的抽象方法。

下面定义了两个接口 Ellpse_interface 和 Circle_interfac 以及一个抽象类 Shape_Class。类 Circle 继承抽象类，并实现了两个接口。虽然该段代码没有多大实际作用，但是掩饰了实现接口的方法。

```
<?php
//定义接口 Ellpse_interface。
```

```
interface Ellpse_interface
{
 //声明抽象方法。
        function getEllpseArea($wid,$hei);
}
//定义接口 Circle_interface。
interface Circle_interface
{
        //声明抽象方法。
 function getCircleArea($wid);
}
//定义抽象类。
abstract class Shape_Class
{
 public $width=0;
 public $height=0;
}
//定义类 Circle。该类继承 Shape_Class，并实现了两个接口。
class Circle extends Shape_Class implements Ellpse_interface,Circle_interface
{
 //实现接口中的方法 getEllpseArea()。
 function getEllpseArea($wid,$hei)
 {
        $this->width=$wid;
        $this->height=$hei;
        $num=($wid/2)*($hei/2);
        return pi()*$num;
 }
 //实现接口方法 getCircleArea()。
 function getCircleArea($wid)
 {
        $this->width=$wid;
        $this->height=$wid;
        $num=($wid/2)*($wid/2);
        return pi()*$num;
 }
 function getWidth()
 {
        return $this->width;
 }
```

```
    function getHeight()
    {
        return $this->Height;
    }
}
//创建对象。
$obj=new Circle();
echo $obj->getCircleArea(12);
echo $obj->getEllpseArea(12,16);
?>
```

### 7.7.3　接口的继承

PHP 5 支持接口继承。接口继承和类继承一样，也是通过关键词 extends 实现。类只能实现类间的单继承，但是接口可以继承自多个接口。上节例子可以修改成下面的代码，抽象类 Shape_Class 通过接口实现。

```
<?php
//定义接口 Ellpse_interface。
interface Ellpse_interface
{
 //声明抽象方法。
    function getEllpseArea($wid,$hei);
}
//定义接口 Circle_interface。
interface Circle_interface
{
    //声明抽象方法。
 function getCircleArea($wid);
}
//定义抽象类。
interface Shape_Class extends Ellpse_interface,Circle_interface
{
}
//定义类 Circle。该类实现接口 Shape_Class。
class Circle implements Shape_Class
{
 public $width=0;
 public $height=0;
 //实现接口中的方法 getEllpseArea()。
 function getEllpseArea($wid,$hei)
 {
```

```
        $this->width=$wid;
        $this->height=$hei;
        $num=($wid/2)*($hei/2);
        return pi()*$num;
    }
    //实现接口方法 getCircleArea()。
    function getCircleArea($wid)
    {
        $this->width=$wid;
        $this->height=$wid;
        $num=($wid/2)*($wid/2);
        return pi()*$num;
    }
    function getWidth()
    {
        return $this->width;
    }
    function getHeight()
    {
        return $this->Height;
    }
}
//创建对象。
$obj=new Circle();
echo $obj->getCircleArea(12);
echo $obj->getEllpseArea(12,16);
?>
```

## 7.8　特殊方法：__get()、__set()和__call()

PHP 5 支持多种特殊方法，如前些节介绍的__construct()、__destruct()和__clone()。PHP 5 还支持__get()、__set()和__call()等特殊方法。

下面是__get()、__set()和__call()的具体功能。

➢ __get()：当访问类中没有定义的属性时，会调用该方法。程序员可以利用该方法执行添加属性、设置特定值等操作。

➢ __set()：当对不存在的属性赋值时，会调用该方法。程序员可利用该方法，添加新属性或禁止添加属性。

➢ __call()：当调用不存在的方法时，系统会调用该方法。

下面的代码定义了类 Shape。该类定义了方法__get()和__set()。当访问不存在的属性时，系统会输出提示信息；当对不存在的属性赋值时，系统会调用方法__set()，添加新属性，并为其设置值。

```
<?php
class Shape
{
 function __get($name)
 {
        return $name."不存在，可以通过对其直接赋值，添加该属性。";
 }
      function __set($name,$value)
{
        //下面的代码为类添加新属性。若丢掉 name 前的$符号会出现错误。
              $this->$name=$value;
      }
}
$obj=new Shape();
echo $obj-> width;
echo "<BR>";
$obj->width='adsf';
echo "属性 width 已经通过以下代码设置。";
echo "<BR>";
echo "<font color=red>\$obj->width='adsf';</font>";
echo "<BR>";
echo "属性 width 值为：".$obj->width;
?>
```

运行该段代码，结果如图 7.14 所示。

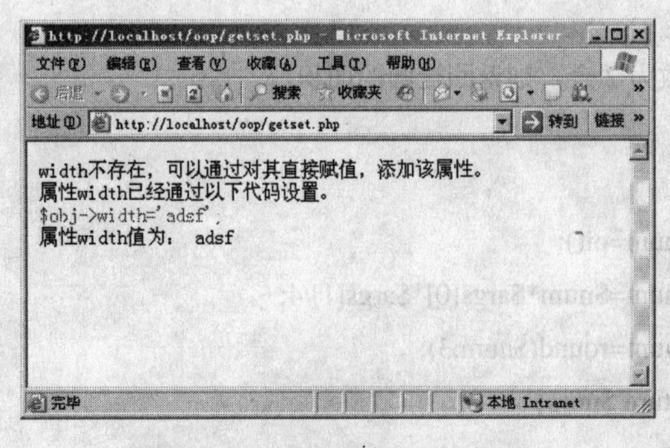


图 7.14　添加新属性例子结果

下面例子中的__call()方法依据不同的参数执行不同的代码，返回不同的值。

```
<?php
class Shape
{
```

```
function __get($name)
{
    return $name."不存在，可以通过对其直接赋值，添加该属性。";
}
    function __set($name,$value)
    {
     $this->$name=$value;
}
//定义__call()方法。
    function __call($fun_name,$args)
{
    //若调用方法 getArea()，则执行下面的代码。
        if($fun_name=="getArea")
        {
        //获取参数的数目。
            $n=count($args);
        //若参数为 0，则返回 0。
            if($n==0)
                return 0;
        //若参数为 1 个，则返回圆的面积。
            if($n==1)
            {
                $num=pi();
                $num=$num*$args[0]*$args[0] /4;
                $num=round($num,3);
                return $num;
            }
            //若参数为 2 个，则返回椭圆的面积。
        if($n==2)
            {
                $num=pi();
                $num=$num*$args[0]*$args[1]/4;
                $num=round($num,3);
                return $num;
            }
        //若参数为 3 个，则返回平行四边形的面积。
            if($n==3)
            {
                $d=$args[2]/180*pi();
                $num=$args[0]*sin($d);
```

```
                $num=$num*$args[1];
                $num=round($num,3);
                return $num;
            }
        }
    }
}
$obj=new Shape();
echo "通过__Call()实现不同参数数目，返回不同的值。";
echo "<BR>";
echo "获取边长 12 和 16，夹角为 30 度的平行四边形的面积：";
echo "<BR>";
echo $obj->getArea(12,16,30);
?>
```

运行该段代码，结果如图 7.15 所示。

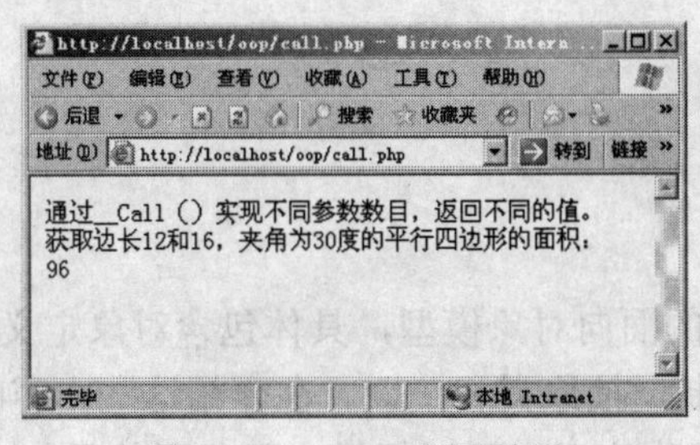


图 7.15　__call()例子结果

## 7.9　对象串行化

串行化可把变量转换成字符串或者二进制流；在需要时，可以恢复出原来的值。对象也可以进行串行化。PHP 5 支持对象的串行化。PHP 使用 serialize()和 unserialize()函数保存或恢复需要的数据。

PHP 5 使用方法__sleep()和__wakeup()对对象串行化，这两个方法没有参数。方法__sleep()返回一个包含需要串行化属性的数组。若没有方法__sleep()，PHP 会保存类中的所有属性。方法__wakeup()会恢复串行化属性的值。

```
<?php
class Shape
{
 public $width;
 public $height;
 function __construct()
 {
      $this->width=12;
```

```
        $this->heigth=16;
    }
    function __sleep()
    {
        return array("width","height");
    }
        function __wakeup()
        {

        }
}
$obj=new Shape();
$s=serialize($obj);
$obj=unserialize($s);
echo "对象属性 width 值为：";
echo $obj->width;
?>
```

## 本章小结

本章介绍了 PHP 5 支持的面向对象模型，具体包含对象定义、属性和方法访问方式、类常量和静态属性、继承、复制、抽象类和接口。在介绍这些内容时，也同时比较了 PHP 5 与 PHP 4 的不同。读者学习本章内容后，可以轻松实现代码的重复利用，提高编程效率。

## 本章习题

1．public、protected 和 private 的区别是什么？

2．什么是静态属性？

3．什么是 final 类？

4．__get()、__set()和__call()方法的作用是什么？

## 本章答案

1．public、protected 和 private 为 PHP 5 提供的三种访问对象成员的方式。这些限制访问方式可以用于对象的属性和方法。

➢ 声明为 public 的类属性和方法为类的公有属性和方法，无论在类内部还是类外部的代码都可以访问。

➢ 声明为 private 的类属性和方法为类的私有属性和方法。这种属性和方法在类外部是不允许访问的，只能在类内部访问。声明 private 属性和方法类的子类成员，也不能访问这些私有属性和方法。

➢ 声明为 protected 的属性和方法为类的限制属性和方法。这种属性和方法在声明该成员的类和该类的子类中都可以访问，但是在类的外部不能访问该种成员。

2．静态属性属于类，不属于任何一个对象，与任何对象无关。即使没有创建任何对象，也可以获取静态属性的值。静态属性使用 static 修饰。调用静态属性的方法为“self::静态属性名称”。

3．final 类不能被继承，final 方法不能被重载。

4．__get()：当访问类中没有定义的属性时，会调用该方法。程序员可以利用该方法添加属性，设置特定值。

__set()：当对不存在的属性赋值时，会调用该方法。程序员可利用该方法添加新属性或禁止添加属性。

__call()：当调用不存在的方法时，系统会调用该方法。

# 第8章 错误处理

**课前导读**

编写 PHP 代码，无论是初学者还是有经验的程序员，难免会出现错误。编写代码时，“{”和“}”不一致、语句漏掉一个分号、变量值为空等错误是经常出现的。错误是多种多样的，但错误是可以消除的。

**重点提示**

本章讲解了 PHP 常见的错误类型、自定义错误处理及常见错误，即空白页、变量问题、Session 问题、函数问题及异常处理，具体内容如下：

- 错误类型
- php.ini 中设置的错误信息
- 自定义错误处理
- 空白页错误、变量问题和 Session 问题
- 函数错误问题及错误解析
- 异常处理

## 8.1 错误信息

PHP 提供了管理错误的机制，用文件 php.ini 保存错误信息的设置。通过修改该文件，可以控制错误信息的显示。本节介绍错误的类型以及控制错误显示的方法。

### 8.1.1 错误类型

PHP 支持的错误类型很多，能够满足用户的大部分需要。文件 php.ini 可以控制的错误类型有很多，如表 8-1 所示。

表 8-1 错误类型

| 错误类型 | 值 | 说明 |
|---|---|---|
| E_ERROR | 1 | 脚本程序运行时产生的致命错误。该错误不可恢复 |
| E_WARNING | 2 | 脚本程序运行时产生的警告，不是致命的错误 |
| E_PARSE | 4 | 编译器编译脚本代码时产生的错误。该错误是句法导致的错误，是编译器产生的 |
| E_NOTICE | 8 | 脚本运行时产生的提示。这些提示说明脚本代码执行时可能遇到问题，如使用未初始化的变量等 |
| E_CORE_ERROR | 16 | PHP 启动时产生的致命错误。该错误发生后，任何 PHP 脚本都不可能运行 |
| E_CORE_WARNING | 32 | PHP 启动过程中产生的警告信息，是非致命错误。该错误发生后，PHP 脚本可能能运行，但是可能会遇到问题 |

（续表）

| 错误类型 | 值 | 说明 |
|---|---|---|
| E_COMPILE_ERROR | 64 | 脚本代码在编译时产生的致命错误 |
| E_COMPILE_WARNING | 128 | 脚本代码在编译时产生的警告信息，是非致命错误 |
| E_USER_ERROR | 256 | 用户产生的错误信息。该错误与 E_ERROR 类似，可用函数 trigger_error()抛出这个错误 |
| E_USER_WARNING | 512 | 用户产生的警告信息，可用函数 trigger_error()抛出这个错误 |
| E_USER_NOTICE | 1024 | 用户产生的提示信息，可用函数 trigger_error()抛出这个错误 |
| E_ALL | 2047 | 所有的错误和警告，不包含 E_STRICT |
| E_STRICT | 2048 | 该类型在 PHP 4 中不被支持。脚本运行时产生的提示，完善代码，增强代码的兼容性 |

这些错误类型中，致命的错误将会终止脚本代码的执行。

在设置错误信息时，既可以设置单个常量，也可组合这些常量进行设置；既可以使用这些常量，也可以使用常量的值。

下面把用户选择的常量转换成具体数值，界面如图 8.1 所示。

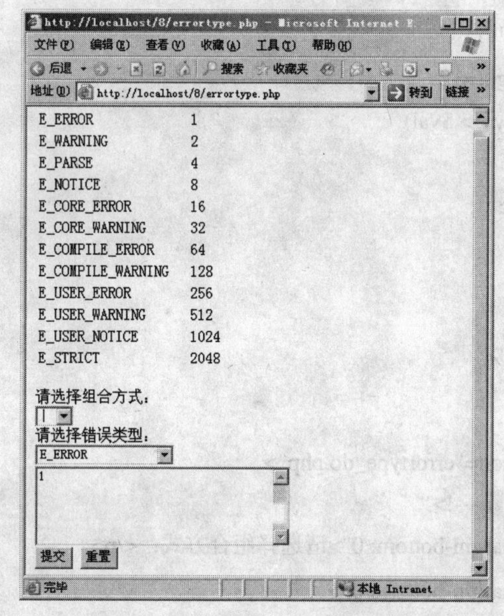


图 8.1　错误类型转换成数值

### 1．界面

该例子的界面首先输出了错误类型的常量以及这些常量的值，还提供了四种组合方式。

- |：或组合方式；
- &：与组合方式；
- |~：或组合~方式；
- &~：与组合~方式。

具体界面代码如下：

```
<body>
```

```
<?php
//把错误类型存入数组。
$Error_Type = array (
                E_ERROR                 => "E_ERROR",
                E_WARNING               => "E_WARNING",
                E_PARSE                 => "E_PARSE",
                E_NOTICE                => "E_NOTICE",
                E_CORE_ERROR            => "E_CORE_ERROR",
                E_CORE_WARNING          => "E_CORE_WARNING",
                E_COMPILE_ERROR         => "E_COMPILE_ERROR",
                E_COMPILE_WARNING       => "E_COMPILE_WARNING",
                E_USER_ERROR            => "E_USER_ERROR",
                E_USER_WARNING          => "E_USER_WARNING",
                E_USER_NOTICE           => "E_USER_NOTICE",
                E_STRICT                => "E_STRICT"
                );
//把错误类型输出到表格中。
echo "<table width=200 height=12>";
foreach($Error_Type as $key => $val)
{
 echo "<tr><td>".$val."</td> ";
 echo "<td>".$key."</td>";
 echo "</tr>";
}
echo "</table>";
?>
<form method="POST" action="errortype_do.php">
 <!---输出组合方式下拉框。---!>
 <p style="margin-top: 0; margin-bottom: 0">请选择组合方式：</p>
 <p style="margin-top: 0; margin-bottom: 0">
      <select size="1" id="type" name="type">
      <option value="|" selected>|</option>
      <option value="&">&</option>
      <option value="|~">|~</option>
      <option value="&~">&~</option>
      </select>
 </p>
 <p style="margin-top: 0; margin-bottom: 0">请选择错误类型：</p>
 <p style="margin-top: 0; margin-bottom: 0">
      <select size="1" name="D1" id="err_type" onchange="showObj()">
```

```
        <option value="" selected></option>
        <?php
        //输出错误类型到下拉框中。
        foreach($Error_Type as $key => $val)
        {
            echo "<option value=\"".$key."\">".$val."</option>";
        }
        ?>
        </select>
    </p>
    <p style="margin-top: 0; margin-bottom: 0">
        <!---保存并显示用户选择的错误类型---!>
        <textarea rows="5" id="S1" name="S1" cols="35" ></textarea>
    </p>
    <p style="margin-top: 0; margin-bottom: 0">
    <input type="submit" value="提交" name="B1">
    <input type="reset" value="重置" name="B2">
    </p>
    </form>
    </body>
```

用户选择错误类型后，单击“提交”按钮，将把数据提交给文件 errortype_do.php 处理。下拉框 err_type 的 onchange 事件响应函数为 showObj()，该函数由 JavaScript 实现。

**2．客户端脚本**

用户选择错误类型，程序把错误类型的值和组合方式写入文本框中。该功能通过 Java Script 由客户端脚本实现。具体代码如下：

```
<script>
function showObj()
{
//获取用户选择的组合方式。
    var obj=document.getElementById("type");
    var type=obj.value;
//获取用户选择的错误类型值。
    var obj_err=document.getElementById("err_type");
    var val=obj_err.value;
//获取用户已经选择的错误类型。
    obj=document.getElementById("S1");
    var text=obj.value;
//若用户没有选择错误类型，则把该错误类型值直接添加到文本框中。
    if(text=="")
```

```
        text+=val;
    else
    //若用户已经选择错误类型，则把该错误类型和组合方式添加到文本框中。
        text+=type+val;
    obj.value=text;
}
</script>
```

### 3. 错误类型转换成数值

文件 errortype_do.php 把用户提交的错误类型转换成数值，处理步骤如下：

（1）检查用户是否提交错误类型数据，若没有提交数据，则转向步骤（6）；
（2）获取错误类型数据；
（3）把错误类型数据转换成常量表示的格式；
（4）计算错误类型的组合值；
（5）输出组合值；
（6）结束。

把错误类型数据转换成常量表示的格式比较烦琐，具体实现步骤如下：

（1）获取提交的每个字符；
（2）若字符是数字，则保存到$num 中，转步骤（6）；
（3）若字符不是数字，则为组合方式字符，把$num 转换成数值；
（4）并获取相应的错误类型常量，保存到$str；
（5）若字符不是数字，则为组合方式的字符串，把$num 转换成数值；
（6）若未到字符串的结尾，则转步骤（9）；
（7）把$num 转换成数值；
（8）并获取相应的错误类型常量，保存到$str；
（9）重复步骤（1）至步骤（7）直至结束；
（10）结束。

具体实现代码如下：

```
<?php
$Error_Type = array (
                E_ERROR                 => "E_ERROR",
                E_WARNING               => "E_WARNING",
                E_PARSE                 => "E_PARSE",
                E_NOTICE                => "E_NOTICE",
                E_CORE_ERROR            => "E_CORE_ERROR",
                E_CORE_WARNING          => "E_CORE_WARNING",
                E_COMPILE_ERROR         => "E_COMPILE_ERROR",
                E_COMPILE_WARNING       => "E_COMPILE_WARNING",
                E_USER_ERROR            => "E_USER_ERROR",
                E_USER_WARNING          => "E_USER_WARNING",
```

```
            E_USER_NOTICE           => "E_USER_NOTICE",
            E_STRICT                => "E_STRICT"
            );
//检查用户是否提交错误类型组合数据，若提交了数据，则进行处理。
if(isset($_POST["S1"]))
{
 //获取用户提交的数据。
 $type=$_POST["S1"];
 //保存用户提交数据组合值。
 $val=0;
 //把用户提交的数据调用函数 eval()进行计算。
 eval( "\$val = $type;");
 //下面把用户提交的数据类型值转换成错误类型常量。
 //以错误类型常量显示用户选择，有利于用户查看。
 //$num 保存当前处理的错误类型数值。
 $num="";
 //$num_str 为错误类型的值。
 $num_str="";
 //$str 保存错误类型常量和其值。
 $str="";
 for($i=0;$i<strlen($type);$i++)
 {
      //获取当前处理的字符。
      $i_num=substr($type,$i,1);
      //若是数字，则把该数字添加到$num。
      if($i_num<='9' and $i_num>='0')
           $num.=$i_num;
      else
      {
           //若$num 不为空，则获取该值的常量表示方式。
           if($num!="")
           {
                $n=(int)$num;
                $num_str .=$Error_Type[$n];
                $str.=$Error_Type[$n];
                $str.=":".$n;
                $str.="<BR>";
                $num="";
           }
           //把组合方式添加到$num_str 中。
```

```
            $num_str .=$i_num;
        }
        //若已经处理到字符串尾，则把数值转换成常量形式。
            if($i+1==strlen($type))
            {
                $n=(int)$num;
            $num_str .=$Error_Type[$n];
            $str.=$Error_Type[$n];
            $str.=":".$n;
            $str.="<BR>";
            }
    }
    echo "用户提交的错误类型组合为：".$num_str;
    echo "<BR>";
    echo "这些常量的值如下：";
    echo "<BR>";
    echo $str;
    echo "<BR>";
    echo "该类型组合值的数值为：".$val;
    }
    ?>
```

函数 eval()执行指定的字符串，语法格式如下：

```
mixed eval ( string str_code)
```

语法格式说明：

➢ 参数 str_code 为指定的字符串；
➢ 参数 str_code 要符合字符串格式，并要以“;”结尾；
➢ 参数 str_code 表示的代码要为有效的代码。

下面的代码将输出“7”：

```
<?php
$a="we are learning...";
$val=0;
eval("\$val=strpos(\$a,'learn');");
echo $val;
?>
```

选择组合方式和错误类型后，单击“提交”按钮，结果如图 8.2 所示。

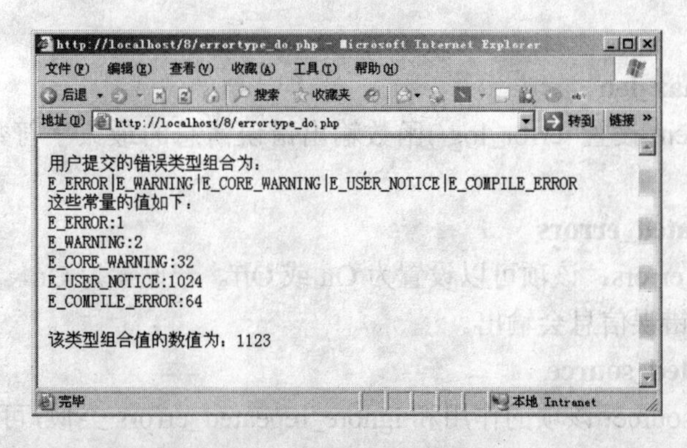


图 8.2　类型转换结果

## 8.1.2　在 php.ini 中设置错误信息

文件 php.ini 保存错误信息的设置信息。这些设置信息包括是否显示错误信息、显示哪种类型的错误信息等。这些设置信息由以下选项决定。

**1．error_reporting**

error_reporting 控制输出到客户端的错误类型，错误类型如表 8-1 所示。在文件 php.ini 中，常看到如下形式的设置。

```
;error_reporting = E_ALL & ~E_NOTICE
```

设置说明如下：

- 该行中的“;”表示该设置没有生效，去掉该符号，该设置才能生效；
- “=”右侧为错误类型；错误类型采用位操作，不同错误类型可用位操作符连接；
- E_ALL & ~E_NOTICE 表示输出除 E_NOTICE 类型之外的所有错误类型的错误。

在开发 PHP 脚本时，应该把该项设置成如下形式，以输出所有的错误信息：

```
error_reporting = E_ALL
```

下面的设置形式使系统只输出错误类型的信息：

```
error_reporting = E_COMPILE_ERROR|E_RECOVERABLE_ERROR|
            E_ERROR|E_CORE_ERROR
```

**2．display_errors**

display_errors 标识是否将 error_reporting 设置的错误类型的错误输出到客户端。设置方法如下：

```
display_errors = On
```

其中，设置为 On 表示显示错误类型信息；为 Off，表示不输出错误信息。

在 Web 程序发布后，要把该项设置为 Off。

**3．display_startup_errors**

display_startup_errors：该项可以设置为 On 或 Off。若设置为 On，display_errors 项也设置为 On，系统启动时产生的错误将会被输出。

**4．log_errors**

log_errors：该项可以设置为 On 或 Off。若设置为 On，设置的可输出错误类型信息可由函数 error_log()输出。

**5．log_errors_max_len**

log_errors_max_len 设置 error_log()函数输出错误信息的最大字符数。该项的默认值为1024。

**6．ignore_repreated_errors**

ignore_repreated_errors：该项可以设置为 On 或 Off。若设置为 On，如果有多个同样的错误信息，只有一条该错误信息会输出。

**7．ignore_repeated_source**

ignore_repeated_source：该项的作用和 ignore_repeated_errors 类似，可以设置为 On 或 Off。若设置为 On，系统不输出多个来自不同文件和行的相同错误信息。

**8．error_prepend_string**

error_prepend_string：该项指定添加在错误信息前的字符串。如果把错误信息以不同的字体颜色输出，该项值可以设置如下（还需要设置 error_append_string 项）：

```
error_prepend_string = "<font color=ff0000>"
```

**9．error_append_string**

error_append_string：该项附加到错误信息后的字符串。如果 error_prepend_string 项设置错误信息的字体颜色，该项进行如下设置才可。

```
error_append_string = "</font>"
```

### 8.1.3　error_reporting()

error_reporting()函数设置输出的错误类型，并覆盖 php.ini 里设置的输出错误类型。该函数语法格式如下：

```
int error_reporting([int level])
```

语法格式说明：

➢ 该函数设置运行时输出的错误类型；

➢ 返回值为该函数设置前的错误类型；

➢ 参数 level 为可选项，表示错误类型；错误类型可为 PHP 定义的错误类型常量，也可以为这些常量值的组合。

下面的代码设置输出所有的错误类型（除 E_STRICT 外）：

```
<?php
error_reporting(E_ALL);
?>
```

上面的代码也可以使用下面的形式设置：

```
<?php
error_reporting(2047);
?>
```

下面的代码关闭输出所有的错误类型：

```
<?php
error_reporting(0);
?>
```

### 8.1.4　error_log()

网站正式发布后，当系统出现错误时，一般不允许向客户端输出错误消息。但是系统管理员需要获取这些错误信息，以便完善系统。可以使用函数 error_log()记录系统的错误信息。

该函数的语法结构如下：

```
int error_log ($message[,$message_type [,$destination [,$extra_headers]]])
```

语法结构说明：

➢ 该函数依据文件 php.ini 里的 error_log 项设置，把指定信息写入到指定文件；

➢ 参数$message 为发送的错误信息；

➢ $message_type 为发送错误信息的类型；

➢ $destination 为错误信息发送到的指定位置，如邮箱、IP 地址等；

➢ 当$message_type 为 1 时，则可使用可选项$extra_headers，它表示邮件信息。

参数$message_type 有 4 种类型，说明如下：

➢ 为 0，表示发送错误信息到系统日志文件中，如下面的代码将错误信息输出到指定文件中。

```
<?php
error_log("Parse Error!",0);
?>
```

➢ 为 1，表示使用 PHP 函数 Mail()发送错误信息到指定邮件中，$destination 指定邮件地址。下面的代码将错误信息发送到指定邮箱中。

```
<?php
error_log("Parse Error!",1,"webserver@php.com");
?>
```

➢ 为 2，表示将错误信息发送到 PHP 调试器中，$destination 指定主机名或 IP 地址。下面的代码将错误信息发送到指定主机中。

```
<?php
error_log("Parse Error!",2,"127.0.0.1:4000");
?>
```

➢ 为 3，表示将错误信息追加到$destination 指定的文件中。

### 8.1.5　自定义错误处理

用户可以自定义错误处理函数。自定义错误处理函数可以处理很多非致命性的错误类型，但是下面的错误类型不能处理：

➢ E_ERROR

- E_PARSE
- E_CORE_ERROR
- E_CORE_WARNING
- E_COMPILE_ERROR
- E_COMPILE_WARNING

自定义错误处理方式的步骤如下：

（1）定义处理错误处理函数；

（2）使用函数 set_error_handler()设置错误处理函数；

（3）使用函数 trigger_error()设置触发指定错误类型。

下面通过一个例子介绍自定义错误处理函数的方法。该例子要求用户输入工作者的年龄，年龄不能大于 60 岁，也不能小于 18 岁。当用户输入不符合要求的年龄时，会输出相应错误消息，或向指定文件输出错误信息。该例界面如图 8.3 所示。

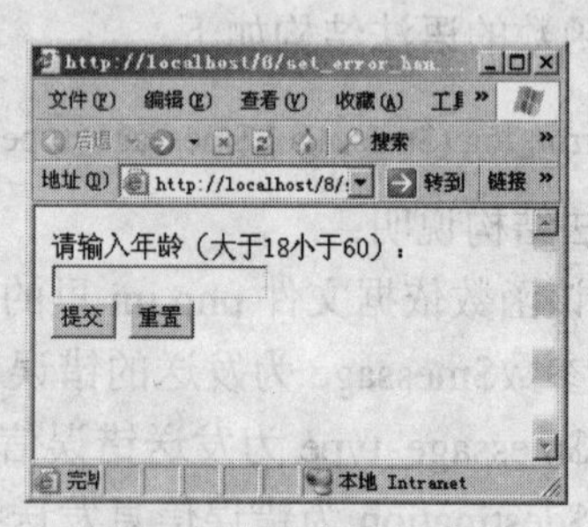


图 8.3　自定义错误实例

该例子具体实现过程如下。

**1．界面**

该例子界面比较简单，代码如下：

```
<form method="POST" action="set_error_handler_do.php">
<p style="margin-top: 0; margin-bottom: 0">请输入年龄（大于 18 小于 60）：</p>
<p style="margin-top: 0; margin-bottom: 0">
<input type="text" id="age" name="age" size="17">
</p>
<p style="margin-top: 0; margin-bottom: 0">
<input type="submit" value="提交" name="B1">
<input type="reset" value="重置" name="B2"></p>
</form>
```

该界面将用户数据提交到文件 set_error_handler_do.php 处理。

**2．设置错误处理函数**

函数 set_error_handler 用于设置错误处理的函数。该函数的语法结构如下：

```
string set_error_handler (callback error_handler [, int error_types])
```

语法结构说明：

- 参数 error_handler 为回调函数，为自定义的错误处理函数；
- 参数 error_types 为错误类型或错误类型组合值；
- error_handler 指定的函数可有 5 个参数，其中两个为必选参数，三个为可选参数。两个必选参数为错误类型代码和描述错误的字符串。三个可选参数分别表示发生错误的文件、发生错误行的行号和错误发生的上下文。

下面的代码把函数作为错误处理函数：

```
set_error_handler('my_logging_error');
```

### 3．定义错误处理函数

该例定义的错误处理函数为 my_logging_error()。该函数有 5 个参数，分别表示错误类型代码、错误描述信息、错误所在文件、错误所在行行号和错误发生的上下文信息。该函数实现比较简单，具体代码如下：

```
<?php
function my_logging_error($errcode, $errstring, $filename, $lineno, &$scope)
{
 //定义错误类型数组。
 $Info_names = array
        (
        E_WARNING=>'E_WARNING',
        E_USER_WARNING=>'E_USER_WARNING',
        E_USER_ERROR=>'E_USER_ERROR',
        E_STRICT=>'E_STRICT',
        E_NOTICE=>'E_NOTICE',
        E_USER_NOTICE=>'E_USER_NOTICE'
        );
 //获取当前时间信息。
        $str='['. date('n/j/Y g:i a')."]";
 //判断并处理错误类型。
 switch ($errcode)
 {
        //若是提示信息，则输出该信息。
        case E_STRICT:
        case E_NOTICE:
        case E_USER_NOTICE:
                $str="<b>提示：</b>";
                $str.="<font color=red>".$errstring."</font>";
                $str.=" in ".$filename." on ".$lineno."。<BR>";
                echo $str;
                break;
        //若是警告信息，则输出到指定文件中。
        case E_WARNING:
        case E_USER_WARNING:
                $str.=" Warning: [$Info_names[$errcode]] ";
                $str.=$errstring." in ".$filename." on ".$lineno."\r\n";
                        error_log($str,3,"error.txt");
                        break;
        //若是错误信息，则输出到指定文件中。
```

```
        case E_USER_ERROR:
            $str.=" ERROR: [$Info_names[$errcode]] ";
            $str.=$errstring." in ".$filename." on ".$lineno."\r\n";
                error_log($str,3,"error.txt");
                break;
            default:
                return false;
        }
        return true;
 }
?>
```

**4. 设置触发指定错误类型**

当错误发生时，函数 trigger_error()将触发指定的错误处理函数。该函数的语法结构如下:

```
void trigger_error (string error_msg[,int error_type])
```

语法结构说明:

- 参数 error_msg 为错误描述信息，与函数 my_logging_error()的参数$errstring 内容相同;
- 参数 error_type 为触发的错误类型。

处理用户提交数据的代码如下:

```
<?php
if(isset($_POST["age"]))
{
 //获取年龄。
 $age=$_POST["age"];
 //若年龄为数值，则进行处理。
 if(is_numeric($age))
 {
      $age=ceil($age);
      //若年龄小于 18 并大于 0，小于 100 并大于 60，则触发 E_USER_NOTICE。
      if(($age<18 and $age>0) or ($age<100 and $age>=60))
      {
          trigger_error("NOTICE：年龄值".$age."不在 18 至 60 之间。",E_USER_NOTICE);
      }
      //年龄小于 0，则触发 E_USER_ERROR。
      else if($age<=0)
      {
          trigger_error("Error：年龄值".$age."小于 0。",E_USER_ERROR);
          echo "Error：年龄值".$age."小于 0。请查看 error.txt。";
      }
      //若年龄大于 100，则触发 E_USER_WARNING。
```

```
        else if($age>=100)
        {
            trigger_error("Warning：".$age."岁老人可能上网吗？",E_USER_WARNING);
            echo "Warning：".$age."岁老人可能上网吗？请查看 error.txt。";
        }
        else if($age>=18 and $age<60)
            echo "正确的年龄值".$age."。请查看 error.txt。";
    }
    //若用户输入的不是数值型数据，则触发 E_USER_ERROR。
    else
    {
        trigger_error("Error：年龄值不应为字符串".$age."！",E_USER_ERROR);
        echo "Error：年龄值不应为字符串".$age."！";
    }
}
?>
```

用户输入相应数值，单击“提交”按钮后，结果如图 8.4 所示。

该例子的文件所在目录存在 error.txt 中，双击该文件，可以查看输出到该文件的错误信息，如图 8.5 所示。

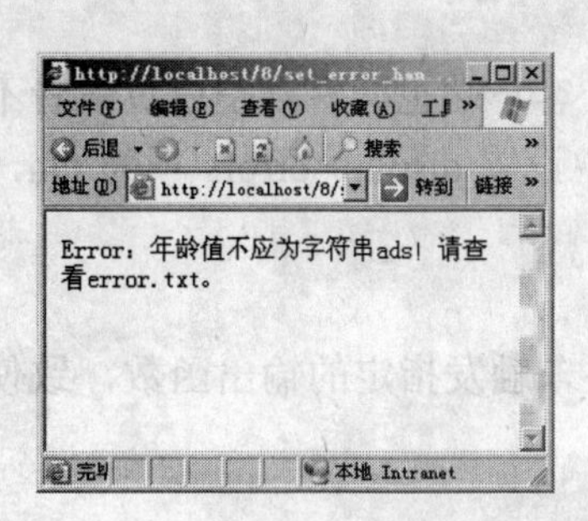


图 8.4　输出错误信息

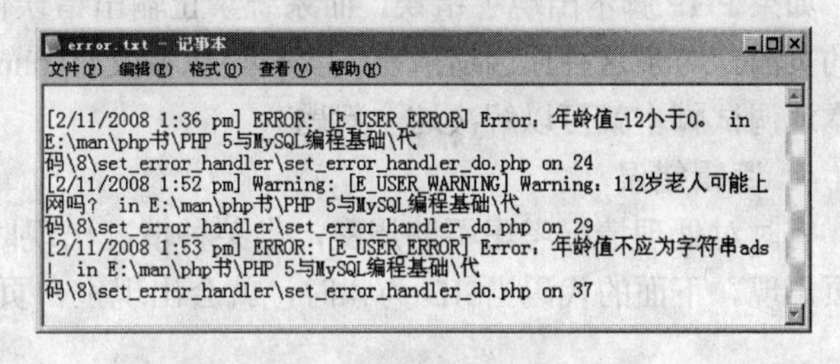


图 8.5　查看错误信息

## 8.2　常见错误

本节介绍常见的错误以及解决办法。

### 8.2.1　空白页

在调试 PHP 脚本时，难免会出现错误。有时，错误会以最常见的空白页显示。本小节把产生不完整页面、HTTP 403 错误页面、HTTP 404 错误页面也归结到空白页来介绍。

**1．HTML 脚本问题**

有时空白页并不是 PHP 脚本语法或逻辑错误造成的，而是 HTML 脚本问题产生的。下面的代码将产生空白页：

```
<p style="margin-top: 0; margin-bottom: 0>
```

```
    <select size="1" id="type" name="type">
    <option value="| selected>|</option>
    <option value=&>&"</option>
    <option value="!~>!~</option>
    <option value=&~>&~"</option>
    </select>
  </p>
```

上面的代码本要输出下拉框，由于缺少或者添加了不必要的引号，使该段代码输出了空白页面。有时缺少必要的 HTML 元素标记，会产生空白页面。

**2．错误使用输出控制语句**

有时没有输出结果，或者错误使用输出控制语句，也会出现空白页面。下面的代码在把结果输出到客户端前，清空了缓冲区，导致空白页：

```
<?php
ob_start();
echo "asdf:";
ob_clean();
ob_end_flush();
?>
```

**3．语法错误**

如果 PHP 脚本出现了错误，而系统禁止输出错误信息，客户端也会看到空白页或者不完整的页面。对于这种原因造成空白页，可以在文件 php.ini 中设置 display_errors 项为 On，并在本地调试脚本就可以解决这个问题。

**4．逻辑错误**

有时对处理情况考虑不够周密，当某种情况出现时，并未触发指定的输出函数，致使空白页出现。下面的代码当$ID 为 4 时，就会出现空白页：

```
<?php
$ID = $_GET['id'];
if($ID == '')
 $ID = 1;
if($ID == 1)
{
 echo("ID's value is 1");
}
else if($ID == 2)
{
 echo("ID's value is 2");
}
?>
```

### 5．显示 HTTP 403 错误

浏览器显示 HTTP 403 错误，如图 8.6 所示。这样的页面一般不会指出错误代码，但是会显示没有权限访问该页。这说明当前文件的权限不正确。在 UNIX 系统中，最常见的原因是访问该文件的用户没有对该目录的完全执行权限。

在 Windows 系统中，每个 HTTP 请求使用匿名用户（匿名用户名称格式为 IUSR_计算机名）访问指定文件。如果匿名用户对该文件没有读取、执行、写入等权限，系统会显示 HTTP 403 错误页面。这需要为匿名用户指定相应的权限。

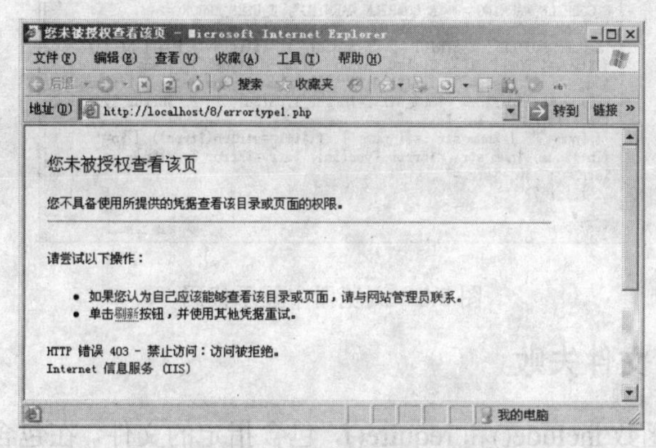


图 8.6　HTTP 403 错误

### 6．显示 HTTP 404 错误

如果浏览器显示 HTTP 404 错误，如图 8.7 所示，一般为访问的文件不存在造成的。这有可能是由错误的文件名、错误的目录路径造成的，检查并修改文件名和文件路径就可以解决该问题。

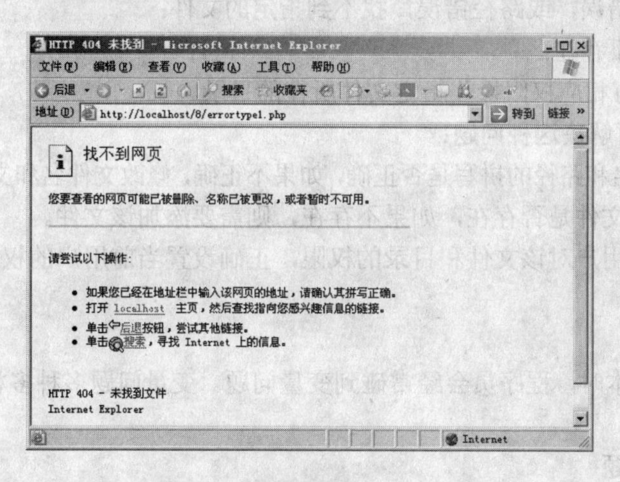


图 8.7　HTTP 404 错误

## 8.2.2　浏览器中显示代码

在安装完 PHP 后，运行 PHP 代码时，有时浏览器会显示 PHP 脚本代码，如图 8.8 所示，输出了文件 test.php 的大部分代码。造成这种情况的原因大多数是不识别 PHP 标记。PHP 默认的开始标记为“<?php”，如果使用标记“<?”就会出现这种问题。

使用标记“<?php”就可以解决这个问题。如果使用标记“<?”太多，可以修改 php.ini

文件的 short_open_tag 项，使 PHP 编译器识别标记“<?”。

下面的设置会使 PHP 编译器识别标记“<?”。

```
short_open_tag = On
```

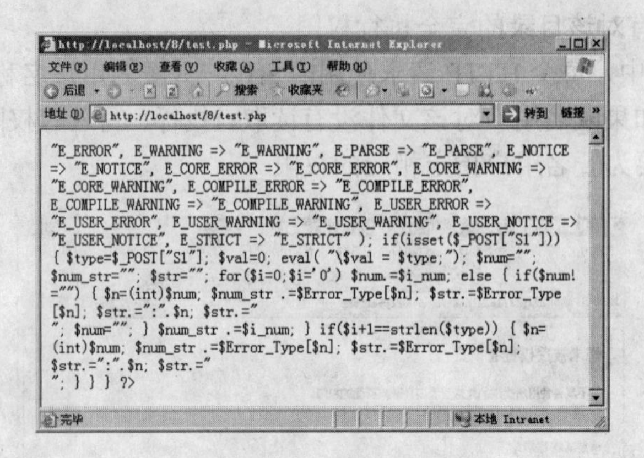


图 8.8 浏览器中显示代码

## 8.2.3 打开被包含文件失败

PHP 提供了两个函数 include()和 require()，包含指定的文件。在包含指定文件时，有时会遇到下面的警告：

```
Warning: include(*.php) [function.include]: failed to open stream: No such file or directory …
Warning: include() [function.include]: Failed opening 'MySQL.php' for inclusion…
```

造成这些警告的原因，主要有以下几个方面：

➢ 文件名拼写错误，或路径错误，找不到指定的文件；

➢ 指定的文件不存在；

➢ PHP 用户没有相应权限操作指定文件所在的目录。

通过以下步骤可解决这种问题：

（1）检查文件名和路径的拼写是否正确，如果不正确，修改文件名和文件路径就可以解决。

（2）检查包含文件是否存在，如果不存在，则需要添加该文件。

（3）检查当前用户对该文件和目录的权限，正确设置当前用户的权限。

## 8.2.4 变量问题

在编写 PHP 脚本时，程序员会经常碰到变量问题。变量问题多种多样，本小节将介绍常见的变量问题。

### 1. 变量命名问题

在编写 PHP 脚本时，变量命名需要遵循一定的规则。如果不遵循这些规则，会造成变量问题。变量命名需要遵循的规则如下：

➢ 变量以“$”标记；

➢ 变量名称以字符 a-z、A-Z 或_开始，其后可为数字、字符 a-z、A-Z 或_。

在下面的代码中，变量不以字符“$”标记：

```
<?php
```

```
a=1;
?>
```

运行该段代码，出现如下语法错误信息：

Parse error: syntax error, unexpected '='…

在下面的代码中，变量以数字开头：

```
<?php
$2a=1;
?>
```

运行该段代码，出现如下语法错误信息：

Parse error: syntax error, unexpected T_LNUMBER, expecting T_VARIABLE or '$' in…

在下面的代码中，变量以字符“*”开头：

```
<?php
$*a=1;
?>
```

运行该段代码，出现如下语法错误信息：

Parse error: syntax error, unexpected '*', expecting T_VARIABLE or '$' in…

**2．变量名称大小写问题**

在 PHP 中，变量名称是区分大小写的。如果写错了变量名称的大小写，会出现不可预料的页面。

下面的代码实现了简单的循环：

```
<?php
for($Num=0;$Num<10;$num++)
 echo $num."<BR>";
?>
```

该段代码很简单，但是写错了变量名称。运行该段代码，会出现如图 8.9 所示的界面。系统把变量$Num 和$num 作为两个变量区分，从而导致这种结果。

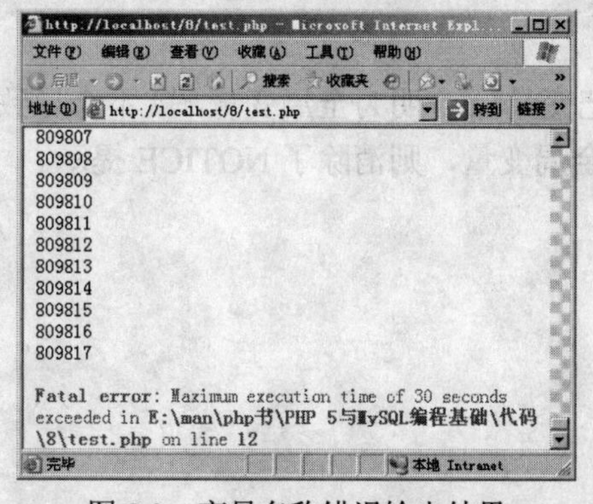


图 8.9 变量名称错误输出结果

**3．Notice: Undefined variable 问题**

在编写 PHP 脚本，或升级到 PHP 5 后，页面有时会出现“Notice: Undefined variable”问题。这种提示信息是由于变量未定义引起的。

变量未定义就使用，还可能会导致下面的问题：

- 变量值没有输出；
- 输出结果不正确；
- 若变量为数值，数值可能为 0；
- 导致错误。

如果要关闭变量未定义引起的提示信息，可以按照如下步骤处理：

（1）打开 php.ini 文件（php.ini 文件一般在 PHP 安装目录中）。

（2）找到 error_reporting 项，设置该项值：

```
error_reporting = E_ALL & ~E_NOTICE
```

也可以在 PHP 脚本中使用下面的设置关闭这些提示信息：

```
<?php
error_reporting(0);
?>
```

造成 Notice: Undefined variable 问题，也有可能是变量使用范围导致的。在 PHP 中，变量的使用范围就是从其定义到脚本执行结束。在函数体内，只有形参、函数体内变量以及全局变量可用。如果在函数体内使用未定义变量或函数体外的变量，就有可能导致这种问题。

下面的代码声明了函数 seta()。在函数 seta()内使用函数体外变量$a，导致 Notice: Undefined variable 问题。

```
<?php
$a=4;
seta($a);
function seta($par)
{
 $a=$a+1;
 return $a;
}
?>
```

如果在函数 seta()体内把变量$a 声明为全局变量，就不会导致这种问题。下面的代码在函数 seta()体内声明变量$a 为全局变量，则消除了 NOTICE 提示。

```
<?php
$a=4;
seta($a);
function seta($par)
{
 global $a;
```

```
$a=$a+1;
return $a;
}
?>
```

### 8.2.5 Session 问题

PHP 支持 Session。在使用 Session 时，程序员会经常遇到一些问题，如获取不到 Session 变量的值、不能创建 Session 等。下面简要介绍经常遇到的 Session 问题。

#### 1. Headers already sent

在使用 Session 时，需要调用函数 Session_Start()。调用该函数前，程序不能有任何输出。下面的代码是错误的，因为在调用调用函数 Session_Start()前输出了空格。

```
 <?php
session_start();
?>
```

运行该段代码，会输出如下错误信息：

```
Warning: session_start(): Cannot send session cookie - headers already sent by…
```

如果在调用函数 Session_Start()前需要输出信息，可以使用输出控制函数控制输出，如函数 Ob_Start()等。

#### 2. Session 路径问题

在使用 Session 时，有时会遇到下面的警告信息：

```
Warning: session_start(): open(C:\Documents and Settings\Administrator\Local Settings\Temp\PHP\session\sess_7kf1gucsboqd8s1n6qkc2h7hl0, O_RDWR) failed: No such file or directory (2) in…
```

其中，"C:\Documents and Settings\Administrator\Local Settings\Temp\PHP\session"为 Session 路径。

造成这种警告的原因是指定的 Session 存放目录不存在。解决这个问题，可以依据下面的方法：

（1）依据 Session 的保存路径，创建一个指定名称的文件夹就可以解决这个问题。

（2）也可以修改 php.ini 文件里的 session.save_path 项值，使其指向确定存在的文件夹。如，编者使用的系统在 C:\Documents and Settings\Administrator\Local Settings\Temp\PHP 下存在 session 文件夹，下面的设置就会消除这种警告：

```
session.save_path = "C:\Documents and Settings\Administrator\Local Settings\Temp\PHP\session".
```

#### 3. Session 权限问题

在创建 Session 变量时，有时会遇到类似下面的警告信息：

```
Warning: session_start() [function.session-start]: open(C:\Documents and Settings\Administrator\Local Settings\Temp\PHP\session\sess_f7v1f9sm1rh9q486f27qljapu2, O_RDWR) failed: Permission denied (13) in …
Warning: Unknown: open(C:\Documents and Settings\Administrator\Local Settings\Temp\PHP\session\sess_f7v1f9sm1rh9q486f27qljapu2, O_RDWR) failed: Permission denied (13) in …
```

Warning: Unknown: Failed to write session data (files). Please verify that the current setting of session.save_path is correct (C:\Documents and Settings\Administrator\Local Settings\Temp\PHP\session) in …

造成这种警告的原因，是执行 PHP 的当前系统用户没有权限对保存 Session 变量的文件夹进行读写。也就是说，只要使执行 PHP 脚本的当前系统用户对 Session 文件夹有读写权限就不会有此问题。下面是在 Windows Server 2003 系统上，为匿名用户添加对文件夹 C:\Documents and Settings\Administrator\Local Settings\Temp\PHP\session 的读写权限的步骤。

（1）在文件夹 session 上单击鼠标右键，弹出快捷菜单，如图 8.10 所示。

（2）选择“属性”菜单，弹出如图 8.11 所示的对话框。

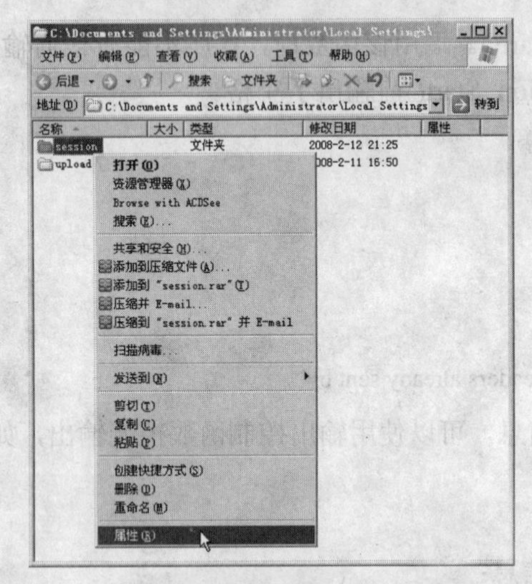

图 8.10 设置 Session 权限（1）

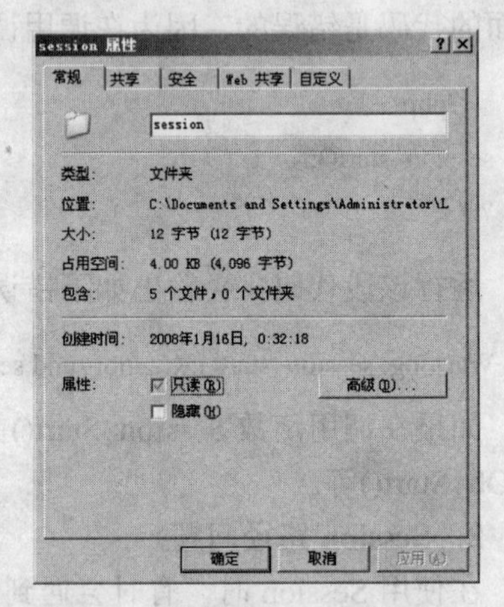

图 8.11 设置 Session 权限（2）

（3）单击“安全”选项卡，如图 8.12 所示。

（4）单击“添加”按钮，弹出如图 8.13 所示的对话框。

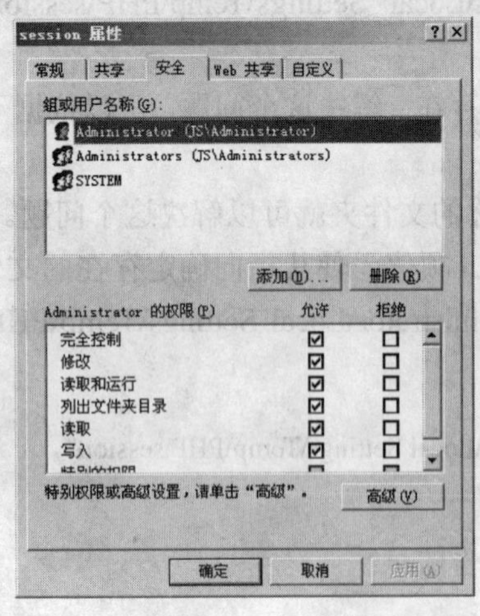

图 8.12 设置 Session 权限（3）

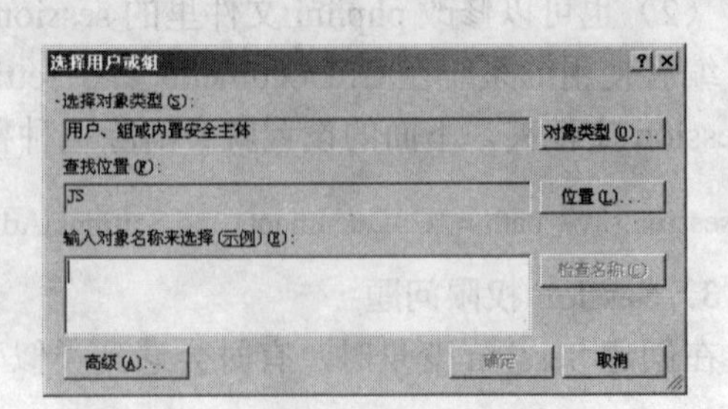

图 8.13 设置 Session 权限（4）

（5）单击其中的“高级”按钮，如图 8.14 所示。

（6）单击“立即查找”按钮，搜索结果如图 8.15 所示。

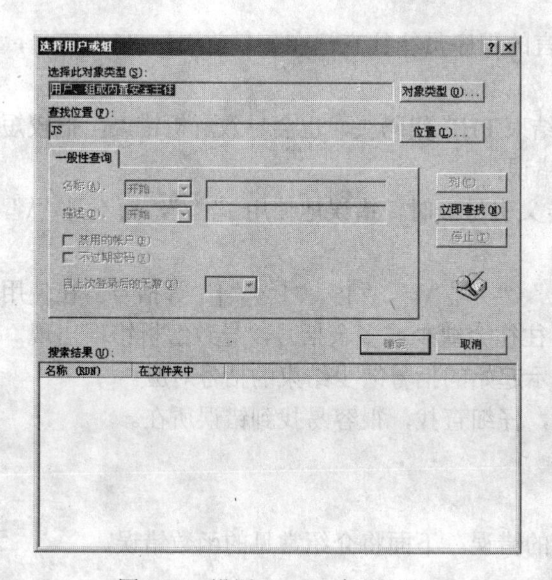


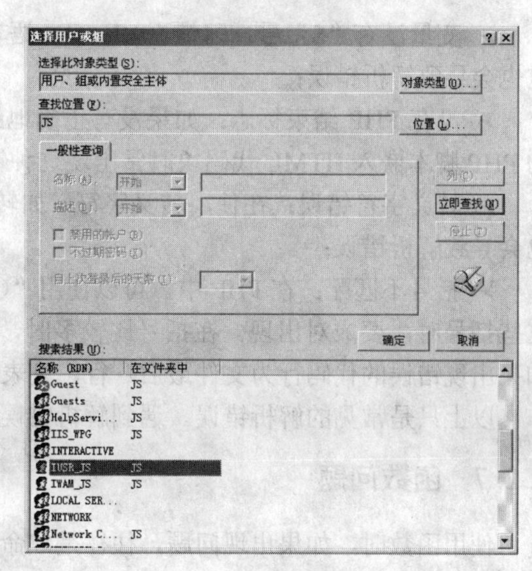


图 8.14 设置 Session 权限（5）

图 8.15 设置 Session 权限（6）

（7）选择“搜索结果”框中的匿名用户，单击“确定”按钮，如图 8.16 所示；匿名用户一般为“IUSR_计算机名”。

（8）单击“确定”按钮，如图 8.17 所示，返回到“安全”选项卡。

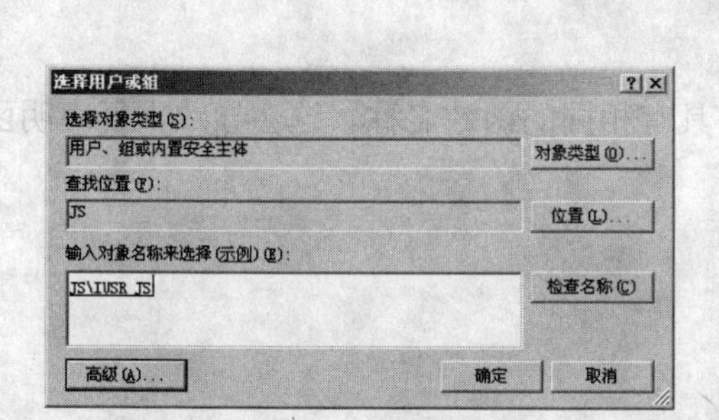


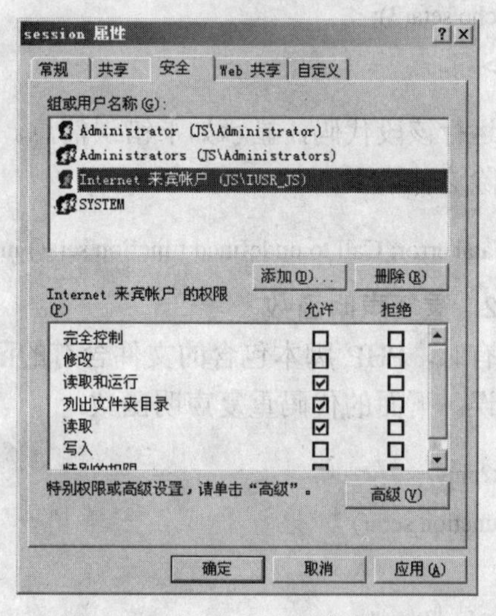


图 8.16 设置 Session 权限（7）

图 8.17 设置 Session 权限（8）

（9）在“组或用户名称”框中选中“Internet 来宾账户”，在“Internet 来宾账户的权限”框中，为该账户设置修改、写入、读取和运行、读取等权限，最后单击“确定”按钮。

## 8.2.6 解析错误

造成解析错误的原因非常多，但是错误现象基本上都是如下格式：

```
Parse error: syntax error,…
```

解析错误主要是由代码不符合语法格式造成的，常见的解析错误如下。

➢ 缺少分号：每个 PHP 脚本指令需要分号结束，缺少分号将会导致解析错误；

➢ 变量没有"$"号：习惯于 C、C++语言的程序员往往忘记在变量前添加"$"符号，这也会导致解析错误；

➢ 没有 PHP 结束标志：如果没有正确地结束 PHP 代码块，也会导致解析错误，把较短的 PHP 脚本嵌入 HTML 代码块时常出现这种错误；

➢ 转义字符错误：在使用转义字符（如转义引号）时，错误地使用了"/"，而不是"\"，也会导致解析错误；

➢ 括号不匹配：在 PHP 中，可以使用"("、")"、"{"、"}"、"["、"]"等括号。在使用这些括号时，要成对出现。在括号比较多时，往往会缺少或多余括号，导致解析错误出现。如果出现错误的代码行为文件最后一行，则表示起始的括号缺少结束的括号对应。

以上只是常见的解析错误。遇到解析错误，仔细查找，很容易找到错误所在。

### 8.2.7　函数问题

使用函数时，如果出现问题，往往是致命的错误。下面将介绍常见的函数错误。

**1．调用未定义的函数**

有时，写错调用函数的名称，或调用未定义的函数，都会产生错误信息。下面的代码调用了未定义的函数：

```
<?php
echo seta(3);
?>
```

运行该段代码，显示如下错误信息。这是因为函数 seta()并没有被定义，定义该函数就可以消除这种错误。

```
Fatal error: Call to undefined function seta() in…
```

**2．重复声明函数**

有时，PHP 脚本包含的文件含有的函数，具有相同的函数名称。这会导致重复声明函数的错误。下面的代码重复声明函数：

```
<?php
function seta()
{
 echo "It's a";
}
function seta()
{
 echo "It's b";
}
?>
```

运行该段代码，会出现如下错误信息。检查函数名称，并重新命名函数，将会消除这种错误。

```
Fatal error: Cannot redeclare seta() (previously declared in…
```

如果函数名称与 PHP 内置函数名称相同，也会出现这种错误。下面的代码声明了一个函数 strpos()，也会造成重复声明函数的错误。

```
<?php
function strpos()
{
 echo "It's b";
}
?>
```

在设置自定义函数名称时，需要遵循以下规则：

- 不能与 PHP 的内置函数同名；
- 不能与 PHP 关键字同名；
- 不能以数字开头；
- 不能包含点号“.”。

**3．错误的参数数目**

调用函数时，使用了错误的参数数目也会导致致命的错误。调用自定义函数时，实际参数可以等于或多于形式参数的数目。下面的代码在调用函数 strcat()时，实际参数多于形式参数数目，不影响程序的运行。

```
<?php
$str="adf";
echo strcat($str,"a",2,1);
function strcat($s,$sz)
{
 return $s.$sz;
}
?>
```

但是，下面的代码在调用函数时，实际参数少于形式参数，运行时就会出现警告信息。

```
<?php
$str="adf";
$n=strcat($str);
function strcat($s,$sz)
{
 return $s.$sz;
}
?>
```

运行该段代码，显示如下警告信息：

```
Warning: Missing argument 2 for strcat(), called in…
```

在调用 PHP 内置函数时，实际参数要和内置函数的参数一致才可以。下面的代码在调用函数 strpos()时，参数过多。

```
<?php
$str="adf";
$n=strpos($str,"a",1,2);
?>
```

运行该段代码，显示如下警告信息：

```
Warning: Wrong parameter count for strpos() in…
```

如果参数数目不够，也会出现警告信息。下面的代码也会显示警告信息：

```
<?php
$str="adf";
$n=strpos($str);
?>
```

## 8.3 异常处理

PHP 5 支持异常（Exceptions）处理的概念。异常是 PHP 5 支持的一种新错误处理机制。Exception 可以把错误“抛”给 PHP，一些设定的代码可以“抓”住异常进行处理；如果没有处理这些异常，PHP 会终止程序的执行，并输出错误信息。

### 8.3.1 Exception

PHP 提供了 Exception 类。通过实例化这个类，可以创建一个异常对象。Exception 类拥有属性和方法，具体如下：

```
<?php
class Exception
{
//描述异常的信息。
        protected $message;
        private $string;
//描述异常的代码。
        protected $code;
//出现异常的文件名称。
        protected $file;
//出现异常的代码所在行的行号。
        protected $line;
        private $trace;
        function __construct($message = "", $code = 0);
        function __toString();
```

```
//返回$file。
      final public function getFile();
//返回$line。
      final public function getLine();
//返回$message。
      final public function getMessage();
//返回$code。
      final public function getCode();
      final public function getTrace();
      final public function getTraceAsString();
}
?>
```

下面的例子通过异常对象输出相应信息：

```
<html>
<head>
<meta http-equiv="Content-Type" content="text/html; charset=gb2312">
  <title></title>
</head>
<body>
<?php
//创建 Exception 对象。
//"It's an Exception Example."为保存在类 Exception 属性$message 中。
$e=new Exception("It's an Exception Example.");
echo "code :".$e->getcode();
echo "<BR>";
echo "Message:".$e->getmessage();
echo "<BR>";
echo "File:".$e->getFile();
echo "<BR>";
echo "Line:".$e->getLine();
echo "<pre>";
echo "Trace:".print_r($e->getTrace());
echo "</pre>";
echo "getTraceAsString:".$e->getTraceAsString();
?>
</body>
</html>
```

运行该段代码，结果如图 8.18 所示。

图 8.18　通过异常对象输出信息

程序员可以创建继承 Exception 类的子类。Exception 类除方法__construct 和__toString 可以重写外，其他方法均为 final，不能进行重写。

下面的代码声明了一个继承自 Exception 类的子类 MyException。

```
<?php
class MyException extends Exception
{
 function __construct($message)
        {
                parent::__construct($message);
        }
}
$e=new MyException("这是异常处理的例子。");
echo "code :".$e->getcode();
echo "<BR>";
echo "Message:".$e->getmessage();
echo "<BR>";
echo "File:".$e->getFile();
echo "<BR>";
echo "Line:".$e->getLine();
echo "<pre>";
echo "Trace:".print_r($e->getTrace());
echo "</pre>";
echo "getTraceAsString:".$e->getTraceAsString();
?>
```

声明时 PHP 5 还提供了很多 Exception 子类，如 LogicException、RuntimeException 等。PHP 并没有为这些子类进行任何扩展，只是定义了这些类。

### 8.3.2　try、catch 和 throw

PHP 支持三种处理异常关键词：try、catch 和 throw。使用 try/catch 结构处理异常，当出现异常时，使用 throw“抛”出异常，catch 的代码捕获异常后进行处理。

try/catch 结构的语法如下：

```
try
{
//该代码块包含可能含有异常的代码。
...
//当出现异常时，使用 throw 抛出异常。
}
catch (Exception $exception1)
{
//处理异常。
...
}
catch (Exception $exception2)
{
//处理异常。
...
}
```

语法说明：

➢ 如果 try 块未产生异常，try 块将执行完毕，catch 块代码不被执行；

➢ catch 后的括号内为一个异常类的对象；

➢ 如果 try 块产生异常，系统将 try 块内抛出的异常对象与第一个 catch 后的异常对象进行比较：为 true，则对该 catch 块进行处理；否则，检查第二个 catch 块。

➢ 若没有发现合适的 catch 块，系统将抛出异常，输出错误信息。

下面的代码使用 try/catch/throw 结构处理异常。

```
<?php
//定义一个新的异常类。
class MyException extends Exception
{
 function __construct($message)
	{
		parent::__construct($message);
	}
}
$a=-1;
//使用 Try 结构检测异常。
try
{
 //如果$a 小于 0，将抛出异常。
 if($a<0)
```

```
  {
        $e=new MyException("这是异常处理的例子。");
        throw($e);
  }
 }
//捕获异常。
catch(Exception $e)
{
 //输出异常信息。
 echo "异常信息：".$e->getmessage();
 echo "<BR>";
 echo "发生异常的文件：".$e->getFile();
 echo "<BR>";
 echo "发生异常的行号：".$e->getLine();
 echo "<BR>";
}
echo "异常处理完毕！";
?>
```

代码说明：

➢ 类 MyException 为 Exception 类的子类。当 Throw()抛出 MyException 类对象时，由其父类 Exception 接受异常；

➢ 类 Exception 可以接受 try 块抛出的异常。

运行该段代码，结果如图 8.19 所示。

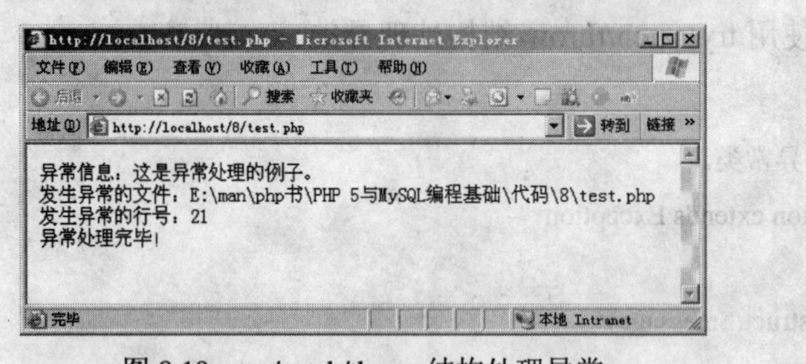


图 8.19　try/catch/throw 结构处理异常

当 catch 块捕获并处理异常后，异常将不向外抛出。下面为多 catch 处理的例子。

```
<?php
class MyException extends Exception
{
 function __construct($message)
        {
              parent::__construct($message);
        }
}
```

```
$a=-1;
try
{
 if($a<0)
 {
        $e=new MyException("这是异常处理的例子。");
        throw($e);
 }
}
catch(MyException $e)
{
 echo "MyException。异常信息：".$e->getmessage();
 echo "<BR>";
}
catch(Exception $e)
{
 echo "Exception。异常信息：".$e->getmessage();
 echo "<BR>";
}
echo "异常处理完毕！";
?>
```

try 块抛出 MyException 类的异常，第一个 catch 块后的异常对象为 MyException 类对象，由该 catch 块处理该异常。第二个 catch 块不处理该异常。

运行该段代码，结果如图 8.20 所示。

如果第一个 catch 块和第二个 catch 块交换位置后运行，结果如图 8.21 所示。这是因为 Exception 类可以接受其子类的异常。

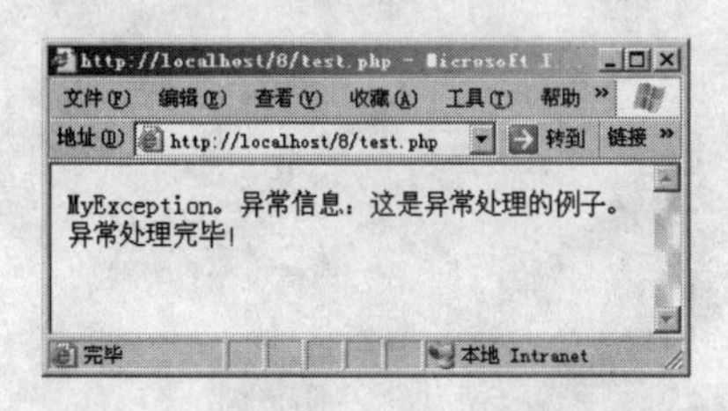


图 8.20 多 catch 结构处理异常（1）

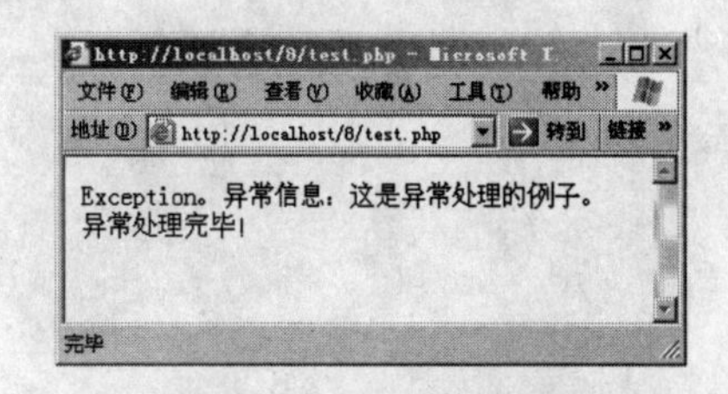


图 8.21 多 catch 处理异常（2）

## 本章小结

本章首先介绍了错误的类型以及错误信息的设置，列举了 PHP 编程中常见的错误以及解决方法，这将帮助读者快速解决一些常见错误。接着介绍了 PHP 5 的新内容：异常处理机制。

## 本章习题

1．常见的错误类型是什么？

2．异常的处理方法是什么？

## 本章答案

1．E_ERROR、E_WARNING、E_PARSE、E_NOTICE、E_CORE_ERROR、E_CORE_WARNING、E_COMPILE_ERROR、E_COMPILE_WARNING、E_USER_ERROR、E_USER_WARNING、E_USER_NOTICE、E_ALL、E_STRICT。

2．异常是 PHP 5 支持的一种新错误处理机制。如果 Try 块产生异常，系统使用 Throw 将 Try 块内异常抛出，Catch 块进行处理。如果没有处理这些异常，PHP 会终止程序的执行，并输出错误信息。

# 第 9 章　MySQL 5 数据库基础

**课前导读**

MySQL 数据库是目前非常流行的 SQL 数据库管理系统，由 MySQL AB 公司开发，具有快速、可靠和易于使用的特点，并且开放源码。该数据库能够在不同的平台上运行，支持众多的操作系统，如 Linux、UNIX、Windows 系列、Sun Solaris 等。

**重点提示**

本章讲解 MySQL 5 基本操作、权限设置、备份、SQL 语句，以及通过 phpMyAdmin 管理 MySQL 5 数据库，具体内容如下：

➢ MySQL 5 数据库基础知识
➢ MySQL 5 常用数据类型——数字型、字符串型、日期时间型
➢ MySQL 5 数据的连接与断开
➢ 数据库的创建、选择、更新与删除
➢ 数据库表的创建、重命名、修改及删除
➢ 数据库及数据库表信息的显示
➢ MySQL 5 的基本操作
➢ MySQL 5 数据库权限
➢ 使用 phpMyAdmin 管理 MySQL 5 数据库

## 9.1　MySQL 5 概述

本节介绍有关 MySQL 数据库的知识。

### 9.1.1　数据库概述

数据库（Database）可以被认为是由相关文件组成的结构化信息集合，这些文件由相互关联且具有一定关系的数据组成。这些数据具有确定意义，可以是文本文件、声音文件、图像文件、多媒体文件，也可以是其他各式各样的数据。

管理数据库的软件被称为数据库管理系统（Database Management System，缩写为 DBMS）。它是由一组计算机软件构成的管理数据库的软件环境，能使用户方便、有效地管理数据库。

数据库和数据库管理系统一起构成了数据库系统。

数据库可分为层次模型、网状模型和关系模型三大类。现在，层次数据库和网状数据库已很少使用。关系型数据库应用非常普遍，比较流行的 Microsoft SQL Server、Oracle 和 Sybase 等数据库都是关系数据库。MySQL 也是关系型数据库。

在关系数据库中，数据和数据之间的联系用关系来表示，一个关系可以看做一个表。一个数据库可以有多个表，每个表可以由多个行和列组成。每行包括实体的数据，如一个产品的信息。一行数据通常称为一条记录，行和记录是可以互换的概念。表中的一列通常称为一个字段，也可以称之为属性，同一字段的数据类型是相同的。

同一表中不允许出现两条完全相同的记录，必须保证表中任一条记录都是唯一的。这可以通过定义主键来实现。主键可由一个字段组成，作为主键字段的值在该字段中都是唯一的。这就保证了表中任一条记录都是唯一的。

通过行和列可以查询同一表中的数据；不同的表之间的字段若有某种关系，就可从不同的表中查询相关的信息。

### 9.1.2 MySQL 5 概述

MySQL 5 数据库是目前非常流行的 SQL 数据库管理系统，由 MySQL AB 公司开发。它具有以下特点：

- MySQL 5 数据库是一个关系数据库管理系统，开放源码。
- MySQL 5 数据库服务器具有快速、可靠和易于使用的特点。
- 能够在不同的平台上运行，支持众多的操作系统，如 Linux、UNIX、Windows 系列、Sun Solaris 等。
- 它采用 C 和 C++语言编写，并且提供了用于 C、C++、Java、PHP 等的 API。
- 支持众多的列类型，如 Float、Double、Char、Text 等。
- 支持不同的字符集，如汉字 GB2312、big5、Unicode 等。
- 安全。
- 稳定。

## 9.2 MySQL 5 数据类型

MySQL 5 主要有三种列类型：数字、字符串和日期。在设置表的列类型时，尽可能选择占用空间比较小的列类型，以节省空间。若数据长度大于列的类型长度，会造成数据丢失或错误。因此，列类型要尽可能覆盖所有数据。

### 9.2.1 数字型列类型

数字型列类型用于存储数字数据，如年龄、数量、价格等。MySQL 5 支持所有的 SQL 数字类型，包括所有的整型和实数。表 9-1 列出了 MySQL 5 中常用的数字列类型。

表 9-1 整型类型说明

| 类型 | 说明 |
| --- | --- |
| BIT[(m)] | 位类型。m 表示数字的位数目，可以为从 1～64 的任意值，默认值为 1。在 5.0.3 前版本中，该类型等同于 TINYINT(1) |
| TINYINT[(M)] | 微小整型。该类型值的有符号范围为-128～127，无符号范围是 0～255。该类型占用 1 字节 |
| BOOL、BOOLEAN | 该类型等同于 TINYINT(1)。0 值被认为是 false，非 0 值被认为是 true |
| SMALLINT[(M)] | 小整型。该类型值的有符号范围为-32768～32767，无符号范围是 0～65535。该类型占用 2 字节 |
| MEDIUMINT[(M)] | 中等整数类型。该类型值的有符号范围为-8388608～8388607，无符号范围是 0～16777215。该类型占用 3 字节 |
| INT[(M)] | 整型。该类型值的有符号范围为-2147483648～2147483647，无符号范围是 0～4294967295。该类型占用 4 字节 |
| INTEGER[(M)] | 同 INT[(M)] |
| BIGINT[(M)] | 大整型 |

说明：

- 除特殊说明外，M 表示显示的最大宽度，该值最大为 255。
- “[”和“]”表示其内选项为可选项。
- 若 M 小于该类型所允许范围，值不会被截取。

数字类型都允许两个选项：UNSIGNED 和 ZEROFILL。UNSIGNED 表示该数字类型为无符号类型，也就是不能为负数，可以表示的正数范围变大了；ZEROFILL 选项将该数字类型自动变为 UNSIGNED，并在显示时，为该数值在左侧使用“0”补齐指定宽度。

### 9.2.2　字符串列类型

MySQL 5 也支持字符串列类型数据。字符串列类型用于存储字符数据，如姓名、内容、地址等。表 9-2 列出了 MySQL 5 中常用的字符串列类型。

**表 9-2　字符串类型说明**

| 类型 | 说明 |
| --- | --- |
| CHAR[(M)] | 固定长度字符串。M 表示字符串的长度，可以为从 1～255 的任意值，默认值为 1。当字符数目没有达到 M 时，右补空格达到指定长度。当检索时，后缀空格被删掉 |
| CHAR | 等同于 char(1) |
| VARCHAR(M) | 可变长字符串。在 MySQL 5 系列版本中，MySQL 5.0.3 前的版本中，M 从 0～255；其后版本，M 最大为 65535。在存储和检索时，尾部空格不被删除 |
| TEXT | 最大 65535 个字符 |
| TINYTEXT | 最大 255 个字符 |
| MEDIUMTEXT | 最大 16777215 个字符 |
| LONGTEXT | 最大 4GB 个字符 |
| TINYBLOB | 微小的二进制对象，最多 255 字节 |
| BLOB | 二进制对象，最大 65535 字节 |
| MEDIUMBLOB | 最大 16777215 字节 |
| LONGBLOB | 最大 4GB 字节 |

在 MySQL 5.0.3 前的版本中定义 CHAR (M)列类型时，若 M 超过 255，列类型可自动转换成 TEXT 列类型；在 MySQL 5.0.3 及其后的版本中，若 M 超过 255，系统会产生列长度过长的错误。

### 9.2.3　日期时间类型

MySQL 拥有表示日期类型的 DATE、YEAR，表示时间类型的 TIMESTAMP、TIME，以及表示日期时间类型的 DATETIME。每种日期、时间类型有一个有效值范围和一个“零”值。当对日期时间类型指定 MySQL 不能表示的值时，该类型值就为“零”值。

DATE 类型以“年-月-日”格式表示，MySQL 5 系统支持该值的范围是“1000-01-01”到“9999-12-31”。DATE 和 YEAR 类型中的年值最好使用四位数字表示，若只有两位数字，系统很难确定是属于 21 世纪还是 20 世纪。当年值只有两位数字时，转换方式如下：

➢ 年值在 70～99 范围内，年值转换为 20 世纪，即 1970～1999；
➢ 年值在 00～69 范围内，年值转换为 21 世纪，即 2000～2069。

TIME 类型以“HH:MM:SS”格式显示。如果 TIME 值表示一天时间，必须小于 24 小时；如果表示 2 个时间间隔，TIME 的值可以大于 24 小时，甚至还可以为负数。若数据需要同时包含日期和时间信息时，则需要使用 DATETIME 类型。MySQL 系统以“YYYY-MM-DD HH:MM:SS”格式显示 DATETIME 类型的值。该类型值的范围为“1000-01-01 00:00:00”到“9999-12-31 23:59:59”。

任何标点符号都可以用做日期或时间部分之间的分隔符，如，“2006-12-21 11:30:45”、“2006.12.21 11+30+45”都是正确的。如果使用“YYYYMMDD”或“YYMMDD”格式的数字表示日期，这些数字都在日期类型有效值范围内，这种表示也是正确的。同样，在 TIME 类型有效范围内的“HHMMSS”格式数值也可以表示时间。

## 9.3 MySQL 5 基本操作

本节介绍 MySQL 5 的基本操作：
➢ 连接数据库；
➢ 创建数据库，查看数据库结构；
➢ 创建数据表，查看表结构；
➢ 查询、插入、更新、删除记录。

### 9.3.1 连接与断开 MySQL

运行 MySQL 数据库的服务器称为 MySQL 服务器。连接 MySQL 服务器的方式有很多，主要方式如下。

**1. 在 MySQL 服务器上连接 MySQL 数据库**

启动 MySQL 客户端，输入密码就可以连接 MySQL 数据库。图 9.1 为在 Windows Server 2003 操作系统中连接 MySQL 的界面。

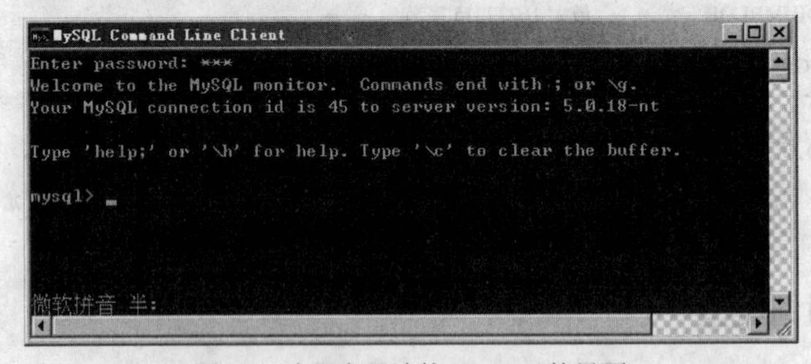


图 9.1　在服务器连接 MySQL 的界面

**2. 在其他客户端上连接 MySQL 数据库**

进入系统的命令行界面，输入如下命令就可以连接 MySQL 数据库：

```
mysql -h hostname -u user -ppassword databasename
```

命令说明：
➢ “mysql”命令连接指定的服务器；若“mysql”命令不在默认路径中，需要输入 MySQL

的完整路径。

➢ “-h”指定连接的主机。“-h”与“hostname”间可以有空格，也可以没有空格。若在MySQL 服务器上执行该命令，“-h”与“hostname”可以省略。

➢ “-u”指定连接数据库时使用的用户名。

➢ “-p”指定 user 登录时使用的密码，若 user 没有设置密码，此项可以省略。“-p”与“user”间不可以有空格。

➢ 若“-p”后紧跟密码，密码是明码显示的。为了安全，可以只输入“-p”，而不输入密码。在连接 MySQL 后，会提示输入密码，此时密码不会显示在输入界面中。

➢ “databasename”为数据库的名字。

➢ 连接成功后，界面显示“mysql>”提示符。

在 Windows Server 2003 操作系统中，连接 MySQL 数据库的界面如图 9.2 所示。

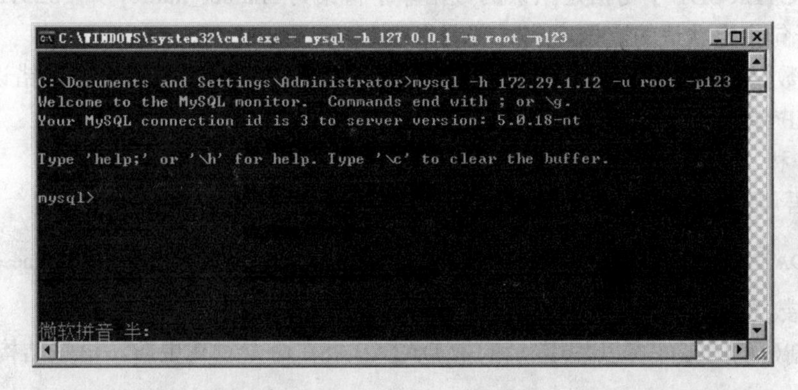


图 9.2　在 Windows Server 2003 中连接 MySQL 的界面

**3．断开与 MySQL 数据库的连接**

若要断开与 MySQL 数据库的连接，只需要输入 QUIT 或 Exit 命令。图 9.3 是在 Windows Server 2003 操作系统中断开连接的界面。

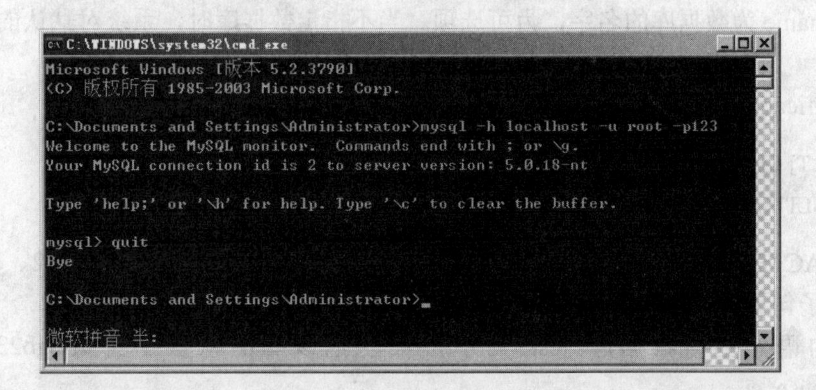


图 9.3　断开连接的界面

## 9.3.2　创建与删除数据库

MySQL 5 系统提供了操作数据库的 SQL 语法。对数据库的操作包括创建、更新、删除数据库等。下面详细介绍这些操作方法。

#### 1．创建数据库

创建数据库的 SQL 命令为 CREATE DATABASE，该命令的语法结构如下：

```
CREATE DATABASE [IF NOT EXISTS] db_name
[specification [,specification] ...]
```

语法结构说明：

➢ db_name 为数据库的名字。

➢ specification 指定数据库的特性，常为如下格式：

```
[DEFAULT] CHARACTER SET charset_name
| [DEFAULT] COLLATE collation_name
```

CHARACTER SET 子句指定默认的数据库字符集为 charset_name，如 gb2312、UTF-8 等；COLLATE 子句指定默认的数据库校对规则为 collation_name。

□ 如果数据库 db_name 已经存在了，在创建该数据库时，系统就会出现错误。创建数据库时，使用 IF NOT EXISTS 选项，可防止出现错误；

□ “[”和“]”表示其内选项为可选项。

下面的语句创建数据库 test，该库的默认字符集为 gb2312。

```
CREATE DATABASE test1 DEFAULT CHARACTER SET gb2312 COLLATE gb2312_chinese_ci;
```

#### 2．更新数据库

对已经创建的数据库可以使用 ALTER DATABASE 命令对其更新，语法结构如下：

```
ALTER DATABASE [db_name]
specification [,specification] ...
```

语法结构说明：

➢ “[”和“]”表示其内选项为可选项。

➢ db_name 为数据库的名字，为可选项。当不指定数据库时，系统对默认的数据库进行更新。

➢ specification 为更新数据库的特性，常为如下格式：

```
[DEFAULT] CHARACTER SET charset_name
| [DEFAULT] COLLATE collation_name
```

CHARACTER SET 子句更新数据库字符集为 charset_name，如 gb2312、UTF-8 等；COLLATE 子句更新数据库校对规则为 collation_name。

下面的语句更新数据库 test 的字符集，把该库的默认字符集 gb2312 更新为 gb2312_chinese_ci。

```
ALTER DATABASE test1 DEFAULT CHARACTER SET gb2312 COLLATE gb2312_chinese_ci
```

#### 3．删除数据库

对于用户不需要的数据库，可以使用命令 DROP DATABASE 进行删除。该命令的语法结构如下：

```
DROP DATABASE [IF EXISTS] db_name
```

语法结构说明：

➢ SQL 命令 DROP DATABASE 取消数据库中的所用表格和数据库。

➢ 该命令返回已被取消表的数目。

➢ db_name 为数据库的名字。

➢ 如果数据库 db_name 不存在，在删除该数据库时，系统就会出现错误。如果在删除数据库时使用 IF EXISTS 选项，可防止数据库不存在时发生错误。

下面的命令删除数据库：

```
DROP DATABASE test1
```

**4．选择数据库**

用户可以使用命令 USE 指定处理的数据库，其语法结构如下：

```
USE db_name
```

语法结构说明：

➢ 将数据库 db_name 作为系统默认的数据库。

➢ db_name 为数据库的名字。

### 9.3.3　创建与删除表

在创建数据库后，就可以在该数据库内执行创建、更新、删除表的操作。MySQL 系统提供了操作表的 SQL 语法命令。下面详细介绍这些操作方法。

**1．创建表**

创建数据库的 SQL 命令为 CREATE TABLE，该命令的语法结构如下：

```
CREATE [TEMPORARY] TABLE [IF NOT EXISTS] table_name
[(definition},...)]
[options] [statement]
```

语法结构说明：

➢ 在系统默认的数据库内创建表 table_name。

➢ table_name 为表的名字。

➢ 在创建表格时，使用 TEMPORARY 关键词可以创建临时表。

➢ 临时表只有在当前连接情况下才可以使用；当该连接关闭时，临时表被自动取消。不同的连接可以使用相同的临时表名称，临时表不会冲突，也不会与原有同名的非临时表冲突。

➢ 如果数据库中表 table_name 已经存在，在创建该表时，系统就会出现错误。创建数据库时，使用 IF NOT EXISTS 选项，可防止出现这种错误。

➢ 参数 definition 的常用语法结构如下：

```
col_name type
[NOT NULL|NULL]
[DEFAULT default_value]
[AUTO_INCREMENT]
[UNIQUE [KEY] | [PRIMARY] KEY]
```

其中，col_name 为列的名称；type 为列的类型，如 int、char、varchar 等；NOT NULL 或 NULL 表示该类是否允许为空；DEFAULT 设置该列的默认值为 default_value；AUTO_INCREMENT 表示该列为自动增量；UNIQUE KEY 表示该列的值是唯一的，PRIMARY KEY 表示该列为主键。

创建表的语法结构比较复杂，本小节只说明了一些常用的选项。下面的命令将创建一个表。

```
CREATE TABLE test(
ID INT( 10 ) UNSIGNED NOT NULL AUTO_INCREMENT ,
Name CHAR( 10 ) CHARACTER SET gb2312 COLLATE gb2312_chinese_ci NOT NULL ,
Address CHAR( 30 ) CHARACTER SET gb2312 COLLATE gb2312_chinese_ci DEFAULT '',
PRIMARY KEY ( ID)
);
```

命令说明：

➢ 该命令创建了一个表 test。
➢ 该表拥有三个列：ID、Name 和 Address。
➢ 三个列使用的字符集为 gb2312。
➢ ID 列为整数列类型，为主键，不允许为空，自动增量且是唯一的。
➢ Name 列为字符串列类型，不允许为空。
➢ Address 列为字符串列类型，默认值为空字符串。

**2. 修改表**

MySQL 提供了更改表的命令 ALTER TBALE，其语法结构如下：

```
ALTER [IGNORE] TABLE table_name
specification [,specification] ...
```

语法结构说明：

➢ 该命令更改表 table_name 的结构，既可以增加、删除列，也可以更改列的类型或重新命名列；
➢ table_name 为表的名称。
➢ specification 为更改列的说明。

下面的命令向表 test 增加一个新的列 Phone，类型为 char 类型，且不允许为空，要添加在列 ID 之后的位置。

```
ALTER TABLE test    ADD Phone CHAR( 10 ) NOT NULL AFTER ID;
```

下面的命令更改表 test 中的 Phone 列。该列更改后，允许为空，默认值为“”。

```
ALTER TABLE test CHANGE Phone Phone CHAR( 4 ) DEFAULT ''
```

其中，前一个 Phone 为原来列的名称，后一个 Phone 为更改后的列名称。

下面的代码更改列的名称为 Phone1。

```
ALTER TABLE test CHANGE Phone Phone1 TEXT CHARACTER SET gb2312 COLLATE
gb2312_chinese_ci NOT NULL
```

下面的命令删除列 Phone1。

```
ALTER TABLE test DROP Phone1
```

**3．重命名表**

使用 MySQL 提供的命令不但可以修改表中列的信息，也可以重命名表。使用 RENAME TABLE 可以重命名表的名称，语法结构如下：

```
RENAME TABLE table_name TO new_table_name
[,table_name2 TO new_table_name2] ...
```

语法结构说明：

➢ 该命令可以对一个或多个表进行重命名。
➢ table_name、table_name2 为原表名称，new_table_name、new_table_name2 为新表名称。
➢ 对多个表重命名，重命名操作从左至右进行。

下面的命令重命名表 test 为 test1：

```
RENAME TABLE test TO test1
```

使用 ALTER TABLE 也可以重命名表的名称，如：

```
ALTER TABLE test RENAME test1;
```

利用重命名操作从左至右的特点，可以实现两个表名称的交换。下面的代码交换表 test1 和表 test2 的名称。

```
RENAME TABLE test1 TO tmp_test1,
             test2 TO test1,
             tmp_test1 TO test2
```

使用重命名操作，可以把一个数据库系统中的表移动到另外一个数据库中（两个表处于同一个文件系统）。下面的代码把 test 数据库中的表 test1 移动到数据库 wj 中（数据库 test 和 wj 都存在，并且 test 拥有表 test1）。

```
RENAME TABLE test.test1 TO wj.test1
```

**4．删除表**

MySQL 数据库提供了删除指定表的命令 DROP TABLE，语法结构如下：

```
DROP [TEMPORARY] TABLE [IF EXISTS]
table_name [,table_name] ...
```

语法结构说明：

➢ 该命令可以删除一个或多个表，并删除表中的所有数据。
➢ table_name 为表的名称。
➢ 使用 TEMPORARY 关键词，会删除临时表。

下面的命令删除当前数据库中指定的表 test：

```
DROP TABLE test
```

### 9.3.4 获取数据库信息

MySQL 5 系统提供了非常方便的查看系统的信息命令 SHOW。该命令功能强大，形式多样，不但可以查看服务器状态，还可以查看数据库、表、列的信息，使用起来非常方便。

**1. 查看数据库信息**

使用 SHOW DATABASES 可以查看当前服务器中所有可用的数据库，如：

```
SHOW DATABASES;
```

图 9.4 为该命令的运行结果，显示了当前数据库服务器中所有数据库。

若只查看特定的数据库，可以使用下面的命令：

```
SHOW DATABASES like 'w%';
```

图 9.5 为该命令的运行结果，显示了当前数据库服务器中名称以“w”开头数据库。

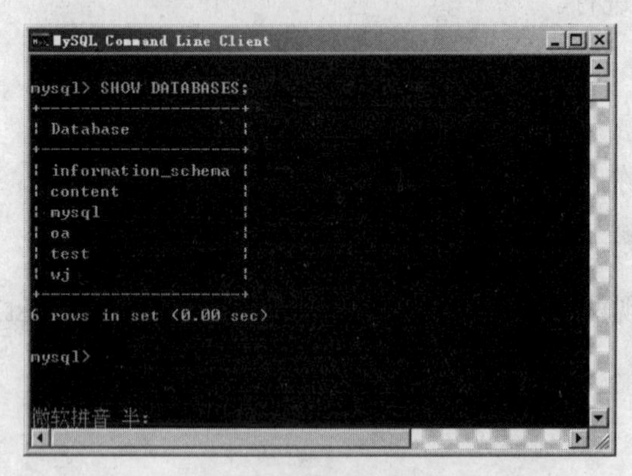


图 9.4 查看数据库信息

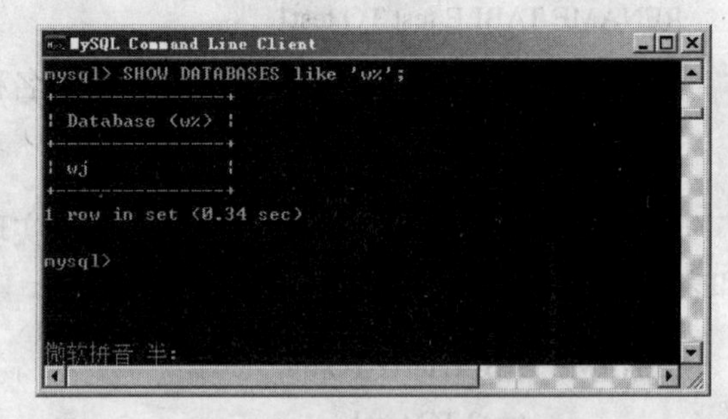


图 9.5 查看特定数据库信息

使用 SHOW 命令还可以查看创建指定数据库的 SQL 语句。下面命令获取创建数据库 wj 的 SQL 语句：

```
SHOW CREATE DATABASES wj;
```

图 9.6 为该命令的运行结果，显示了数据库 wj 的创建语句。

```
MySQL Command Line Client
mysql> show create database wj;
+----------+---------------------------------------------------------------+
| Database | Create Database                                               |
+----------+---------------------------------------------------------------+
| wj       | CREATE DATABASE `wj` /*!40100 DEFAULT CHARACTER SET gb2312 */ |
+----------+---------------------------------------------------------------+
1 row in set (0.09 sec)

mysql> _

微软拼音 半:
```

图 9.6 查看创建数据库的 SQL 语句

**2. 显示表信息**

使用 SHOW 命令可以获取数据库中表的信息。使用 SHOW TABLES 可以查看当前数据库中所有的表：

SHOW TABLES;

图 9.7 为该命令的运行结果，显示了当前数据库 wj 中所有的表。

使用 SHOW COLUMNS 命令可以查看指定表中列的信息，如

SHOW COLUMNS From type_prod;

图 9.8 为该命令的运行结果，显示了表 type_prod 中所有列的信息，包括字段名称、字段类型以及字段标志等信息。

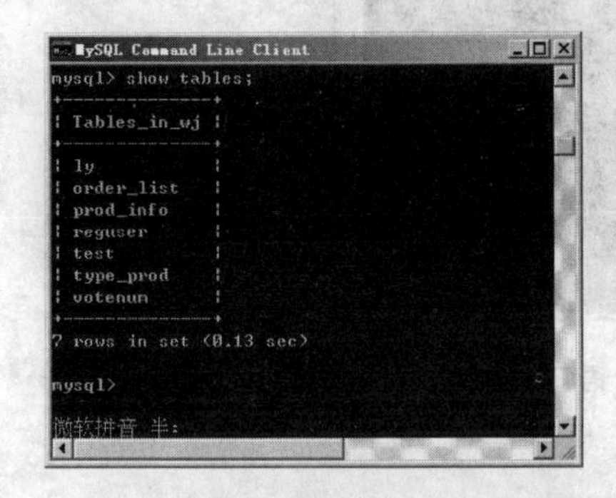


图 9.7　显示表信息

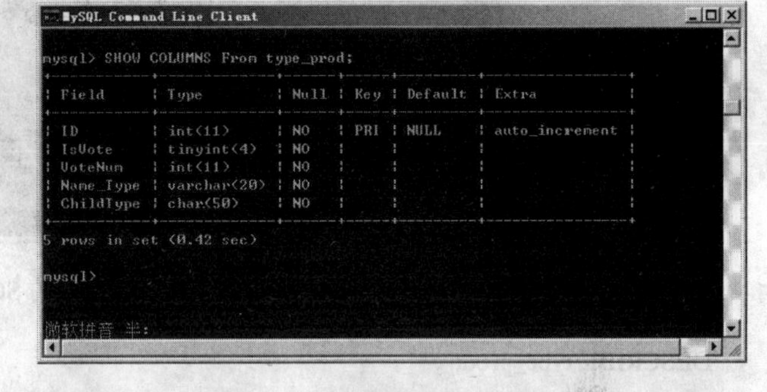


图 9.8　查看指定表中列的信息

使用下面的命令可以获取有关用户权限的信息：

SHOW FULL COLUMNS From type_prod;

图 9.9 为该命令的运行结果，显示了表 type_prod 中所有列的信息，包括字段名称、字段类型、字段标志以及当前用户所拥有的权限等信息。

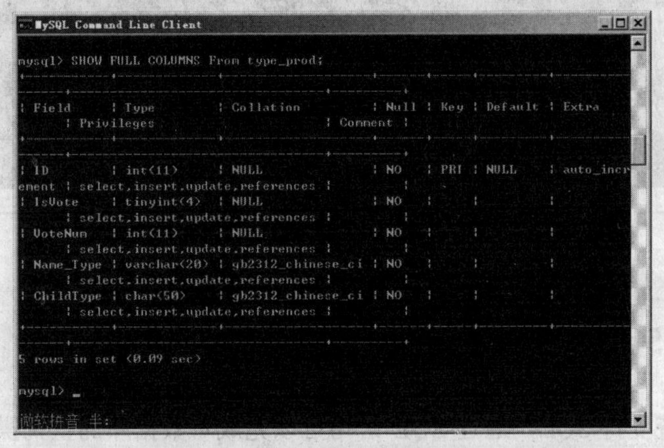


图 9.9　显示用户权限信息

使用 SHOW CREATE TABLE 命令可以获取创建该表的 SQL 语句。下面的命令获取创建表 type_prod 的 SQL 语句：

SHOW CREATE TABLE FROM type_prod;

图 9.10 为该命令的运行结果。

使用 DESCRIBE 也可获取表中列的信息，该命令相当于 SHOW COLUMNS FROM。例如，下面的命令获取表 type_prod 中列的信息：

```
mysql> SHOW CREATE TABLE type_prod;

| Table     | Create Table

| type_prod | CREATE TABLE `type_prod` (
  `ID` int(11) NOT NULL auto_increment,
  `IsVote` tinyint(4) NOT NULL,
  `VoteNum` int(11) NOT NULL,
  `Name_Type` varchar(20) NOT NULL,
  `ChildType` char(50) NOT NULL,
  PRIMARY KEY  (`ID`)
) ENGINE=InnoDB DEFAULT CHARSET=gb2312 |

1 row in set (0.05 sec)

mysql>
```

图 9.10　显示创建该表的 SQL 语句

DESCRIBE type_prod;

图 9.11 为该命令的运行结果。

```
mysql> DESCRIBE type_prod;
+-----------+-------------+------+-----+---------+----------------+
| Field     | Type        | Null | Key | Default | Extra          |
+-----------+-------------+------+-----+---------+----------------+
| ID        | int(11)     | NO   | PRI | NULL    | auto_increment |
| IsVote    | tinyint(4)  | NO   |     |         |                |
| VoteNum   | int(11)     | NO   |     |         |                |
| Name_Type | varchar(20) | NO   |     |         |                |
| ChildType | char(50)    | NO   |     |         |                |
+-----------+-------------+------+-----+---------+----------------+
5 rows in set (0.05 sec)

mysql>
```

图 9.11　显示表中列的信息

## 9.4　MySQL 5 查询操作

MySQL 5 系统支持 SQL，通过 SQL 语句可以完成对数据库的查询操作。本节所讲的操作包括查询、更新、插入记录、删除记录或者表等。

### 9.4.1　查询

查询是操作数据库时最常用的命令。在以数据库为后台的网页系统中，网页内容的动态生成都需要大量的查询操作。使用 SELECT 命令可以完成查询操作。

**1．SELECT 命令的语法结构**

SELECT 命令的语法结构如下：

```
SELECT
    [select_options]
    select_expr, ...
    [INTO OUTFILE 'file_name' export_options
    [FROM table_references
    [WHERE where_definition]
    [GROUP BY {col_name | expr | position} [ASC | DESC], ...]
    [HAVING where_definition]
    [ORDER BY {col_name | expr | position} [ASC | DESC] , ...]
    [LIMIT {[offset,] row_count | row_count OFFSET offset}]
```

语法结构说明：

➢ SELECT 语法结构非常复杂，这里只列出了常用的一些选项；

➢ “[” 和 “]” 表示其内的选项为可选项。

➢ select_options 选项有很多，常用的有[ALL、DISTINCT 和 DISTINCTROW 等。ALL 表示查看所有的记录，DISTINCT 和 DISTINCTROW 表示查询结果中不存在重复的记录。

➢ select_expr 表示返回的字段名称，多个字段名称间使用逗号分隔。

➢ INTO OUTFILE 'file_name' export_options 表示将查询结果输出到一个文件中。

➢ FROM table_references 表示从表 table_references 查询记录。

➢ WHERE where_definition 表示查询的限定条件，只有满足 where_definition 条件的记录才会返回。

➢ GROUP BY 对指定的列进行分类，列可以使用名称、列别名或列位置表示。ASC 和 DESC 表示对记录进行升序或降序排列，默认值为 ASC。

➢ ORDER BY 表示设定排序的字段。ASC 和 DESC 表示对记录进行升序或降序排列，默认值为 ASC。

➢ LIMIT 最后使用，表示限制查询返回记录的行数。若 limit row_count 格式表示查询返回的记录数为 row_count；若是 limit offset, row_count 格式，offset 指定返回的第一条记录的偏移量，row_count 指定记录的行数。

下面是查询表 type_prod 所有记录的查询语句，运行该语句，结果如图 9.12 所示。

```
select * from type_prod;
```

语句说明：

“*” 表示返回该表所有字段。

**2．设置字符集和校对规则**

如果用户看到 Name_Type 字段的数据是乱码或者是“??”形式的字符（如图 9.13 所示），就需要设置 MySQL 的字符集。字符集是保存有许多字符的字母表。MySQL 可以使用多种字符集存储和检索字符串，如既可以使用汉字简体字和繁体字保存字符，也可以使用西欧字符保存字符。

MySQL 支持不同的字符集，如 gb2312 字符集。在操作数据库时，若不正确设置字符集，可能会得到乱码。用户可以在启动服务器、创建数据库或表、连接数据库时，指定所用的字符集；也可以在使用数据时指定字符集。在 MySQL 中，常用的两种汉字字符集为：gb2312

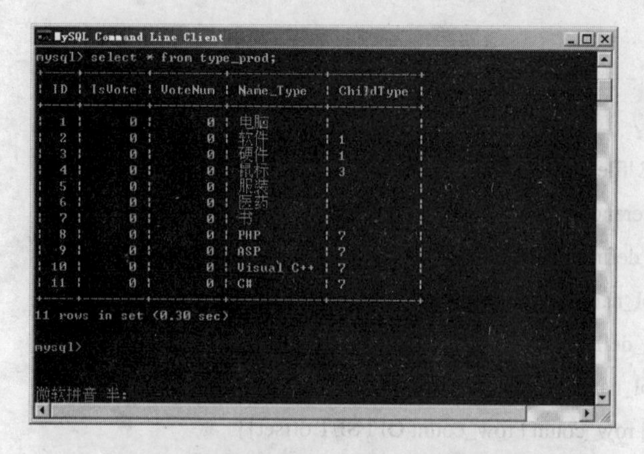


图 9.12　查询表 type_prod

```
MySQL Command Line Client
mysql> select * from type_prod;
+----+--------+---------+------------+-----------+
| ID | IsVote | VoteNum | Name_Type  | ChildType |
+----+--------+---------+------------+-----------+
|  1 |      0 |       0 | ??         |           |
|  2 |      0 |       0 | ??         | 1         |
|  3 |      0 |       0 | ??         | 1         |
|  4 |      0 |       0 | ??         | 3         |
|  5 |      0 |       0 | ??         |           |
|  6 |      0 |       0 | ??         |           |
|  7 |      0 |       0 | ?          |           |
|  8 |      0 |       0 | PHP        | 7         |
|  9 |      0 |       0 | ASP        | 7         |
| 10 |      0 |       0 | Visual C++ | 7         |
| 11 |      0 |       0 | C#         | 7         |
+----+--------+---------+------------+-----------+
11 rows in set (0.09 sec)

mysql>
微软拼音 半:
```

图 9.13　记录信息显示为乱码

和 gbk，用户可以依据需要设置这两种汉字字符集。

获取系统支持的字符集，可以使用下面的命令：

SHOW CHARACTER SET;

运行该命令，结果如图 9.14 所示。

```
MySQL Command Line Client
mysql> SHOW CHARACTER SET;
+----------+-----------------------------+---------------------+--------+
| Charset  | Description                 | Default collation   | Maxlen |
+----------+-----------------------------+---------------------+--------+
| big5     | Big5 Traditional Chinese    | big5_chinese_ci     |      2 |
| dec8     | DEC West European           | dec8_swedish_ci     |      1 |
| cp850    | DOS West European           | cp850_general_ci    |      1 |
| hp8      | HP West European            | hp8_english_ci      |      1 |
| koi8r    | KOI8-R Relcom Russian       | koi8r_general_ci    |      1 |
| latin1   | cp1252 West European        | latin1_swedish_ci   |      1 |
| latin2   | ISO 8859-2 Central European | latin2_general_ci   |      1 |
| swe7     | 7bit Swedish                | swe7_swedish_ci     |      1 |
| ascii    | US ASCII                    | ascii_general_ci    |      1 |
| ujis     | EUC-JP Japanese             | ujis_japanese_ci    |      3 |
| sjis     | Shift-JIS Japanese          | sjis_japanese_ci    |      2 |
| hebrew   | ISO 8859-8 Hebrew           | hebrew_general_ci   |      1 |
| tis620   | TIS620 Thai                 | tis620_thai_ci      |      1 |
| euckr    | EUC-KR Korean               | euckr_korean_ci     |      2 |
| koi8u    | KOI8-U Ukrainian            | koi8u_general_ci    |      1 |
| gb2312   | GB2312 Simplified Chinese   | gb2312_chinese_ci   |      2 |
| greek    | ISO 8859-7 Greek            | greek_general_ci    |      1 |
| cp1250   | Windows Central European    | cp1250_general_ci   |      1 |
| gbk      | GBK Simplified Chinese      | gbk_chinese_ci      |      2 |
| latin5   | ISO 8859-9 Turkish          | latin5_turkish_ci   |      1 |
| armscii8 | ARMSCII-8 Armenian          | armscii8_general_ci |      1 |
微软拼音 半:
```

图 9.14　获取系统支持的字符集

每种字符集都有校对（collations）规则，任何字符集都至少拥有一种校对规则，即默认的校对规则。两种不同的字符集的校对规则不能相同。使用下面的命令可以查询系统所支持的校对规则，第二条命令查询 GB 开头的校对规则：

```
SHOW COLLATION;
SHOW COLLATION LIKE 'GB%';
```

在 MySQL 5 系统中，字符集和校对规则拥有四个层次的默认设置：

- 服务器
- 数据库
- 表
- 连接

服务器有一个服务器字符集和校对规则，设置不能为空。在启动服务器后，也可通过命令设置服务器字符集。数据库和表也都有默认的字符集和校对规则。在创建数据库和表时，可以使用如下可选的子句设置数据库和表的字符集和校对规则：

```
[[DEFAULT] CHARACTER SET charset_name]
[[DEFAULT] COLLATE collation_name]
```

在连接服务器时，也可以设置字符集和校对规则。连接字符集影响到以下三个方面：

- 客户端发送查询命令所用的字符集；
- 服务器接收到查询命令后转换的字符集；
- 服务器发送查询结果时，应该把其转换成的字符集。

可以通过下面的命令设置连接字符集：

```
SET NAMES 'gb2312';
SET CHARACTER SET gb2312;
```

这两个命令设置了客户端发送查询命令所用的字符集和服务器向客户端回送结果所用的字符集。运行这两个命令，结果如图 9.15 所示。

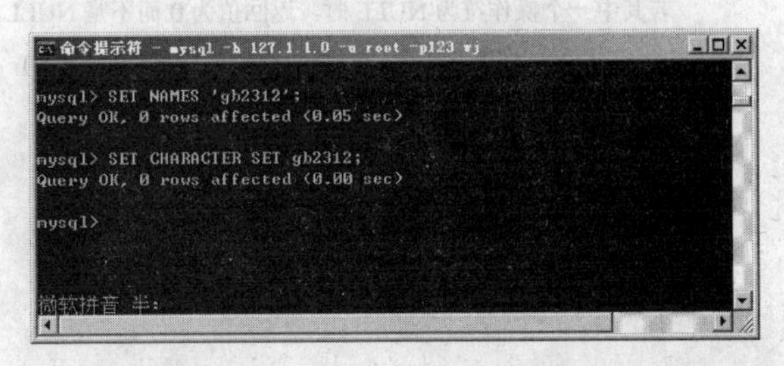


图 9.15　设置连接字符集

## 9.4.2　操作符

在 MySQL 5 系统中，可以为 SELECT 语句指定查询条件进行查询。下面的语句查询 ID 大于 1 且不大于 4 的记录。

```
SELECT * FROM type_prod WHERE ID>1 AND ID<=4;
```

命令说明：

- WHERE 子句可以含有多个条件表达式，多个条件表达式可以用逻辑操作符连接。

➢ 系统返回符合 WHERE 子句条件的记录。

执行该命令，结果如图 9.16 所示。

```
mysql> select * from type_prod where id>1 and id<=4;
+----+--------+---------+-----------+-----------+
| ID | IsVote | VoteNum | Name_Type | ChildType |
+----+--------+---------+-----------+-----------+
|  2 |      0 |       0 | 软件      | 1         |
|  3 |      0 |       0 | 硬件      | 1         |
|  4 |      0 |       0 | 帆标      | 3         |
+----+--------+---------+-----------+-----------+
3 rows in set (0.00 sec)

mysql> _
```

图 9.16　查询指定条件的记录

MySQL 像 PHP 一样也支持表达式。表达式由操作符和数值构成，是 SQL 复杂查询的重要组成部分。操作符主要由比较操作符、算术操作符、逻辑操作符、位操作符以及一些函数组成。

**1．比较操作符和函数**

比较操作可用于数字和字符串，其结果可能为 TRUE（1）、FALSE（0）或 NULL。在 MySQL 5 系统默认状态下，使用现有字符集进行字符串比较，并且字符串不区分大小写。

如果需要对不同字符集的字符串进行比较，可以使用 CONVERT()将字符串转换成另外的字符集，还可以使用 CAST()将字符串转换成另外的类型进行比较。在比较操作时，依据需要，字符串与数字间可自动转换。

常用比较操作符如表 9-3 所示。

**表 9-3　比较操作符和函数**

| 比较操作符和函数 | 说明 |
| --- | --- |
| = | 等于，可用于比较数值和字符串 |
| <=> | 安全等于，与等于操作符相似。在两个操作符均为 NULL 时，返回值为 1；若其中一个操作符为 NULL 时，返回值为 0 而不是 NULL |
| <> | 不等于 |
| <= | 不大于 |
| >= | 不小于 |
| > | 大于 |
| < | 小于 |
| expr IS NULL | 检验 expr 是否为 NULL，若是，则返回 True；否则，返回 false |
| expr IS NOT NULL | 检验 expr 是否不为 NULL，若不为 NULL，则返回 True；否则，返回 false |
| expr BETWEEN min AND max | 检验 expr 是否处于[min，max]范围内（包括 min 和 max），若是，则返回 1；否则返回 0 |
| NOT expr BETWEEN min AND max | 检验 expr 是否不处于[min，max]范围内（包括 min 和 max），若是，则返回 1；否则返回 0 |
| COALESCE(value,...) | 返回参数列表中的第一个非 NULL 的值。若无非 NULL 值，则返回值为 NULL |

（续表）

| 比较操作符和函数 | 说明 |
| --- | --- |
| GREATEST（value,…） | 若有多个参数，返回值最大的参数 |
| LEAST(value1,value2,...) | 若有多个参数， 返回值最小的参数 |
| expr IN (value,...) | 若 expr 为 IN 参数列表中任意一个值，则返回 1；否则返回值为 0 |
| expr NOT IN (value,...) | 若 expr 不为 IN 参数列表中任意一个值，则返回 1；否则返回值为 0 |
| ISNULL(expr) | 若 expr 为 NULL，则 ISNULL()返回 1；否则，返回 0 |

另外，在使用比较操作符时，MySQL 5 按照如下规则比较数值：

➢ 若比较数存在为 NULL 的值，除“<=>”外，比较运算的结果为 NULL。

➢ 若比较数都是字符串，则按照字符串进行比较。

➢ 若比较数均为整数，则按照整数进行比较。

➢ 若十六进制值作为数字进行比较，则按照二进制字符串进行处理。

➢ 若比较数一个为 TIMESTAMP 或 DATETIME 列，而其他比较数均为常数，则在比较前将常数转为 TIMESTAMP 类型。

➢ 在其他情况下，参数作为浮点数进行比较。

**2．算术操作符和函数**

MySQL 5 系统支持常见的算术操作符，如+、–、*、/等。MySQL 5 系统还提供了一些算术函数。常见的算术操作符和函数如表 9-4 所示。

表 9-4 算术操作符和函数

| 算术操作符和函数 | 说明 |
| --- | --- |
| + | 加 |
| – | 减或求负 |
| * | 乘 |
| / | 除 |
| DIV | 整数除 |
| ABS(X) | 返回参数 X 的绝对值 |
| COUNT(X) | 返回 SELECT 语句检索到非 NULL 值行的数目。若找不到匹配的行，则返回 0 |
| CEIL(X) | 返回不小于参数 X 的最小整数值 |
| FLOOR(X) | 返回不大于 X 的最大整数值 |
| EXP(X) | 返回 e 的 X 次方值 |
| MOD(N,M)、N % M、N MOD M | 返回 N 被 M 除后的余数 |
| POW(X,Y) | 返回 X 的 Y 次方值 |
| RAND()、RAND(N) | 返回一个随机浮点值 v，范围为 0≤v≤1.0。若指定整数参数 N，则被用做种子值，产生重复序列 |

（续表）

| 算术操作符和函数 | 说明 |
| --- | --- |
| ROUND(X)、ROUND(X,D) | 返回最接近参数 X 的整数。若有两个参数，则返回 X，保留到小数点后 D 位，而第 D 位采用四舍五入方式保留 |
| SQRT(X) | 返回非负数 X 的二次方根 |
| TAN(X) | 返回 X 的正切 |
| COS(X) | 返回 X 的余弦 |
| ACOS(X) | 返回 X 的反余弦 |
| SIN(X) | 返回 X 的正弦 |
| ASIN(X) | 返回 X 的反正弦 |
| ATAN(X) | 返回 X 的反正切 |
| LN(X) | 返回 X 的自然对数 |
| LOG(X) | 返回 X 的自然对数 |

若算术操作符的两个参数均为正数，则其计算结果的精确度为 BIGINT；若其中一个参数为无符号整数，而其他参数也是整数，则结果为无符号整数。

### 3. 逻辑操作符

在 MySQL 中，逻辑操作符的比较结果为 1（TRUE）、0（FALSE）和 NULL。MySQL 系统支持的常见逻辑操作符如表 9-5 所示。

表 9-5　逻辑操作符

| 逻辑操作符 | 说明 |
| --- | --- |
| NOT、! | 逻辑非。若操作数为 0 时，返回值为 1；若操作数不为 0 时，返回值为 0；若操作数为 NULL 时，返回值为 NULL |
| AND、&& | 逻辑与。若所有操作数均为非 0 值，且不为 NULL 时，返回值为 1；若操作数存在 0 值，且不为 NULL，返回值为 0；其余情况返回值为 NULL |
| OR、|| | 逻辑或。若操作数存在非 0 值，则返回 1；若操作数不存在非 0 值，且均非 NULL，则返回 0；若操作数不存在非 0 值，且含有 NULL，则返回 NULL；若一个操作数为 NULL，另一个为 0，则返回 NULL |
| XOR | 逻辑异或。式子 a XOR b 等同于(a AND (NOT b)) OR ((NOT a)AND b)。若操作数存在 NULL 值时，返回值为 NULL |

### 4. 字符串函数

MySQL 5 提供了大量的字符串函数。通过这些函数，用户可以满足各种需要。下面介绍常用的字符串函数。

CASE 函数可以完成一系列的比较，如查询数据库中学生成绩是否合格。该函数语法结构如下：

```
CASE expr
    WHEN [expr1] THEN result1
    [WHEN [expr2] THEN result2 ...]
```

```
    [ELSE result3]
END
```

语法结构说明：

➢ expr、expr1、expr2 可以为表达式，也可以为数字、字符串。

➢ result1、result2、result3 为输出结果值。

➢ expr 的值与 expr1、expr2 等值进行匹配，若匹配成功，则输出匹配值后的 result 值。否则，输出 ELSE 后 result 值。

下面的命令判断成绩是否及格，输出如图 9.17 所示。

```
SELECT case 75>60
       when 1 then '及格'
       else  '不及格'
end;
```

若只是简单的比较，则 CASE 语句比较烦琐。而 IF(expr1,expr2,expr3)可以完成比较简单的比较。该语句的语法结构如下：

```
IF(expr1,expr2,expr3)
```

语法结构说明：

➢ expr1、expr2、expr3 可以为表达式，也可以为数值等。

➢ 若 expr1 是 TRUE，且不为 NULL 和 0，则返回 expr2；否则，返回值为 expr3。

➢ 若 expr1 为浮点数值或字符串，最好使用比较运算表达式。

下面的代码是判断成绩是否及格，运行结果如图 9.18 所示。

```
SELECT IF(59>=60,'及格','不及格');
```

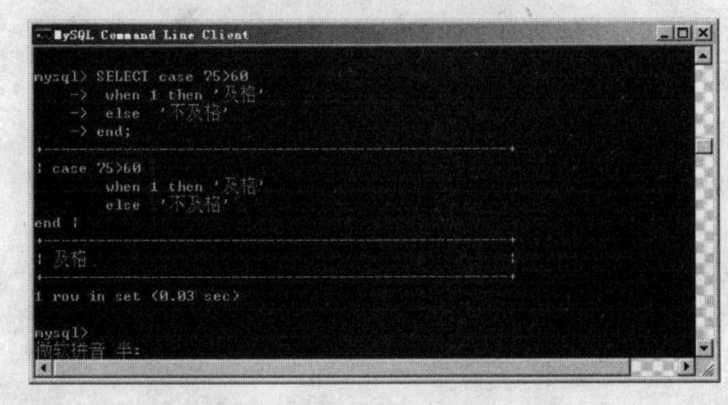


图 9.17　case 语句判断成绩是否及格

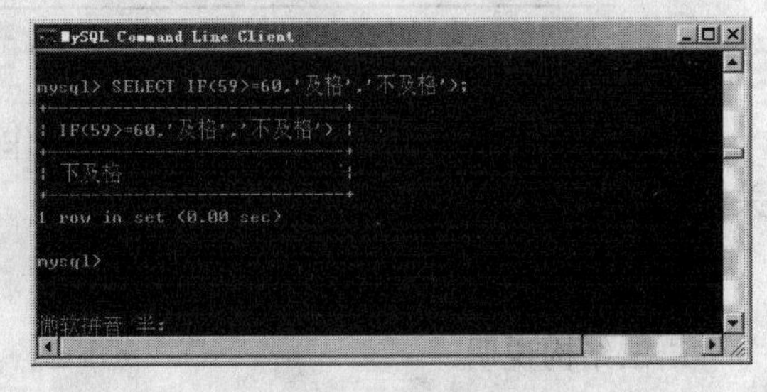


图 9.18　IF 语句判定成绩是否合格

要检查表中字段的值是否为 NULL，可以使用 IFNULL()函数，其语法结构如下：

```
IFNULL(expr1,expr2)
```

语法结构说明：

若 expr1 不为 NULL，返回值为 expr1；否则，返回值为 expr2。

MySQL 系统还支持另外一些字符串函数，常用函数如表 9-6 所示。

表 9-6 字符串函数

| 字符串操作符 | 说明 |
| --- | --- |
| ASCII（str） | 返回字符串 str 最左字符的 ASCII 值。若 str 为空字符串，则返回 0；若 str 为 NULL，则返回 NULL |
| BIN（N） | 返回字符串，内容为 N 的二进制值 |
| CHAR（N,... [USING charset]） | 将每个参数 N 转换为整数，把这些整数对应字符连接成字符串并返回。参数为 NULL 的值被省略。若使用 USING，返回 charset 字符集的字符串 |
| CHAR_LENGTH(str) | 返回字符串 str 的长度，单位为字符 |
| CONCAT(str1,str2,...) | 返回参数连接的字符串。若参数存在 NULL，则返回 NULL |
| CONV(N,from_bas,to_base) | 把 from_bas 进制的数 N 转换成 to_base 进制的数，并以字符串形式返回。若参数存在 NULL，则返回 NULL。最小基数为 2，最大基数为 36 |
| LEFT(str,len) | 返回字符串 str 最左的 len 字符 |
| RIGHT(str,len) | 从字符串 str 开始，返回最右 len 字符 |
| LOCATE(substr,str,pos) | 返回字符串 str 中子字符串 substr 的第一个出现位置，起始位置在 pos。若 substr 不在 str 中，则返回 0 |
| LOWER(str) | 把字符串 str 转换成小写形式 |
| UPPER(str) | 把字符串 str 转换成大写形式 |
| LTRIM(str) | 返回字符串 str ，其引导空格字符被删除 |
| RTRIM(str) | 返回字符串 str ，结尾空格字符被删去 |
| MID(str,pos,len) | 返回字符串从 pos 位置起的 len 个字符 |
| REPLACE(str,from_str,to_str) | 字符串 to_str 替代字符串 str 中的字符串 from_str，并返回字符串 str |
| REVERSE(str) | 字符串 str 字符顺序相反，并返回 |

### 5．字符串比较函数

使用字符串函数可以完成对字符串的操作。若要对字符串进行模糊查找，则要使用 LIKE 关键字。LIKE 关键字的语法结构如下：

```
expr LIKE patten
```

语法结构说明：

- 该表达式返回 1（TRUE）或 0（FALSE）；若 expr 或 pattern 中为 NULL，则返回 NULL。
- expr、pattern 可以为字符串或字符串表达式。
- pattern 中可以含有通配符“%”和“_”。“%”可以匹配任何字符或任何数目的字符；“_”只能匹配一种字符。
- 若匹配字符“%”和“_”，需要使用“\%”和“_”。

下面的命令查询 Name_Type 字段以“P”结尾的记录，运行结果如图 9.19 所示。

```
SELECT * FROM type_prod where Name_Type like '%P';
```

若要查找 Name_Type 字段中含有“\n”的字符串，则需要使用下面的命令：

SELECT * FROM type_prod where Name_Type like '%\\\\n%';

运行该命令，结果如图 9.20 所示。

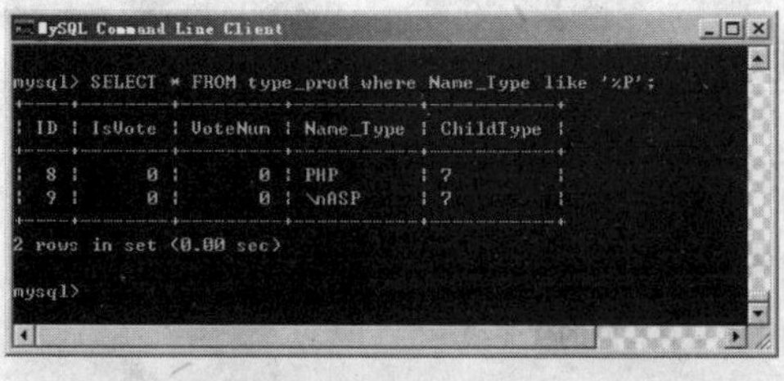

```
mysql> SELECT * FROM type_prod where Name_Type like '%P';
+----+--------+---------+-----------+-----------+
| ID | IsVote | VoteNum | Name_Type | ChildType |
+----+--------+---------+-----------+-----------+
|  8 |      0 |       0 | PHP       | 7         |
|  9 |      0 |       0 | \nASP     | 7         |
+----+--------+---------+-----------+-----------+
2 rows in set (0.00 sec)

mysql>
```

图 9.19　查询指定字段以“P”结尾的记录

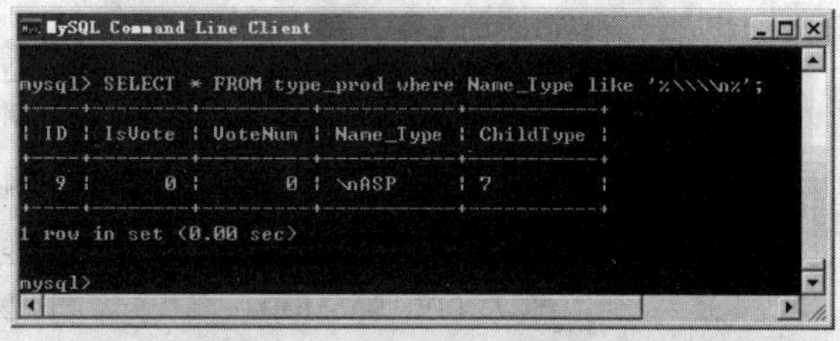

```
mysql> SELECT * FROM type_prod where Name_Type like '%\\\\n%';
+----+--------+---------+-----------+-----------+
| ID | IsVote | VoteNum | Name_Type | ChildType |
+----+--------+---------+-----------+-----------+
|  9 |      0 |       0 | \nASP     | 7         |
+----+--------+---------+-----------+-----------+
1 row in set (0.00 sec)

mysql>
```

图 9.20　查询指定字段含有“\n”的记录

MySQL 还支持正则表达式。正则表达式与 PHP 中的正则表达式类似。在 MySQL 中，表示正则表达式的关键字为 REGEXP。正则表达式的格式说明如表 9-7 所示。

表 9-7　正则表达式字符

| 正则表达式特殊字符 | 说明 |
| --- | --- |
| ^ | 匹配字符串的开始部分 |
| $ | 匹配字符串的结束部分 |
| . | 匹配任何字符 |
| * | 匹配其前 0 或多个字符 |
| + | 匹配其前 1 个或多个字符 |
| ? | 匹配其前 0 个或 1 个字符 |
| \| | 匹配其前或其后的字符序列 |
| ()* | 匹配括号内的序列 0 个或多个 |
| {m} | 匹配 m 个字符或序列 |
| {n,} | 匹配 n 个或更多个字符或序列 |
| {n,m} | 匹配 n 至 m 个字符或序列 |
| [-] | “-”两边字符构成一个范围，匹配从第 1 个字符开始到第 2 个字符之间的所有字符，如[0-9]匹配任何数字，[a-d]匹配 a 至 d 间的字符 |
| [^-] | 匹配不在第 1 个字符开始到第 2 个字符之间的所有字符 |

下面的代码查询 Name_Type 字段以“P”结尾的记录，运行结果如图 9.21 所示。

SELECT * FROM type_prod where Name_Type REGEXP 'P$';

```
mysql> SELECT * FROM type_prod where Name_Type REGEXP 'P$';
+----+--------+---------+-----------+-----------+
| ID | IsVote | VoteNum | Name_Type | ChildType |
+----+--------+---------+-----------+-----------+
|  8 |      0 |       0 | PHP       | 7         |
|  9 |      0 |       0 | ASP       | 7         |
+----+--------+---------+-----------+-----------+
2 rows in set (0.02 sec)

mysql>
```

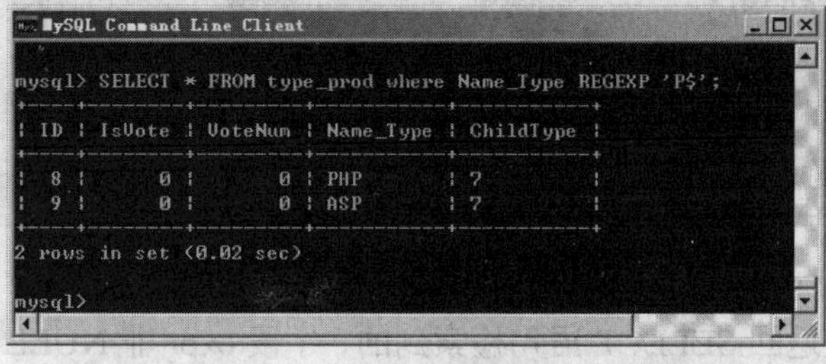

图 9.21　查询指定条件的记录

### 6．操作符优先级

MySQL 操作符众多，不同操作符在一块使用，需要依据不同的优先级进行处理。常用操作符的优先级从高到低的顺序如表 9-8 所示。

表 9-8　操作符优先级

<table>
<tr><th>操作符优先级</th><th>说明</th></tr>
<tr><td>!</td><td>逻辑非</td></tr>
<tr><td>-</td><td>一元减号</td></tr>
<tr><td>*、/、DIV、%、MOD</td><td>这些操作符具有相同的优先级</td></tr>
<tr><td>-、+</td><td>减、加</td></tr>
<tr><td><<、 >></td><td>位左移、右移</td></tr>
<tr><td>&</td><td>位与</td></tr>
<tr><td>|</td><td>位或</td></tr>
<tr><td>=、<=>、>=、>、<=、<、<>、!=、IS、LIKE、REGEXP、IN</td><td>这些操作符具有相同的优先级</td></tr>
<tr><td>BETWEEN、CASE、WHEN、THEN、ELSE</td><td>这些操作符具有相同的优先级</td></tr>
<tr><td>NOT</td><td>逻辑非</td></tr>
<tr><td>&&、AND</td><td>逻辑与</td></tr>
<tr><td>||、OR、XOR</td><td>逻辑或和异或</td></tr>
</table>

## 9.4.3　常用查询例子

本小节介绍几个常用的查询例子。这些例子既有使用别名的方法，也有多表查询的方法，这有助于读者了解和掌握 SELECT 语句。

### 1．获取记录数目

使用 MySQL 5 提供的函数 COUNT()可以获取符合查询条件的记录数目。下面的代码查询记录的数目，并以别名“CountRecord”显示。

```
SELECT COUNT(*) AS CountRecord FROM Type_prod;
```

运行该命令，结果如图 9.22 所示。

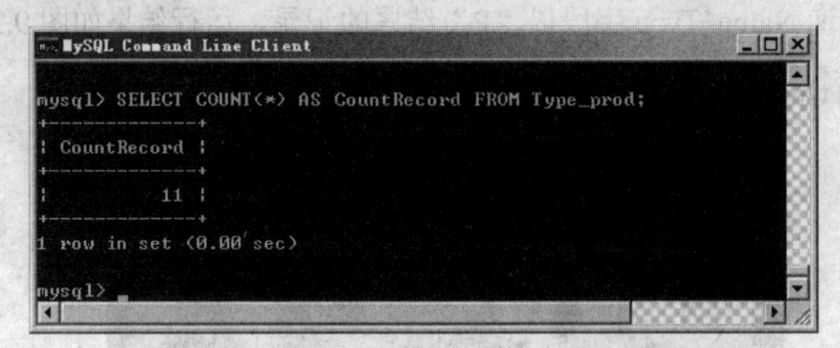


图 9.22　获取记录数目

COUNT(expr)函数返回 SELECT 语句检索到的、字段 expr 非 NULL 值的行的数目。若找不到匹配的行，则返回 0。COUNT(*)返回检索行的数目，不论是否包含 NULL 值。

若在 expr 加上关键字 DISTINCT，则 COUNT(DISTINCT expr)返回 expr 不同值的、且非 NULL 值的数目。若找不到匹配的项，则 COUNT(DISTINCT expr)返回 0。

在 SELECT 子句中，使用 AS 为 COUNT()函数指定一个别名，在以后的操作中可以使用别名获取函数 COUNT()的值。在设置别名时，AS 是可选的。上面的命令也可以写成下面的形式：

```
SELECT COUNT(*) CountRecord FROM Type_prod;
```

这种形式虽然简单，但是容易出现问题，最好养成使用 AS 设置别名的习惯。标准 SQL 不允许在 WHERE 子句中使用已有列的别名。

**2．多表查询**

在 MySQL 5 中，可以实现多表查询。多表查询就是从不同表中查询记录，形成查询结果并输出。在本例所用数据库 wj 中，存在两个表 prod_info 和 type_prod。表 prod_info 中的字段 typeid 表示类型，与表 type_prod 字段 ID 值相关。表 type_prod 字段 Name_Type 保存类型名称。下面的命令依据表 prod_info 字段 typeid 输出其类型名称：

```
SELECT a.Name,b.Name_Type FROM Prod_info as a, type_prod as b where a.typeid=b.ID;
```

运行该段代码，结果如图 9.23 所示。

该命令使用 AS 为两个表指定了两个别名，并列出了两个表的不同字段。WHERE 子句设置两个表的查询条件。

**3．获取列的最大值**

有时需要获取该列中最大的记录值，这时可通过 MAX()函数来获取，如：

```
SELECT MAX(ID) AS maxid FROM type_prod;
```

运行该命令，结果如图 9.24 所示。

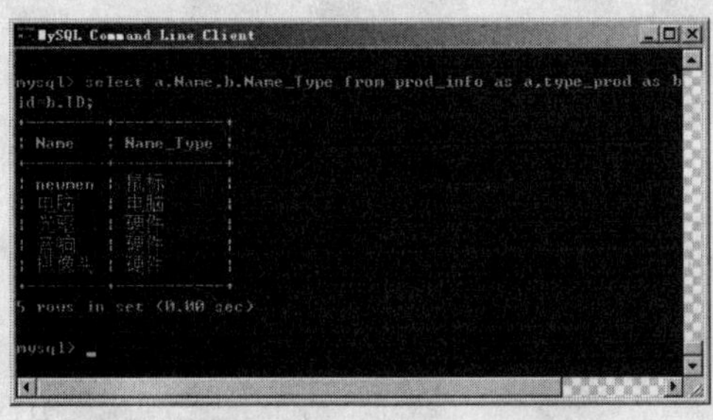

图 9.23　多表查询

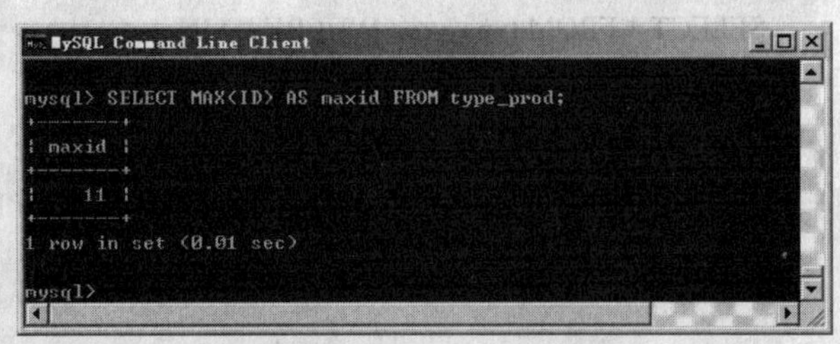


图 9.24　获取列的最大值

还可以通过 MIN()函数获取最小值，通过 AVG()函数获取平均值，通过 SUM()函数获取总和等。

**4．获取拥有列最大值的行**

获取列最大值后，还可以获取列最大值所在的行信息。下面的例子输出列最大值所在行的信息：

```
SELECT * FROM type_prod WHERE ID=(SELECT MAX(ID) FROM type_prod);
```

运行该命令，结果如图 9.25 所示。

```
mysql> SELECT * FROM type_prod WHERE ID=(SELECT MAX(ID) FROM type_prod);
+----+--------+---------+-----------+-----------+
| ID | IsVote | VoteNum | Name_Type | ChildType |
+----+--------+---------+-----------+-----------+
| 11 |      0 |       0 | C#        | 7         |
+----+--------+---------+-----------+-----------+
1 row in set (0.00 sec)

mysql>
```

图 9.25　获取拥有列最大值的行

WHERE 子句含有一个 SELECT 查询。该查询的结果为 ID 字段最大值，ID 字段值与其相等者就是查找的记录。如果 WHERE 子句的 SELECT 查询含有多条记录，“=”可以换成 IN 进行查找。下面的命令输出 ChildType 字段值为 7 的记录。

```
SELECT * FROM type_prod WHERE ID IN (SELECT MAX(ID) FROM type_prod WHERE ChildType =7);
```

该命令与下面的命令等效：

```
SELECT * FROM type_prod WHERE ChildType =7;
```

查找列最大值所在行还可以使用 LIMIT 关键字实现，例如：

```
SELECT * FROM type_prod ORDER BY ID DESC LIMIT 1;
```

对表 type_prod 中所有记录进行 ID 字段降序排列，第一条记录就是 ID 值最大的记录。LIMIT 表示限制查询返回记录的行数。其中，limit row_count 格式表示查询返回的记录数为 row_count；在 limit offset, row_count 格式中，offset 指定返回的第一条记录的偏移量，row_count 指定记录的行数。

LIMIT 与 IN、ALL、ANAY、SOME 等关键字不能在同一子句中使用。若需要在一个子句使用，需要使用其他方式。下面的命令以升序方式输出 ID 值小于 10 的 5 条记录。这种命令在分页显示记录时非常有用。

```
SELECT * FROM type_prod WHERE ID IN
(SELECT ID FROM
    (
        (SELECT ID FROM type_prod WHERE ID<10 ORDER BY ID DESC LIMIT 5)
    AS tmp
    )
ORDER BY ID ASC);
```

运行该命令，结果如图 9.26 所示。

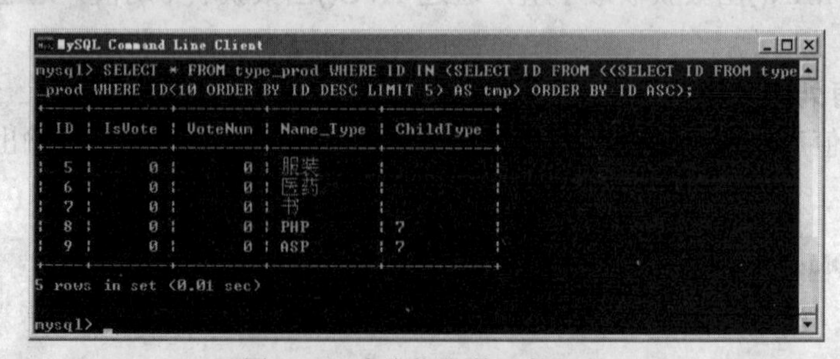

```
mysql> SELECT * FROM type_prod WHERE ID IN (SELECT ID FROM ((SELECT ID FROM type
_prod WHERE ID<10 ORDER BY ID DESC LIMIT 5) AS tmp) ORDER BY ID ASC);
+----+--------+---------+-----------+-----------+
| ID | IsVote | VoteNum | Name_Type | ChildType |
+----+--------+---------+-----------+-----------+
|  5 |      0 |       0 | 服装      |           |
|  6 |      0 |       0 | 医药      |           |
|  7 |      0 |       0 | 书        |           |
|  8 |      0 |       0 | PHP       | 7         |
|  9 |      0 |       0 | ASP       | 7         |
+----+--------+---------+-----------+-----------+
5 rows in set (0.01 sec)

mysql>
```

图 9.26　查询指定数目的记录

### 9.4.4　插入数据

插入记录可用 INSERT 关键字实现，其语法结构有如下三种形式：

```
INSERT [LOW_PRIORITY | DELAYED | HIGH_PRIORITY] [IGNORE]
    [INTO] tbl_name [(col_name,...)]
VALUES ({expr | DEFAULT},...),(...),...

INSERT
    [INTO] tbl_name
SET col_name={expr | DEFAULT}, ...

INSERT [LOW_PRIORITY | HIGH_PRIORITY] [IGNORE]
    [INTO] tbl_name [(col_name,...)]
    SELECT ...
```

语法结构说明：

- INSERT 用于向指定表 tbl_name 中插入新行。
- col_name 为待插入记录的列，expr 为待插入的列值。
- 在 INSERT...VALUES 格式中，若表没有指定列名，则 VALUES 列表指定各字段对应值列表，指定的值与字段类型要求一致。
- 在 INSERT...SET 格式中，SET 后的语句设定字段和该字段对应的值。
- 在 INSERT...SELECT 格式中，从其他表中读取数据并添加到当前表中。
- LOW_PRIORITY 参数要求 MySQL 系统必须在该表的读取操作结束后，再进行插入操作。在读取量很大时，这种方式可能会使插入操作不能进行。
- DELAYED 参数要求 MySQL 系统先将 INSERT 操作放入缓冲区等待执行，发送 INSERT 客户端继续执行，当表空闲时，服务器开始插入行。
- IGNORE 参数要求 MySQL 系统在执行语句时，把出现的错误当做警告处理。

下面的命令向表 type_prod 中插入一行记录：

```
INSERT INTO
type_prod(ID,IsVote,VoteNum,Name_Type,ChildType)
VALUES (
12, 0,0, '针织', ''
);
```

INSERT...SELECT 格式可以快速地从一个或多个表中向一个表中插入多个行。下面的命令把表 type_prod 中的 Name_Type 字段值插入表 test 中。

```
INSERT INTO test(Name)
    SELECT a.Name_Type
    FROM type_prod AS a WHERE a.ID>6;
```

运行该命令，结果如图 9.27 所示。

```
mysql> INSERT INTO test(Name)
    -> SELECT a.Name_Type
    -> FROM type_prod AS a WHERE a.ID>6;
Query OK, 6 rows affected (0.03 sec)
Records: 6  Duplicates: 0  Warnings: 0

mysql> _
```

图 9.27 插入多行

使用 INSERT…SELECT 格式时，需要注意以下几点：

➢ 使用 IGNORE，MySQL 系统会忽略导致重复关键字错误的记录。

➢ INSERT...SELECT 语句不要使用 DELAYED。

➢ INSERT...SELECT 语句的目标表可以显示在 SELECT 查询部分的 FROM 子句中。

➢ 使用 INSERT...SELECT 语句时，不能向表插入记录的同时，又在子查询中从同一个表中查询。

### 9.4.5 更新记录

更新记录可以使用 UPDATE 语句完成，语法结构如下：

```
UPDATE [LOW_PRIORITY] [IGNORE] tbl_name
    SET col_name1=expr1 [, col_name2=expr2 ...]
    [WHERE where_definition]
    [ORDER BY ...]
    [LIMIT row_count]
```

语法结构说明：

➢ LOW_PRIORITY 参数要求 MySQL 系统必须在该表的读取操作结束后，再进行更新操作。

➢ IGNORE 参数要求 MySQL 系统在执行语句时，把出现的错误当做警告处理。

➢ tbl_name 为更新表的名称。

➢ col_name1 为更新表字段名称。

➢ expr1 为更新值。

➢ where_definition 为更新记录的条件。

➢ ORDER BY 要求 MySQL 系统按照指定的顺序对记录进行更新。

➢ LIMIT 限制系统可更新行的数目。

下面的命令更新表 type_prod 中的记录值：

```
UPDATE type_prod
    SET VoteNum=VoteNum+1
    WHERE ChildType="";
```

命令说明：

➢ 在表达式中访问 tbl_name 中的一列，则 UPDATE 使用列的当前值。

➢ 该命令使字段 VoteNum 的值增 1。

运行该命令，结果如图 9.28 所示。

```
mysql> UPDATE type_prod
    ->   SET VoteNum=VoteNum+1
    ->   WHERE ChildType="";
Query OK, 5 rows affected (0.09 sec)
Rows matched: 5  Changed: 5  Warnings: 0

mysql> _
```

图 9.28　更新表中符合指定条件的记录

在 UPDATE 语句中，SET 列表的更新从左到右进行赋值。下面的命令先对 VoteNum 字段的值乘以 10，然后增 1：

```
UPDATE type_prod
    SET VoteNum=VoteNum*10,VoteNum=VoteNum+1
    WHERE ChildType="";
```

运行该命令，结果如图 9.29 所示。可以看到，在更新字段 VoteNum 的值后，使用 SELECT 查询该字段的值并输出。

```
mysql> UPDATE type_prod
    ->   SET VoteNum=VoteNum*10,VoteNum=VoteNum+1
    ->   WHERE ChildType="";
Query OK, 5 rows affected (0.03 sec)
Rows matched: 5  Changed: 5  Warnings: 0

mysql> select VoteNum,ChildType from type_prod where ChildType="";
+---------+-----------+
| VoteNum | ChildType |
+---------+-----------+
|      11 |           |
|      11 |           |
|      11 |           |
|      11 |           |
|      11 |           |
+---------+-----------+
5 rows in set (0.05 sec)

mysql> _
```

图 9.29　更新记录

### 9.4.6　删除记录

使用 DELETE 语句可以删除指定的记录，其语法结构如下：

```
DELETE [LOW_PRIORITY] [QUICK] [IGNORE] FROM tbl_name
    [WHERE where_definition]
    [ORDER BY ...]
    [LIMIT row_count]
```

语法结构说明：

➢ 选项 LOW_PRIORITY 延迟 DELETE 的执行。当没有其他客户端读取本表时，该命令才会被执行。

➢ 选项 QUICK 会使系统在删除过程中，加快部分种类的删除操作速度。但是该选项会导致未利用的索引中出现废弃空间。

➢ 选项 IGNORE 会使 MySQL 系统忽略所有的错误，被忽略的错误作为警告返回。

➢ LIMIT row_count 选项限制服务器删除行的最大值，该选项确保 DELETE 语句不会占用太长的服务器时间。

➢ ORDER BY 子句要求系统按照子句中指定的顺序进行记录删除。

下面的命令删除表 test 中 ID 值大于 6 的记录：

```
DELETE FROM test
    WHERE ID>6
    LIMIT 6;
```

运行该段代码，结果如图 9.30 所示。

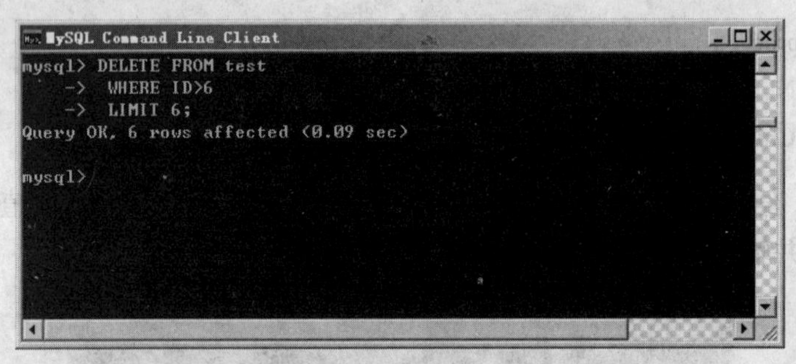


图 9.30　删除表指定条件的记录

DELETE 语句也可以进行多表删除，也可以跨数据库删除。在多表删除时，若定义了表的别名，引用表时需要使用表的别名；在跨数据库删除时，引用表不能使用别名。表 prod_info 的字段 typeid 保存记录的类型，其与表 type_prod 中的字段 ID 相关。表 type_prod 中的字段 Name_type 保存类型的名称。下面的命令删除 prod_info 中类型为“针织”的记录：

```
DELETE b
    FROM type_prod as t,prod_info as b
    where b.typeid=t.id and t.Name_Type='针织';
```

命令说明：

➢ DELETE 后的表的别名指定删除记录所在的表。

➢ FROM 后的表列表定义了多表别名。

在删除表时，不能从一个表中删除记录，同时又在子查询中从该表中查询。

## 9.5　MySQL 5 数据库权限

MySQL 5 提供了权限系统。通过权限系统，可以防止非法的用户操作数据库。权限系统检查连接到主机的用户，并且赋予该用户在数据库上执行 SELECT、INSERT、UPDATE 和 DELETE 的权限。

### 9.5.1　MySQL 5 权限系统简介

MySQL 5 权限系统保证用户只执行允许做的事情：非法用户禁止登录；合法用户执行系统允许的事情。MySQL 5 权限系统通过两个阶段实现该功能。

（1）服务器检查是否允许用户连接。

MySQL 系统检查系统的用户表，确定用户、密码等组合是否正确，如正确，则允许用户登录；否则，禁止登录。

对用户登录的身份检查，服务器使用 3 个 user 表范围列进行检查。3 个 user 表为 Host、User 和 Password。只有客户端主机名、用户名匹配 user 表记录的 Host 和 User 列值，并且密码正确，服务器才接受连接；否则，服务器禁止用户登录。

（2）检查登录用户的操作。

若用户已经登录，MySQL 服务器检查用户发出的请求，确定用户是否有权限实施该请求。如果用户操作数据库，MySQL 系统检查该数据库确定用户的操作。若数据库不存在，则禁止用户操作。如果用户对表和列进行操作，系统还要检查用户操作表和列的权限。只有用户拥有相应的权限，才允许用户进行操作。

MySQL 系统通过检查 user、db 和 host 授权表获取用户的权限。若用户请求涉及表，服务器还可以检查表 tables_priv 和 columns_priv，获取对表和列更精确的权限控制。

在数据库中，存在表 user、db、host、tables_priv 和 columns_priv：

➢ 系统通过 user 表范围列决定允许或拒绝用户的连接。对于允许的连接，该表授予的权限为用户的全局权限。

➢ db 表范围列决定用户在登录主机上能存取的数据库，权限列决定是否允许用户对数据库进行操作。该表授予的权限仅适用于数据库和该库里的表。

➢ 表 tables_priv 决定了用户在表和列级别上的权限。授予表级别的权限仅适用于表和它的所有列。

➢ 表 columns_priv 决定了用户在列级别上的权限，授予列级别的权限只适用于专用列。

➢ 表 procs_priv 适用于保存的程序，授予程序级别的权限只适用于单个程序。

在 tables_priv、columns_priv 和 procs_priv 表中，权限列被声明为 SET 列，这些列的值可以包含该表控制的权限的组合。

## 9.5.2　获取用户权限表信息

MySQL 5 系统拥有 mysql 数据库，该数据库拥有表 user、db、host、tables_priv 和 columns_priv，这些表保存用户的权限。下面介绍获取这些表信息的方法。

### 1．列举 mysql 数据库信息

获取 mysql 数据库所拥有表的命令如下：

```
USE mysql;
SHOW TABLES;
```

运行该命令，结果如图 9.31 所示。

### 2．表 user 信息

表 user 保存用户的全局权限。通过下面的命令可以获取该表信息：

```
USE mysql;
SHOW columns FROM user;
```

运行该命令，获取该表的定义，结果如图 9.32 所示。

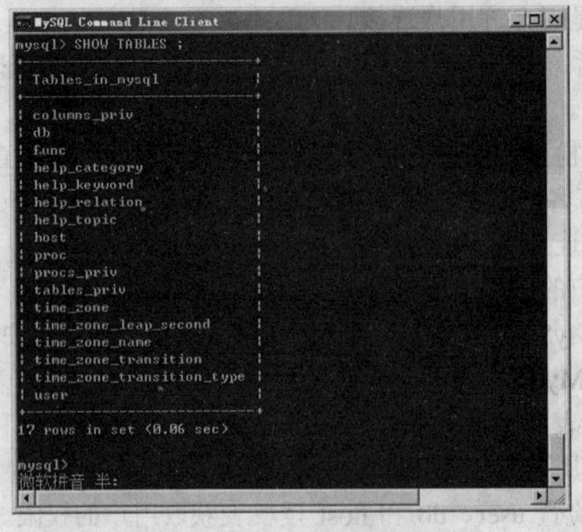

图 9.31　列举 mysql 数据库信息

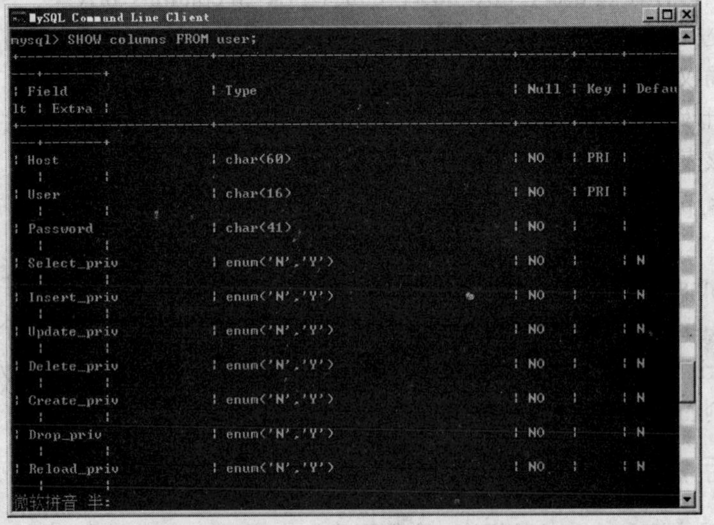

图 9.32　表 user 信息

**3．表 host 信息**

通过下面的命令可以获取表 host 的信息：

```
USE mysql;
SHOW columns FROM host;
```

运行该命令，获取该表的定义，结果如图 9.33 所示。

**4．表 tables_priv 信息**

通过下面的命令可以获取表 tables_priv 的信息：

```
USE mysql;
SHOW columns FROM tables_priv;
```

运行该命令，获取该表的定义，结果如图 9.34 所示。

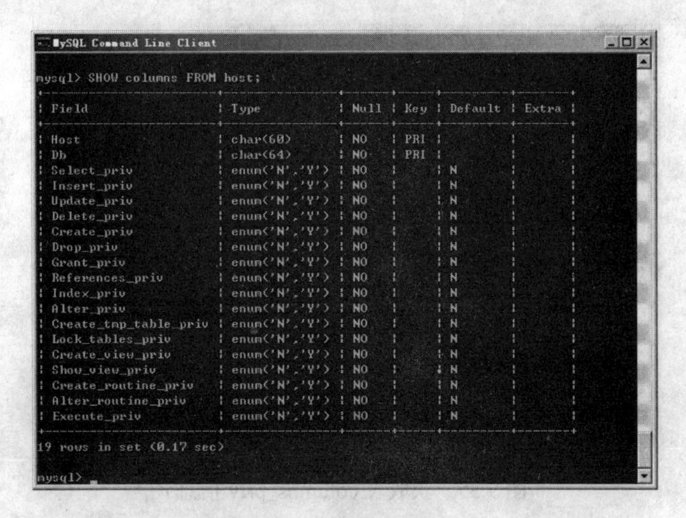

mysql> SHOW columns FROM host;

| Field | Type | Null | Key | Default | Extra |
|---|---|---|---|---|---|
| Host | char(60) | NO | PRI | | |
| Db | char(64) | NO | PRI | | |
| Select_priv | enum('N','Y') | NO | | N | |
| Insert_priv | enum('N','Y') | NO | | N | |
| Update_priv | enum('N','Y') | NO | | N | |
| Delete_priv | enum('N','Y') | NO | | N | |
| Create_priv | enum('N','Y') | NO | | N | |
| Drop_priv | enum('N','Y') | NO | | N | |
| Grant_priv | enum('N','Y') | NO | | N | |
| References_priv | enum('N','Y') | NO | | N | |
| Index_priv | enum('N','Y') | NO | | N | |
| Alter_priv | enum('N','Y') | NO | | N | |
| Create_tmp_table_priv | enum('N','Y') | NO | | N | |
| Lock_tables_priv | enum('N','Y') | NO | | N | |
| Create_view_priv | enum('N','Y') | NO | | N | |
| Show_view_priv | enum('N','Y') | NO | | N | |
| Create_routine_priv | enum('N','Y') | NO | | N | |
| Alter_routine_priv | enum('N','Y') | NO | | N | |
| Execute_priv | enum('N','Y') | NO | | N | |

19 rows in set (0.17 sec)

mysql>

图 9.33　表 host 信息

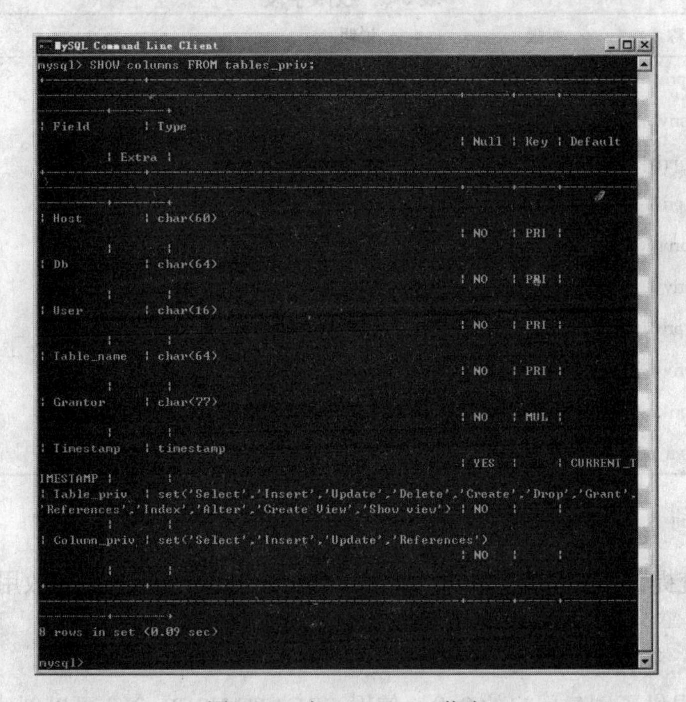

mysql> SHOW columns FROM tables_priv;

| Field | Type | Null | Key | Default | Extra |
|---|---|---|---|---|---|
| Host | char(60) | NO | PRI | | |
| Db | char(64) | NO | PRI | | |
| User | char(16) | NO | PRI | | |
| Table_name | char(64) | NO | PRI | | |
| Grantor | char(77) | NO | MUL | | |
| Timestamp | timestamp | YES | | CURRENT_TIMESTAMP | |
| Table_priv | set('Select','Insert','Update','Delete','Create','Drop','Grant','References','Index','Alter','Create View','Show view') | NO | | | |
| Column_priv | set('Select','Insert','Update','References') | NO | | | |

8 rows in set (0.09 sec)

mysql>

图 9.34　表 tables_priv 信息

**5．表 columns_priv 信息**

通过下面的命令可以获取表 tables_priv 的信息：

```
USE mysql;
SHOW columns FROM columns_priv;
```

运行该命令，获取该表的定义，如图 9.35 所示。

**6．权限说明**

这些表包含很多权限字段，具体说明如表 9-9 所示。

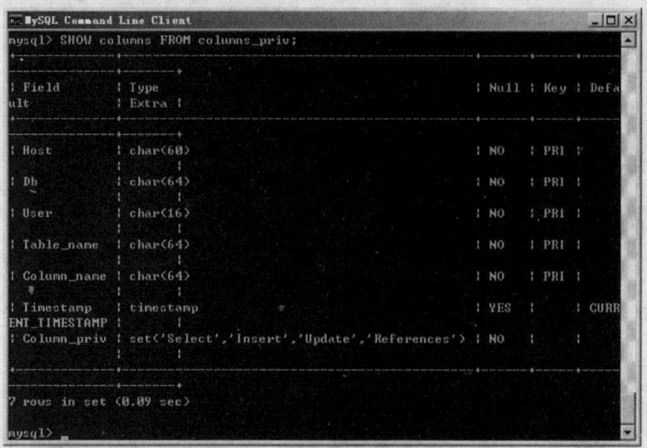

```
MySQL Command Line Client
mysql> SHOW columns FROM columns_priv;
+-------------+------------------------------------------------+------+-----+-------------------+-------+
| Field       | Type                                           | Null | Key | Default           | Extra |
+-------------+------------------------------------------------+------+-----+-------------------+-------+
| Host        | char(60)                                       | NO   | PRI |                   |       |
| Db          | char(64)                                       | NO   | PRI |                   |       |
| User        | char(16)                                       | NO   | PRI |                   |       |
| Table_name  | char(64)                                       | NO   | PRI |                   |       |
| Column_name | char(64)                                       | NO   | PRI |                   |       |
| Timestamp   | timestamp                                      | YES  |     | CURRENT_TIMESTAMP |       |
| Column_priv | set('Select','Insert','Update','References')   | NO   |     |                   |       |
+-------------+------------------------------------------------+------+-----+-------------------+-------+
7 rows in set (0.09 sec)

mysql>
```

图 9.35　获取表 columns_priv 信息

**表 9-9　权限字段**

| 字段名称 | 权限 | 说明 |
|---|---|---|
| Select_priv | Select | 读取表 |
| Insert_priv | Insert | 向表中插入数据 |
| Update_priv | Update | 更新表中数据 |
| Delete_priv | Delete | 删除表或记录 |
| Index_priv | Index | 创建或删除表的索引 |
| Alter_priv | Alter | 修改表的结构 |
| Create_priv | Create | 创建新的数据库或表 |
| Drop_priv | Drop | 删除数据库或表 |
| Grant_priv | Grant | 向用户授予权限 |
| Shutdown_priv | Shutdown | 设置该用户具有终止 MySQL 系统的权限 |

### 9.5.3　权限控制

MySQL 5 系统提供了权限操作的命令。权限操作包括创建用户、修改用户密码、设置用户权限、删除用户等。下面分别介绍这些操作。

**1．创建用户**

MySQL 系统提供了创建用户的命令。使用 CREATE USER 命令可以创建用户，语法结构如下：

```
CREATE USER user [IDENTIFIED BY [PASSWORD] 'password']
    [, user [IDENTIFIED BY [PASSWORD] 'password']] ...
```

语法结构说明：

➢ user 为创建用户的名称。若该账户名称已经存在，则出现错误。

➢ 使用 CREATE USER，用户必须拥有 mysql 数据库的全局 CREATE USER 权限或 INSERT 权限。

➢ IDENTIFIED BY 子句为可选项，若给用户设置密码，则需要使用该项。

➢ 若使用纯文本密码，可以忽略 PASSWORD 关键词；使用 PASSWORD 关键词，密码为 PASSWORD()函数返回值。

下面的命令创建一个用户“man”：

```
CREATE USER man IDENTIFIED BY "123";
```

**2．删除用户**

在 MySQL 系统中，使用 DROP USER 命令可以删除一个存在的用户。该命令的语法结构如下：

```
DROP USER user [,user] ...
```

语法结构说明：

DROP USER 语句可以删除一个或多个 MySQL 账户和权限。

下面的命令删除刚创建的用户“man”：

```
DROP USER "man";
```

**3．GRANT 和 REVOKE 语句**

MySQL 系统提供了权限操作命令 GRANT 和 REVOKE。GRANT 和 REVOKE 语句允许系统管理员创建 MySQL 用户，授予和撤销权限。

GRANT 和 REVOKE 授予的权限可以分为多个级别。

（1）全局级

全局权限适用于指定服务器中的所有数据库。这些权限存储在 mysql.user 表中。下面的命令授予全局权限：

```
GRANT ALL ON *.*
```

下面的命令撤销全局权限：

```
REVOKE ALL ON *.*
```

（2）数据库级

数据库权限适用于指定数据库和其中的表。这些权限存储在 mysql.db 和 mysql.host 表中。下面的命令授予数据库级权限，db_name 为数据库名称：

```
GRANT ALL ON db_name.*
```

下面的命令撤销数据库级权限，db_name 为数据库名称：

```
REVOKE ALL ON db_name.*
```

（3）表级

表权限只适用于指定表中的列。这些权限存储在 mysql.talbes_priv 表中。下面的命令授予表级权限，db_name 为数据库名称，tbl_name 为表名称：

```
GRANT ALL ON db_name.tbl_name
```

下面的命令撤销表级权限，db_name 为数据库名称，tbl_name 为表名称。

```
REVOKE ALL ON db_name.tbl_name
```

（4）列级

列权限只适用于指定表中的指定的列。这些权限存储在 mysql.columns_priv 表中。

（5）子程序级

子程序级权限适用于已存储的子程序，存储在 mysql.procs_priv 表中。

GRANT 的语法结构如下：

```
GRANT priv_type [(column_list)] [, priv_type [(column_list)]] ...
    ON [object_type] {tbl_name | * | *.* | db_name.*}
    TO user [IDENTIFIED BY [PASSWORD] 'password']
        [, user [IDENTIFIED BY [PASSWORD] 'password']] ...
    [WITH with_option [with_option] ...]
```

语法结构说明：

- priv_type 为授予的权限。priv_type 也可以取值为 ALL，表示授予所有权限。
- ON 子句为权限作用的对象，具体如表 9-10 所示。
- TO 指定要设置权限的用户，可以为多个用户。
- IDENTIFIED BY 指定用户的密码。
- WITH 指定限制账户资源的选项，如表 9-11 所示。

**表 9-10　权限作用的对象**

| 选项 | 说明 |
|---|---|
| * | 默认数据库中的所有表 |
| *.* | 所有数据库中所有的表 |
| db_name.* | 数据库 db_name 中所有的表 |
| db_name.tbl_name | 数据库 db_name 中的表 tbl_name |

**表 9-11　限制账户资源的选项**

| 选项 | 说明 |
|---|---|
| MAX_UPDATES_PER_HOUR | 用户每小时可发出的更新数 |
| MAX_CONNECTIONS_PER_HOUR | 用户每小时可连接服务器的次数 |
| MAX_QUERIES_PER_HOUR | 用户每小时可发出的查询数 |
| MAX_USER_CONNECTIONS | 用户可同时连接服务器的数量 |

下面的命令使用 GRANT 创建一个用户，该用户对数据库 wj 拥有所有权限：

```
GRANT ALL ON wj.* TO man IDENTIFIED BY 'man';
```

命令说明：

- 若用户“man”不存在，则创建该用户。
- 向该用户授予对数据库 wj 操作的所有权限。

当授权表改变时，改变的权限对正在连接的客户端不一定生效。权限改变对正连接的客户端影响如下：

- 表和列的权限在客户端下一次请求时生效。
- 数据库权限的改变在下一个 USE db_name 命令时生效。
- 全局权限的改变或密码改变在客户端下一次连接时生效。
- 若使用 GRANT、REVOKE 或 SET PASSWORD 对权限表进行修改，服务器会立即重新将授权表载入内存，并生效。

## 9.6　使用 phpMyAdmin 管理 MySQL 5 数据库

phpMyAdmin 能够以可视化的界面管理整个 MySQL 服务器。它提供众多的功能，可以满足各种需要，常用功能如下：

- 创建和删除数据库；
- 创建、复制、修改、删除表；
- 添加、编辑和删除字段；
- 执行 SQL 语句。

### 9.6.1　安装和配置 phpMyAdmin

phpMyAdmin 的安装比较简单，把解压后的代码复制到指定目录下，并设置一下该目录的权限即可。在 phpMyAdmin 发布前，需要设置文件 config.inc.php 的参数。

- host：标识 MySQL 服务器，设置为 localhost。
- user：标识 MySQL 的用户名称，如 root。
- password：标识 MySQL 用户登录密码。
- $cfg['PmaAbsoluteUri']：标识 phpMyAdmin 系统的完整 URL。

设置完成后，发布该系统，如图 9.36 所示。

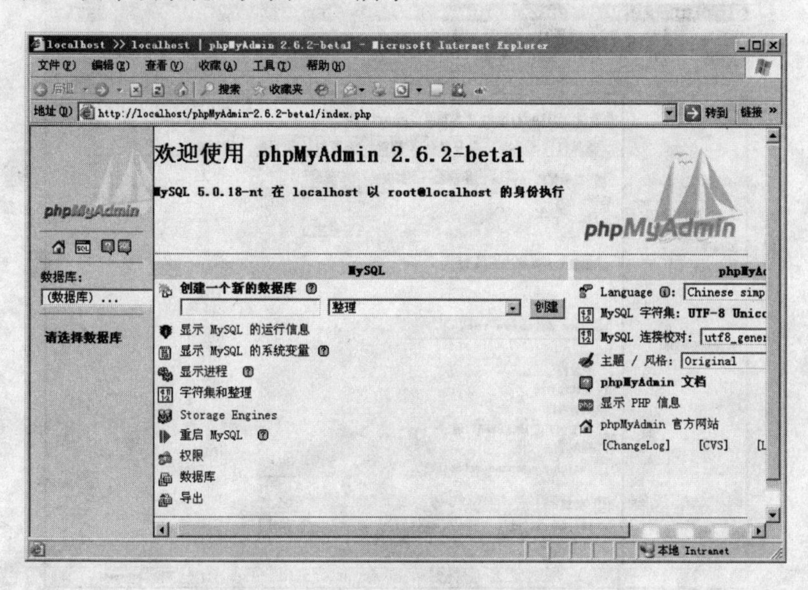


图 9.36　配置完成的 hphMyAdmin

### 9.6.2　操作数据库

在 phpMyAdmin 系统中，创建、删除数据库非常简单，下面介绍具体过程。

#### 1．创建数据库

在图 9.36 中，在“创建一个新的数据库”下的文本框内输入数据库的名称“MyTest”，在“整理”下拉框中选择校对字符集“gb2312_chinese_ci”，单击“创建”按钮，如图 9.37 所示。

数据库创建完毕后，用户还可在该界面内创建表。

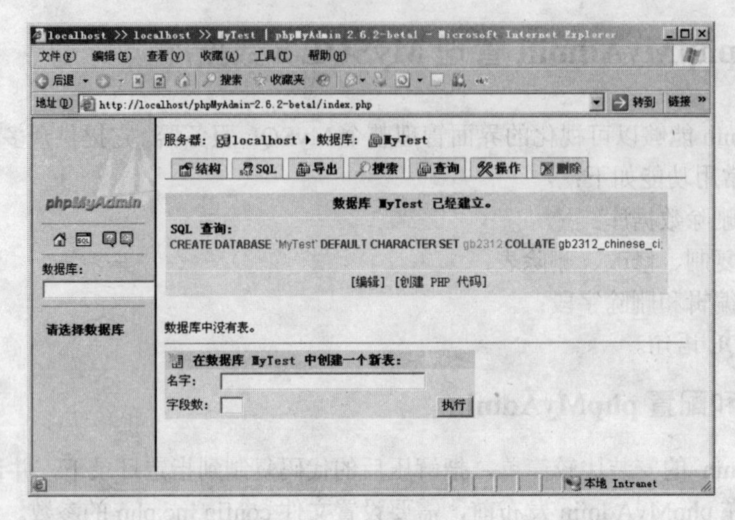

图 9.37 创建数据库

**2．重命名数据库**

重命名数据库的步骤如下：

（1）单击图 9.37 中的“操作”标签，进入如图 9.38 所示的界面。

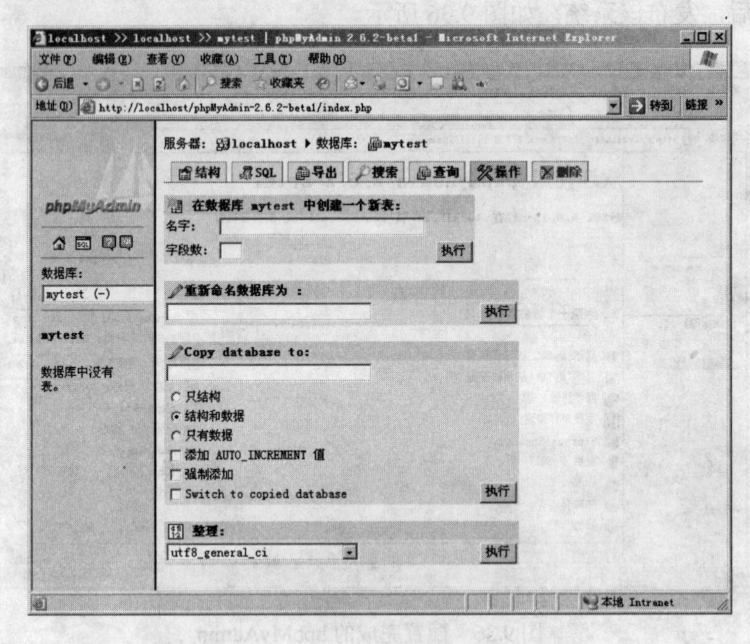

图 9.38 重命名数据库

（2）在“重命名数据库为”文本框内输入新的数据库名称“MyTest1”，单击“执行”按钮即可。

**3．删除数据库**

删除数据库的步骤如下：

（1）单击图 9.38 中“删除”标签，弹出如图 9.39 所示的提示窗口。

图 9.39　删除数据库

（2）单击“确定”按钮即可。

### 9.6.3　操作表

对表的操作包括创建、更新、删除表。

**1．创建表**

创建表的步骤如下：

（1）若数据库内没有表，则在图 9.37 中“在数据库 MyTest 中创建一个新表”下的文本框内输入表的名称“test_table”，在“字段数”文本框内输入字段数目“3”，单击“执行”按钮，结果如图 9.40 所示。

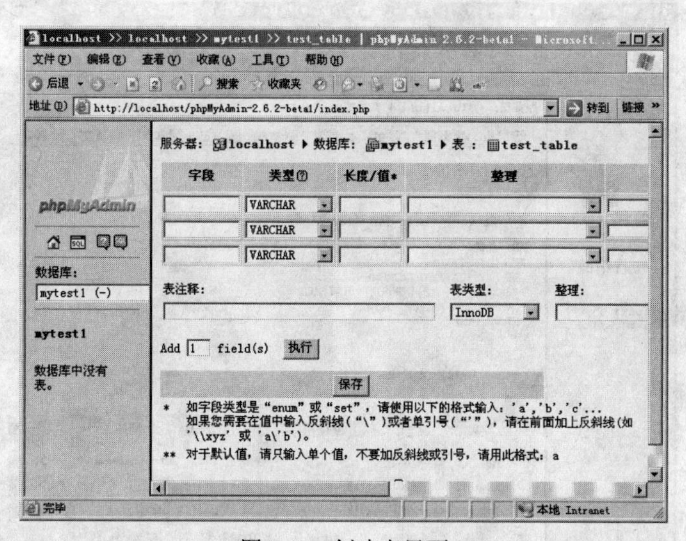


图 9.40　创建表界面

（2）若数据库内已经存在表，则界面与图 9.40 相似，设置表名和字段数方法相同。

（3）在图 9.40 中，需要设置字段信息，设置方法如下：

- 在“字段”栏的文本框内输入字段名称。
- 在“类型”栏选择字段的类型，在“长度/值”栏输入字符串或数值的长度。
- 在“整理”栏设置校对采用的字符集。

（4）图 9.40 的右侧，还有一些字段属性的设置，如图 9.41 所示，设置方法如下：

- 在“属性”栏设置该字段的 UNSINGED 等属性。
- 在“null”栏设置该字段是否允许为 NULL。
- 在“默认”栏设置该字段的默认值。
- 在“额外”栏设置该字段为自动递增字段。
- 其他部分还可以设置该字段是否为主键等信息。

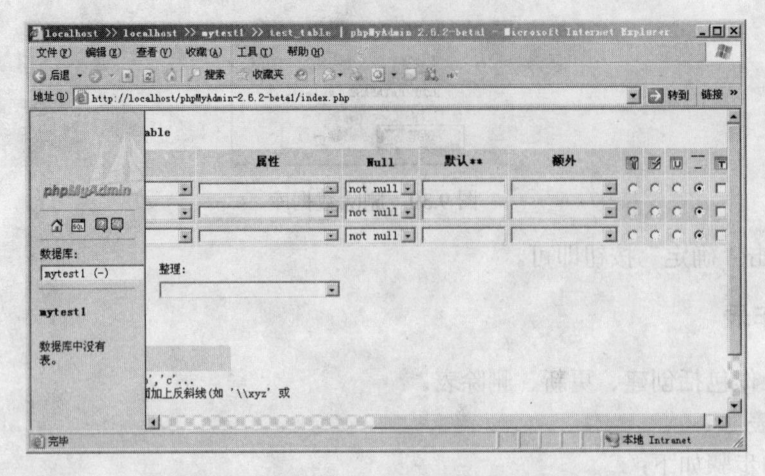


图 9.41　设置更多的字段属性

（5）设置完毕后，单击图 9.40 中的“保存”按钮，结果如图 9.42 所示。

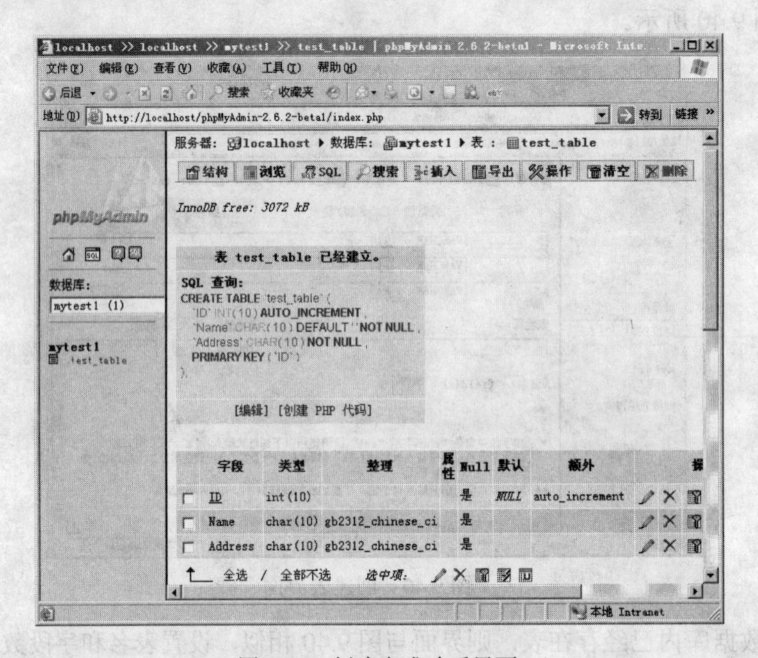


图 9.42　创建表成功后界面

## 2．重命名表

重命名表的步骤如下：

（1）单击图 9.42 左侧的表名，进入如图 9.43 所示界面。

（2）单击“操作”标签，进入如图 9.44 所示界面。

（3）在“将表改名为”文本框内输入表名称，单击“执行”按钮即可。

## 3．删除表

删除表的步骤如下：

（1）单击图 9.43 的“删除”标签，弹出如图 9.45 所示的提示窗口。

（2）单击“确定”按钮即可。

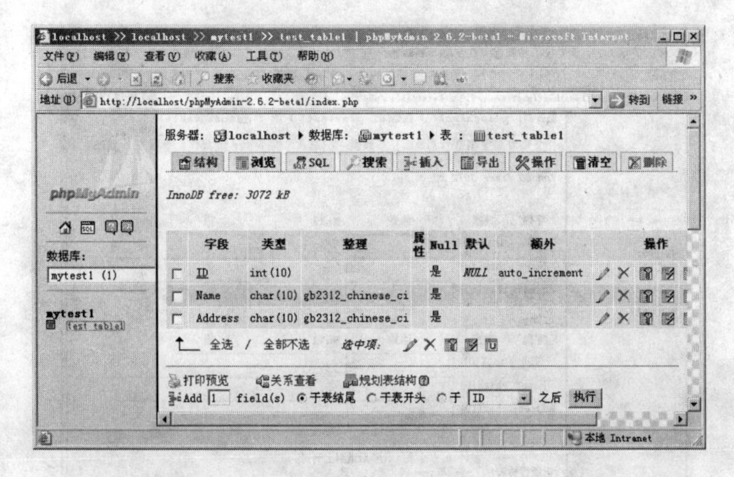

图 9.43　浏览表界面

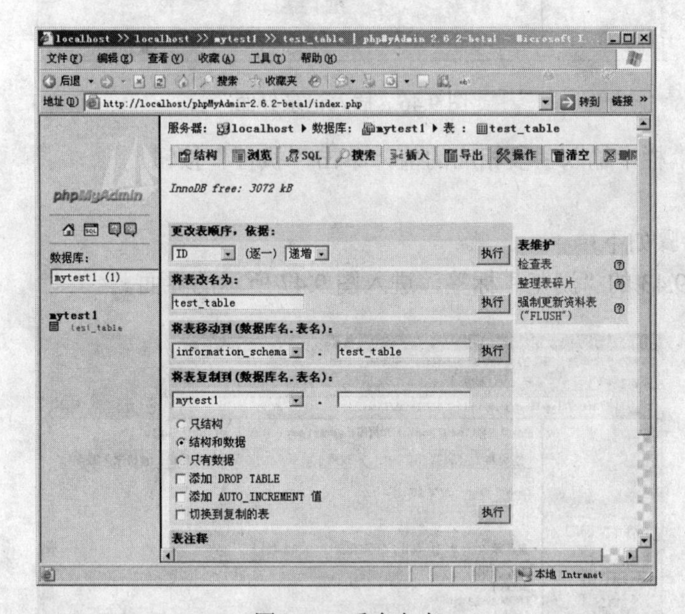

图 9.44　重命名表

图 9.45　删除表

### 9.6.4　操作记录

对记录的操作包括插入、修改和删除记录。

**1．插入记录**

插入记录的步骤如下：

（1）单击图 9.43 的“插入”标签，进入如图 9.46 所示界面。

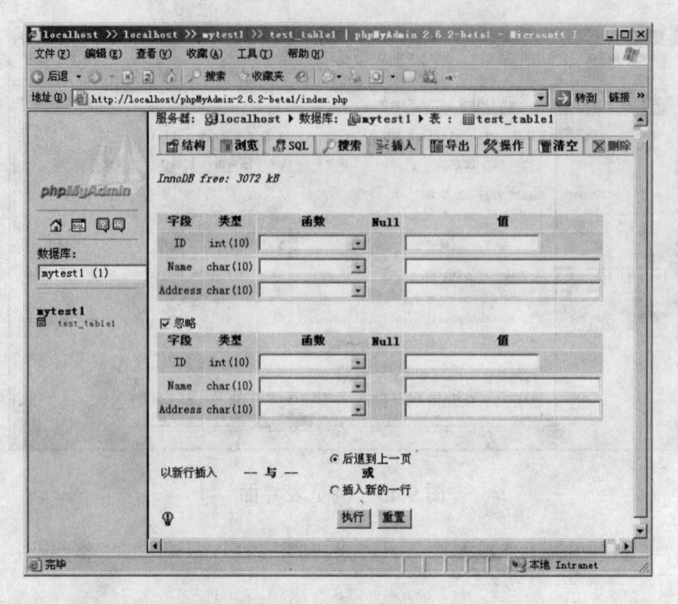


图 9.46 插入记录界面

（2）在“值”栏中输入字段相应的值，单击“执行”按钮。

**2．更新记录**

更新记录的步骤如下：

（1）单击图 9.43 的“浏览”标签，进入图 9.47 所示的界面。

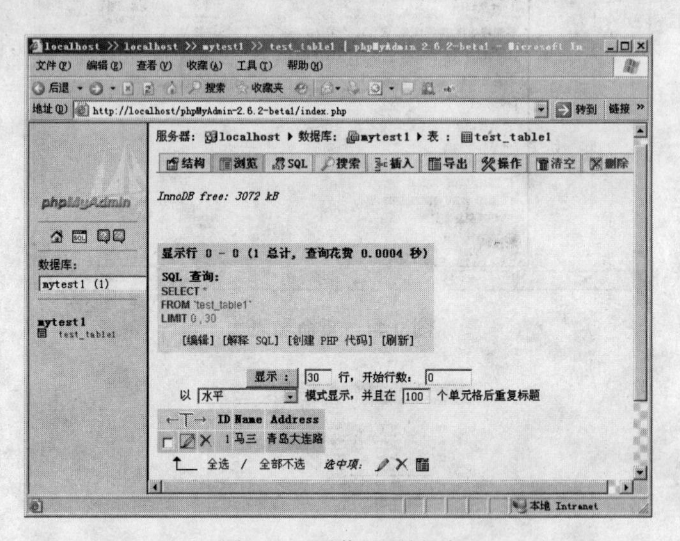


图 9.47 浏览记录界面

（2）单击待更新记录的图标✎，进入如图 9.48 所示的界面。

（3）更新字段的值，单击“执行”按钮。

**3．删除记录**

删除记录的步骤如下：

（1）单击待删除记录的图标✕，弹出如图 9.49 所示的提示窗口。

（2）单击“确定”按钮。

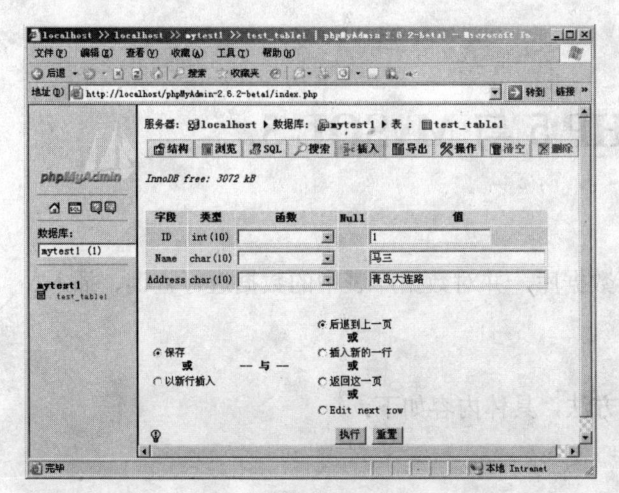

图 9.48　更新记录界面

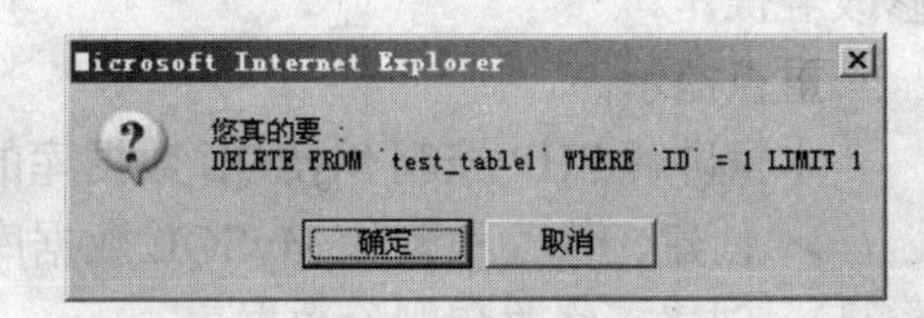


图 9.49　删除记录

## 本章小结

本章介绍了 MySQL 5 以及操作 MySQL 的方法。MySQL 提供了很多操作数据库的方法，如创建数据库和表、获取数据库和表信息等。通过这些方法，用户可以方便地操作 MySQL 数据库。本章的重点是操作 MySQL 5 的方法。另外，MySQL 还提供了权限控制方法。通过权限控制，可以防止非法的用户操作数据库。

## 本章习题

1．在 MySQL 中，表 user、db、host、tables_priv 和 columns_priv 的作用是什么？

2．MySQL 当前数据库中存在表 prod_Info。在 MySQL 客户端，输入下面的查询语句，能否执行成功？

```
Select top 10 ID from prod_Info where ID>20;
```

3．如何显示以“p”字母开头的数据库？

## 本章答案

1．系统通过 user 表范围列决定允许或拒绝用户的连接。对于允许的连接，该表授予的权限为用户的全局权限。

db 表范围列决定用户在登录主机上能存取的数据库，权限列决定允许用户对数据库进行什么操作。该表授予的权限仅适用于数据库和该库里的表。

表 tables_priv 决定了用户在表和列级别上的权限。授予表级别的权限仅适用于表和它的所有列；

表 columns_priv 决定了用户在列级别上的权限，授予列级别的权限只适用于专用列；

表 procs_priv 适用于保存的程序，授予程序级别的权限只适用于单个程序。

2．错误。MySQL 不支持 Top，应使用 limit 代替 Top。

3．SHOW DATABASES like 'w%';

# 第 10 章　PHP 5 与 MySQL 5

**课前导读**

利用 PHP 编程，可以连接到 MySQL 数据库，并对数据库表中的数据进行查询、插入、修改等操作。

**重点提示**

本章讲解 PHP 控制 MySQL 数据库的方法，具体内容如下：

➢ 创建、修改和删除 MySQL 数据库；

➢ 创建、修改和删除数据表；

➢ 查询、插入、修改和删除记录；

➢ 设置权限；

➢ 建立访问数据库的类：使用面向对象方法建立该类，可以大大方便用户对 MySQL 数据库的访问，减轻 PHP 程序员的代码量；

➢ 分页显示：使用面向对象方法设计分页显示，可以方便用户使用；

➢ 在 MySQL 中存储图片：通过该实例，介绍了 PHP 文件上传的方法和 MySQL 存储大二进制文件的方法。

## 10.1　与 MySQL 5 数据库连接

本节介绍 PHP 连接 MySQL 数据库的方法。PHP 访问 MySQL 的方法有很多，常用的有以下两种。

### 1. 内置 MySQL 访问

PHP 内置对 MySQL 的支持，提供了很多操作 MySQL 的函数。这些函数以“mysql_”标识开头，如 mysql_connect()、mysql_query()、mysql_fetch_row()。函数 mysql_connect()可以连接 MySQL 数据库，语法格式如下：

```
int mysql_connect([string hostname [:port] ] [, string username] [,string password]);
```

语法说明如下：

➢ 参数 hostname 标识 MySQL 数据库服务器。该参数默认值为 localhost，表示 MySQL 服务器为本机。

➢ 参数 port 标识 MySQL 数据库服务器使用的端口号，默认值为 3306。

➢ 参数 username 标识数据库用户名称。

➢ 参数 password 标识数据库用户口令。

➢ 该函数返回一个句柄，使用该句柄可以访问与连接相关的信息。

假设本机装有 MySQL 数据库，使用 3306 端口，该数据库拥有名为 root 的用户名，密码为 mysql，则 PHP 连接该数据库的代码如下：

```
<?php
```

```
$LinkID = mysql_connect('localhost:3306','root','mysql');
?>
```

2. **ODBC 访问**

PHP 不但内置对 MySQL 的支持，还支持 ODBC。PHP 可以通过 ODBC 函数对 MySQL 数据库进行操作。这些函数以“odbc_”标识开头，如 odbc_connect、odbc_execute 等。函数 odbc_connect()可以连接 MySQL 数据库，语法格式如下：

```
int odbc_connect(string dsn, string user, string password, int [cursor_type]);
```

语法说明如下：

该函数的参数与 mysql_connect()参数意义相同。

## 10.2 操作 MySQL 5 数据库

在连接 MySQL 数据库后，就可以操作数据库了。PHP 支持操作 MySQL 数据库的函数库，通过这些函数可以满足用户操作 MySQL 数据库的需求。

查询 MySQL 数据库，需要经过以下步骤：

（1）设置查询数据库的 SQL 语句；

（2）连接数据库；

（3）提交指定的 SQL 指令；

（4）获取查询结果；

（5）处理查询结果；

（6）关闭与数据库的连接。

设置查询数据库的 SQL 语句，可以参照上章介绍的 SQL 语句。其他步骤的具体实现方法如下。

### 10.2.1 连接 MySQL 5 数据库

PHP 可以使用函数 mysql_connect 连接数据库。该函数的语法结构在上节已经介绍，这里不再介绍。下面是连接数据库的代码：

```
<?php
/*
$Host：服务器名称；
$User：登录服务器的用户名；
$Password：登录服务器密码。
*/
$Link_ID=mysql_connect($Host, $User, $Password );
//获取连接服务器的错误信息
$err = mysql_error();
if($err)
{
//输出错误信息
```

```
    printf("连接数据库错误:%s.\n  错误码: %s\n", $err, mysql_errno());
    exit;
}
?>
```

代码说明：

➢ 本段代码连接服务器，若出现错误则显示错误信息；

➢ 函数 mysql_error()获取操作数据库的错误信息；

➢ 函数 mysql_errno()获取操作数据库的错误代码。

MySQL 支持不同的字符集，如 gb2312 字符集。在操作数据库时，若不正确设置字符集，可能会得到乱码。MySQL 支持四个层次的校对（collations），用户根据需要设置所用的字符集和校对规则，就会得到正确的数据。MySQL 支持的四个层次的校对和字符集如下：

➢ 服务器

➢ 数据库

➢ 表

➢ 连接

用户可以在启动服务器、创建数据库或表、连接数据库时，指定所用的字符集和校对规则；也可以在使用数据时，指定字符集。在 MySQL 中，常用的两种汉字字符集为：gb2312（gb2312_chinese_ci）和 gbk（gbk_chinese_ci），用户可以依据需要设置这两种汉字字符集。

下面是创建数据库的 SQL 语句，其中指定了该数据库所用的字符集。

```
CREATE TABLE type_prod
(
  ID int(11) NOT NULL auto_increment,
  Name_Type varchar(20) CHARACTER SET gb2312 NOT NULL,
  PRIMARY KEY   (ID)
)
ENGINE=InnoDB DEFAULT CHARSET=gb2312 AUTO_INCREMENT=12 ;
```

用户也可以在连接数据库时，指定所用的字符集。下面的代码在连接数据库后，设置连接所用的字符集为 gb2312。

```
<?php
mysql_query("SET CHARACTER SET gb2312 ",$Link_ID);
mysql_query("SET character_set_results =gb2312 ",$Link_ID);
?>
```

代码说明：

➢ 命令“SET character_set_results=gb2312”说明数据库服务器返回查询结果集时所用的字符集为 gb2312。

➢ 命令“SET CHARACTER SET gb2312”说明客户端向服务器发送查询命令时，所用的字符集为 gb2312，也说明数据库服务器端返回的查询结果集所用的字符集为 gb2312。

## 10.2.2　提交指定的 SQL 指令

在设置 SQL 查询语句和连接数据库后，就可以向数据库服务器发送查询命令。提交指定 SQL 命令的代码如下：

```
<?php
//选择指定的数据库。$Database 为待连接的数据库名称
mysql_select_db($Database);
//提交指定的指令$Query_String
$Query_ID = mysql_query($Query_String,$Link_ID);
//获取错误信息
$err = mysql_error();
//若发生错误，则显示错误信息
if($err)
{
    printf("查询数据库错误:%s.\n  错误码: %s\n", mysql_error(), mysql_errno());
    exit;
}
?>
```

函数 mysql_select_db()选择一个指定的数据库，语法结构如下：

```
mysql_select_db（string database_name, int [LinkID]）;
```

语法结构说明：

➤ 该函数选定数据库 database_name，成功返回 true；否则，返回 false。

➤ 参数 database_name 指定所选择的数据库。

➤ 参数 LinkID 为连接数据库服务器返回的连接。它为可选项，默认值为当前与数据库的连接。

函数 mysql_query()向数据库服务器发送指定的字符串，语法结构如下：

```
mysql_query（string querystring, int [LinkID]）;
```

语法结构说明：

➤ 该函数向数据库服务器发送指定的字符串 querystring。

➤ 参数 querystring 指定字符串。

➤ 参数 LinkID 为连接数据库服务器返回的连接。它为可选项，默认值为当前与数据库的连接。

## 10.2.3　获取查询结果

获取查询结果的方法比较多，既可以获取记录数据，也可以获取记录的列信息。PHP 内置的 MySQL 函数可以实现这些功能，如 mysql_fetch_array()、mysql_fetch_row()、mysql_fetch_object()、mysql_fetch_field()、mysql_fetch_lengths()等函数。

下面的代码获取服务器返回的所有记录数据：

```
<pre>
<?php
$Database="wj";
$Link_ID=mysql_connect("localhost", "root" ,"123" );
//获取当前连接的错误信息：存在错误，则返回错误信息
$err = mysql_error();
if($err)
{
    //输出错误号和详细的错误信息。网站正式发布后，该段代码需要屏蔽错误信息显示
    printf("不能连接 MySQL 数据库。错误：%s.\n 错误代码：%s\n", mysql_error(), mysql_errno());
    exit;
}
$Query_String="select * from reguser";
//选择指定的数据库
mysql_select_db($Database);
//设置所用的字符集
mysql_query("SET NAMES 'GBK'");
//提交指定的指令
$query = mysql_query($Query_String,$Link_ID);
//获取错误信息
$err = mysql_error();
//若发生错误，则显示错误信息
if($err)
{
 printf(" 不 能 查 询 数 据 库 .SQL  字 符 串 为 :%s.\n  错 误 信 息 :%s.\n  错 误 码 :  %s\n",
$Query_String,mysql_error(),mysql_errno());
 exit;
}
while($result=mysql_fetch_array($query))
{
 print_r($result);
}
?>
```

代码说明：

➢ 函数 mysql_fetch_array()从结果集中获取一行记录，生成数组并返回。函数 mysql_fetch_row()与该函数作用类似。

➢ 函数 mysql_fetch_object()与函数 mysql_fetch_array()作用相似，只是该函数返回对象而不是数组。因此，需要使用字段名来获取记录数据。

下面的代码输出记录中字段 username、pwd 的值：

```
<?php
…
while($result=mysql_fetch_object($query))
{
 echo "username:".$result->username;
 echo ";pwd:".$result->pwd;
}
?>
```

运行该段代码，结果如图 10.1 所示。

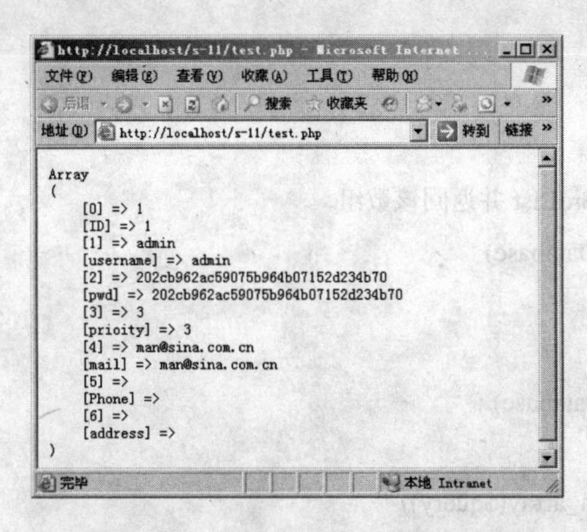

图 10.1　查询结果界面

每次查询数据库时，都要编写这些代码太麻烦。可以把这些代码编写成函数，以便调用。下面为编写的函数代码：

```
<?PHP
//连接数据库
function Connect()
{
        $Link_ID=mysql_connect("localhost", "root" ,"123" );
        $err = mysql_error();
        if($err)
        {
            printf("不能连接 MySQL 数据库。错误：%s.\n 错误代码：%s\n", mysql_error(), mysql_errno());
            exit;
        }
        return $Link_ID;
}
//查询数据库
function Query($Query_String,$Database)
{
 $Link_ID=Connect();
```

```
    mysql_select_db($Database);
    mysql_query("SET NAMES 'GBK'");
    $Query_ID = mysql_query($Query_String,$Link_ID);
    $err = mysql_error();
    if($err)
    {
        printf(" 不 能 查 询 数 据 库 .SQL  字 符 串 为 :%s.\n  错 误 信 息 :%s.\n  错 误 码 :  %s\n",
$Query_String,mysql_error(),mysql_errno());
        exit;
    }
    return $Query_ID;
   }
   //获取数据库返回的记录集
   //该函数把记录放入数组$rdList 并返回该数组
   function getRecord($sql,$Database)
   {
    $rdList= array();
    $query    = Query($sql,$Database) ;
    $i= 0;
    while($result=mysql_fetch_array($query))
    {
            $rdList[$i] = $result;
            $i++;
    }
    return $rdList;
   }
   ?>
```

### 10.2.4 获取记录数目

函数 mysql_num_rows()可获取服务器返回记录的数目，语法结构如下：

```
int mysql_num_rows(int Query_ID);
```

语法说明：

- 该函数返回一个整数，为服务器返回记录的数目。
- 参数 Query_ID 为函数 mysql_query()的返回值。

### 10.2.5 获取指定的记录

函数 getRecord()可以获取所有的记录，但不可以获取指定的记录。使用函数 mysql_data_seek()可以获取指定的记录还可以移动记录集中的指针，语法格式如下：

```
bool mysql_data_seek(resource $queryid, int $row_number);
```

语法格式说明：

➢ 该函数将行指针移动到指定的行号。如果成功则返回 true，否则返回 false。

➢ $queryid 为函数 mysql_query()的返回值。

➢ $row_number 为指定的行号。该值从 0 开始，取值范围为 0 至 mysql_num_rows()-1。

下面的代码获取指定的记录数据。

```
<?php
…
echo "<pre>";
$Row=1;
if(mysql_num_rows($query)>0 && $Row< mysql_num_rows($query))
{
 $stat = mysql_data_seek($query, $Row);
 if($stat)
        {
        print_r(mysql_fetch_array($query));
        else
 {
        printf("移动指针错误信息:%s.\n  错误码: %s\n", $Query_String,mysql_error(),mysql_errno());
        exit;
 }
}
else
{
 echo "移动行号应小于行数目。";
}
?>
```

## 10.2.6　获取字段信息

函数 mysql_num_fields()用于返回记录集中字段的数目。使用函数 mysql_field_name()、mysql_field_type()、mysql_field_len()和 mysql_field_flags()可以获取字段名称、类型、长度和标志信息。下面的代码获取字段的名称、类型等信息。

```
<?PHP
…
$i = 0;
//处理记录集中所有字段
while ($i < mysql_num_fields($query))
{
 $str="";
//获取字段的类型
```

```
$type   = mysql_field_type($query, $i);
//获取字段名称
$name   = mysql_field_name($query, $i);
//获取字段类型长度
$len    = mysql_field_len($query, $i);
//获取字段标志，如 not_null 等
$flags = mysql_field_flags($query, $i);
$str.="字段名称:".$name;
$str.=";类型:".$type;
$str.=";字段长度".$len;
$str.=";字段标志:".$flags."<BR>";
echo $str;
$i++;
}
?>
```

在这段代码中，函数 mysql_num_fields()可以获取记录集中的字段数目，语法格式如下：

```
int mysql_num_fields ( resource $queryid);
```

语法格式说明：

- 该函数返回值为整数。
- $queryid 为函数 mysql_query()的返回值。

函数 mysql_field_name()可以返回指定字段的名称，语法格式如下：

```
string mysql_field_name ( resource $queryid, int $index);
```

语法格式说明：

- 该函数返回值为说明字段名称的字符串。
- $queryid 为函数 mysql_query()的返回值。
- $index 为字段的索引值，从 0 开始。如第二个字段索引值为 1，第三字段索引值为 2。

函数 mysql_field_type()可以返回指定字段的类型，语法格式如下：

```
string mysql_field_type ( resource $queryid, int $index);
```

语法格式说明：

- 该函数返回值为说明字段类型的字符串，如 int、real、blob 等。
- $queryid 为函数 mysql_query()的返回值。
- $index 为字段的索引值，从 0 开始。

函数 mysql_field_len()可以返回指定字段的长度，语法格式如下：

```
string mysql_field_len ( resource $queryid, int $index);
```

语法格式说明：

- 该函数返回值为字段类型长度。
- $queryid 为函数 mysql_query()的返回值。

➢ $index 为字段的索引值，从 0 开始。

函数 mysql_field_flags()可以返回指定字段的标志，语法格式如下：

```
string mysql_field_flags ( resource $queryid, int $index);
```

语法格式说明：

➢ 该函数返回值为说明字段标志的字符串。字段可以有很多标志，每个标志都用一个单词表示，如 not_null、primary_key 等。该函数返回值中的标志之间用空格分开，使用函数 explode()可以将其分开，分别进行处理。

➢ $queryid 为函数 mysql_query()的返回值。

➢ $index 为字段的索引值，从 0 开始。

运行该段代码，结果如图 10.2 所示。

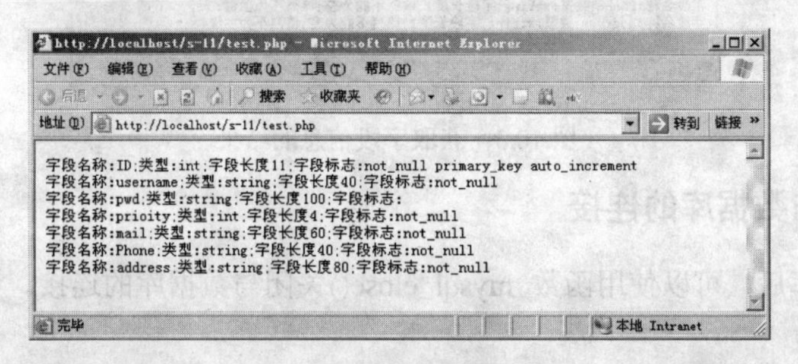


图 10.2　获取字段信息

使用函数 mysql_fetch_field()也可以获取字段信息。该函数返回对象，需要使用字段名来获取记录数据，例如：

```
<?php
…
$i = 0;
while ($i < mysql_num_fields($query))
{
 $str="<pre>";
      $f = mysql_fetch_field($query);
 $str.="字段名称:".$f->name;
      $str.=";类型:".$f->type;
      $str.=";字段长度".$f->max_length;
      if($f->not_null==1)
            $str.=";该列不能为空";
      else
            $str.=";该列可以为空";
      if($f->primary_key==1)
            $str.=";该列为主键.";
      else
            $str.=";该列不为主键.";
```

```
echo $str;
$i++;
}
?>
```

运行该段代码，结果如图 10.3 所示。

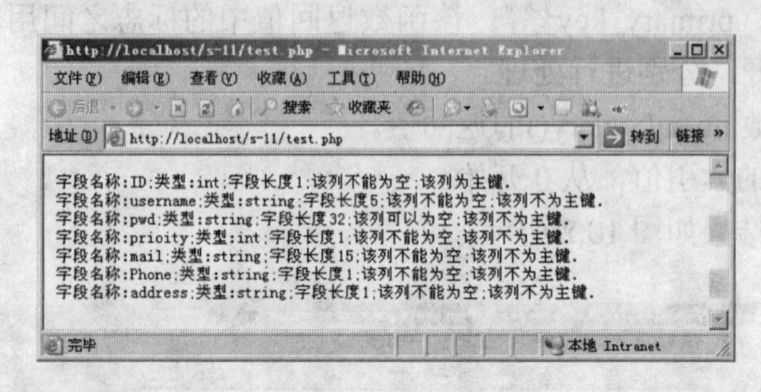


图 10.3　获取字段信息的结果

### 10.2.7　关闭与数据库的连接

当操作数据库后，可以使用函数 mysql_close()关闭与数据库的连接。该函数的语法结构如下：

```
mysql_close($queryid);
```

语法结构说明：

$queryid 为函数 mysql_query()的返回值。

## 10.3　应用实例之一：建立访问数据库的类

本节将建立访问数据库的类，该类可以访问 MySQL 数据库，获取访问记录集的信息。使用类访问数据库可以大大减少编程的代码量。建立访问数据库的类，需要用到类的继承、重载，以及访问对象属性的方法。本例通过建立这个类，向读者介绍面向对象编程和访问 MySQL 数据库的方法。

### 10.3.1　创建类和类属性

从本章介绍的访问 MySQL 数据库方法可知，访问 MySQL 数据库需要用到如下信息：

- 服务器
- 数据库用户
- 数据库用户口令
- 数据库

因此，在该类中需要定义相应属性保存这些信息。本节建立的访问数据库的类名称为 DB，保存在文件 MySQL_Class.inc 文件中。类 DB 定义的属性如下。

- $Host：保存 MySQL 服务器的名称。该属性初始值为“localhost”，表示 MySQL 服务器为本机。
- $Database：保存本服务器上数据库的逻辑名称，初始值为“mysql”。

➢ $User：保存数据库用户名称，初始值为“root”。
➢ $Password：保存数据库用户口令。
具体代码如下：

```
<?php
 class DB
 {
      var $Host = 'localhost';
      var $Database = "mysql";
      var $User = 'root';
      var $Password = 'mysql';
 }
?>
```

另外，访问 MySQL 数据库还需要保存如下信息：
➢ mysql_connect()的连接标识符；
➢ mysql_query()返回值；
➢ 查询结果。
因此，该类需要另外定义如下属性，保存这些信息：
➢ $Link_ID：保存 mysql_connect 的连接标识符；
➢ $Query_ID：保存 mysql_query 的返回值；
➢ $Record：保存查询记录。
该类修改如下：

```
<?php
 class DB
 {
      var $Host = 'localhost';
      var $Database = "mysql";
      var $User = 'root';
var $Password = 'mysql';
var $Link_ID = 0;
var $Query_ID = 0;
var $Record = array();
}
?>
```

## 10.3.2　设置类的方法

本小节将介绍类的方法。该类方法的实现要依靠 PHP 提供的 MySQL 函数库。这些 MySQL 函数包括 mysql_connect()、mysql_select_db()、mysql_query()、mysql_fetch_array()、mysql_close()和 mysql_error()。

1．类的方法

本章已经介绍了操作 MySQL 数据库的步骤。这些步骤包括：

➢ 连接 MySQL 数据库；
➢ 选择数据库；
➢ 设置命令；
➢ 执行命令；
➢ 获取查询记录；
➢ 关闭与数据库的连接。

因此，该类需要提供连接 MySQL 数据库、选择数据库、执行命令和获取查询记录的方法。该类的方法如下。

➢ Connect()：连接 MySQL 数据库。
➢ Query($Query_String)：选择数据库并执行$Query_String 命令。
➢ NextRecord()：获取下一条记录。
➢ Close()：关闭与数据库的连接。

该类的结构如下：

```
<?php
 class DB
 {
     var $Host = 'localhost';
     var $Database = "mysql";
     var $User = 'root';
var $Password = 'mysql';
var $Link_ID = 0;
var $Query_ID = 0;
var $Record = array();

#使用指定信息连接数据库
function Connect()
{
}

#关闭与数据库的连接
function Close()
{
}

#选择数据库并执行指定的命令
#参数$Query_String 为指定的 SQL 语句，可以为 Select、Insert、Update、Delete 等
function Query($Query_String)
{
```

```
    }

#获取下一条记录
function NextRecord()
{
}
}
?>
```

**2．连接 MySQL 5 数据库方法**

使用函数 mysql_connect()就可以连接 MySQL 数据库。当连接不成功时，该方法将显示错误信息。该方法的具体实现如下：

```
<?php
function Connect()
{
 /*
$this->Link_ID 为 0 表示该类没有连接数据库
 当$this->Link_ID 不为 0，表示该类已经连接数据库，不需要重新连接数据库。
 */
     if ( 0 == $this->Link_ID )
{
   #连接指定的数据库
         $this->Link_ID=mysql_connect($this->Host, $this-> User , $this-> Password );
         $err = mysql_error();
         if($err)
         {
     #输出错误号和详细的错误信息。网站正式发布后，该段代码需要修改，屏蔽错误信息显示。
           printf("Can't connect to MySQL Server.Error:%s.\n Errorcode: %s\n", mysql_error(), mysql_errno());
           exit;
         }
     }
   }
?>
```

该段代码比较简单，这里不再另作说明。

**3．执行用户命令的方法**

执行用户指定的命令，就是把用户指令提交给 MySQL 数据库服务器，步骤如下：

（1）连接数据库；

（2）选择数据库；

（3）提交命令；

（4）判断是否执行成功，如果成功，则显示错误信息。

该方法的具体实现代码如下：

```
<?php
function Query($Query_String)
{
 #调用类中连接数据库的方法连接数据库
$this->Connect();
#选择指定的数据库
mysql_select_db($this->Database);
#提交指定的指令
    $this->Query_ID = mysql_query($Query_String,$this->Link_ID);
$this->Row = 0;
#获取错误信息
$err = mysql_error();
#若发生错误，则显示错误信息
    if($err)
    {
     printf(" 不 能 查 询 数 据 库 .SQL  字 符 串 为 :%s.\n  错 误 信 息 :%s.\n  错 误 码 ：  %s\n",
$Query_String,mysql_error(),mysql_errno());
     exit;
    }
    return $this->Query_ID;
  }
?>
```

该段代码不再另作说明。

**4．获取下一条记录的方法**

在用户使用 Select 指令查询时，会返回查询结果，这时就需要获取这些记录。为了使用户更容易地处理这些记录，该类提供了获取下一条记录的方法。该方法使用 mysql_fetch_array()函数获取查询结果，当然用户也可以使用 mysql_fetch_row()函数。

该方法的具体代码如下：

```
<?php
function NextRecord()
{
 #建立一个新的数组
$this->Record = array();
#获取查询结果并存储在类属性 Record 中
    $this->Record = mysql_fetch_array($this->Query_ID);
 #返回查询结果
    return $this->Record;
}
```

```
?>
```

5．关闭与数据库的连接

关闭与数据库的连接需要判断是否与数据库成功连接，如果是，则调用 mysql_close()函数关闭连接。具体实现方法如下：

```
<?php
function Close()
{
 #判断是否与数据库连接，如果是，则关闭连接
    if (0 != $this->Link_ID)
    {
      mysql_close($this->Link_ID);
    }
}
?>
```

至此，类 DB 基本的属性和方法已经实现完毕。用户可以完善该类，如添加获取查询记录的方法等。

## 10.3.3　使用类属性和行为

建立类 DB 之后，就可以使用它连接数据库。下面介绍该类的具体使用方法。在 mysql 数据库中建立表 mytest，其结构如表 10-1 所示。

下面的例子将向该表插入记录数据并显示该表所有记录数据。该例界面如图 10.4 所示。

表 10-1　表 mytest 的结构

| 字段 | 类型 |
| --- | --- |
| Col | Int |

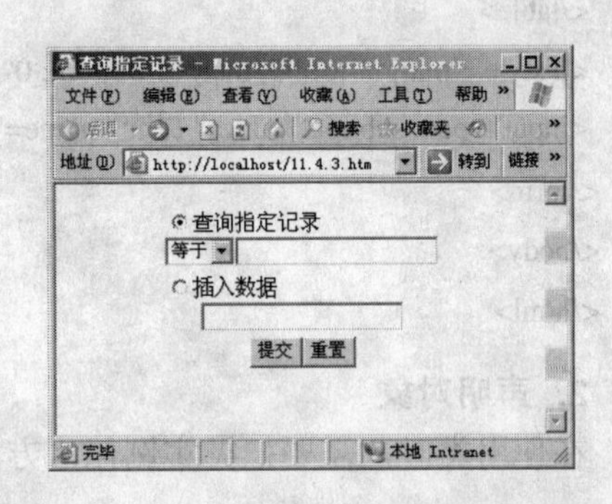


图 10.4　例子界面

该例子具体实现步骤如下。

1．界面

该界面提供了查询和插入记录的功能，界面代码如下。该界面数据提交到文件 10.3.3.php 进行处理。该段代码比较简单，不再另外注释。

```
<html>
<head>
<meta http-equiv="Content-Language" content="zh-cn">
<meta http-equiv="Content-Type" content="text/html; charset=gb2312">
<title>查询指定记录</title></head>
<body style="text-align: center">
<form method="POST" action="10.3.3.php">
 <table border="0" width="28%" id="table1">
```

```
        <tr>
            <td>
            <p style="margin-top: 0; margin-bottom: 0">
            <!---单选按钮为 V1，表示用户进行查询记录---!>
            <input type="radio" value="V1" checked name="R1">查询指定记录</p>
            <p style="margin-top: 0; margin-bottom: 0" align="center">
            <select size="1" name="D1">
            <option value="2">大于</option>
            <option value="0">小于</option>
            <option selected value="1">等于</option>
            </select><input type="text" name="T1" size="20"></td>
        </tr>
        <tr>
            <td>
            <p style="margin-top: 0; margin-bottom: 0">
            <!---单选按钮为 V2，表示用户进行插入记录---!>
            <input type="radio" name="R1" value="V2">插入数据</p>
            <p style="margin-top: 0; margin-bottom: 0" align="center">
            <input type="text" name="T2" size="20"></td>
        </tr>
  </table>
  <p style="margin-top: 0; margin-bottom: 0" align="center">
  <input type="submit" value="提交" name="B1"><input type="reset" value="重置" name="B2"></p>
 </form>
 </body>
 </html>
```

**2．声明对象**

在使用类时，需要把类实例化，方法如下：

```
<?php
include " MySQL_Class.inc ";
$db=new db();
?>
```

**3．查询和插入记录**

判断用户的操作是查询还是插入，可以借助单选按钮。单选按钮值为“V1”表示用户进行查询记录；为 V2 表示进行插入操作。

下面的代码显示表 mytest 中的所有记录：

```
<?php
#判断用户操作是查询
if($R1=="V1")
```

```
{
    /*
用户查询时，获取查询大于、等于还是小于指定的数据。
    下拉列表框值转换成 SQL 语句的=、>和<。
下拉列表框值为
大于：转换成>；
小于：转换成<；
等于：转换成=。
    */
        $id="=";
        if($D1==2)$id=">";
        else if($D1==0)$id="<";
    #设置指定条件的查询语句
        $query_string="Select * from mytest where col ".$id." ".$T1;
}
#创建对象
  $db=new db();
  #执行查询操作
  $result=$db->Query($query_string);
  echo "<table align=center>";
  #输出查询记录。如果查询出错，Query()将显示错误并终止程序执行
  #判断当前操作是否为查询操作，如果是，则显示查询结果
  if($R1=="V1")
  {
    $i=0;
    while($rs=$db->NextRecord())
    {
     echo "<tr><td>第".++$i."条记录为：".$rs["col"]."</td></tr>";
    }
echo "</table>";
  }
?>
```

下面的代码向数据库中插入一条新记录：

```
<?php
 #判断用户操作是否为插入新记录
 if($R1=="V2")
{
  $query_string="insert into mytest values(".$T1.")"   ;
}
```

```
$db=new db();
$result=$db->Query($query_string);
echo "<table align=center>";
if($R1=="V2")
{
  echo "<tr><td>插入记录数据".$T1."</td></tr>";
}
echo "</table>";
?>
```

文件 10.3.3.php 的完整代码如下：

```
<?php
    include "MySQL_Class.inc";
    if($R1=="V1")
    {
     $id="=";
     if($D1==2)$id=">";
     else if($D1==0)$id="<";
     $query_string="Select * from mytest where col ".$id." ".$T1;
    }
    else if($R1=="V2")
    {
      $query_string="insert into mytest values(".$T1.")"    ;
    }
    else
    {
     echo "缺少参数！ ";
     exit;
    }
    $db=new db();
    $result=$db->Query($query_string);
    echo "<table align=center>";
    if($R1=="V1")
    {
        $i=0;
        while($rs=$db->NextRecord())
        {
         echo "<tr><td>第".++$i."条记录为：".$rs["col"]."</td></tr>";
        }
```

```
    }
    else if($R1=="V2")
    {
     echo "<tr><td>插入记录数据".$T1."</td></tr>";
    }
    echo "</table>";
?>
```

### 10.3.4　改写连接数据库的类

类 DB 虽然可以完成对 MySQL 数据库的操作，但是还有很多问题，例如：

- 连接不同 MySQL 数据库服务器，需要修改类 DB 的属性 Host，这样比较麻烦。
- 用户可以随意修改类 DB 的属性，如与数据库的连接符，这样会引起严重的问题。
- 该类用途单一，只能连接 MySQL 数据库。

对于这些问题，可以使用下面的方法解决：

- 对于连接不同 MySQL 数据库服务器问题，可以通过为类 DB 添加构造函数的方法解决。
- 对于禁止用户随意修改类 DB 属性，可以把类 DB 的属性修改为 private 型来解决。
- 对于类 DB 用途单一问题，可以通过继承来解决。类 DB 为父类，连接 MySQL 数据库的类为其子类。如需连接 SQL Server 服务器，也可把连接 SQL Server 服务器的类作为其子类。

**1．父类 DB**

类 DB 为父类，只含有一些属性和设置这些属性的方法。类 DB 的属性为 private，它的继承类如果访问这些属性，需要通过类 DB 的方法才可以。

类 DB 有构造函数__construct()，该函数可以设置类 DB 的属性值。构造函数有具有默认值的参数，用户可以使用不同的参数创建类，这样就可以使对象连接不同的服务器或不同的数据库。类 DB 的具体代码如下：

```
<?php
#类 DB 为父类，该类主要定义和设置属性
 class DB
 {
 #定义私有属性
     private $Host ;
     private $Database ;
     private $User ;
     private $Password ;

     private $Link_ID = 0;
     private $Query_ID = 0;
     private $Errno = 0;
     private $Error = "";
```

```
        var $Record = array();
        var $Row        = 0;
    #定义类的构造函数。该函数主要用来设置属性值
        function __construct($HostName= 'localhost',$DBName= "mysql",$UserName= 'root',$PWD= 'mysql')
        {
            $this->Host = $HostName;
            $this->Database = $DBName;
            $this->User = $UserName;
            $this->Password = $PWD;
            $this->Link_ID = 0;
            $this->Query_ID = 0;
            $this->Record = array();
            $this->Row        = 0;
            $this->Errno = 0;
            $this->Error = "";
    }
    #定义设置属性 LinkID 的方法
        function SetLinkID($LinkID)
        {
            $this->LinkID=$LinkID;
    }
    #定义获取 LinkID 的方法
        function GetLinkID()
        {
            return $this->LinkID;
    }

    #定义设置属性 Query_ID 的方法
        function SetQuery_ID($Query_ID)
        {
            $this->Query_ID=$Query_ID;
    }

    #定义获取属性 Query_ID 的方法
        function GetQuery_ID()
        {
            return $this->Query_ID;
```

```
    }

    #定义设置属性 Host 的方法。
        function SetHost($HostName)
        {
            $this->Host=$HostName;
    }

    #定义设置属性 Database 的方法。
        function SetDB($DBName)
        {
            $this->Database=$DBName;
    }

    #定义设置属性 User 的方法。
        function SetUser($UserName)
        {
            $this->User=$UserName;
    }

    #定义设置属性 Password 的方法。
        function SetPWD($PWD)
        {
            $this->Password=$PWD;
    }

    #获取属性 Host 的方法。
        function GetHost()
        {
            return $this->Host;
    }

    #定义获取属性 Database 的方法。
        function GetDB()
        {
            return $this->Database;
    }

    #定义获取属性 User 的方法。
        function GetUser()
```

```
        {
            return $this->User;
    }

    #定义获取属性 Password 的方法。
        function GetPWD()
        {
            return $this->Password;
        }
    }
    ?>
```

**2．继承类 MySQL_DB**

类 MySQL_DB 为类 DB 的子类，它的各种方法与 10.3.2 节介绍的方法实现过程相同。但是，类 MySQL_DB 对父类 DB 各种私有属性的操作，均要通过父类 DB 的方法进行。

类 MySQL_DB 具体实现代码如下：

```
<?php
#定义继承类 MySQL_DB。该类继承自类 DB
class MySQL_DB extends DB
{
 #Connect()实现与 MySQL 数据库连接
    function Connect()
{
    #对父类私有属性 Linkid 的访问通过父类的方法 GetLinkID()实现。
    #对父类私有属性 Host、User、Password 的访问也是通过父类相应方法实现。
        if ( 0 == $this->GetLinkID() )
        {
            $this->SetLinkID(mysql_connect($this->GetHost(), $this->GetUser(), $this->GetPWD())) ;
            $err = mysql_error();
            if($err)
            {
                printf("Can't connect to MySQL Server.Error:%s.\n Errorcode: %s\n", mysql_error(),
mysql_errno());
                exit;
            }
        }
    }

    #Close()关闭与数据库的连接。
    function Close()
```

```
{
  if (0 != $this->GetLinkID() )
  {
   mysql_close($this->GetLinkID() );
  }
}

#Query()方法实现对数据库的操作。
#对父类属性 Query_ID 的设置通过父类方法 SetQuery_ID()实现。
function Query($Query_String)
{
  $this->Connect();
  mysql_select_db($this->GetDB());
  $this->SetQuery_ID( mysql_query($Query_String,$this->GetLinkID() ));
  $this->Row = 0;
  $err = mysql_error();
  if($err)
  {
   printf("Can't query MySQL Server.Query String:%s.\n Error:%s.\n Errorcode: %s\n",
$Query_String,mysql_error(),mysql_errno());
   exit;
  }
  return $this->GetQuery_ID();
}

# NextRecord()方法实现获取下一条查询记录。
function NextRecord()
{
  $this->Record = array();
  $this->Record = mysql_fetch_array($this->GetQuery_ID());
  return $this->Record;
}
#类结束。
}
?>
```

该类的使用不再介绍。有兴趣的读者可以对该类进行完善和修改。

## 10.4　应用实例之二：分页显示记录

大多数网站在显示大量数据时，会采用分页方式。网页采用分页方式显示记录时，每页显示指定数目的记录，从而把大量记录分解成多页显示。这样既可以方便用户浏览，又能提高网页显示速度。

本节介绍两种分页显示方式：

➢ 普通分页方式。这种方式不采用面向对象编程，查询和每页显示的记录数目都是固定的。

➢ 面向对象分页方式。这种方式采用面向对象编程，把分页代码封装成类，用户可以设置查询语句和显示的记录数目，大大方便用户调用。

本节介绍的分页例子的界面如图 10.5 所示。

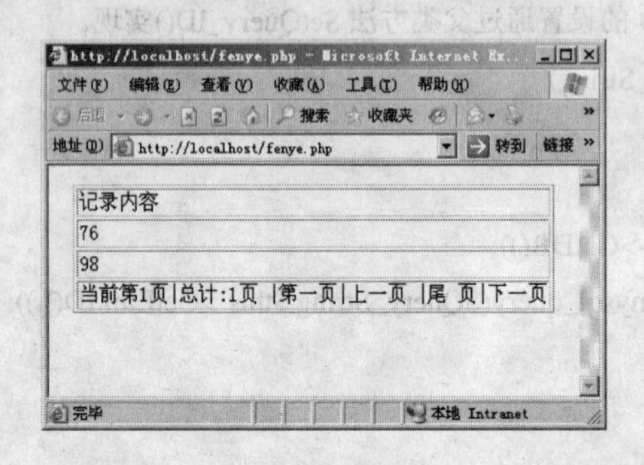


图 10.5　例子界面

## 10.4.1　分页原理

分页显示就是把对数据库的查询结果集分为指定数目的段，也就是页，然后把指定页的记录显示在网页中。在查询 MySQL 数据库时，根据请求页号和页面大小，直接获取数据库中请求页面的记录数据。分页显示的实现步骤如下：

（1）设置每页显示的记录数目$pagesize;

（2）获取当前页数$pageno;

（3）设置页码链接；

（4）设置查询语句；

（5）使用 limit 关键字定位查询记录；

（6）显示查询结果。

在 T-SQL 语法中，查询指定数目的记录需要使用 TOP 关键字，但是 MySQL 数据库并不支持 TOP 关键字。在 MySQL 数据库中，可以使用 limit 关键字代替 TOP 关键字。

在 MySQL 数据库中，不同情况下使用 limit 会产生不同的结果。limit 关键字的一些常见用法如下：

➢ 查询语句中只使用 limit 0：MySQL 将返回符合条件的空记录。

➢ 查询语句中只使用 limit row_count：如果符合查询条件的记录数目不少于 row_count 条记录，查询结果会返回 row_count 条记录；否则，返回符合查询条件的记录。查询语句“select * from mytest limit 3”的查询结果如图 10.6 所示。

➢ 查询语句中只使用 limit row_start,row_count：如果符合查询条件的记录数目不少于 row_start+row_count 条记录，查询结果返回从序号 row_start 起的 row_count 条记录；否则，返回符合查询条件的记录。查询语句“select * from mytest limit 3,2”的查询结果如图 10.7 所示。

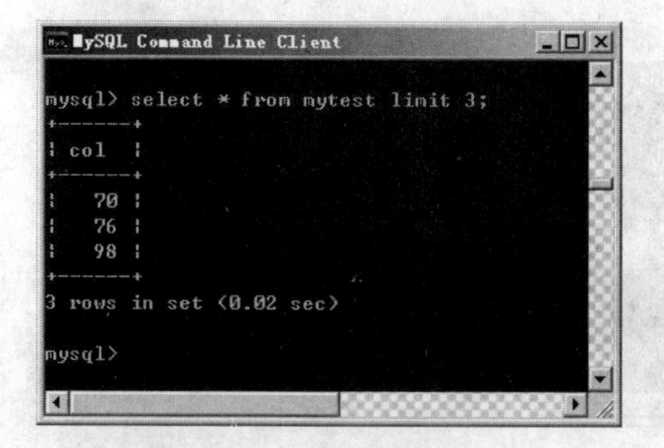


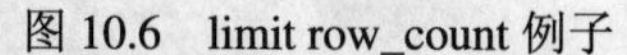
图 10.6　limit row_count 例子

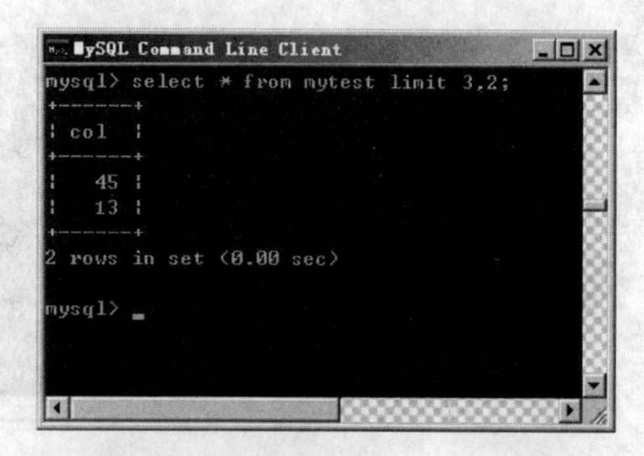


图 10.7　limit row_start,row_count 例子

➢ 查询语句使用 limit row_count 和 order by 语句：MySQL 从排序结果中查找到 row_count 条记录，将终止排序。查询语句“select * from mytest order by col limit 3”的查询结果如图 10.8 所示。

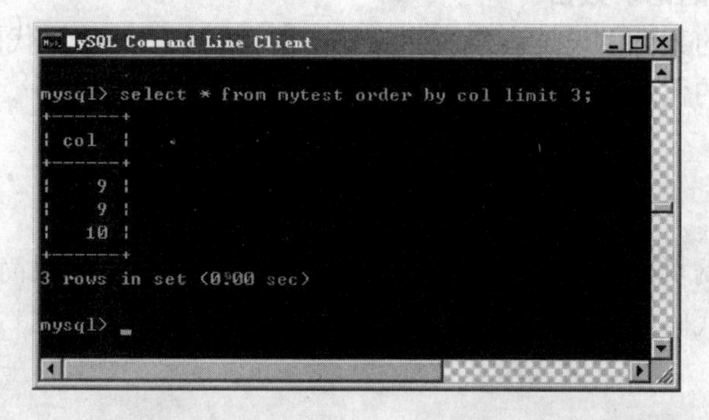


图 10.8　limit row_count 和 order by 例子

➢ 查询语句使用 limit row_count 和 distinct 语句：MySQL 查找到符合查询条件的 row_count 条不同记录，将终止查询。查询语句“select distinct * from mytest order by col limit 3”的查询结果如图 10.9 所示。

```
mysql> select distinct * from mytest order by col limit 3;
+-------+
| col   |
+-------+
|     9 |
|    10 |
|    13 |
+-------+
3 rows in set (0.00 sec)

mysql> _
```

图 10.9　limit row_count 和 distinct 例子

使用 limit 关键字可以直接获取数据库中请求页面的记录数据。如果每页显示 3 条记录，则查询第 3 页记录数据的查询语句如下：

```
Select * from mytest limit 6,3
```

查询结果如图 10.10 所示。

```
MySQL Command Line Client
mysql> Select * from mytest limit 6,3;
+------+
| col  |
+------+
|   27 |
|   33 |
|   47 |
+------+
3 rows in set (0.00 sec)

mysql> _
```

图 10.10 查询结果

## 10.4.2 实现分页

下面依据分页原理实现分页。本例分页显示 mysql 数据库中 mytest 表中的记录。

### 1. 设置每页显示的记录数目

在网页显示记录的数目由设计者事先指定。在本小节介绍的分页代码中，$ pagesize 存储显示记录数目。下面的代码设置显示记录数目，每页显示 5 条记录：

```
$ pagesize=5;
```

### 2. 获取当前页数

当前页数由前一网页传递，需要获取该变量。获取变量的代码很简单，但是需要判断该变量的合法性。具体代码如下。

```
<?php
   # isset($page)判断$page 变量是否已经设置，如果是，则返回 True；否则，返回 False。
   if(isset($page))
{
     #把变量$page 转换成整数。
     $page =intval($page);
    }
else
{
     #$page 变量没有设置，则设置该变量值为 1。
     $page =1;
}
#如果$page 变量值小于 1，则设置$page 值为 1。
    if($page <1)$page =1;
?>
```

### 3. 设置分页链接

在分页显示时，需要提供给用户浏览不同页记录的链接。

- 前一页链接：查看前一页记录数据；
- 下一页链接：查看下一页记录数据；
- 第一页链接：查看第一页记录数据；

➢ 尾页链接：查看最后一页记录数据。

另外，还需要提供给用户总页数和当前页数。

为了获取这些信息，需要先获取符合查询条件的记录数目，这可以使用 SQL 语句获取：

```
Select count(*) from mytest
```

用户需要根据查询语句设置该语句的查询条件。

设置分页链接信息的步骤如下：

（1）获取记录总数目。若为 0，则没有合适的记录显示。

（2）设置总页数。总页数为记录总数目除以每页显示记录数，若有余数，总页数则加 1。

（3）判断当前页是否为首页，如是，则显示第一页信息；否则，显示第一页链接信息。

（4）判断当前页是否为尾页，如是则显示尾页信息；否则，显示尾页链接信息。

（5）如当前页不为首页和尾页，则显示上一页和下一页链接。

设置分页链接信息的代码如下：

```
<?php
$Host="localhost";
$User="root";
$Password="mysql";
$Database="mysql";
$Query_String="select count(*) from mytest";
$Link_ID=mysql_connect($Host, $User , $Password );
$err = mysql_error();
if($err)
{
  #输出错误号和详细的错误信息。网站正式发布后，该段代码需要修改，屏蔽错误信息显示。
  printf("不能连接 MySQL 服务器。错误：%s.\n 错误号：%s\n", mysql_error(), mysql_errno());
  exit;
}
mysql_select_db($Database);
#提交指定的指令。
$Query_ID = mysql_query($Query_String);
#获取错误信息。
$err = mysql_error();
#若发生错误，则显示错误信息。
if($err)
{
  printf("不能查询 MySQL 服务器。查询语句为：%s.\n 错误：%s.\n 错误号：%s\n",
$Query_String,mysql_error(),mysql_errno());
exit;
  }
#获取查询结果并存储在类属性 row 中。
```

```
$row = mysql_fetch_array($Query_ID);
if(!$row)
{
 echo "没有符合要求的查询记录！";
 exit;
}
$pagecount=$row["amount"];
if($pagecount!=0)
{
      if($pagecount<$pagesize)
      {
          $pagecount=1;
      }
      else
      {
          if($pagecount % $pagesize)
          {
             $pagecount=(int)($pagecount / $pagesize)+1;
          }
          else
          {
             $pagecount=(int)($pagecount / $pagesize);
          }
      }
    }
    $page_str="当前第".$pageno."页|总计:".$pagecount."页";
    if($pageno==1)
    {
        $page_str=$page_str." |第一页|上一页";
    }
    else
    {
        $n=$pageno-1 ;
        $page_str=$page_str."|<a href=?pageno=1>第一页</a>|<a href=?pageno=". $n .">上一页</a>";
    }
    if($pageno==$pagecount||$pagecount==0)
    {
        $page_str=$page_str." |尾  页|下一页";
    }
    else
```

```
    {
        $n=$pageno+1 ;
        $page_str=$page_str."|<a href=?pageno=". $n .">下一页</a>|<a href=?pageno=$pagecount>尾 页
</a>";
    }
    echo $page_str;
?>
```

### 4．设置查询语句

查询语句根据请求页号和页面大小，直接获取数据库中请求页面的记录数据。查询语句如下：

```
<?php
$str="select * from mytest ";
$str.=" limit ".($page-1)*$pagesize.",".$pagesize;
?>
```

### 5．输出查询结果

下面代码输出当前页记录，由于代码比较简单，不再给出说明。

```
$Query_ID = mysql_query($str);
while($row = mysql_fetch_array($Query_ID))
{
 echo $row["col"]."<BR>";
}
```

到此，分页显示已经基本实现。但是，代码比较烦琐，而且查询语句修改起来比较麻烦。下面介绍采用面向对象编程的分页显示方法。

## 10.4.3　面向对象编程的分页显示

本小节采用面向对象技术，编制一个分页显示的类 Pager。该类封装了分页显示的连接数据库、获取分页链接信息等细节，还允许用户使用不同的查询语句进行分页查询。

类 Pager 保存在文件 fenye_class.php 中。该类需要使用 10.3 节介绍的连接 MySQL 数据库的类，因此，文件 fenye_class.php 需要包含文件 MySQL_Class.inc，其代码如下：

```
include "MySQL_Class.inc";
```

### 1．类结构

该类继承自类 db，并定义了如下属性：

- pageno：当前页页号；
- pagecount：符合查询条件的页总数；
- pagesize：每页显示的记录数目；
- QueryString：查询语句。

另外，该类还定义了如下方法：

- __construct()：构造函数，用于初始化该类的属性，如每页显示的记录数目、查询语句等。

➢ SetPageNo()：设置当前页页号。

➢ GetPageLink()：设置并返回页链接信息。该函数依据查询语句，自动获取符合查询的记录数目，计算总页数。

➢ QueryPage()：查询当前页记录。依据当前页页号和每页显示的记录数目，设置查询语句并进行查询。

➢ NextRecord()：该方法为父类 db 的方法，返回查询记录。

具体代码如下：

```
<?php
#包含父类文件
include "MySQL_Class.inc";
#声明类 pager。该类继承自类 db。
class Pager extends db
{
#声明类 pager 的属性
 var $pageno;
 var $pagecount;
 var $pagesize;
 var $QueryString;
 function __construct()
 {
 }
 function SetPageNo()
 {
 }
 function GetPageLink()
 {
}
 function QueryPage()
{
}
#类结束
}
?>
```

### 2．构造函数

构造函数不但可以初始化每页显示的记录数目和查询语句，还可设置连接数据库所需的服务器名、用户名和密码等信息。构造函数代码如下：

```
<?php
/*
```

该函数有 6 个参数，意义如下：

```
参数 qs：查询语句，没有默认值；
参数 ps：每页显示的记录数目，默认值为 2；
HostName：MySQL 数据库服务器名称，默认值为 localhost；
DBName：数据库名称，用户根据需要设置默认值；
UserName：连接数据库用户名称，用户根据需要设置默认值；
PWD：连接数据库所需密码，用户根据需要设置默认值。
*/
function __construct($qs,$ps=2,$HostName= 'localhost',$DBName= "mysql",$UserName= 'root',$PWD=
'mysql')
{
 #依据参数设置类属性
    $this->pagesize=$ps;
    $this->QueryString=$qs;
}
?>
```

### 3. 设置当前页

设置当前页由函数 SetPageNo($pn)完成。该函数需要判断参数$pn 是否已经设置，具体代码如下：

```
<?php
#参数 pn 为用户设置的当前页页号
function SetPageNo($pn)
 {
    if(isset($pn))
    {
     $pn=intval($pn);
    }
    else
    {
     $pn=1;
    }
    if($pn<1)$pn=1;
    $this->pageno=$pn;
 }
?>
```

### 4. 获取页链接信息

获取页链接信息由函数 GetPageLink()完成，具体注释可以参考 10.4.2 节的介绍。该函数的代码如下：

```
<?php
function GetPageLink()
 {
   /*
记录总页数等于总的数目除以每页显示的记录数目，有余数则加 1。
为了获取符合查询条件的记录总数目，需要依据查询语句设置查询记录数目的语句。
查询记录数目语句与查询记录语句不同之处为查询的列。
因此，需要获取查询记录语句的查询表格和查询条件。获取方法是查询“ from ”关键字的位置。
字符“from”前后要加上空格，以防查询不到该关键字。
*/
    $str=strstr($this-> QueryString," from ");
    $page_str=false;
    if($str)
    {
  #查询到 from 关键字，则生成获取记录数目的语句
        $str="select count(*) as amcount ".$str;
        $this->Query($str);
        $rs=$this->NextRecord();
  #获取记录数目总数
        $this->pagecount=$rs["amcount"] ;
        if($this->pagecount!=0)
        {
   #判断记录总数目是否超过每页显示记录数目，如是，则计算总页数；否则，页数为 1。
          if($this->pagecount<$this->pagesize)
          {
              $this->pagecount=1;
          }
          else
          {
          #记录总数除以每页记录数目，如有余数，则总页数加 1。
              if($this->pagecount % $this->pagesize)
              {
                $this->pagecount=(int)($this->pagecount / $this->pagesize)+1;
              }
              else
              {
                $this->pagecount=(int)($this->pagecount / $this->pagesize);
              }
          }
        }
```

```
        $page_str="当前第".$this->pageno."页|总计:".$this->pagecount."页";
    #判断当前页是否为首页，如是，则不需显示上一页链接。
        if($this->pageno==1)
        {
            $page_str=$page_str." |第一页|上一页";
        }
        else
        {
            $n=$this->pageno-1 ;
            $page_str=$page_str."|<a href=?pageno=1>第一页</a>|<a href=?pageno=". $n .">上一页</a>";
        }
    #判断当前页是否为尾页，如是，则不显示下一页链接。
        if($this->pageno==$this->pagecount||$this->pagecount==0)
        {
            $page_str=$page_str." |尾　页|下一页";
        }
        else
        {
            $n=$this->pageno+1 ;
            $page_str=$page_str."|<a href=?pageno=". $n .">下一页</a>|<a href=?pageno=$this->pagecount>
尾　页</a>";
        }
    }
    #返回页链接信息。
    return   $page_str;
  }
?>
```

### 5．查询当前页记录

该类还定义了方法 QueryPage()，用来执行查询语句。方法 QueryPage()依据页号和每页显示的记录数目，生成查询语句，并调用父类方法 Query ()执行该语句。具体代码如下：

```
<?php
function QueryPage()
{
#判断当前页号是否超过总页数，如是，则设置当前页为尾页。
if($this->pageno>$this->pagecount)$this->pageno=$this->pagecount;
#依据页号和每页显示记录数目，借助 limit 关键字生成限制查询语句
$this->QueryString.=" limit ".($this->pageno-1)*$this->pagesize.",". $this->pagesize;
$this->Query($this->QueryString);
}
```

```
?>
```

**6．类 Pager 实例**

下面介绍一下该类的使用。正确使用该类，需要依据如下步骤实例化对象，并依次调用方法。

（1）实例化对象；
（2）调用 SetPageNo()；
（3）调用 GetPageLink()；
（4）调用 QueryPage()；
（5）调用 NextRecord()。

下面是使用该类的实例代码：

```
<?php
include "fenye_class.php";
#使用查询语句实例化对象。
$db=new Pager("select * from mytest where col>70 ");
#设置当前页的页号。
$db->SetPageNo($pageno);
#获取页链接信息。
$page=$db->GetPageLink();
#判断是否正确获取页链接信息，如是，则准备显示；否则，报告错误并退出。
if(!$page)
{
 echo "查询语句存在问题！";
 exit;
}
$page=$page."<BR>";
#执行查询命令。
$db->QueryPage();
echo "<table align=center border=1><tr><td>记录内容</td></tr>";
#输出查询结果。
while($rs=$db->NextRecord())
{
   echo "<tr><td>".$rs["col"]."</td></tr>";
}
echo "<tr><td>".$page."</td></tr></table>";
?>
```

## 10.5 应用实例之三：在 MySQL 5 中存储图片

MySQL 数据库不但能保存文本数据，还能保存图片。对上传的图片，网站通常采用下面的方法保存：

➢ 图片保存在指定文件夹中，并对图片重新命名，然后使用数据库对图片管理。数据库保存图片的类型、图片文件名等信息，这样对图片管理就比较简单。

➢ 图片保存在数据库中，使得数据库变大，图片显示相对复杂，但是方便图片的管理。

本节介绍在 MySQL 中存储图片的方法。MySQL 数据库存储图片的列类型，需要设置成 BLOB 类型。BLOB 是二进制大对象，可以容纳图片的二进制数据。BLOB 有 4 种类型：TINYBLOB、BLOB、MEDIUBLOB 和 LONGBLOB，这 4 种类型存储数据的长度不同。在 MySQL 数据库中，建立表 mytest，该表结构如表 10-2 所示。

表 10-2　表 mytest 的结构

| 字段 | 类型 | 说明 |
|---|---|---|
| Col | Int | 存储列值 |
| Images | BLOB | 存储图片数据 |
| Description | TEXT | 存储图片说明 |

## 10.5.1　上传图片界面

本小节介绍的图片需要从本地上传到数据库。使用 PHP 上传图片比较简单，界面如图 10.11 所示。

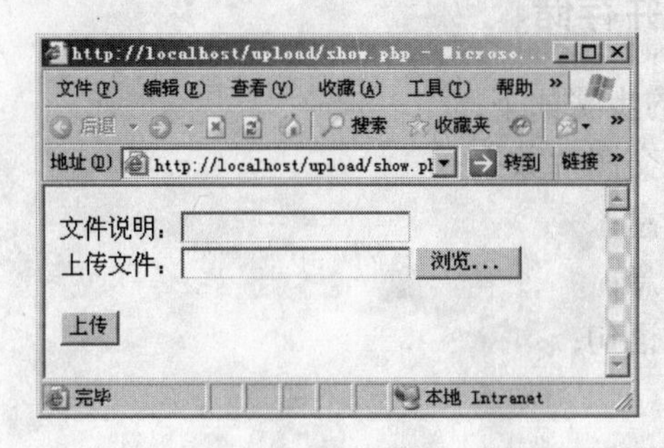


图 10.11　上传图片界面

上传图片界面的代码比较简单，我们把该部分代码做成函数 GetUpdateHtml()。该函数拥有如下两个参数：

➢ $actionphp：标识上传图片文件的文件名称；

➢ $des：设置控件说明信息，默认值为“文件说明：,上传文件：”。该界面含有两个控件，两个控件说明信息使用“,”分隔。

该函数的代码如下。

```
<?php
function GetUpdateHtml($actionphp,$des="文件说明：,上传文件：")
{
  #分离控件说明信息。
  #explode()依据“,”分隔字符串$des，并返回结果。
  $f_des = explode(",",$des);
  $str="<form method=\"post\" action=\"".$actionphp."\" enctype=\"multipart/form-data\">";
  $str.=$f_des[0]."<input type=\"text\" name=\"f_des\" size=\"20\"><br>";
```

```
    $str.=$f_des[1]."<input type=\"file\" name=\"f_file\" size=\"20\">";
    $str.="<p><input type=\"submit\" name=\"submit\" value=\"上传\"></form>";
    return $str;
}
?>
```

显示上传界面的代码如下：

```
<HTML><HEAD>
<META http-equiv=Content-Type content="image/jpeg; charset=gb2312"></HEAD>
<BODY>
<?php
#省略函数 GetUpdateHtml ()的代码
#由 10.6.php 文件处理文件上传。
echo GetUpdateHtml("10.6.php");
 ?>
</BODY>
</HTML>
```

## 10.5.2 获取图片数据并存储

获取图片数据并存储的步骤如下：

（1）判断用户是否提交图片数据；

（2）获取文件说明信息；

（3）获取文件图片信息；

（4）设置插入数据库语句；

（5）执行插入命令；

（6）返回信息。

上传界面定义了文件说明文本框和文件上传控件，名称分别为 f_des 和 f_file。通过$_POST['f_des']就可以获取文件说明。在 PHP 中，使用$_FILES 就可以获取上传图片的数据。通过变量$_FILES['f_file'] ['name']、$_FILES['f_file']['size']、$_FILES['f_file']['type']和$_FILES['f_file'] ['tmp_name']就可以获取图片的名称、文件大小、文件类型和上传后临时的文件名。

这里把获取图片信息并存储于数据库的代码做成函数 SavePhoto()。该函数有三个参数：$db、$field_name 和$table_name，分别表示连接数据库的对象、插入图片数据的字段名称和表的名称。该函数的代码如下：

```
<?php
function SavePhoto($db,$field_name,$table_name)
{
 #判断是否提交图片数据
 if (isset($_POST['submit']))
 {
  #获取图片说明信息。
```

```
    $f_des = $_POST['f_des'];
    #获取图片名称。
    $f_file_name = $_FILES['f_file']['name'];
    #获取图片大小，单位是字节。
    $f_file_size = $_FILES['f_file']['size'];
    #获取文件的 MIME 类型，如 image/jpeg。
    $f_file_type = $_FILES['f_file']['type'];
    #获取图片上传后存储在服务器的临时文件名称。
    $f_data = $_FILES['f_file']['tmp_name'];
    #读入图片文件的数据
  #并利用 addslashes()对特别字符加上斜线，以便数据库操作能顺利进行。
    #特别字符包括单引号 (')、双引号 (")、反斜线 backslash (\) 以及空字元。
    $data = addslashes(fread(fopen($f_data, "r"), filesize($f_data)));
    #由参数表名和字段名称生成插入图片数据。
    $qs="INSERT INTO ".$table_name."(".$field_name.") VALUES ( '$data')";
    $db->Query($qs);
    $db->CLOSE();
    #返回插入成功信息。
    return "图片".$f_file_name."上传成功。<BR>文件类型为: ".$f_file_type."; <BR>文件大小为:
".$f_file_size;
    }
   #若用户没有提交数据，则返回相应信息。
   return "没有上传图片数据，请检查。";
   }
  ?>
```

### 10.5.3　显示图片文件

在 MySQL 5 中存储着一张图片，将其读取并显示在网页中，如图 10.12 所示。

图 10.12　图片显示界面

显示 MySQL 数据库中的图片，需要先读取该图片数据，然后在网页中显示。读取图片数据的代码保存在文件 photo.php 中。该文件内容如下：

```
<?php
$query="SELECT * FROM mytest where col=".$col;;
$connect = MYSQL_CONNECT( "localhost", "root", "mysql") or die("Unable to connect to MySQL server");
mysql_select_db( "mysql") or die("Unable to select database");
$result=mysql_query($query) or die("Can't Perform Query");
$row=mysql_fetch_object($result);
//该行代码输出文件头信息为图片类型。
//此时，必须加上这行代码，否则显示的图片为乱码
// Header()函数使用前不能输出任何字符，否则可能会出乱码。
Header( "Content-type: image/jpeg");
echo $row->images; //
?>
```

显示图片的文件为 show.php，该文件的代码如下：

```
<HTML><HEAD>
<META http-equiv=Content-Type content="image/jpeg; charset=gb2312"></HEAD>
<BODY>
<img src="photo.php?col=12">
</BODY>
</HTML>
```

### 10.5.4 修改 PHP 设置

php.ini 文件含有一些参数，如 file_uploads、upload_max_filesize、upload_tmp_dir 等。这些参数控制着 PHP 的文件上传。这些参数的意义如下。

- file_uploads：标识是否允许通过 HTTP 上传文件，默认值为 ON，即允许通过 HTTP 上传文件。
- upload_tmp_dir：标识文件上传到服务器后存储临时文件的目录。若没指定，使用系统默认临时文件夹。
- upload_max_filesize：标识允许上传文件大小的最大值，默认为 2MB。
- post_max_size：标识表单通过 POST 方法提交给 PHP 的所能接收的最大数据量，包括表单里的所有值，默认为 8MB。若要提交 8MB 大小的文件，该值要大于 8MB 才可以。

通过设置上述参数，PHP 就可以进行文件上传。但是要上传大于 8MB 的文件，还需要依据网络情况设置以参数。

- max_input_time：标识每个 PHP 页面接受数据的最大时间，单位为秒，默认值为 60。
- max_execution_time：标识每个 PHP 页面的最大执行时间，单位为秒，默认值为 30。
- memory_limit：标识每个 PHP 页面所能占有的最大内存量，默认值为 128MB。

依据网络情况设置这些参数后，就可以上传适当大小的文件了。

## 本章小结

本章介绍了使用 PHP 5 控制 MySQL 5 数据库的方法，即通过 PHP 连接、查询、插入、修改和删除数据库的方法，这是本章的重点。还本章通过三个例子介绍了 PHP 操作数据库的方法。第一个例子为访问数据库的类，这样可以方便读者操作数据库，有利于读者了解类的使用；第二个例子为分页显示记录；第三个例子为在 MySQL 中存储图片，并介绍了图片的上传方法。

## 本章习题

1. 为本章介绍的类 DB 增加获取记录集中字段信息的方法 GetFields()。
2. 为本章介绍的类 DB 增加获取记录集中记录数目的方法 NumFields()。
3. 为本章介绍的类 DB 增加获取记录集中指定记录数据的方法 countRd()。

## 本章答案

1.

```
// GetFields()方法如下。类 DB 的其他代码省略。
function GetFields( )
{

$i = 0;
$strfields ="";
//处理记录集中所有字段。
while ($i < mysql_num_fields($this->Query_ID))
{
$str="";
//获取字段的类型。
$type  = mysql_field_type($query, $i);
//获取字读名称。
$name   = mysql_field_name($query, $i);
//获取字段类型长度。
$len    = mysql_field_len($query, $i);
//获取字段标志，如 not_null 等。
$flags = mysql_field_flags($query, $i);
$str.="字段名称:".$name;
$str.=";类型:".$type;
$str.=";字段长度".$len;
$str.=";字段标志:".$flags."<BR>";
```

```
 $strfields.=$str;
 $i++;
 }
return $strfields ;
}
```

2.

```
// NumFields()方法如下。类 DB 的其他代码省略。
function NumFields()
{
    return count($this->Record)/2;
  }
```

3.

```
// countRd()方法如下。类 DB 的其他代码省略。
function countRd($sql,$Row=0)
{
 if(mysql_num_rows($this->Query_ID)>0)
 {
 $stat = @mysql_data_seek($this->Query_ID, $Row);

 if($stat)
 {
     return mysql_fetch_array($this->Query_ID);
 }
 else
      return false;//
 }
  else
      return false;
}
```

# 第 11 章　PHP 图像技术

**课前导读**

PHP 具有强大的功能，不仅可以快速生成网页，还可以生成丰富多彩的图像。PHP 提供了大量的图形函数，通过加载动态连接库 GD 来完成图像的处理。

**重点提示**

本章介绍 PHP 提供的图形函数，并通过例子讲解图形函数的使用方法，具体内容如下：

- GD 库概述
- 动态生成坐标轴及正弦曲线
- 动态生成椭圆、矩形及多边形
- 动态输入与输出文本
- 缩略图
- 把 MySQL 中的文本以图片输出
- 为上传图片加水印
- 利用图表类 Chart 绘制图表

## 11.1　GD 库概述

PHP 提供了一个 GD 库的模块接口。GD 库最初为 Thomas Boutell 创建的处理 GIF 格式图像的函数库。通过 GD 库，可以完成直线、曲线、文本、图形以及颜色的操作，还可以操作多种不同格式的图像文件，包括 PNG、JPG、WBMP 等。生成的图像可以输出到指定文件中，还可以直接将图像流输出到浏览器。

GD 库所能处理的图像格式取决于 GD 库的版本以及相关的库。GIF 图像格式是网络中非常流行的一种图像格式，但是该格式使用的 LZW 算法牵涉到专利权问题，GD 1.6 版本后的 GD 库不支持 GIF，但是支持 PNG。在 GD 1.6 版本前的 GD 库支持 GIF 图像格式，不支持 PNG。如果用户需要使用 GIF 图像相关函数，可以使用较早的 GD 库版本。

GD 库在 Linux 平台上，一般需要下载源码编译后安装；在 Windows 平台上，可以下载安装程序直接安装。这里不再详细介绍安装过程。用户使用 GD 库前，需要确定系统中安装了 GD 库。下面通过 phpinfo()获取有关 GD 库信息，如图 11.1 所示。若没有该库相关信息，系统可能不支持 GD 库。

也可以通过函数 gd_info()获取 GD 库信息，代码如下：

```
<?php
echo "<pre>";
print_r (gd_info());
echo "</pre>";
?>
```

运行该段代码，结果如图 11.2 所示。

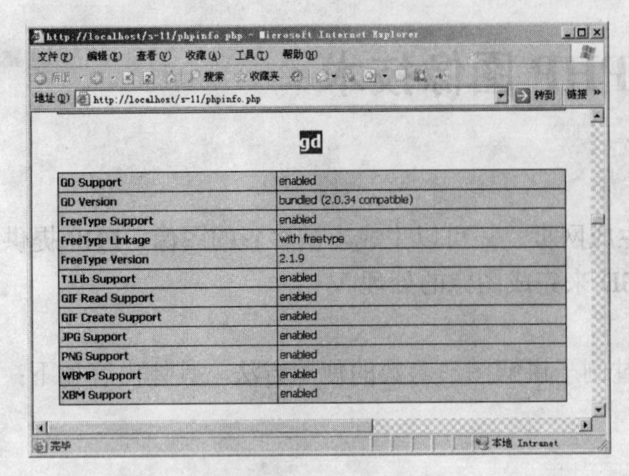


图 11.1 GD 库信息

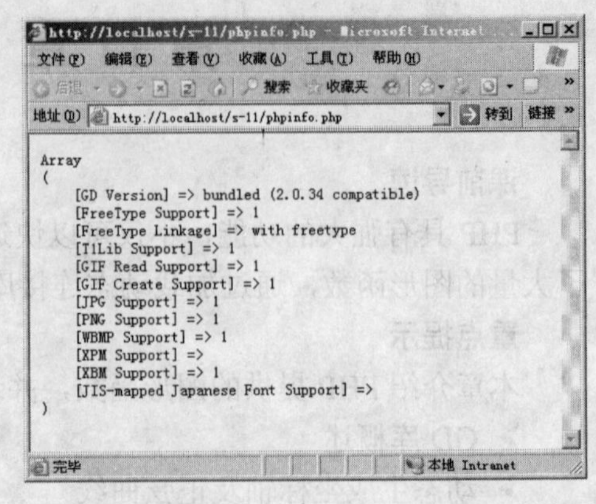


图 11.2 通过函数 gd_info 获取 GD 库信息

## 11.2 生成图形文件

本节介绍通过 PHP 生成图形文件的例子。通过这些例子，读者可以了解 PHP 生成图形文件的方法。

### 11.2.1 生成画线

GD 库函数可以绘制直线、弧线等线条。下面的这个例子画一条正弦曲线，它向用户提供了一个设置曲线起点和终点以及曲线幅度的界面，如图 11.3 所示。通过这个例子，向读者介绍一下图像文件的生成方法。

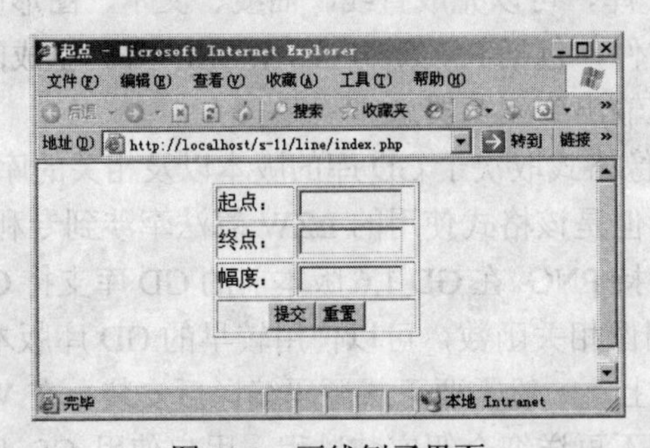


图 11.3 画线例子界面

#### 1. 界面

该界面比较简单，具体代码如下：

```
<html>
<head>
<meta http-equiv="Content-Language" content="zh-cn">
<meta http-equiv="Content-Type" content="text/html; charset=gb2312">
<title>起点</title>
</head>
<body>
```

```
<form method="POST" action="line.php">
    <table border="1" width="39%" id="table1" align=center>
            <tr>
                    <td width="40%">起点：</td>
                    <td width="60%"><input type="text" name="st" size="10"></td>
            </tr>
            <tr>
                    <td width="40%">终点：</td>
                    <td width="60%"><input type="text" name="nend" size="10"></td>
            </tr>
            <tr>
                    <td width="40%">幅度：</td>
                    <td width="60%"><input type="text" name="nfd" size="10"></td>
            </tr>
            <tr>
                    <td colspan="2">
                    <p align="center"><input type="submit" value="提交" name="B1"><input
type="reset" value="重置" name="B2"></td>
            </tr>
        </table>
        <p>  </p>
</form>
</body>
</html>
```

该界面把用户信息提交到 line.php 文件中。

**2．获取用户输入信息**

用户提交信息后，需要获取这些信息，代码如下：

```
<?php
//正弦曲线的起始值。
$st=40;
//若 st 变量存在，则获取该变量的值。
if(isset($_POST["st"]))
 $st=$_POST["st"];
//$nend 表示曲线的终点值。
$nend=600;
//若 nend 变量存在，则获取该变量的值。
if(isset($_POST["nend"]))
    $nend=$_POST["nend"];
//曲线的幅度。
```

```
$nhei=600;
//若 nhei 变量存在，则获取该变量的值。
if(isset($_POST["nfd"]))
        $nhei=$_POST["nfd"];
?>
```

### 3．创建图形文件

使用函数 imagecreate()可以创建图形文件，如下所示：

```
<?php
$im=imagecreate($nWidth,$nHeight) or die("不能初始化 GD 库！");
?>
```

imagecreate()函数用于创建一个基于调色板的图像区域，该函数语法结构如下：

```
int imagecreate ( int xsize, int ysize)
```

语法结构说明：

- xsize 和 ysize 分别为新建立图像区域的长度和宽度，单位为像素。
- 该函数返回新建图像的标识，通过该标识可以完成对图像的操作。

创建图像后，可以使用函数 imagedestroy()释放占用的资源，该函数语法结构如下：

```
int imagedestroy (int image)
```

语法结构说明：

image 为图像的标识。

### 4．设置图像颜色

GD 库提供了操作颜色的函数。通过这些函数可使图像的颜色丰富多彩。常用的颜色函数如下：

（1）imagecolorallocate()

该函数为图像设置 RGB 颜色，语法结构如下：

```
int imagecolorallocate (int image, int red, int green, int blue)
```

image 参数是 imagecreate()函数的返回图像标识；参数 red、green 和 blue 为从 0～255 间的整数值，分别表示颜色的红、绿和蓝成分。

（2）imagecolorallocatealpha()

该函数为图像设置 RGB 颜色，并设置该颜色的透明度，语法结构如下：

```
int imagecolorallocatealpha (int image, int red, int green, int blue, int alpha)
```

image、red、green、blue 等参数与函数 imagecolorallocate()中相应参数相同。参数 alpha 为从 0～127 的整数：0 表示完全不透明，127 表示完全透明。 如果分配失败，则返回 false。

（3）imagecolortransparent()

该函数将某个颜色定义为透明色。在图像中使用该颜色的区域都为透明的。该函数语法结构如下：

```
int imagecolortransparent (int image [, int color])
```

参数 color 是 imagecolorallocate()返回的颜色标识符。

（4）imagecolorat()

该函数取得某像素的颜色索引值，语法结构如下：

```
int imagecolorat ( resource image, int x, int y)
```

该函数返回指定图像中指定位置像素的颜色索引值。

下面的代码为图像设置必要的颜色，并保存到数组中：

```
<?php
//声明一个数组保存颜色。
$color= array();
//设置白色。RGB 值为(0xff,0xff,0xff)。
$white=imageColorAllocate($im,0xff,0xff,0xff);
//设置黑色。RGB 值为(0,0,0)。
$black=imageColorAllocate($im,0,0,0);
//设置红色。RGB 值为(0xff,0,0)。
$red=imageColorAllocate($im,0xff,0,0);
//设置绿色。RGB 值为(0,0xff,0)。
$green=imageColorAllocate($im,0,0xff,0);
//设置蓝色。RGB 值为(0,0,0xff)。
$blue=imageColorAllocate($im,0,0,0xff);
//设置灰色。RGB 值为(200,200,200)。
$gray=imageColorAllocate($im,200,200,200);
//把这些颜色保存到数组中，以便调用。
array_push($color,$black,$red,$green,$blue,$gray);
?>
```

### 5．绘制坐标轴

显示正弦曲线时，需要添加坐标轴。下面的代码输出该曲线的坐标轴：

```
<?php
//定义坐标轴的横向偏移。
$nx=50;
//定义坐标轴的纵向偏移。
$ny=100;
//随机获取颜色下标。
$r=rand(0,4);
//绘制横向坐标轴。
imageline($im,$nx,$ny,$nx+$nend,$ny,$color[$r]);
$rulerX=$nx;
//绘制坐标轴上的坐标。
while($rulerX< $nx+$nend )
{
```

```
 $rulerX=$rulerX+$nend/10;
 ImageLine($im,$rulerX,$ny+5,$rulerX,$ny ,$color[$r]);
}
//绘制纵向坐标轴。
imageline($im,$nx,$ny+$nhei,$nx ,$ny-$nhei,$color[$r]);
$rulerY=$ny+$nhei;
//绘制坐标轴的坐标。
while($rulerY>$ny-$nhei)
{
 $rulerY=$rulerY-$nhei/5;
 ImageLine($im,$nx+5,$rulerY,$nx,$rulerY,$color[$r]);
}
?>
```

上面的代码使用了函数 ImageLine()进行坐标轴绘制。该函数的语法结构如下：

```
int imageline (int image, int x1, int y1, int x2, int y2, int color)
```

语法结构说明：

➢ 该函数使用 color 指定颜色从坐标（x1,y1）到（x2,y2）画一条直线。

➢ color 为 imageColorAllocate()返回的颜色标识。

**6．正弦曲线**

本例的正弦曲线是由多个点组成的。画正弦曲线的步骤如下：

（1）设置正弦曲线的横坐标起点；

（2）若起点大于终点，则转向步骤（8）；

（3）获取该点的正弦曲线值；

（4）正弦曲线值乘以幅度；

（5）设置该正弦曲线值的坐标，并画点；

（6）横坐标值增 1；

（7）重复步骤（2）至步骤（7）；

（8）结束。

具体实现代码如下：

```
<?php
//设置像素点的颜色下标值。
$r=rand(0,4);
//$i 为横坐标的值。
for($i=$st;$i<$nend;$i++)
{
 //把横坐标点值除以 80，转换成弧度。
 //对正弦值乘以幅度后即为该点纵坐标。
 $y=$nhei*sin($i/80*pi());
 //下面设置像素点的横坐标为坐标原点。$x 为像素点的横坐标值。
```

```
$x=$nx+$i-$st;
//画像素点。
        imagesetpixel($im,$x,$ny+$y,$color[$r]);
}
?>
```

### 7. 输出图片

下面的代码输出创建的图片：

```
<?php
imagepng($im);
imagedestroy($im);
?>
```

函数 imagepng()将创建图片输出到浏览器或文件，语法结构如下：

```
int imagepng (int image[, string filename])
```

语法结构说明：

➢ image 为 imagecreate()函数返回的图像标识；

➢ filename 为将图像输出到的文件名，这是可选项。

运行该例子，在“起点”、“终点”、“幅度”文本框内分别输入“50”、“500”、“50”，单击“提交”按钮，结果如图 11.4 所示。

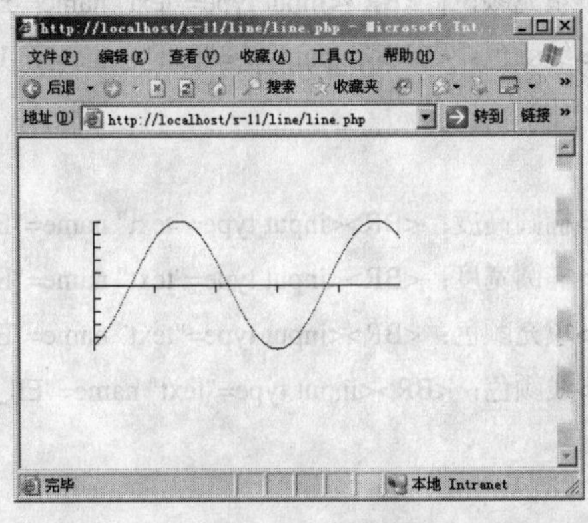


图 11.4　绘制正弦曲线

## 11.2.2　绘制椭圆、矩形

GD 库还提供了绘制椭圆、矩形和弧形的函数，并且可以填充指定的颜色。本例依据用户设置图像形状的高度、宽度、颜色等信息，输出相应图像形状，同时还提供了用户输入的界面，如图 11.5 所示。

需要注意以下几点：

➢ 该界面的高度、宽度、边数、起始角、结束角都为正整数。

➢ 颜色为 RGB 颜色的十六进制，如#FF0000、FFAACC 都可以。

➢ 多边形坐标由多边形点的坐标构成，点坐标之间使用“,”，点的横坐标和纵坐标之间也使用“,”构成，如“40,50,20,240,60,60,240,20”。

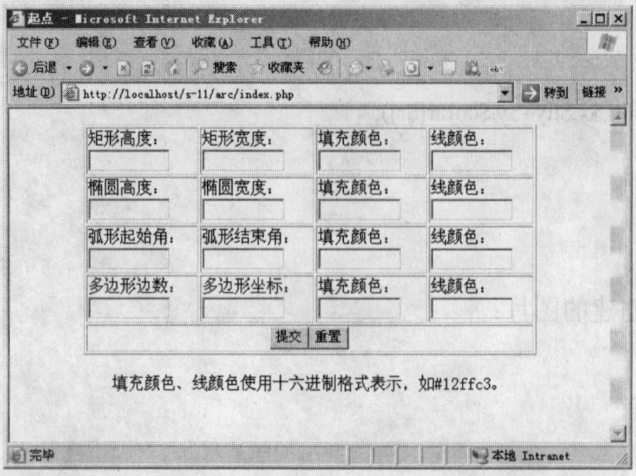

图 11.5　画椭圆、矩形例子界面

### 1．界面

该界面比较简单，具体代码如下：

```
<form method="POST" action="arc.php">
    <table border="1" width="78%" id="table1" align=center>
        <tr>
            <td width="25%">矩形高度：<BR><input type="text" name="rthei" size="10"></td>
            <td width="25%">矩形宽度：<BR><input type="text" name="rtwid" size="10"></td>
            <td width="24%">填充颜色：<BR><input type="text" name="rt_FillColor" size="10"></td>
            <td width="23%">线颜色：<BR><input type="text" name="rt_LineColor" size="10"></td>
        </tr>
        <tr>
            <td width="25%">椭圆高度：<BR><input type="text" name="Ellhei" size="10"></td>
            <td width="25%">椭圆宽度：<BR><input type="text" name="Ellwid" size="10"></td>
            <td width="24%">填充颜色：<BR><input type="text" name="Ell_FillColor" size="10"></td>
            <td width="23%">线颜色：<BR><input type="text" name="Ell_LineColor" size="10"></td>
        </tr>
        <tr>
            <td width="25%">弧形起始角：<BR><input type="text" name="Arcst" size="10"></td>
            <td width="25%">弧形结束角：<BR><input type="text" name="Arcend" size="10"></td>
            <td width="24%">填充颜色：<BR><input type="text" name="Arc_FillColor" size="10"></td>
            <td width="23%">线颜色：<BR><input type="text" name="Arc_LineColor" size="10"></td>
        </tr>
        <tr>
            <td width="25%">多边形边数：<BR><input type="text" name="PolNum" size="10"></td>
            <td width="25%">多边形坐标：<BR><input type="text" name="PolArr" size="10"></td>
            <td width="24%">填充颜色：<BR><input type="text" name="Pol_FillColor" size="10"></td>
            <td width="23%">线颜色：<BR><input type="text" name="Pol_LineColor" size="10"></td>
        </tr>
```

```
		<tr>
			<td colspan="4">
			<p align="center"><input type="submit" value="提交" name="B1"><input type="reset" value="
重置" name="B2"></td>
		</tr>
	</table>
	<p align="center">填充颜色、线颜色使用十六进制格式表示，如#12ffc3。</p>
</form>
```

该界面主要由一个 Form 表单构成，通过文件 arc.php 处理该表单提交的信息。

**2．获取用户提交信息**

文件 arc.php 需要获取表单提交的用户设置信息，具体代码如下：

```
<?php
//获取矩形信息。
//$rthei：高度；$rtwid：宽度；$rt_FillColor：填充色；$rt_LineColor：线的颜色。
$rthei=40;
if(isset($_POST["rthei"]))
 $rthei=$_POST["rthei"];
$rtwid=40;
if(isset($_POST["rtwid"]))
	$rthei=$_POST["rtwid"];
$rt_FillColor="#27D861";
if(isset($_POST["rt_FillColor"]))
	$rt_FillColor=$_POST["rt_FillColor"];
$rt_LineColor="#793CC4";
if(isset($_POST["rt_LineColor"]))
	$rt_LineColor=$_POST["rt_LineColor"];

//获取椭圆信息。
//$Ellhei：高度；$Ellwid：宽度；$Ell_FillColor：填充色；$Ell_LineColor：线的颜色。
$Ellhei=40;
if(isset($_POST["Ellhei"]))
	$Ellhei=$_POST["Ellhei"];
$Ellwid=40;
if(isset($_POST["Ellwid"]))
	$Ellwid=$_POST["Ellwid"];
$Ell_FillColor="#FFFF88";
if(isset($_POST["Ell_FillColor"]))
	$Ell_FillColor=$_POST["Ell_FillColor"];
$Ell_LineColor="#FF0000";
```

```
if(isset($_POST["Ell_LineColor"]))
    $Ell_LineColor=$_POST["Ell_LineColor"];

//获取弧形信息。
//$Archei：高度；$Arcwid：宽度；$Arc_FillColor：填充色；$Arc_LineColor：线的颜色；
//$Arcst：弧形起始角度；$Arcend：弧形的结束角度。
$Arcst=1;
if(isset($_POST["Arcst"]))
    $Arcst=$_POST["Arcst"];
$Arcend=200;
if(isset($_POST["Arcend"]))
    $Arcend=$_POST["Arcend"];
$Arc_FillColor="#27D861";
if(isset($_POST["Arc_FillColor"]))
    $Arc_FillColor=$_POST["Arc_FillColor"];
$Arc_LineColor="#793CC4";
if(isset($_POST["Arc_LineColor"]))
    $Arc_LineColor=$_POST["Arc_LineColor"];

//获取多边形信息。
//$PolNum：多边形边数目；$PolArr：为一个数组，保存各定点坐标值；
//$Pol_FillColor：填充色；$Pol_LineColor：线的颜色。
$PolNum=5;
if(isset($_POST["PolNum"]))
    $PolNum=$_POST["PolNum"];
//设置多边形的默认值。
$PolArr=array(
  40,     // x1 坐标值。
  50,     // y1 坐标值。
  20,     // x2 坐标值。
  240,    // y2 坐标值。
  60,     // x3 坐标值。
  60,     // y3 坐标值。
  240,    // x4 坐标值。
  20,     // y4 坐标值。
  50,     // x5 坐标值。
  40,     // y5 坐标值。
  10,     // x6 坐标值。
  10      // y6 坐标值。
);
```

```
if(isset($_POST["PolArr"]))
        $PolArr=$_POST["PolArr"];
$Pol_FillColor="#27D861";
if(isset($_POST["Pol_FillColor"]))
        $Pol_FillColor=$_POST["Pol_FillColor"];
$Pol_LineColor="#793CC4";
if(isset($_POST["Pol_LineColor"]))
        $Pol_LineColor=$_POST["Pol_LineColor"];
?>
```

### 3．创建图像

创建图像的方法与上一节介绍的方法相同，这里不再说明，只给出具体代码：

```
<?php
$nWidth=500;
$nHeight=500;
$im=imagecreate($nWidth,$nHeight) or die("不能初始化 GD 库！");
//创建图像中的白色。
$white=imageColorAllocate($im,0xff,0xff,0xff);
//设置背景色。
imagefill($im,0,0,$white);
?>
```

### 4．绘制矩形

GD 库提供了绘制和填充矩形的函数 imageFilledRectangle()和 imagerectangle()。通过这两个函数可以绘制用户需要的矩形。

函数 imagerectangle()的语法结构如下：

```
int imagerectangle (int image, int x1, int y1, int x2, int y2, int col)
```

语法结构说明：

- image 为函数 imagecreate()返回的图像标识符。
- 使用颜色 col 绘制矩形，矩形左上角坐标为（x1,y1），右下角坐标为（x2,y2）。

函数 imageFilledRectangle()的语法结构如下：

```
int imageFilledRectangle (int image, int x1, int y1, int x2, int y2, int col)
```

语法结构说明：

- image 为函数 imagecreate()返回的图像标识符。
- 使用颜色 col 填充矩形，矩形左上角坐标为（x1,y1），右下角坐标为（x2,y2）。

用户可以设置矩形线条和填充色的颜色。用户设置的颜色为字符串形式，而函数 imageColorAllocate()需要使用 RGB 格式的颜色，为 0～255 间的整数。这就需要把字符串形式的颜色转换成 imagerectangle()或 imageFilledRectangle()能用的颜色格式。

str2ImageColorAllocate()为自定义函数，实现了把字符串颜色转换成图像颜色。该函数的实现步骤如下：

（1）获取颜色字符串首字符；

（2）首字符为“#”，则去除该字符；

（3）截取颜色字符串的前两个字符为$col；

（4）若$ col 长度为 0，则$ col 为“00”；

（5）若$ col 长度为 1，则在$ col 前补“0”；

（6）若$ col 中字符不为十六进制数字字符，则转换为“f”；

（7）重复（3）至（7）步，获取 RGB 三色值；

（8）调用 imageColorAllocate()函数把获取的 RGB 颜色转换成图像颜色；

（9）结束。

具体代码如下：

```
<?php
function str2ImageColorAllocate($im,$colorStr)
{
 //获取首字符：若是“#”，则设置颜色数值的起点为 1；否则为 0。
 $firstChar = subStr($colorStr,0,1);
 if($firstChar == "#")
 {
       $startPos = 1;
 }
 else
 {
       $startPos = 0;
 }
 //获取颜色字符串的前两个字符。
 $R=subStr($colorStr,$startPos,2);
 //检查该色值。
 $R = CheckRGB($R);
 //分离出 RGB 的绿色并检查。
 $G = subStr($colorStr,$startPos+2,2);
 $G = CheckRGB($G);
 //分离出 RGB 的蓝色并检查。
 $B = subStr($colorStr,$startPos+4,2);
 $B = CheckRGB($B);
 //返回图像颜色。
 return imageColorAllocate($im,$R,$G,$B);
}
function CheckRGB($str)
{
 //若颜色字符串长度为 0，则设置该颜色字符串为“00”。
 if(strlen($str)==0)
```

```
        $str="00";
//若颜色字符串长度为1，则在该颜色字符串前补"0"。
if(strlen($str)==1)
        $str="0".$R;
//若颜色字符中字符不是十六进制数值的字符，则设置该颜色字符为"f"。
if(!((substr($str,0,1)>='0' and substr($str,0,1)<='9')
        or (substr($str,0,1)>='a' and substr($str,0,1)<='f')
        or (substr($str,0,1)>='A' and substr($str,0,1)<='F'))
    )
        $str="f".substr($str,1,1);
if(!((substr($str,1,1)>='0' and substr($str,1,1)<='9')
        or (substr($str,1,1)>='a' and substr($str,1,1)<='f')
        or (substr($str,1,1)>='A' and substr($str,1,1)<='F'))
    )
        $str=substr($str,0,1)."f";
//把颜色字符转换成十六进制值。
$str = HexDec($str);
return $str;
}
?>
```

下面的代码把用户设置的颜色转换成图像颜色，然后填充矩形并绘制矩形的边框：

```
<?php
$nx=250;
$ny=50;
//把用户设置颜色转换成图像颜色。
$rtc=str2ImageColorAllocate($im,$rt_FillColor);
//填充矩形。
imageFilledRectangle($im,$nx,$ny,$nx+$rtwid,$ny+$rthei,$rtc);
//获取线的颜色并绘制矩形。
$rtc=str2ImageColorAllocate($im,$rt_LineColor);
imagerectangle($im,$nx,$ny,$nx+$rtwid,$ny+$rthei,$rtc);
?>
```

**5．绘制椭圆**

函数 imageellipse()、imagefilledellipse()可以绘制、填充椭圆，其语法结构如下：

```
int imageellipse (int image, int cx, int cy, int w, int h, int color)
```

语法结构说明：

- cx、cy 为椭圆中心横坐标和纵坐标；
- w 和 h 为指定椭圆的宽度和高度；

➢ color 指定椭圆的颜色；

➢ 该函数以中心（cx、cy），绘制高为 h、宽为 w、颜色为 color 的椭圆。

Imagefilledellipse()函数的语法结构如下：

```
int imagefilledellipse (int image, int cx, int cy, int w, int h, int color)
```

该函数的参数与函数 imageellipse()相同。

绘制椭圆的代码比较简单，具体如下：

```php
<?php
$nx=350 ;
$ny=350;
$rtc=str2ImageColorAllocate($im,$Ell_FillColor);
imagefilledellipse ($im,$nx,$ny,$Ellwid,$Ellhei,$rtc);
$rtc=str2ImageColorAllocate($im,$Ell_LineColor);
imageellipse($im,$nx,$ny,$Ellwid,$Ellhei,$rtc);
?>
```

### 6．绘制弧形

绘制弧形的代码比较简单，具体如下：

```php
<?php
$nx=150;
$ny=250;
$rtc=str2ImageColorAllocate($im,$Ell_FillColor);
imagefilledarc($im,$nx,$ny,$Ellwid,$Ellwid,$Arcst,$Arcend,$rtc, IMG_ARC_EDGED );
?>
```

函数 imagefilledarc()用于绘制并填充弧形，语法结构如下：

```
int imagefilledarc ( resource image, int cx, int cy, int w, int h, int s, int e, int color, int style)
```

语法结构说明：

➢ cx,cy 为弧形圆横坐标和纵坐标；

➢ 弧形也为某个椭圆的一部分，w 和 h 为该椭圆的宽度和高度；

➢ s 和 e 为弧形的起始角度和终止角度；

➢ color 指定弧形的颜色；

➢ 该函数在中心（cx，cy）绘制高为 h、宽为 w、颜色为 color 的弧形，该弧形的起始角度为 s，终止角度为 e。

### 7．绘制多边形

该界面比较简单，具体代码如下：

```php
<?php
//把多边形坐标使用“,”分隔，并保存于数组中。
$arr=split(",",$PolArr);
//$arr 为点数目的横坐标和纵坐标值，除以 2 即为多边形点的数目。
```

```
$PolNum=count($arr)/2;
$rtc=str2ImageColorAllocate($im,$Pol_FillColor);
//填充多边形。
imagefilledpolygon($im,$arr,$PolNum,$rtc);
$rtc=str2ImageColorAllocate($im,$Pol_LineColor);
//绘制多边形。
imagepolygon($im,$arr,$PolNum,$rtc);
?>
```

函数 imagepolygon()用于绘制多边形，语法结构如下：

```
int imagepolygon (int image, array points, int num_points, int color)
```

语法结构说明：

- points 为数组，保存多边形点的横坐标和纵坐标值，两个值表示一个点；
- num_points 为点的数目；
- color 为多边形的线条颜色。

Imagefilledpolygon()用于填充多边形，语法结构如下：

```
int imagefilledpolygon (int image, array points, int num_points, int color)
```

在图 11.5 界面中输入各图形的信息，单击“提交”按钮，结果如图 11.6 所示。

### 11.2.3　显示文本

GD 库不但提供了绘制图形的函数，还提供了向图像输出文本的函数。本例在图像中输出用户输入的内容，界面如图 11.7 所示。

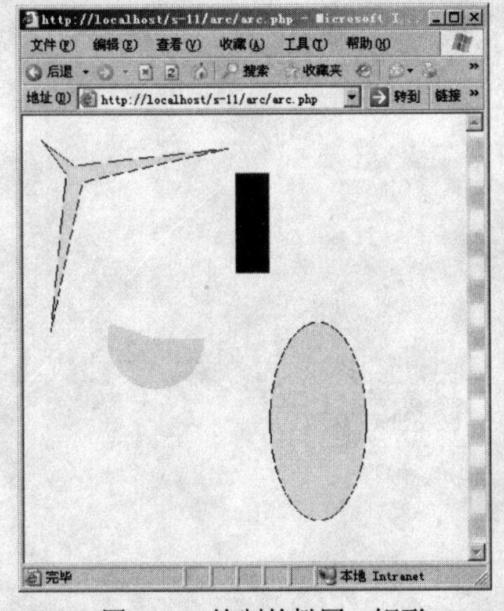

图 11.6　绘制的椭圆、矩形

图 11.7　显示文本的界面

该界面不但提供了输入文本的功能，还提供了设置文本方向以及文字透明度的功能。下面介绍该例子的实现过程。

**1．界面**

该例子的界面比较简单，具体代码如下：

```
<form method="POST" action="text.php">
        <p>输入文本：<input type="text" name="text" size="21"></p>
        <p>文本方向：<select size="1" name="angle">
        <option selected value="1">水平方向</option>
        <option value="2">垂直方向</option>
        <option value="3">45</option>
        <option value="4">135</option>
        <option value="5">225</option>
        <option value="6">270</option>
        <option value="7">315</option>
        <option value="8">180</option>
        </select></p>
        <p>透明度：<input type="text" name="alpha" size="21"></p>
        <p><input  type="submit"  value=" 提 交 "  name="B1"><input  type="reset"  value=" 重 置 "
name="B2"></p>
</form>
```

该界面把用户输入内容提交到文件 text.php 进行处理。

2．获取用户输入

获取用户输入内容的代码如下：

```
<?php
Header("Content-type:image/PNG");
//设置向图像输出的默认文本内容。
$text="GD 库输出汉字例子！";
if(isset($_POST["text"]))
    $text=$_POST["text"];
//图像的高度和宽度。
$nWidth=300;
$nHeight=300;
//获取用户选择旋转文本的值。
$a=1;
if(isset($_POST["angle"]))
    $a =$_POST["angle"];
$angle=0;
$x=$nWidth/3;
$y=$nHeight/3;
//获取用户设置的透明度。
$alpha=0;
if(isset($_POST["alpha"]))
    $alpha=$_POST["alpha"];
```

```
$alpha=ceil($alpha);
//把用户设置旋转值转换成角度，并设置输出文字的坐标。
if($a==1)
    $angle=0;
else if($a==2)
{
    $angle=90;
    $y=$nHeight*2/3;
}
else if($a==3)
{
    $angle=45;
    $y=$nHeight*2/3;
}
else if($a==4)
{
    $angle=135;
    $x=$nWidth*2/3;
    $y=$nHeight*2/3;
}
else if($a==5)
{
    $angle=225;
    $x=$nWidth*2/3;
    $y=$nHeight/3;
    }
else if($a==6)
{
    $angle=270;
    $x=$nWidth/3;
    $y=$nHeight/3;
    }
else if($a==7)
    $angle=315;
else if($a==8)
{
    $angle=180;
    $x=$nWidth*2/3;
    $y=$nHeight/3;
}
```

```
?>
```

### 3．获取用户输入信息

下面的代码依据用户设置的透明度，设置图像颜色的透明度：

```php
<?php
$color= array();
$white=imagecolorallocatealpha($im,0xff,0xff,0xff,$alpha);
$black=imagecolorallocatealpha($im,0,0,0,$alpha);
$red=imagecolorallocatealpha($im,0xff,0,0,$alpha);
$green=imagecolorallocatealpha($im,0,0xff,0,$alpha);
$blue=imagecolorallocatealpha($im,0,0,0xff,$alpha);
$gray=imagecolorallocatealpha($im,200,200,200,$alpha);
array_push($color,$black,$red,$green,$blue,$gray);
?>
```

函数 imagecolorallocatealpha()用于设置指定颜色的透明度，语法结构如下：

```
int imagecolorallocatealpha ( resource image, int red, int green, int blue, int alpha)
```

语法结构说明如下：

- image 参数是 imagecreate()函数的返回值；
- red、green 和 blue 为图像颜色所需的红、绿、蓝成分。这些参数值为从 0～255 的整数（也可以使用十六进制表示）。
- 参数 alpha 为透明度，从 0～127 的整数。0 表示完全不透明，127 表示完全透明。

### 4．输出文本

依据用户设置的透明度输出用户设置文本的代码如下。

```php
<?php
//把字符串$text 从字符集 gb2312 转变为字符集 UTF-8。
$text= mb_convert_encoding($text,"UTF-8" ,"gb2312" );
// ImageTTFText()函数以楷体输出$text。
ImageTTFText($im, 20, $angle, 150,150, $red, "simkai.ttf",$text );
?>
```

其中，函数 ImageTTFText()以指定的 TrueType 字体向图像输出文本，语法格式如下：

```
array imagettftext (int image, int size, int angle, int x, int y, int color, string fontfile, string text)
```

语法结构说明：

- 参数 size 为字号。
- 参数 angle 为输出文本的旋转角度。
- x 和 y 为文本输出的坐标，这个坐标不是第一个字符的左上角坐标，而是左下角的坐标。
- 参数 color 为文本的颜色。
- 参数 fontfile 为 TTF 字体的文件名。

➢ 参数 text 为输出文本。若文本是多字节字符，则应使用 UTF-8 字符序列访问文本；否则，图像可能会输出乱码。

若输出文本是汉字字符串，该文本需以 UTF-8 字符集表示。函数 mb_convert_encoding() 可把字符串从一种字符序列访问方式转换成另外一种字符序列访问方式，其语法结构如下：

```
string mb_convert_encoding ( string str, string to-encoding [,string from-encoding])
```

语法结构说明：

➢ 参数 str 表示待转换的字符串。

➢ 参数 from-encoding 为可选项，表示 str 所用的字符集。

➢ 参数 to-encoding 为转换后的字符集。

➢ 该函数返回转换后的字符串。

在界面输入显示文本“聪明的佳文!”，文本方向为“垂直方向”，透明度为“25”，单击“提交”按钮，结果如图 11.8 所示。

## 11.2.4　缩略图

GD 库不但可以绘制图形，还可以打开已存在的图片。本例打开当前文件夹下的所有图片，并以缩略图形式显示出来，界面如图 11.9 所示。

在文本框内输入缩放率，单击“提交”按钮，就可以看到缩放的图片文件。当缩放率小于 1 时，缩小图片；当大于 1 时，放大图片；当等于 1 时，图片原大小显示。该例具体实现方法如下。

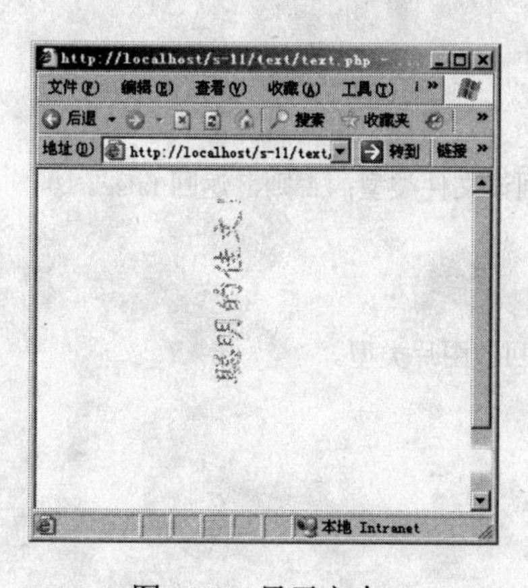


图 11.8　显示文本

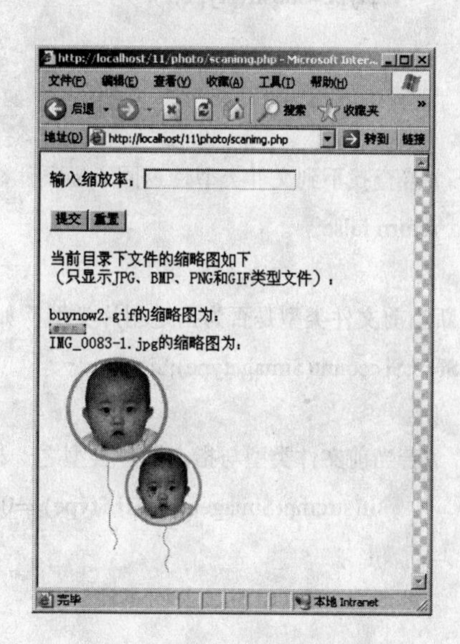


图 11.9　缩略图例子界面

### 1. 界面

该例界面由两部分构成：表单和获取当前目录下的图片文件。表单可使用户输入缩放率，具体代码如下：

```
<form method="POST" action="scanimg.php">
<p>输入缩放率：<input type="text" name="scale" size="21"></p>
```

```
<p><input type="submit" value="提交" name="B1"><input type="reset" value="重置" name="B2"></p>
</form>
```

获取当前目录下的图片文件在第 7 章已经介绍，这里不再详细介绍，具体实现代码如下：

```
<p>当前目录下文件的锁略图如下<br>
（只显示 JPG、BMP、PNG 和 GIF 类型文件）：  </p>
<?php
//获取图片的类型是否为指定图片类型。
//如是指定图片类型，则返回图片类型；否则，返回 false。
function GetImgType($fileName)
{
 //定义该例可以处理的图片文件类型。
 $imagetype=array("bmp","jpg","png","gif");
 //获取图片的扩展名。
 $type=strstr($fileName,".");
 //若存在“.”，则获取该文件类型。
 if($type)
 {
      //获取文件类型。
            $type=substr($type,1);
 }
      else
      {
      //若查找不到文件类型，返回 false。
      return false;
      }
 //判断当前文件类型是否为指定图片类型，如是，则返回该文件类型；否则，返回 false。
 for($i=0;$i<count($imagetype);$i++)
      {
      //若当前文件类型与指定图片类型之一相同，则返回该图片类型。
            if(strcmp($imagetype[$i],$type)==0)
            {
                  return $imagetype[$i];
            }
 }
 //若没有查找到与当前文件类型相同的指定图片类型，则返回 false。
      return false;
}
$scale=0.5;
//获取用户设置的缩放率。
```

```
if(isset($_POST["scale"]))
 $scale=$_POST["scale"];
//获取当前文件夹的物理目录。
$realdir=realpath(".");
$hdir=opendir($realdir);
$str="";
//循环输出所有的图片。
while($name=readdir($hdir))
{
	if($name=="."||$name=="..")continue;
//若当前文件是文件类型，则判断该文件类型是否为指定图片类型，如是，则输出图片信息。
	if(is_file($realdir."/".$name))
	{
	//输出该图片的缩略图。缩略图由文件 img.php 实现。
		if(GetImgType($name))
			echo $name."的缩略图为：<br><img src='img.php?filename=".$name."&scale=$scale'><br>";
	}
}
closedir($hdir);
?>
```

### 2．打开指定文件

缩略图是对已有图片文件生成的缩略图。因此在生成缩略图时，要打开该文件。使用函数 ImageCreateFromjpeg()、函数 ImageCreateFromGIF()、函数 imagecreatefrompng()和函数 imagecreatefromwbmp()可以打开 JPG、GIF、PNG 和 BMP 文件类型。

函数 ImageCreateFromjpeg()的语法结构如下：

```
resource imagecreatefromjpeg ( string filename)
```

语法结构说明：

- 该函数返回一个图像标识符，标识从给定的 JPG 文件名取得的图像。
- filename 为指定的 JPG 文件名，也可以为 URL。

函数 ImageCreateFromGIF()、imagecreatefrompng()、imagecreatefromwbmp()与函数 ImageCreateFromjpeg()的作用类似，都是从特定图像文件取出图像，并返回图像标识符。这里不再介绍。

本例打开指定图片文件的函数为 OpenImg()，该函数的具体代码如下：

```
<?php
function OpenImg($fileName)
{
//获取该图片的文件类型。
```

```
    $type=GetImgType($fileName);
    //以文件类型调用相应函数打开指定文件。
    switch($type)
    {
        case "jpg":
            //打开指定 JPG 文件。
                $im=ImageCreateFromjpeg($fileName);
                break;
        case "gif":
            //打开指定 GIF 文件。
                $im=ImageCreateFromGIF($fileName);
                break;
        case "png":
                //打开指定 PNG 文件。
            $im=imagecreatefrompng($fileName);
                break;
        case "bmp":
                //打开指定 BMP 文件。
            $im=imagecreatefromwbmp($filcName);
                break;
        default:
            //若没有指定的文件类型，则返回 false。
                $im=0;
                return false;
                break;
    }
    return $im;
}
?>
```

### 3. 创建缩略图

在本例中，函数 createImage()由指定的图片生成缩略图，具体实现代码如下：

```
<?php
/*
该函数创建缩略图。
$fileName 为原文件名称；
$scale 为缩放率；
$newFileName 为缩略图保存文件名称。如为空，则输出到浏览器。
*/
function createImage($fileName,$scale,$newFileName="")
```

```
{
//打开指定的文件，并把图像标识符返回给$im。
$im=OpenImg($fileName);
//若打开图像文件失败，则返回。
if($im===false)
        return false;
//获取图像的宽度。
$nWidth=imagesx($im);
//获取图像的高度。
$nHeight=imagesy($im);
//设置缩略图的宽度。
$destWidth=round($nWidth*$scale);
//设置缩略图的高度。
$destHeight=round($nHeight*$scale);
///生成真色彩。真色彩对 gb 库有要求。
$destm=imagecreatetruecolor($destWidth,$destHeight);
//复制图像并调整图像大小。
imagecopyresampled($destm,$im,0,0,0,0,$destWidth,$destHeight,$nWidth,$nHeight);
$type=GetImgType($fileName);
//依据图像类型生成缩略图。
switch($type)
{
        case "jpg":
                if(trim($newFileName)=="")
                {
                //把缩略图直接输出到浏览器。
                        $suc=imagejpeg($destm);
                }
                else
                {
                //把缩略图输出到指定文件中。
                        $suc=imagejpeg($destm,$newFileName);
                }
                break;
        case "gif":
                if(trim($newFileName)=="")
                {
                //把缩略图直接输出到浏览器。
                        $suc=imagegif($destm);
                }
```

```
                else
            {
                //把缩略图输出到指定文件中。
                    $suc=imagegif($destm,$newFileName);
                }
                break;
        case "png":
                if(trim($newFileName)=="")
                {
                //把缩略图直接输出到浏览器。
                    $suc=imagepng($destm);
                }
            else
            {
                //把缩略图输出到指定文件中。
                    $suc=imagepng($destm,$newFileName);
                }
                break;
        case "bmp":
                if(trim($newFileName)=="")
                {
                //把缩略图直接输出到浏览器。
                    $suc=imagewbmp($destm);
                }
            else
            {
                //把缩略图输出到指定文件中。
                    $suc=imagewbmp($destm,$newFileName);
                }
                break;
        default:
                echo "类型错误！";
                return;
    }
    imagedestroy($destm);
}
?>
```

**4．获取指定参数并生成缩略图**

用户可以指定图片的文件名称和缩放率。获取这些指定参数并生成缩略图的代码如下：

```
<?php
Header("Content-type:image/jpg");
$filename="";
if(isset($_GET["filename"]))
 $filename=$_GET["filename"];
$scale=0.5;
if(isset($_GET["scale"]))
 $scale=$_GET["scale"];
createImage($filename,$scale);
?>
```

在图 11.9 所示界面中，输入缩放率“0.3”，单击“提交”按钮，结果如图 11.10 所示。

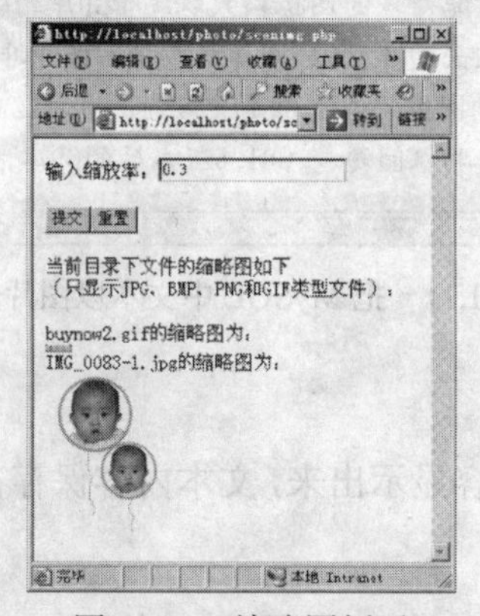

图 11.10　缩略图例子

## 11.3　应用实例之一：把 MySQL 5 中的文本以图片输出

现在，网站内容越来越丰富。有些网站为了防止非法用户复制内容，想尽各种办法。现在，网站常用的防复制方法如下：

➢ 有的网站在网页中设置脚本语言，屏蔽鼠标右键菜单和复制快捷键。

➢ 有的网站在网页内容之间添加与背景色一致的其他文字，用户在浏览时，可以正常阅读网页内容。在用户复制并粘贴后，复制后的文本就会出现乱七八糟的文字内容，很难正常阅读。

➢ 有的小说网站把小说内容输出到图片。用户看到的是图片，无法进行复制，有效防止了非法用户的复制。

对于这些方法，各有利弊：

➢ 第一种方法，用户可以通过禁用脚本运行等方法禁止网页脚本运行，从而可以下载或复制网页内容。

➢ 在第二种方法中，夹杂的文字内容大多是有规律可循的，如网站的广告等。这些内容仍然可以通过一些方法处理掉，这样用户仍然可以获取文本内容。

➢ 对于第三种方法，用户可以直接下载图片保存。若图片加了水印等内容，则不大容易去掉，即使能去掉，也很难批量去掉。非法用户即使放在了自己网站上，也是给源网站做了广告。但是这种办法不利于共享。

本例将介绍把数据库内容输出到图片的方法，如图 11.11 所示。

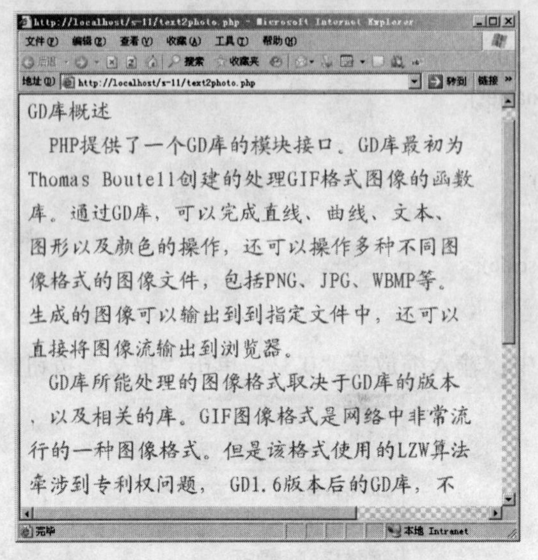


图 11.11 把 MySQL 中文本以图片输出

## 11.3.1 数据库结构

本例读取数据库内容并把内容显示出来，文本内容保存在数据库 content 中的 exam 表中。该表的结构如表 11-1 所示。

表 11-1 表 exam 的结构

| 序号 | 字段名称 | 数据类型 | 说明 |
|---|---|---|---|
| 1 | ID | 自动编号 | 文章序号 |
| 2 | Name | 文本 | 文章名称 |
| 3 | Cont | 文本 | 文章内容 |

## 11.3.2 查询数据库

要输出文章内容，需要先获取文章内容，这就需要查询数据库。连接、查询数据库的函数保留在文件 MySQL_Class.inc 中，该文件的具体实现不再介绍。包含该文件的方法如下：

```
<?php
include "MySQL_Class.inc";
?>
```

查询数据库的代码如下：

```
<?php
//生成连接类 DB。
$db=new DB();
//设置查询数据库的 SQL 语句。
$sql="select * from exam where ID=1";
```

```
$db->Query($sql);
//获取查询结果。
$rs=$db->nextrecord();
if($rs!==false)
{
 //获取查询结果。
      $str=$rs["Cont"];
}
?>
```

## 11.3.3 输出文本内容

在使用函数 ImageTTFText()输出文本内容时，遇到换行符才会换行输出。如果一段内容字符太多，会造成该行太长，图像的宽度不够。这就需要设置每行的字符数。

本例假设每行输出的字符数不能多于 40 个。当一行处理的字符数多于 40 个时，要换行输出。实现步骤如下：

（1）输出信息头；
（2）设置图像的高度和宽度；
（3）获取字符总数；
（4）创建图片；
（5）若处理的字符数多于字符总数，则转步骤（20）；
（6）获取当前字符；
（7）若该字符的 ASCII 值大于 127，则转步骤（13）；
（8）每行字符个数加 1；
（9）把当前字符添加到每行字符内容中；
（10）若每行字符多于 40 个，或遇到回车符，则转步骤（11），否则转步骤（19）；
（11）设置每行字符数等信息；
（12）输出该行内容；
（13）获取完整的汉字字符；
（14）每行字符个数加 2；
（15）把当前字符添加到每行字符内容中；
（16）若每行字符多于 40 个，或遇到回车符，则转步骤（17），否则转步骤（19）；
（17）设置每行字符数等信息；
（18）输出该行内容；
（19）重复步骤（5）至步骤（19）；
（20）结束。

具体实现代码如下：

```
<?php
//输出信息头。
Header("Content-type:image/PNG");
//设置图片的高度和宽度。
```

```
$nWidth=800;
$nHeight=800;
//设置每行字符个数。
$st=0;
//标识处理的字符个数。
$n=0;
//获取字符总数。
$nCount=strlen($str);
//创建图片。
$im=imagecreate($nWidth,$nHeight) or die("不能初始化 GD 库！");
//生成图像颜色并保存到数组中。
$color= array();
$white=imageColorAllocate($im,0xff,0xff,0xff);
$black=imageColorAllocate($im,0,0,0);
$red=imageColorAllocate($im,0xff,0,0);
$green=imageColorAllocate($im,0,0xff,0);
$blue=imageColorAllocate($im,0,0,0xff);
$gray=imageColorAllocate($im,200,200,200);
array_push($color,$black,$red,$green,$blue,$gray);
//设置每行字符显示的横坐标。
$widChar= 0;
//设置每行字符显示的纵坐标。
$y= 0;
//保存每行字符。
$con="";
//如处理的字符少于总字符数，则进行输出处理。
while($n<$nCount)
{
 //获取当前字符。
    $c=substr($str,$n,1);
 //下面处理不是汉字的字符。
    if(ord($c)>=0 && ord($c)<=127)
    {
    //行的字符数加 1。
    $st++;
    //把当前字符添加到当前行字符串中。
        $con.=$c;
    //若当前字符为换行符，或行字符多于 40 个，则输出文本。
        if($st>=40 or $c=="\r")
        {
```

```
        //行的纵坐标值。
        $y+=40;
             $con.=$c;
             $st=0;
        $widChar=0;
        //把当前行字符串转换成 UTF-8 字符集字符。
             $con= mb_convert_encoding($con,"UTF-8" ,"gb2312" );
        //输出该行字符串。
        ImageTTFText($im, 20, 0, $widChar,$y, $red, "simkai.ttf",$con );
        //每行字符开始加上两个空字符。
             if($c==chr(13))
             {
             $st=2;
                  $con="    ";
             }
             else
                  $con="";
        $n+=1;
        }
        $n+=1;
   }
   else
   {
   //若是汉字，则获取完整的字符。
        $st+=2;
        $s=substr($str,$n,2);
        $con.=$s;
   //若当前字符为换行符，或行字符多于 40 个，则输出文本。
        if($st>=40 or $s=="\r")
        {
             $con.="\r";
        $y+=40;
             $widChar=0;
           //把当前行字符串转换成 UTF-8 字符集字符。
        $con= mb_convert_encoding($con,"UTF-8" ,"gb2312" );
             //输出该行字符串。
        ImageTTFText($im, 20, 0, $widChar,$y, $red, "simkai.ttf",$con );
             $st=0;
             //每行字符开始加上两个空字符。
        if($s==chr(13))
```

```
                {
                $st=2;
                $con="   ";
                $n+=1;
               }
                else
                        $con="";
            }
            $n+=2;
    }
  }
  imagepng($im);
  imagedestroy($im);
  ?>
```

## 11.4　应用实例之二：为上传图片加水印

上一章介绍了上传图片的例子。上传的图片只是变换文件名称后保存到指定的目录。而本节的例子将为图片添加指定的水印。

本例没有提供上传界面，只提供了设置文字或图片水印的功能，如图 11.12 所示。

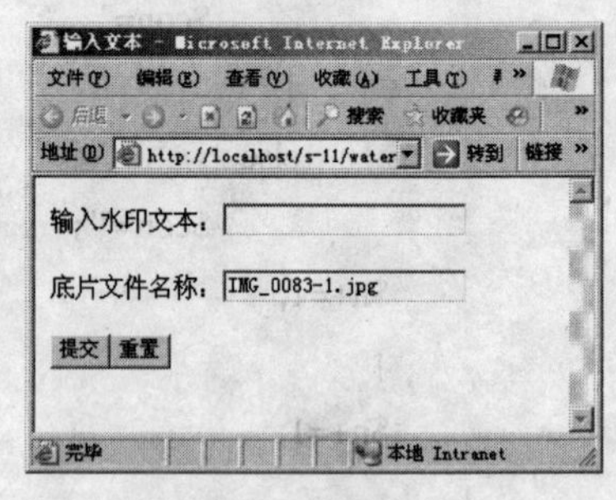


图 11.12　为上传图片加水印

### 11.4.1　界面

本例界面比较简单，具体代码如下：

```
<form method="POST" action="water.php">
 <p>输入水印文本：<input type="text" name="text" size="21"></p>
 <p>底片文件名称：<input type="text" name="sfile" size="21" value="IMG_0083-1.jpg"></p>
 <p><input type="submit" value="提交" name="B1"><input type="reset" value="重置" name="B2"></p>
</form>
```

该界面把用户设置的数据提交给文件 water.php 处理。

### 11.4.2　获取数据

获取数据的代码比较简单，具体如下：

```
<?php
//设置默认的文字水印内容。
$filename="www.kinghelp.com";
//标识水印类型：1 表示文字水印；2 表示图片水印。
$actiontype=1;
```

```
//获取文字水印的内容。
if(isset($_POST["text"]))
 $filename=$_POST["text"];
//若文字水印的内容为一文件名称，则使用图片水印。
if(is_file($filename))
        $actiontype=2;
//设置添加水印图片。
$destfile="IMG_0083-1.jpg";
if(isset($_POST["sfile"]) and $_POST["sfile"]!="")
        $destfile=$_POST["sfile"];
//若底片不是文件，则输出错误。
if(!is_file($destfile))
{
 echo "底片文件错误！";
        return false;
}
?>
```

### 11.4.3　装入图片

装入图片的实现比较简单，具体代码如下：

```
<?php
/*
获取图片大小。
返回一个具有四个单元的数组。
索引 0 为图像宽度，单位为像素值；
索引 1 为图像高度；
索引 2 为图像类型的标记：1 为 GIF，2 为 JPG，3 为 PNG，6 为 BMP。
*/
$fileinfo=getimagesize($destfile);
//创建真色彩图像。宽度、高度和文件$destfile 一致。
$nimage=imagecreatetruecolor($fileinfo[0],$fileinfo[1]);
$white=imagecolorallocatealpha($nimage,255,255,255,30);
$black=imagecolorallocatealpha($nimage,0,0,0,30);
$red=imagecolorallocatealpha($nimage,255,0,0,30);
//获取文件类型。
$type=$fileinfo[2];
switch ($type)
{
 case 1:
        //装入 GIF 类型文件。
```

```
            $simage =imagecreatefromgif($destfile);
            break;
        case 2:
        //装入 JPG 类型文件。
            $simage =imagecreatefromjpeg($destfile);
            break;
        case 3:
        //装入 PNG 类型文件。
            $simage =imagecreatefrompng($destfile);
            break;
        case 6:
        //装入 BMP 类型文件。
            $simage =imagecreatefromwbmp($destfile);
            break;
       default:
            die("不支持的文件类型");
            exit;
    }
    ?>
```

### 11.4.4 生成图片

生成图片的具体代码如下：

```
<?php
//复制图像。
imagecopy($nimage,$simage,0,0,0,0,$fileinfo[0],$fileinfo[1]);
//依据水印类型加水印。
switch($actiontype)
{
 //加水印字符串。
 case 1:
        $filename= mb_convert_encoding($filename,"UTF-8" ,"gb2312" );
        for($i=0;$i<5;$i++)
        {
            $x=rand(0,$fileinfo[0]-10*strlen($filename));
            $y=rand(20,$fileinfo[1] );
        ImageTTFText($nimage, 20, rand(0,360),$x,$y ,   $red, "simkai.ttf",$filename );
    }
        break;
 //加水印图片。
 case 2:
```

```
            $simage1 =imagecreatefromgif($filename);
            imagecopy($nimage,$simage1,0,0,0,0,85,15);
            imagedestroy($simage1);
            break;
    }
    //依据图片类型创建图片
    switch ($type)
    {
        case 1:
            imagegif($nimage, $destfile);
            break;
        case 2:
            imagejpeg($nimage, $destfile);
            break;
        case 3:
            imagepng($nimage, $destfile);
            break;
        case 6:
            imagewbmp($nimage, $destfile);
            break;
    }
    //覆盖原上传文件
    imagedestroy($nimage);
    imagedestroy($simage);
    ?>
```

函数 imagecopy()的语法结构如下：

```
int imagecopy (int dst_im,int src_im, int dst_x, int dst_y, int src_x, int src_y, int src_w, int src_h)
```

语法结构说明：

- dst_im 为目标图像；
- src_im 为复制的原图像；
- dst_x 和 dst_y 表示把图像复制到目标图像中的横坐标和纵坐标；
- src_x 和 src_y 表示原图像复制的起始点坐标；
- 原图像复制部分的宽度为 src_w，高度为 src_h；
- 该函数将原图像（src_im）中的一部分区域复制到目标图像（dst_im）横坐标 dst_x、纵坐标 dst_y 开始的位置上。原图像被复制的部分区域为从坐标（src_x，src_y）开始，宽度为 src_w，高度为 src_h 的部分。

在图 11.11 中输入字符串“聪明的佳文！”，单击“提交”按钮，结果如图 11.13 所示。

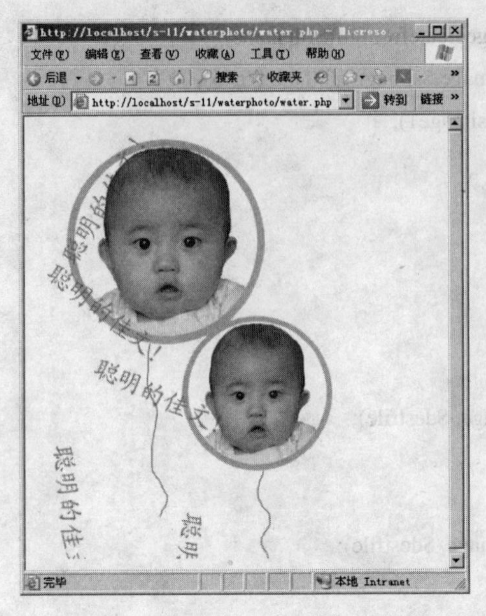


图 11.13 为上传图片加水印例子

## 11.5 应用实例之三：绘制图表

本节介绍一个使用 GD 库绘制图表的例子。该例子把用户指定数据库中的数据，以指定图表的形式显示，图 11.14 为折线图示例。

### 11.5.1 界面

本例提供了一个界面，以便用户设置选项，如图 11.15 所示。设置这些选项后，单击“提交”按钮，就可看到图 11.14 所示的图表。

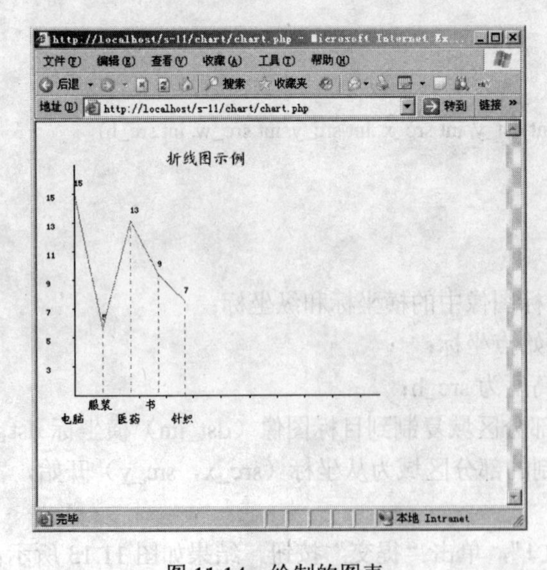


图 11.14 绘制的图表

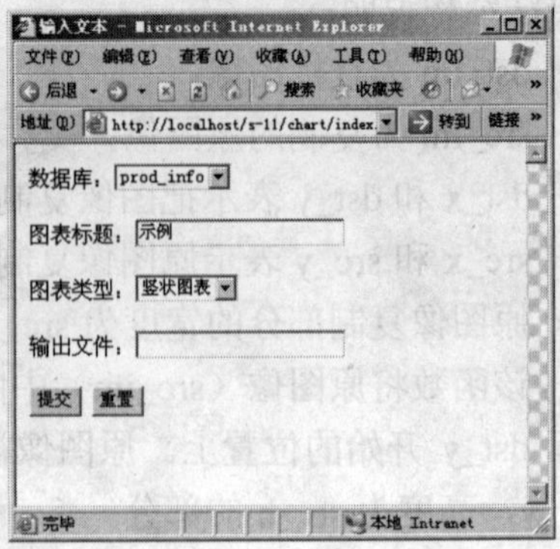

图 11.15 绘制图表界面

界面的具体代码如下：

```
<form method="POST" action="chart.php">
 <p>数据库：<select size="1" name="table">
      <option selected value="prod_info">prod_info</option>
      <option value="type_prod">type_prod</option>
      </select></p>
      <p>图表标题：<input type="text" name="text" size="21" value="示例"></p>
      <p>图表类型：<select size="1" name="type">
      <option selected value="1">竖状图表</option>
      <option value="2">折线图</option>
 <option value="3">饼图</option>
      </select></p>
 <p>输出文件：<input type="text" name="filename" size="21" value=""></p>
      <p><input type="submit" value="提交" name="B1">
      <input type="reset" value="重置" name="B2"></p>
</form>
```

对图 11.15 中的各控件说明如下：

- “数据库”后的下拉框名称为“table”，标识用户选择的表；
- “标题”后的文本框名称为“text”，保存用户设置图表的标题；
- “图表类型”后的文本框名称为“type”，保存用户设置的图表类型；
- “输出文件”后的文本框名称为“filename”，保存图表的文件名称。

用户设置的数据提交到文件“chart.php”进行处理，数据提交的方式为 POST。

### 11.5.2　获取用户数据

用户设置的数据在 chart.php 文件中可以通过下面的代码获取：

```
<?php
//设置默认的数据表。
$table="prod_info";
//获取用户输入的数据表。
if(isset($_POST["table"]) and $_POST["table"]!="")
 $table=$_POST["table"];
$filename="";
if(isset($_POST["filename"]) and $_POST["filename"]!="")
   $filename=$_POST["filename"];
//设置默认的图表标题。
$text="示例";
//获取用户输入的图表标题。
if(isset($_POST["text"]) and $_POST["text"]!="")
 $text=$_POST["text"];
//设置默认的图表类型。
```

```
$type="1";
//获取用户输入的图表类型。
if(isset($_POST["type"]) and $_POST["type"]!="")
 $type=$_POST["type"];
$type=ceil($type);
?>
```

### 11.5.3 获取图表数据

图表数据保存在数据库中，查询数据库就可以获取图表数据。查询数据库后的图表数据保存在数组中，格式如下：

➢ 数组下标为图表数据的说明，如“1 月”、“服装”等信息。该下标值用来显示图表柱或折线的说明信息。

➢ 数组元素的值表示图表柱或折线的高度。

获取图表数据的代码如下：

```
<?php
$db=new DB();
//依据表名称设置查询 SQL 语句。
if($table=="prod_info")
 $sql="select * from ".$table;
if($table=="type_prod")
        $sql="select * from type_prod where IsVote=1";
$db->Query($sql);
$n=0;
$data=array();
//获取所有数据。
while($rs=$db->NextRecord())
{
 //依据不同的表获取字段值。
 if($table=="type_prod")
 {
        $t =$rs["Name_Type"];
     $num=$rs["VoteNum"];
 }
 else
 {
        $t=$rs["Name"];
        $num=$rs["price"];
 }
 //把图表数据说明和数值保存到数组中。
 $data[$t]=$num;
```

```
 $n++;
}
//若没有图表数据，则输出相应信息。
if($n==0)
{
      echo "没有数据!";
      exit;
}
?>
```

### 11.5.4　创建图表

创建图表的代码比较简单，该段代码调用了生成图表的类 Chart，该类将在后面章节介绍。

```
<?php
//创建图表类。
$Chart =new Chart;
//调用方法 setImageInfo()设置参数。
if($filename=="")
   $Chart->setImageInfo($data,$type,$text,600,300,255,255,255,30); //
else
{
      $imgext=GetImgType($filename);
      if($imgext===false)
            $Chart->setImageInfo($data,$type,$text,600,300,255,255,255,30);
      else
      $Chart->setImageInfo($data,$type,$text,600,300,255,255,255,30,$imgext,$filename);
} //设置字体大小。
$Chart ->setFont(1);
//绘制图表。
$Chart ->DrawChart();
?>
```

### 11.5.5　图表类 Chart

本例利用类 Chart 产生图表。该类可以产生的图表类型有柱状图、折线图和饼图。该类提供了以下方法，以便用户调用从而产生图表。

- setImageInfo()：设置类的参数；
- setFont()：设置字号；
- DrawChart()：绘制图表；
- DrawXYRuler()：绘制坐标轴；
- DrawImageV()：绘制柱状图；
- DrawImageLine()：绘制折线图；

➢ Draw3Dpie()：绘制饼图。

下面详细介绍该类的实现方法。

**1．设置类属性**

为绘制图表，需要设置类的属性以保存图表相应数据。需要设置的类属性如下：

➢ 图片高度和宽度；
➢ 图片背景色；
➢ 图片类型；
➢ 输出图片的类型；
➢ 输出图片的名称；
➢ 图片标题；
➢ 字体大小和颜色。

具体实现代码如下：

```
<?php
Class Chart
{
//图片宽度.
var $SizeX;
//图片高度.
var $SizeY;
//背景透明色 R 部分值.
var $R;
//背景透明色 G 部分值.
var $G;
//背景透明色 B 部分值.
var $B;
//背景色 R 部分值,不设置透明时有效.
var $bgR;
//背景色 G 部分值,不设置透明时有效.
var $bgG;
//背景色 B 部分值,不设置透明时有效.
var $bgB;
//标识是否透明 1 或 0.
var $TRANSPARENT;
//保存图片图像,为 ImageCreate()返回值。
var $IMAGE;
//保存图表的数据。
var $data=array();
//图表类型：1 为柱状图，2 为折线图，3 为饼图。
var $type;
//输出图表的文件格式。
```

```
var $ImgFiletype="gif";
//输出图表的文件名称。
var $filename="aa.gif";
//边距。
var $BORDER;
//图表标题.
var $text;
//字体大小。
var $FONTSIZE;
//字体颜色。
var $FONTCOLOR;
}
?>
```

2．函数 **setImageInfo()**

函数 setImageInfo()用于设置该类的参数，具体代码如下：

```
<?php
/*设置图表信息。
$data 为图表数据；
$type 图表样式；
$text 图表标题；
$SizeX 图像宽度；
$SizeY 图像高度；
$R,$G,$B 为背景色 R,G,B；
$Border 为边距；
$ImgFiletype 为图像输出格式；
$Transparent 标识是否透明：1 为透明，0 表示不透明；
$bgr,$bgg,$bgb 为透明背景色的 R、G、B。
*/
function setImageInfo(
 $data,$type,$text,$SizeX,$SizeY,
 $R,$G,$B,$Border,
 $ImgFiletype="gif",$filename="",$Transparent=0,$bgr=-1,$bgg=-1,$bgb=-1
 )
 {
 $this->data=$data;
 $this->type=$type;
 $this->text=$text;
 //依据图表数据设置图像宽度。
 if((sizeof($data)*2 )*$Border <=$SizeX);
```

```
    $SizeX=(sizeof($data)*2+3)*$Border;
$this->SizeX=$SizeX;
$this->SizeY=$SizeY;
$this->R=$R;
$this->G=$G;
$this->B=$B;
$this->ImgFiletype=$ImgFiletype;
$this->bgR=$bgr;
$this->bgG=$bgg;
$this->bgB=$bgb;
$this->TRANSPARENT=$Transparent;
$this->BORDER=$Border;
$this->filename=$filename;
}
?>
```

**3．函数 setFont()**

该类也提供了设置字号的函数 setFont()，该函数的具体代码如下：

```
<?php
function setFont($FontSize)
{
$this->FONTSIZE=$FontSize;
}
?>
```

**4．函数 DrawChart()**

函数 DrawChart()依据用户设置的信息，绘制图表。该函数实现步骤如下：

（1）若图像输出到浏览器，则依据图像文件格式设置信息头；

（2）设置背景色；

（3）输出图像标题；

（4）输出图表；

（5）输出坐标轴；

（6）若图像输出到文件，则依据文件类型把图像输出到文件中。

该函数的具体实现代码如下：

```
<?php
function DrawChart()
{
    //若产生的图表输出到浏览器，则需要发送信息头。
    if($this->filename=="")
    {
        if(strtolower($this->ImgFiletype)=="gif")
```

```
            {
                Header( "Content-type: image/gif");
            }
            else if(strtolower($this->ImgFiletype)=="jpg")
            {
                Header( "Content-type: image/jpg");
            }
            else if(strtolower($this->ImgFiletype)=="png")
            {
                Header( "Content-type: image/png");
            }
        }
//建立指定大小的画布。
$this->IMAGE=ImageCreate($this->SizeX,$this->SizeY);
//创建画布背景色。
$bg=ImageColorAllocate($this->IMAGE,$this->R,$this->G,$this->B);
if($this->TRANSPARENT=="1")
{
            //设置背景透明。
            Imagecolortransparent($this->IMAGE,$bg);
}
else
{
        //填充背景色。
        if($this->bgR!=-1 or $this->bgG!=-1 or $this->bgB!=-1)
        {
            imageFill($this->IMAGE,0,0,
                ImageColorAllocate($this->IMAGE,$this->bgR,$this->bgG,$this->bgB));
        }
}
//设置字体及颜色。
$this->FONTCOLOR=
        ImageColorAllocate($this->IMAGE,255-$this->R,255-$this->G,255-$this->B);
//输出图表标题。
$con= mb_convert_encoding($this->text,"UTF-8" ,"gb2312" );
ImageTTFText($this->IMAGE,$this->FONTSIZE*13          ,          0,$this->SizeX/3,          $this->BORDER          ,
$this->FONTCOLOR, "simkai.ttf",$con );
//依据图表类型输出图表。
Switch ($this->type)
{
```

```
    case "0":
            break;
    case "1":
            //输出柱状图。
            $this->DrawImageV();
            break;
    case "2":
            //输出折线图。
            $this->DrawImageLine();
            break;
    case "3":
        //输出饼图。
            $this->Draw3DPie();
            break;
}
//输出坐标轴。
if($this->type!=3)
    $this->DrawXYRuler();
//生成图像。
if($this->filename=="")
{
        f(strtolower($this->ImgFiletype)=="gif")
        {
            ImageGIF($this->IMAGE);
        }
        else if(strtolower($this->ImgFiletype)=="jpg")
        {
            ImageJPEG($this->IMAGE);
        }
        else if(strtolower($this->ImgFiletype)=="png")
        {
            ImagePNG( "Content-type: image/png");
        }
}
else
{
        //以指定文件名输出图像文件。
        if(strtolower($this->ImgFiletype)=="gif")
        {
            ImageGIF($this->IMAGE,$this->filename);
```

```
        }
        else if(strtolower($this->ImgFiletype)=="jpg")
        {
            ImageJPEG($this->IMAGE,$this->filename);
        }
        else if(strtolower($this->ImgFiletype)=="png")
        {
            ImagePNG( $this->IMAGE,$this->filename);
        }
}
ImageDestroy($this->IMAGE);
}
?>
```

**5. 函数 DrawXYRuler()**

函数 DrawXYRuler()用于输出图像的坐标轴，实现步骤如下：

（1）设置坐标轴颜色；

（2）绘制横向坐标轴；

（3）绘制横向坐标轴的刻度；

（4）绘制纵向坐标轴；

（5）绘制纵向坐标轴的刻度；

（6）绘制纵向坐标轴的刻度数值；

（7）结束。

该函数的具体实现代码如下：

```
<?php
//绘制 XY 坐标轴。
function DrawXYRuler()
{
//设置坐标轴颜色。
$color=ImageColorAllocate($this->IMAGE,255-$this->R,255-$this->G,255-$this->B);
    //横向坐标轴分成 10 格。
    $rulerX=$this->SizeX/10;
    //纵向坐标轴分成 10 格显示。
    //纵向坐标从上向下逐渐增加。
    $rulerY=$this->SizeY-$this->SizeY/10;
    //绘制横向坐标轴。
    ImageLine($this->IMAGE,$this->BORDER,$this->BORDER,$this->BORDER,
    $this->SizeY-$this->BORDER,$color);//X 轴
//绘制纵向坐标轴。
ImageLine($this->IMAGE,$this->BORDER,$this->SizeY-$this->BORDER,
```

```
        $this->SizeX-$this->BORDER,$this->SizeY-$this->BORDER,$color);//y 轴
//绘制 Y 轴上刻度 。
        //设置 Y 轴上起点刻度的坐标值。
        $rulerY=$this->SizeY-$this->BORDER;
        //获取图表中最大数值。
        $item_max=Max($this->data);
        //获取图表数据值对应的像素点数。
        $hscale=($this->SizeY-$this->BORDER*3)/$item_max;
        //用来计算坐标刻度值。
        $y=$this->BORDER;
        //输出 Y 轴刻度。
        while($rulerY>$this->BORDER*2)
{
                $rulerY=$rulerY-$this->BORDER;
                //计算当前坐标刻度对应的图表数据值。
                $k=ceil($y/$hscale);
                //输出刻度值。
                ImageString($this->IMAGE,$this->FONTSIZE,0,$rulerY, $k,$this->FONTCOLOR);
        //输出刻度。
        ImageLine($this->IMAGE,$this->BORDER,$rulerY,$this->BORDER-2,$rulerY,$color);
        $y+=$this->BORDER;
}
//绘制 X 轴上刻度。
$rulerX=$rulerX+$this->BORDER;
while($rulerX<($this->SizeX-$this->BORDER*2))
{
                $rulerX=$rulerX+$this->BORDER;
        ImageLine($this->IMAGE,$rulerX,$this->SizeY-$this->BORDER,
                $rulerX,$this->SizeY-$this->BORDER+2,$color);
}
}
?>
```

**6．函数 DrawImageV()**

函数 DrawImageV()用于输出柱状图表，实现步骤如下：

（1）获取图表数据值；

（2）获取图表下标数据

（3）获取图表柱形数目；

（4）绘制图表柱；

（5）随机产生颜色；

（6）计算柱形高度；

（7）绘制矩形；
（8）绘制柱的数值；
（9）绘制柱的说明信息；
（10）重复步骤（4）至（10），直至绘制完所有的图表柱；
（11）结束。
该函数的具体实现代码如下：

```
<?php
//绘制柱状图。
function DrawImageV()
{
 $dataName = array();
 $dataValue = array();
 //获取图表柱的数目。
 $num = sizeof($this->data);
 //获取图表数据值和对应名称。
 foreach($this->data as $key => $val)
 {
        $dataName[] = $key;
        $dataValue[] = $val;
 }
 //获取图表最大值。
 $item_max=Max($dataValue);
 //xx 标识图标柱的横坐标。
 $xx=$this->BORDER*2;
 //画柱形图。
 for ($i=0;$i<$num;$i++)
 {
              //设置随机种子。
              srand((double)microtime()*1000000);
              //获取图表柱的随机颜色值。
              if($this->R!=255 && $this->G!=255 && $this->B!=255)
              {
              $R=Rand($this->R,200);
              $G=Rand($this->G,200);
              $B=Rand($this->B,200);
              }
              else
              {
              $R=Rand(50,200);
              $G=Rand(50,200);
```

```
        $B=Rand(50,200);
        }
        //产生图表柱的颜色。
        $color=ImageColorAllocate($this->IMAGE,$R,$G,$B);
        //计算柱形高度。
        $kk=$dataValue[$i]/$item_max;
    $height=($this->SizeY-$this->BORDER)-($this->SizeY-$this->BORDER*3)* $kk;
        //绘制柱。
        ImageFilledRectangle($this->IMAGE,$xx,$height,$xx+$this->BORDER,
        $this->SizeY-$this->BORDER,$color);
        //输出该柱的数值。
        ImageString($this->IMAGE,$this->FONTSIZE,$xx,
        $height-$this->BORDER/3,$dataValue[$i],$this->FONTCOLOR);
        //绘制该柱对应的说明名称。
        $con= mb_convert_encoding($dataName[$i],"UTF-8" ,"gb2312" );
        if($i%2==0)
        $y=$this->BORDER/2;
        else
            $y=0;
        ImageTTFText($this->IMAGE,$this->FONTSIZE*10 , 0,
        $xx,$this->SizeY-$y, $this->FONTCOLOR, "simkai.ttf",$con );
        //用于间隔
        $xx=$xx+$this->BORDER*2;
 }
}
?>
```

**7．函数 DrawImageLine()**

函数 DrawImageLine()用于输出折线图表，该函数的实现步骤和 DrawImageV()相似，具体实现代码如下：

```
<?php
//绘制折线图。
function DrawImageLine()
{
 $dataName = array();
 $dataValue = array();
 //$this->data 保存图表柱信息，通过它可以获取图表柱的数目。
 $num = sizeof($this->data);
 //获取图表数据值和对应名称。
 foreach($this->data as $key => $val)
```

```
{
    $dataName[] = $key;
    $dataValue[] = $val;
}
//获取图表最大值。
$item_max=Max($dataValue);
//$xx 标识图标柱的横坐标。
$xx=0;
for ($i=0;$i<$num;$i++)
{
        //设置随机种子数。
    srand((double)microtime()*1000000);
    //随机产生折线的颜色。
    if($this->R!=255 && $this->G!=255 && $this->B!=255)
    {
        $R=Rand($this->R,200);
        $G=Rand($this->G,200);
        $B=Rand($this->B,200);
    }else
    {
        $R=Rand(50,200);
        $G=Rand(50,200);
        $B=Rand(50,200);
    }
    $color=ImageColorAllocate($this->IMAGE,$R,$G,$B);
    //折线高度。
    $kk=$dataValue[$i]/$item_max;
    $height_now=($this->SizeY-$this->BORDER)-($this->SizeY-$this->BORDER*3)* $kk;
    //$i 为 0 的时候，绘制在坐标轴上。
    if($i!=0)
    {
        ImageLine($this->IMAGE,$xx,$height_next,
            $xx+$this->BORDER,$height_now,$color);
    }
    //绘制该点与横坐标轴间的虚线。
    imagedashedline($this->IMAGE,$xx+$this->BORDER,$height_now,
        $xx+$this->BORDER,$this->SizeY-$this->BORDER,$color);
    //绘制该点的数值。
    ImageString($this->IMAGE,$this->FONTSIZE,$xx+$this->BORDER,
        $height_now-$this->BORDER/2,$dataValue[$i],$this->FONTCOLOR);
```

```
        //绘制该折线对应的说明信息。
        $con= mb_convert_encoding($dataName[$i],"UTF-8" ,"gb2312" );
        if($i%2==0)
                $y=0;
        else
                $y=$this->BORDER/2;
        ImageTTFText($this->IMAGE,$this->FONTSIZE*10 , 0, $xx+$this->BORDER/2,
            $this->SizeY-$y, $this->FONTCOLOR, "simkai.ttf",$con );
        $height_next=$height_now;
        //用于间隔.
        $xx=$xx+$this->BORDER;
    }
}
?>
```

运行该例子，选择柱状图表，产生例子如图11.16 所示。

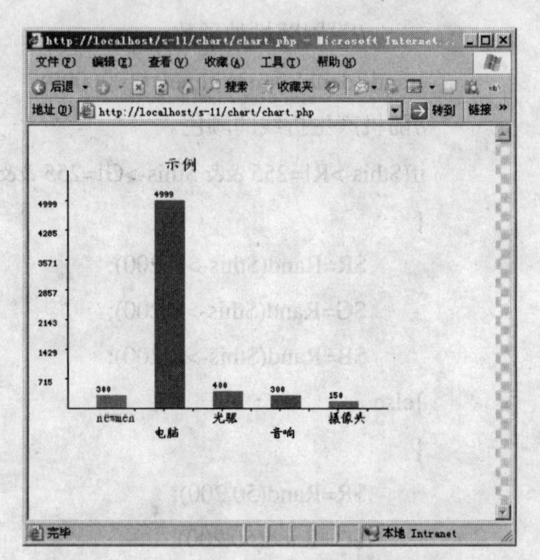


图 11.16　绘制柱状图表

**8．函数 Draw3Dpie()**

函数 Draw3Dpie()输出 3D 饼图，实现步骤如下：

（1）获取图表数据，并放入数组中；

（2）获取数组中最大值；

（3）获取数组所有值的和；

（4）获取指定数据占数据总和的分数；

（5）设置指定数据的显示颜色；

（6）重复步骤（4）至（6），直至处理所有数据；

（7）绘制每部分的分数值弧形并填充；

（8）以比填充颜色深的色彩重新绘制弧形并填充，使图像有立体感；

（9）绘制每部分的说明信息；

（10）绘制每部分占的比例；

（11）结束。

具体实现代码如下：

```
<?php
function Draw3DPie()
{
 $dataName = array();
 $dataValue = array();
 //$this->data 保存图表柱信息，通过它可以获取图表柱的数目。
 $countnum = sizeof($this->data);
 //获取图表数据值和对应名称。
```

```
foreach($this->data as $key => $val)
{
    $dataName[] = $key;
    $dataValue[] = $val;
}
//计算所有数据总和。
$sum=array_sum($this->data);
//获取数据中最大值。
$maxnum=Max($this->data);
//设置边距。
$offset=$this->BORDER;
//设置起始角度。
$st=0;
//保存起始角度。
$st_arr=array();
//保存每部分的结束角度。
$end_arr=array();
//保存每部分的填充色。
$col_arr=array();
//保存每部分的较深色。
$darkcol_arr=array();
$n=0;
//获取每部分信息。
for($j=0;$j<$countnum;$j++)
{
    //计算每部分占总数的百分比，乘以 360 即为角度。
    $angletmp=$dataValue[$j]/$sum*360;
    $st_arr[]=$st;
    //计算并保存结束角度。
    $st+=$angletmp;
    $end_arr[]=$st;
    //设置随机种子。
    srand((double)microtime()*1000000);
    //随机产生颜色值。
        $R=Rand(10,200);
        $G=Rand(10,200);
        $B=Rand(10,200);
        $col=imagecolorallocate($this->IMAGE, $R, $G, $B);
        $darkcol_arr[]=$col;
    //颜色的 R、G、B 部分分别加上 30，以产生较深色彩。
```

```
            $col=imagecolorallocate($this->IMAGE, $R+30, $G+30, $B+30);
            $col_arr[]=$col;
            $n++;
    }
    //3D 图形是通过重复绘制产生的。$i 的起始和结束值决定了饼图的高度。
    for ($i = 120; $i > 100; $i--)
    {
        //对每部分饼图都要绘制。
        for($j=0;$j<$n;$j++)
        {
                imagefilledarc($this->IMAGE,  100,  $i+$offset,  200,  100,  $st_arr[$j],  $end_arr[$j],
$darkcol_arr[$j], IMG_ARC_PIE);
        }
    }
    $y=40;
    $hei=10;
    $wid=40;
    $fontheight=14;
    //绘制饼图的最上面部分，该部分颜色较深，区别于下面部分，有立体感。
    for($j=0;$j<$n;$j++)
    {
        //绘制最上面部分。
            imagefilledarc($this->IMAGE, 100, $i+$offset, 200, 100,$st_arr[$j], $end_arr[$j], $col_arr[$j],
IMG_ARC_PIE);
        //获取百分比数。
            $f=($end_arr[$j]-$st_arr[$j])/360;
        //设置浮点数的精度：小数点后两位。
            $f=sprintf("%.2f",$f);
            $f.="%";
        //绘制示例颜色框。
        imagefilledrectangle($this->IMAGE,250,$y+$offset,250+$wid, $y+$hei+$offset,$col_arr[$j]);
        //输出示例颜色框的说明部分和百分比值。
            $con= mb_convert_encoding($dataName[$j]." ".$f,"UTF-8" ,"gb2312" );
        ImageTTFText($this->IMAGE,$this->FONTSIZE*10 , 0, 250+$wid+10,$y+$hei+$offset, $col_arr[$j],
"simkai.ttf",$con );
        $y+=20;
    }
}
?>
```

运行该例子，选择饼图，结果如图 11.17 所示。

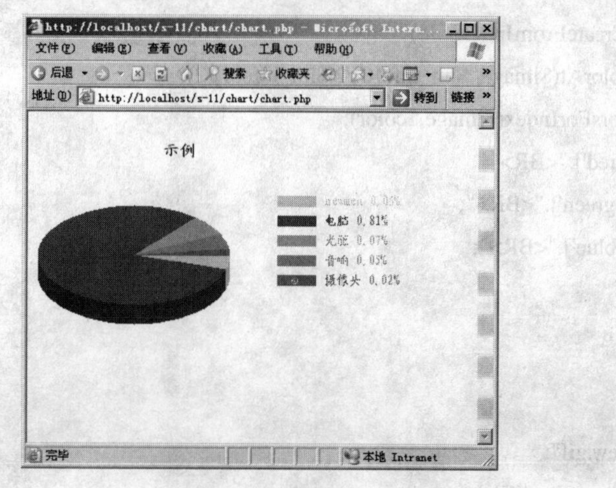


图 11.17　绘制饼图

## 本章小结

本章介绍了使用 PHP 创建图形的方法。GD 库功能丰富，通过 PHP 的 GD 库，可以操作 JPG、PNG 等类型的图像文件；也可以为图像添加文本、水印等信息，甚至可用图像输出文本。本章通过大量例子介绍了 GD 库函数。这些例子实现了网站的部分功能，可以稍加修改后直接应用在网站中。

## 本章习题

1．使用函数 GetImageSize()获取图像的高度。
2．获取指定位置的颜色。
3．获取图像颜色总数。

## 本章答案

1．

```
<?php
$file="closed_new.gif";
$im_info=GetImageSize($file);
echo $im_info[0];
echo $im_info[1];
?>
```

2．

```
<?php
$file="closed_new.gif";
$im_info=GetImageSize($file);
```

```
$image=ImageCreateFromJpeg($file);
$color=ImageColorAt($image, $im_info[0]/2,$im_info[1]/2);
$rgb=ImageColorsForIndex($image,$color);
echo "R:".$rgb['red']."<BR>";
echo "G:".$rgb['green']."<BR>";
echo "B:".$rgb['blue']."<BR>";
?>
```

3.

```
<?php
$file="closed_new.gif";
$im_info=GetImageSize($file);
$image=ImageCreateFromJpeg($file);
$colorsTotal=ImageColorsTotal($image);
echo $colorsTotal;
?>
```

# 第 12 章　动画式投票系统

网站有时需要对某个事件向用户进行调查，这就需要投票系统。现在，投票系统大多数是文本类型的。这种系统界面简洁，比较容易实现。但是，这种系统大多相似，缺少动画效果。

本章介绍一个网上投票系统。该系统以动画形式提供了投票界面，另外还提供了查看投票结果和管理投票等功能，其主要特点是以动画形式提供投票界面，使用 Ming 库把投票项目输出到 Flash 动画中。

本例动画中的投票项目依据数据库内容设置，提供的两种动画效果都是使用遮罩技术实现，具体方式如下：

➢ 图 12.1 所示为本章提供的第一种动画效果：初始显示一个六边形框，逐步变化成一个圆，圆变化至最大，其后图片内容逐步显示出来，随后该图在动画内进行飘动。

➢ 图 12.2 所示为另一种效果：初始显示一个矩形框，该矩形框由慢及快进行转动，并进行飘动，在飘动中显示其后的图片内容。

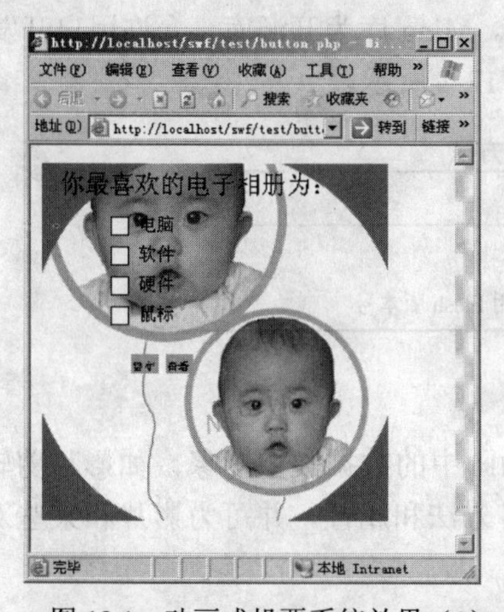

图 12.1　动画式投票系统效果（1）

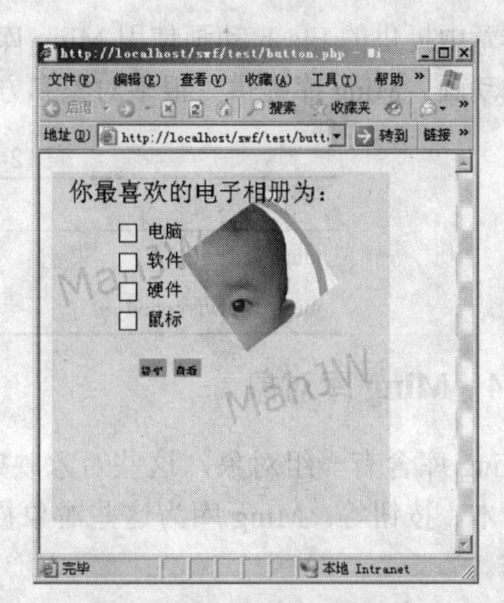

图 12.2　动画式投票系统效果（2）

## 12.1　Flash 和 Ming 库

本节介绍 Flash 工具及 Ming 库的功能、对象和各对象拥有的方法。

### 12.1.1　浏览指定目录

Flash 是一个动画创作工具，它可以实现简单的动画和复杂的交互式 Web 应用程序，通过添加图片、声音和视频，可以使用户创建各种各样的动画。

Flash 包含许多功能，如拖放组件、添加动作脚本作为文档内置行为，以及添加对象的特殊效果。

在发布 Flash 作品时，会创建一个扩展名为“.swf”的动画文件。该文件需要在 Flash Player 中运行。Flash Player 是可在多个操作系统中运行的插件。当然，在发布 Flash 作品时，也可发布成.exe、.avi 等文件类型。

### 12.1.2 Ming 库

使用 Flash 等开发工具虽然可以快速、高效地开发所需要的动画，但是这些动画有时并不能满足 Web 应用程序的需要。PHP 提供了一个 Ming 库。通过调用 Ming 库函数可以实现使用 SWF 文件。使用 Ming 库可在 Web 服务器上绘制图形、输出音视频，可以动态创建各种各样的 SWF 文件。

使用 Ming 库可以实现丰富美妙的动画。Ming 库仍处于开发过程，最新版本是 V0.4。本章动画使用 V0.4 版本的 Ming 库生成，作者使用了 Windows 版本的 PHP 预编译的扩展 php_ming.dll 库。因此，要使用这些代码，需要使用这个版本的 Ming 库。

本章不讨论安装 Ming 库的方法，不同的操作系统安装方法不同。有兴趣的读者可以到网站 http://ming.sourceforge.net/下载 Ming 库的具体代码，使用特定的开发工具进行编译；也可以在安装 PHP 5 时，直接安装 Ming 库。

### 12.1.3 Ming 库函数

本章中提供的 Flash 动画使用 Ming 库动态生成。Ming 库为开源库，允许用户开发 SWF 格式的动画。Ming 库提供了很多对象和方法，如表 12-1 所示。

表 12-1 Ming 库方法

| 方法 | 说明 |
| --- | --- |
| ming_setscale | 设置帧播放速率 |
| ming_useswfversion | Ming 库所用 Flash 版本号 |

### 12.1.4 Ming 库对象

Ming 库含有一组对象，这些对象映射 SWF 动画中的数据类型对象，如影片剪辑、图形、文本、按钮等。Ming 库为这些对象提供了很多方法和属性，并可为影片和某些对象添加动作。

Ming 库支持的对象如下。

**1．SWFGradient**

SWFGradient 为渐变色对象，允许创建一种填充渐变色。该对象拥有的方法如表 12-2 所示。

表 12-2 SWFGradient 对象方法

| 方法 | 说明 |
| --- | --- |
| addEntry | 向渐变色列表添加一种渐变色 |

**2．SWFShape**

SWFShape 为形状对象。通过该对象，可以创建线条、矩形、圆形，甚至填充一个图像，还可以设置线条的宽度、颜色等信息。该对象拥有的方法如表 12-3 所示。

表 12-3　SWFShape 对象方法

| 方法 | 说明 |
| --- | --- |
| addFill | 添加指定对象 |
| drawCurve | 画曲线，坐标为相对坐标 |
| drawCurveTo | 画曲线 |
| drawLine | 画直线，坐标为相对坐标 |
| drawLineTo | 画直线 |
| movePen | 移动画笔，坐标为相对坐标 |
| movePenTo | 移动画笔 |
| setLeftFill | 设置左侧光栅颜色 |
| setRightFill | 设置右侧光栅颜色 |
| setLine | 设置线型 |

### 3．SWFBitmap

SWFBitmap 为图像对象，它可以把指定图像文件（JPG、DBL、BMP 等类型文件）装入该对象。该对象拥有两个方法，如表 12-4 所示。

表 12-4　SWFBitmap 对象方法

| 方法 | 说明 |
| --- | --- |
| getHeight | 返回指定图像的高度 |
| getWidth | 返回指定图像的宽度 |

### 4．SWFMorph

SWFMorph 为形变对象。该对象可以把一个形状对象转化成另外的形状对象。该对象拥有的方法如表 12-5 所示。

表 12-5　SWFMorph 对象方法

| 方法 | 说明 |
| --- | --- |
| getshape1 | 设置开始的形状对象，返回 SWFShape 对象 |
| getshape2 | 设置结束的形状对象，返回 SWFShape 对象 |

### 5．SWFText

SWFText 为文本对象。该对象产生指定字体的字符串，并可以设置字符串位置。该对象拥有的方法如表 12-6 所示。

表 12-6　SWFText 对象方法

| 方法 | 说明 |
| --- | --- |
| addString | 添加指定的输出字符串 |
| getWidth | 获取字符串宽度 |
| moveTo | 移动到指定坐标 |
| setColor | 设置字符串颜色 |
| setFont | 设置字体 |
| setHeight | 设置字体高度 |
| setSpacing | 设置字符间隔 |

### 6. SWFMovie

SWFMovie 为动画对象。该对象可以设置动画信息、添加对象、控制动画，并输出 SWF 文件。该对象拥有的方法如表 12-7 所示。

表 12-7 SWFMovie 对象方法

| 方法 | 说明 |
| --- | --- |
| add | 添加指定的对象 |
| nextframe | 移动到动画下一帧 |
| output | 输出动画 |
| remove | 删除指定对象实例 |
| save | 输出动画到文件中 |
| setbackground | 设置背景颜色 |
| setdimension | 设置背景宽度和高度 |
| setframes | 设置帧的数目 |
| setrate | 设置动画帧的播放速率 |
| streammp3 | 流式化 MP3 文件 |

### 7. SWFTextField

SWFTextField 为文本域对象。该对象不如 SWFText 对象灵活，不可以进行旋转、缩放、变形等操作，但可以作为表单对象。该对象拥有的方法如表 12-8 所示。

表 12-8 SWFTextField 对象方法

| 方法 | 说明 |
| --- | --- |
| addString | 设置指定的输出字符串 |
| align | 设置文本的对齐方式 |
| setbounds | 设置文本域的宽度和高度 |
| setColor | 设置字符串颜色 |
| setFont | 设置字体 |
| setHeight | 设置字体高度 |
| setindentation | 设置第一行的缩进 |
| setLeftMargin | 设置左边距的宽度 |
| setLineSpacing | 设置行距 |
| setMargins | 设置边距宽度 |
| Setname | 设置该对象的变量名称，通过该名称可访问该对象 |
| setrightMargin | 设置右边距的宽度 |

创建 SWFTextField 对象时，可以指定参数。这些参数的含义如表 12-9 所示，可以使用“|”进行组合。

表 12-9　SWFTextField 对象参数

| 参数 | 说明 |
|---|---|
| SWFTEXTFIELD_DRAWBOX | 输出文本域的外框 |
| SWFTEXTFIELD_HTML | 允许 HTML 标记 |
| SWFTEXTFIELD_MULTILINE | 设置多行文本框 |
| SWFTEXTFIELD_NOEDIT | 设置该对象不能编辑 |
| SWFTEXTFIELD_NOSELECT | 设置该对象不能选中 |
| SWFTEXTFIELD_PASSWORD | 设置该对象为密码框 |
| SWFTEXTFIELD_WORDWRAP | 设置第一行环绕格式 |

### 8．SWFFill

SWFFill 为补间对象。该对象可以把图像和渐变色对象进行大小、旋转和倾斜变换。这类似于 Flash 开发工具中的动作补间，因此，把该对象称之为补间对象。而 SWFMorph 对象类似于 Flash 开发工具中的形状补间。

动作补间只是对象的大小、旋转和倾斜角度上的变化，而形状补间是对象的形状变化。如，矩形的旋转效果就可以使用 SWFFill 对象实现，而六边形转换成圆形效果就可以使用 SWFMorph 对象实现。

该对象拥有的方法如表 12-10 所示。

表 12-10　SWFFill 对象方法

| 方法 | 说明 |
|---|---|
| moveTo | 设置 SWFFill 对象起始点 |
| rotateTo | 设置旋转角度 |
| scaleTo | 设置对象变化的尺寸 |
| skewXTo | 设置对象 X 坐标倾斜角度 |
| skewYTo | 设置对象 Y 坐标倾斜角度 |

### 9．SWFFont

SWFFont 为字体对象。该对象装入指定的字体。字体可以由 FDB 文件指定，也可以为浏览器定义的字体，如“_serif”、“_sans”和“_typewriter”。使用浏览器定义的字体时，不能获取字体的宽度。

FDB 文件有很多，如“Verdana.fdb”，但是这些字体文件大多不支持中文。若要支持中文，需要制作相应的 FDB 文件。可以使用 ttf2fft 工具把 TTF 字体转换成 FFT 字体，然后使用 makefdb 工具把 FFT 字体转换成 FDB 字体。ttf2fft 和 makefdb 程序为开源文件，在 Ming 库主页上可以找到。

该对象拥有的方法如表 12-11 所示。

表 12-11　SWFFont 对象方法

| 方法 | 说明 |
|---|---|
| getwidth | 返回字符串的宽度 |

### 10．SWFDisplayItem

SWFDisplayItem 为实例对象，即在动画中显示的对象实例，当文本对象、按钮对象、形状对象、影片剪辑对象等添加到动画时，将返回一个实例对象。通过这个对象，可以执行、缩放、旋转、倾斜等动作。该对象拥有的方法如表 12-12 所示。

表 12-12 SWFDisplayItem 对象方法

| 方法 | 说明 |
| --- | --- |
| addColor | 把指定颜色添加到对象 |
| move | 移动对象，坐标为相对坐标 |
| moveTo | 移动对象 |
| multColor | 变换对象的颜色 |
| remove | 删除对象 |
| Rotate | 旋转对象，角度为相对角度 |
| rotateTo | 旋转对象 |
| scale | 缩放对象，相对当前对象的大小进行缩放 |
| scaleTo | 缩放对象 |
| setDepth | 设置对象的深度 |
| setName | 设置对象名称 |
| setRatio | 设置对象比率 |
| skewX | 设置对象 x 坐标方向的倾斜度 |
| skewXTo | 设置对象 x 坐标方向的倾斜度 |
| skewY | 设置对象 y 坐标方向的倾斜度 |
| skewYTo | 设置对象 y 坐标方向的倾斜度 |

### 11．SWFbutton

SWFbutton 为按钮对象。该对象创建一个按钮，并可以设置按钮弹起、按下、指针经过和点击时的形状和动作。该对象拥有的方法如表 12-13 所示。

表 12-13 SWFbutton 对象方法

| 方法 | 说明 |
| --- | --- |
| addAction | 为指定事件添加按钮脚本 |
| addShape | 为指定事件添加按钮形状 |
| setAction | 设置按钮脚本 |
| Setdown | 等同于 addShape(shape, SWFBUTTON_DOWN)。shape 为按钮按下时的形状，SWFBUTTON_DOWN 表示按钮按下事件 |
| SetHit | 等同于 addShape(shape, SWFBUTTON_ HIT)。shape 为按钮点击时的形状，SWFBUTTON_ HIT 表示按钮点击事件 |
| SetOver | 等同于 addShape(shape, SWFBUTTON_ OVER)。shape 为指针经过按钮时的形状，SWFBUTTON_ OVER 表示指针经过按钮事件 |
| SetUp | 等同于 addShape(shape, SWFBUTTON_ UP)。shape 为按钮弹起时的形状，SWFBUTTON_ UP 表示按钮弹起事件 |

### 12．SWFAction

SWFAction 为脚本对象。脚本语法与 C 语言相似，比较简单。它与 Flash 开发工具支持的 ActionScript 脚本还有些不同。如，不支持_global 等关键字，或使用这些关键字不能取得预期效果。因此，使用脚本时，需要注意这些问题。该对象支持的脚本关键字如表 12-14 所示。

表 12-14　SWFAction 对象脚本关键字

| 方法 | 说明 |
| --- | --- |
| break、continue | 循环关键字 |
| for | 循环关键字 |
| if、else | 条件关键字 |
| do、while | 循环关键字 |
| time() | 时间函数 |
| random() | 随机函数 |
| length() | 长度函数 |
| int() | 返回小于指定数且最接近的整数 |
| concat() | 连接字符串 |
| ord() | 返回字符的 ASCII 码 |
| chr() | 返回指定数值对应字符 |
| substr() | 获取指定子字符串 |
| duplicateClip() | 复制指定的对象 |
| removeClip() | 删除指定对象 |
| trace() | 输出指定对象或变量的值 |
| startDrag() | 开始拖动影片剪辑 |
| stopDrag() | 结束影片剪辑拖动 |
| callFrame() | 调用指定的帧 |
| getURL() | 打开指定的 URL |
| loadMovie() | 把指定的 URL 装入指定的对象中 |
| nextFrame() | 转到下一帧 |
| prevFrame() | 转到前一帧 |
| play() | 开始播放动画 |
| stop() | 停止播放动画 |
| stopSounds() | 停止播放声音 |
| gotoFrame() | 转到指定的帧 |

SWFAction 对象还支持一些常用的属性，如表 12-15 所示。

表 12-15　SWFAction 对象属性

| 方法 | 说明 |
| --- | --- |
| x、y | 对象的 x 和 y 坐标 |
| currentFrame | 当前帧，只读属性 |
| totalFrames | 帧的总数目，只读属性 |
| visible | 标识是否可视：1 为可视，0 为不可视 |
| alpha | 透明度 |
| width | 宽度 |
| height | 高度 |
| name | 设置的对象名称 |
| url | 链接 |
| highQuality | 质量程度：1 为高质量，0 为低质量 |

13. **SWFSprite**

SWFSprite 为影片剪辑对象。该对象与 SWFMovie 对象相似，可以添加对象，控制动画。该对象拥有方法的如表 12-16 所示。

表 12-16　SWFShape 对象方法

| 方法 | 说明 |
|---|---|
| add | 添加指定的对象 |
| nextframe | 移动到动画下一帧 |
| remove | 删除指定对象实例 |
| setframes | 设置帧的数目 |

# 12.2　生成 SWF 文件

本节介绍 PHP 生成 SWF 文件及效果的方法。

## 12.2.1　显示文本

Ming 库支持在 SWF 文件中输出文字。但是 Ming 库使用特殊的字体文件格式：FDB 文件。FDB 文件可以在网上下载到。Ming 0.4 版本支持为浏览器定义的字体，如“_serif”、“_sans”和“_typewriter”。但是使用浏览器定义的字体时不能获取字体的宽度。

本例在 SWF 文件中输出“PHP 与 MySQL”字符串，具体实现过程如下。

1. **创建 SWFMovie 对象**

SWF 文件所有的信息都由 SWFMovie 对象设置和输出。创建 SWFMovie 对象的方法如下：

```
<?php
$m = new SWFMovie();
?>
```

2. **设置影片属性**

影片的属性主要有影片尺寸和影片背景色，设置方法如下：

```
<?php
//设置影片播放速率，每秒 20 帧。
Ming_setScale(20.0000000);
//设置影片尺寸，宽为 300，高为 300。
$m->setDimension( 300,300 );
//设置影片背景色，背景色由 RGB 色组成。
//该例使用随机生成的颜色。
$m->setBackground(rand(0,0xFF),rand(0,0xFF),rand(0,0xFF));
?>
```

代码说明：

setDimension()为 SWFMovie 的方法，用于设置影片尺寸，语法格式如下：

```
swfmovie->setDimension（int width, int height）
```

swfmovie 表示 SWFMovie 对象，width 和 height 分别表示宽度和高度。

SetBackground()为 SWFMovie 的方法，用于设置影片背景色，语法格式如下：

```
swfmovie->setbackground ( int red, int green, int blue)
```

swfmovie 表示 SWFMovie 对象，颜色为 RGB 模式。

### 3．设置字体

在输出 SWF 文件前，可以设置字型和字体高度等信息。下面的代码使用浏览器定义的字体“_sans”输出字符串“PHP 与 MySQL”：

```
<?php
//选择字体“_sans”。
$f = new SWFFont( '_sans' );
//创建 SWFTextField 对象。该对象输出字符串。
$t = new SWFTextField();
//选择输出字符串的字体。
$t->setFont( $f );
//设置字体的颜色。( 0, 0, 0 )表示黑色；( 255, 255, 255 )表示白色。
$t->setColor( 0, 0, 0 );
//设置字体高度。
$t->setHeight( 40 );
//向该对象添加字符串。
$t->addString( 'PHP 与 MySQL' );
?>
```

代码说明：

➢ setFont()为 SWFTextField 对象的方法，用于设置字体，语法格式如下：

```
swftextfield->setfont (string font)
```

swftextfield 为 SWFTextField 对象；font 为设置的字体，通常为 SWFFont 对象。

➢ setColor()为 SWFTextField 对象的方法，用于设置颜色，语法格式如下：

```
swftextfield-> setColor (int red, int green, int blue [, int a])
```

swftextfield 为 SWFTextField 对象。参数都是 8 位的值，也就是最大只能为 255，最小为 0。red、green 和 blue 采用 RGB 模式表示颜色；a 为可选参数，表示透明度。

➢ setheight()为 SWFTextField 对象的方法，用于设置字体高度，语法格式如下：

```
swftextfield->setheight ( int height)
```

swftextfield 为 SWFTextField 对象；height 为字体高度。

➢ addString()为 SWFTextField 对象的方法，用于添加字符串，语法格式如下：

```
swftextfield->addstring ( string string)
```

swftextfield 为 SWFTextField 对象；string 为待添加的字符串。

4．向影片添加对象

前面只是创建和设置了文本域对象信息，并没有添加到影片中，也就是影片中并不能播放该字符串。下面把文本域对象添加到影片中，并把该对象移动到指定位置。

```
<?php
//把文本域对象添加到影片中。$d 为 SWFDisplayItem 对象。
$d=$m->add( $t );
// 通过 SWFDisplayItem 对象的方法 moveto()移动文本域对象到指定位置。
$d->moveto(50,100);
?>
```

代码说明：

➢ add()为 SWFMovie 对象的方法，用于添加对象，语法格式如下：

```
swfmovie->add ( resource instance)
```

swfmovie 为 SWFMovie 对象，instance 为待添加的对象实例。在 PHP 手册中，该函数返回值为 void（空）。即使在 Ming 库源码中，该函数返回值也是 void。但是，该函数是有返回值的，一般为 SWFDisplayItem 对象（在 C 语言中调用该函数时，需用强制转换）。

➢ moveto()为 SWFDisplayItem 对象的方法，用于移动对象，语法格式如下：

```
swfdisplayitem->moveto (int x, int y)
```

swfdisplayitem 为 SWFDisplayItem 对象；x 和 y 分别为当前对象在影片中的 x 和 y 坐标。

5．输出影片

输出影片有两种方法。

（1）直接输出到浏览器。

```
<?php
header('Content-type: application/x-shockwave-flash');
$m->output();
?>
```

该种方法比较简单，但是有些系统并不能正确显示该影片。

（2）输出到文件。

该方法把影片输出到 SWF 文件中，然后在浏览器中调用该 SWF 文件。

```
<?php
//把影片输出到 Font.swf 文件中。
$m->save( 'Font.swf' );
//在浏览器中显示该 SWF 文件。
print "<OBJECT classid=\"clsid:D27CDB6E-AE6D-11cf-96B8-444553540000\"
codebase=\"http://active.macromedia.com/flash2/cabs/swflash.cab#version=4,0,0,0\"
ID=objects WIDTH=640 HEIGHT=480>
<PARAM NAME=movie VALUE=\" Font.swf\">
<EMBED src=\" Font.swf\" WIDTH=640 HEIGHT=480
```

```
TYPE=\"application/x-shockwave-flash\"
PLUGINSPAGE=\"http://www.macromedia.com/shockwave/download/index.cgi?P1_Prod_Version=ShockwaveFlash\">
</OBJECT>";
?>
```

最后，运行前面编写的代码，结果如图 12.3 所示。

## 12.2.2　输出椭圆、矩形

本小节将输出圆、椭圆、矩形以及拉伸后的矩形。这些图形内的填充颜色随机生成，如图 12.4 所示。

图 12.3　显示文本

图 12.4　输出椭圆、矩形

### 1．创建圆

创建图形需要使用 SWFShape 对象来设置颜色并绘图。

```
<?php
//创建 SWFShape 对象。
$circle = new SWFShape();
//设置填充色。填充色随机生成。
$circle->setRightFill(rand(0,0xFF),rand(0,0xFF),rand(0,0xFF));
//画圆，半径为 50。
$circle->drawCircle(50);
?>
```

代码说明：

➢ setRightFill()为 SWFShape 对象的方法，用来设置边界左侧的填充色或对象。语法格式如下：

```
swfshape->setrightfill (fill)
```

swfshape 为 SWFShape 对象，参数 fill 可以为 SWFGradient 对象、RGB 颜色、addFill()方法返回值（SWFill 对象，通常用来添加图片）。

➢ drawCircle()为 SWFShape 对象的方法，用来画圆。语法格式如下：

```
swfshape-> drawCircle (radious)
```

swfshape 为 SWFShape 对象，参数 radious 为圆的直径。

**2．创建矩形**

创建矩形比较麻烦，需要画出矩形的四条边。具体代码如下：

```
<?php
$squareshape=new SWFShape();
$squareshape->setRightFill(rand(0,0xFF),rand(0,0xFF),rand(0,0xFF));
$squareshape->movePenTo(-50,-50);
$squareshape->drawLine(50,0);
$squareshape->drawLine(0,50);
$squareshape->drawLine(-50,0);
$squareshape->drawLine(0,-50);
?>
```

代码说明：

➢ movePenTo()为 SWFShape 对象的方法，用于移动画笔到指定位置。语法格式如下：

```
swfshape->movePenTo(int x, int y)
```

swfshape 为 SWFShape 对象。

➢ drawLine()为 SWFShape 对象的方法，作用是使用当前线型划线。语法格式如下：

```
swfshape-> drawLine (int x, int y)
```

swfshape 为 SWFShape 对象。

**3．输出椭圆**

下面把圆添加到影片，并移动到指定位置：

```
<?php
$ellipse=$m->add($circle);
$ellipse->moveTo(50,50);
//通过在 x 和 y 轴方向上缩放该对象，使其成为椭圆。
$ellipse->scaleTo(0.5,1.0);

$ellipse2=$m->add($circle);
$ellipse2->moveTo(150,50);
$ellipse2->scaleTo(1.0,0.75);
?>
```

代码说明：

➢ moveto()为 SWFDisplayItem 对象的方法，在 x 轴和 y 轴方向进行缩放，语法格式如下：

```
swfdisplayitem-> scaleTo (int x, int y)
```

swfdisplayitem 为 SWFDisplayItem 对象；x 和 y 分别为在 x 和 y 坐标上的缩放值。

**4．输出圆**

圆与椭圆的不同之处在于，圆在 x 轴和 y 轴方向上的半径是相等的。下面输出圆。

```
<?php
$ellipse3=$m->add($circle);
$ellipse3->moveTo(250,50);
$ellipse3->scaleTo(1.0,1.0);
?>
```

**5．输出矩形**

下面的代码输出矩形。

```
<?php
$rect=$m->add($squareshape);
$rect->moveTo(100,250);

$rect1=$m->add($squareshape);
$rect1->moveTo(200,250);
//使矩形倾斜。参数 1.0 为 45 度，-1.0 为-45 度。
$rect1->skewY (1.0);
?>
```

代码说明：

skewY()为 SWFDisplayItem 对象的方法，设置在 y 轴方向的倾斜度数：1.0 表示 45 度，-1.0 表示-45 度。语法格式如下：

```
swfdisplayitem-> skewY (int y)
```

swfdisplayitem 为 SWFDisplayItem 对象；y 为在 y 坐标方向上的倾斜值。

## 12.2.3 渐变色

渐变色就是从一种颜色逐步过渡到另外一种颜色。使用渐变色可以填充矩形、圆等形状。本例将使用渐变色填充一个圆。下面介绍一下实现过程。

**1．创建 SWFGradient 对象**

Ming 库提供了 SWFGradient 对象实现渐变色。下面是创建 SWFGradient 对象的代码。

```
<?php
//创建 SWFGradient 对象。
$gradient=new SWFGradient();
//下面把各颜色参数加入颜色列表中。
```

```
$gradient->addEntry(0.0,0,0,0);
$gradient->addEntry(0.2,255,0,0);
$gradient->addEntry(0.4,0,255,0);
$gradient->addEntry(0.6,0,0,255);
$gradient->addEntry(0.8,255,255,0);
$gradient->addEntry(1.0,255,255,255);
?>
```

代码说明：

addEntry()为 SWFGradient 对象的方法，向渐变色列表添加渐变色。语法格式如下：

```
swfgradient->addentry ( float ratio, int red, int green, int blue [, int a])
```

swfgradient 为 SWFGradient 对象；ratio 为 0～1 之间的数值，表示该颜色出现的位置；red、green 和 blue 为 0～255 间的数值，表示 RGB 模式的颜色；a 为可选值，表示颜色的透明度。

**2．创建 SWFShape 对象**

只有用渐变色填充图形后，才可获取其效果。下面的代码创建 SWFShape 对象，并把 SWFGradient 对象填充到 SWFShape 对象中。

```
<?php
$circleShape =new SWFShape();
//添加渐变色到 SWFShape 对象中。
$fill=$circleShape->addFill($gradient, SWFFILL_LINEAR_GRADIENT);
//缩放$fill。
$fill->scaleTo(0.1);
//移动$fill。通过改变 moveto()的参数，显示渐变色不同部分。
$fill->moveTo(-10,0);
$circleShape->setRightFill($fill);
$circleShape->drawCircle(95);
?>
```

代码说明：

addFill()为 SWFShape 对象的方法，用来添加颜色、SWFGradient 对象或 SWFBitmap 对象到 SWFShape 对象中。语法格式如下：

```
swfshape->addfill ( int red, int green, int blue [, int a])
swfshape->addfill ( SWFBitmap bitmap [, int flags])
swfshape->addfill ( SWFGradient gradient [, int flags])
```

其中，swfshape 为 SWFShape 对象；red、green 和 blue 为 0～255 间的数值，表示 RGB 模式的颜色；a 为可选值，表示颜色的透明度；bitmap 为 SWFBitmap 对象，gradient 为 SWFGradient 对象，flags 为可选项。

对于 SWFBitmap 对象，flags 的值有两个，分别为 SWFFILL_CLIPPED_BITMAP 或者 SWFFILL_TILED_BITMAP。

对于 SWFGradient 对象，flags 的值也有两个，分别为 SWFFILL_RADIAL_GRADIENT

（圆形渐变）或者 SWFFILL_LINEAR_GRADIENT（线形渐变）。

3．添加 **SWFShape** 对象

把 SWFShape 对象添加到影片中，并输出到 SWF 文件中。具体代码如下：

```
<?php
//把 SWFShape 对象添加到影片。
$i=$movie->add($circleShape);
//移动 SWFShape 对象到指定位置。
$i->moveTo(200,200);
//获取当前文件名称。
$swfname = basename(__FILE__,".php");
//以当前文件名称输出影片。
$movie->save("$swfname.swf");
print "<OBJECT classid=\"clsid:D27CDB6E-AE6D-11cf-96B8-444553540000\"
codebase=\"http://active.macromedia.com/flash2/cabs/swflash.cab#version=4,0,0,0\"
ID=objects WIDTH=640 HEIGHT=480>
<PARAM NAME=movie VALUE=\" $swfname.swf\">
<EMBED src=\" $swfname.swf\" WIDTH=640 HEIGHT=480
 TYPE=\"application/x-shockwave-flash\"
PLUGINSPAGE=\"http://www.macromedia.com/shockwave/download/index.cgi?P1_Prod_Version=Shockwav
eFlash\">
</OBJECT>";
?>
```

运行上面的代码，结果如图 12.5 所示。

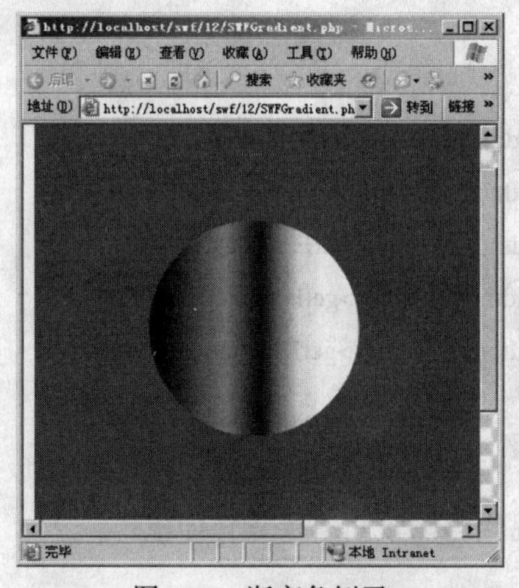


图 12.5　渐变色例子

## 12.2.4　处理图像

本例显示指定的图片，并转动该图片。下面是该例子的实现步骤。

### 1．导入图片

只有将图片导入 SWFShape 对象后才可以进行操作。

```
<?php
/*
读入指定文件。若采用下面的代码，有些系统会出现错误。
$bgbitmap="IMG_0083-1.jpg";
$imgcont=file_get_contents($bgbitmap) ;
读入文件也可以使用下面的代码。
$bgbitmap="IMG_0083-1.jpg";
$fp = fopen($bgbitmap,"rb");
$i = fread($fp,999999);
$img = new SWFBitmap($i);
fclose($fp);
*/
$imgcont=file_get_contents( 'IMG_0083-1.jpg' ) ;
//以指定文件创建 SWFBitmap 对象。
$img = new SWFBitmap($imgcont );
$s = new SWFShape();
//把图片添加到 SWFShape 对象中。
$imgf = $s->addFill( $img );
$s->setRightFill( $imgf );
/*设置边界。该形状坐标可以随意定，但是旋转时，可能产生不同的效果。
若该对象中心是形状的中心（0,0）点，旋转该对象时，会看到围绕中心点旋转的效果，而不是围绕某个角旋转。
*/
$s->movePenTo( -$img->getWidth()/2, -$img->getHeight()/2 );
$s->drawLineTo($img->getWidth()/2,    -$img->getHeight()/2 );
$s->drawLineTo( $img->getWidth()/2, $img->getHeight()/2);
$s->drawLineTo( -$img->getWidth()/2, $img->getHeight()/2);
$s->drawLineTo(-$img->getWidth()/2, -$img->getHeight()/2);
?>
```

### 2．把图片加入影片中

把图片加入影片中的实现代码比较简单，具体如下：

```
<?php
$mm=$m->add( $s );//在 SWFMovie 对象中加入图片
$mm->moveto(100,100);//移动图片的位置
$mm->scaleto(0.5,0.5);
for( $i = 0; $i < 30; $i++ )
```

```
{
$mm->rotate($i/3 );
$m->nextframe();
}
?>
```

代码说明：

nextframe()为 SWFMovie 的方法，作用是转到下一帧。语法格式如下：

```
swfmovie->nextframe ( void )
```

swfmovie 为 SWFMovie 对象，该方法没有参数。

**3．全部代码**

下面给出完整的代码：

```
<?php
Ming_setScale(20.0000000);
$imgcont=   file_get_contents( 'IMG_0083-1.jpg' ) ;
$img = new SWFBitmap($imgcont );
$s = new SWFShape();
$imgf = $s->addFill( $img,SWFFILL_TILED_BITMAP );
$s->setRightFill( $imgf );

$s->movePenTo( -$img->getWidth()/2, -$img->getHeight()/2 );
$s->drawLineTo($img->getWidth()/2,   -$img->getHeight()/2 );
$s->drawLineTo( $img->getWidth()/2, $img->getHeight()/2);
$s->drawLineTo( -$img->getWidth()/2, $img->getHeight()/2);
$s->drawLineTo(-$img->getWidth()/2, -$img->getHeight()/2);
$m = new SWFMovie();
$m->setDimension($img->getWidth() , $img->getHeight());
$m->setBackground(rand(0,0xFF),rand(0,0xFF),rand(0,0xFF));
$mm=$m->add( $s );//在 SWFMovie 对象中加入图片
$mm->moveto(100,100);//移动图片的位置
$mm->scaleto(0.5,0.5);

for( $i = 0; $i < 30; $i++ )
{
$mm->rotate($i/3 );
$m->nextframe();
}
$swfname = basename(__FILE__,".php");
$m->save("$swfname.swf");
```

```
print "<OBJECT classid=\"clsid:D27CDB6E-AE6D-11cf-96B8-444553540000\"
codebase=\"http://active.macromedia.com/flash2/cabs/swflash.cab#version=4,0,0,0\"
ID=objects WIDTH=640 HEIGHT=480>
<PARAM NAME=movie VALUE=\" $swfname.swf\">
<EMBED src=\" $swfname.swf\" WIDTH=640 HEIGHT=480
 TYPE=\"application/x-shockwave-flash\"
PLUGINSPAGE=\"http://www.macromedia.com/shockwave/download/index.cgi?P1_Prod_Version=Shockwav
eFlash\">
</OBJECT>";
?>
```

运行该段代码段，结果如图 12.6 所示。

图 12.6 处理图像例子

## 12.2.5 形变

Ming 库提供了 SWFMorph 对象，该对象可以实现不同形状间的转换。下面通过该对象，实现六边形与圆的转换。具体实现步骤如下。

**1．创建 SWFMorph 对象**

创建 SWFMorph 对象很简单，代码如下：

```
<?php
$myMorph=new SWFMorph();
?>
```

**2．创建形变开始的 SWFShape 对象**

SWFMorph 对象含有两个方法：getshape1()和 getshape2()。这两个方法都没有参数，都返回一个 SWFShape 对象。getshape1()返回形变开始的对象，getshape2()返回形变结束的对象。

下面的代码创建形变开始的对象——六边形：

```
<?php
$shapeToMorphFrom=$myMorph->getShape1();
```

```
$shapeToMorphFrom->setLine(5,0,0,255);
$shapeToMorphFrom->setLeftFill(255,0,0);
$shapeToMorphFrom->movePenTo(-25,-25);
$shapeToMorphFrom->drawLine(25,-10);
$shapeToMorphFrom->drawLine(25,10);
$shapeToMorphFrom->drawLine(10,25);
$shapeToMorphFrom->drawLine(-10,25);
$shapeToMorphFrom->drawLine(-25,10);
$shapeToMorphFrom->drawLine(-25,-10);
$shapeToMorphFrom->drawLine(-10,-25);
$shapeToMorphFrom->drawLine(10,-25);
?>
```

### 3. 创建形变结束的 SWFShape 对象

下面的代码创建形变结束的对象——圆：

```
<?php
$shapeToMorphTo=$myMorph->getShape2();
$shapeToMorphTo->setLine(5,255,255,0);
$shapeToMorphTo->setLeftFill(0,0,255);
$shapeToMorphTo->drawCircle(50);
?>
```

### 4. 形变

下面的代码把 SWFMorph 对象加入影片中，并设置形变的速率：

```
<?php
$firstMorph=$myMovie->add($myMorph);
$firstMorph->moveTo(100,100);
for($i=0; $i<1.05; $i+=0.05)
{
$firstMorph->setRatio($i);
$myMovie->nextFrame();
}
```

### 5. 全部代码

该例完整代码如下：

```
<?php
$myMorph=new SWFMorph();
$shapeToMorphFrom=$myMorph->getShape1();
$shapeToMorphFrom->setLine(5,0,0,255);
$shapeToMorphFrom->setLeftFill(255,0,0);
$shapeToMorphFrom->movePenTo(-25,-25);
```

```
$shapeToMorphFrom->drawLine(25,-10);
$shapeToMorphFrom->drawLine(25,10);
$shapeToMorphFrom->drawLine(10,25);
$shapeToMorphFrom->drawLine(-10,25);
$shapeToMorphFrom->drawLine(-25,10);
$shapeToMorphFrom->drawLine(-25,-10);
$shapeToMorphFrom->drawLine(-10,-25);
$shapeToMorphFrom->drawLine(10,-25);

$shapeToMorphTo=$myMorph->getShape2();
$shapeToMorphTo->setLine(5,255,255,0);
$shapeToMorphTo->setLeftFill(0,0,255);
$shapeToMorphTo->drawCircle(50);
$myMovie=new SWFMovie();
$myMovie->setDimension(200,200);
$myMovie->setBackground(255,255,255);
$firstMorph=$myMovie->add($myMorph);
$firstMorph->moveTo(100,100);
for($i=0; $i<1.05; $i+=0.05){
$firstMorph->setRatio($i);
$myMovie->nextFrame();
}
for($p=0; $p<10; $p++){
$myMovie->nextFrame();
}
$swfname = basename(__FILE__,".php");
$myMovie->save("$swfname.swf",9);
print "<OBJECT classid=\"clsid:D27CDB6E-AE6D-11cf-96B8-444553540000\"
codebase=\"http://active.macromedia.com/flash2/cabs/swflash.cab#version=4,0,0,0\"
ID=objects WIDTH=640 HEIGHT=480>
<PARAM NAME=movie VALUE=\" $swfname.swf\">
<EMBED src=\" $swfname.swf\" WIDTH=640 HEIGHT=480
 TYPE=\"application/x-shockwave-flash\"
PLUGINSPAGE=\"http://www.macromedia.com/shockwave/download/index.cgi?P1_Prod_Version=Shockwav
eFlash\">
</OBJECT>";
?>
```

运行该段代码，结果如图 12.7 所示。

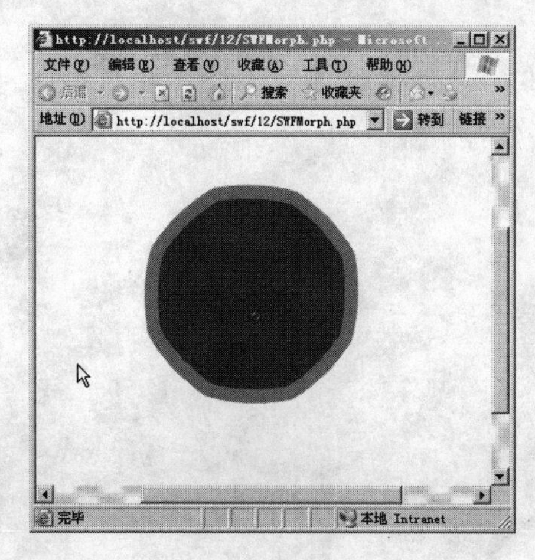

图 12.7　形变例子

## 12.2.6　创建按钮

本例实现了按钮的四种状态：弹起、点击、指针滑过、按下，并为按钮设置了脚本。

**1．创建 SWFButton 对象**

按钮有四种状态，用户不同的操作触发不同的状态。这就需要为 SWFButton 对象设置这几种状态。

创建并设置 SWFButton 对象方法如下：

```
<?php
$b = new SWFButton();
/*设置按钮弹起和点击状态下的按钮形状。
SWFBUTTON_UP 表示按钮弹起。
SWFBUTTON_HIT 表示按钮点击。
rect()函数为自定义函数，画一个矩形。
*/
$b->addShape(rect(0xff, 0, 0), SWFBUTTON_UP | SWFBUTTON_HIT);
//设置指针滑过按钮时的形状。SWFBUTTON_OVER 表示指针滑过。
//circle()函数为自定义函数，画圆。
$b->addShape(circle(0, 0xff, 0), SWFBUTTON_OVER);
//设置按钮按下时的形状。SWFBUTTON_DOWN 表示指针按下。
$b->addShape(rect(0, 0, 0xff), SWFBUTTON_DOWN);
?>
```

rect()代码如下：

```
<?php
  function rect($r, $g, $b)
  {
    $s = new SWFShape();
    $s->setRightFill( $r, $g, $b );
```

```
    $s->drawLine(30, 0);
    $s->drawLine(0, 30);
    $s->drawLine(-30, 0);
    $s->drawLine(0, -30);
    return $s;
  }
?>
```

circle()代码如下：

```
<?php
function circle($r, $g, $b)
  {
    $s = new SWFShape();
    $s->setRightFill( $r, $g, $b );
    $s->movePenTo( 15, 15);
    $s->drawCircle(10);
    return $s;
  }
?>
```

**2．设置 SWFButton 对象脚本**

当用户点击按钮时，按钮需要做出响应，这就需要为按钮设置脚本来实现响应。当用户点击本例按钮时，将打开一个新的网页。

```
<?php
$b->addAction(new SWFAction("getURL('http://www.kinghelp.com','_blank');"),
        SWFBUTTON_MOUSEDOWN);
?>
```

本例完整代码如下：

```
<?php
  function rect($r, $g, $b)
  {
    $s = new SWFShape();
    $s->setRightFill( $r, $g, $b );
    $s->drawLine(30, 0);
    $s->drawLine(0, 30);
    $s->drawLine(-30, 0);
    $s->drawLine(0, -30);
    return $s;
  }
   function circle($r, $g, $b)
```

```
{
  $s = new SWFShape();
  $s->setRightFill( $r, $g, $b );
  $s->movePenTo( 15, 15);
  $s->drawCircle(10);
  return $s;
}
$m = new SWFMovie();
Ming_setScale(20.0000000);
$m->setDimension( 300, 300 );
$m->setBackground(rand(0,0xFF),rand(0,0xFF),rand(0,0xFF));
$b = new SWFButton();
$b->addShape(rect(0xff, 0, 0), SWFBUTTON_UP | SWFBUTTON_HIT);
$b->addShape(circle(0, 0xff, 0), SWFBUTTON_OVER);
$b->addShape(rect(0, 0, 0xff), SWFBUTTON_DOWN);
$b->addAction(new SWFAction("getURL('http://www.kinghelp.com','_blank');"),
        SWFBUTTON_MOUSEDOWN);
$i = $m->add($b);
$i->setName("button");
$i->moveTo(90, 90);
$swfname = basename(__FILE__,".php");
$m->save("$swfname.swf",9);
print "<OBJECT classid=\"clsid:D27CDB6E-AE6D-11cf-96B8-444553540000\"
codebase=\"http://active.macromedia.com/flash2/cabs/swflash.cab#version=4,0,0,0\"
ID=objects >
<PARAM NAME=movie VALUE=\" $swfname.swf\">
<EMBED src=\" $swfname.swf\"
 TYPE=\"application/x-shockwave-flash\"
PLUGINSPAGE=\"http://www.macromedia.com/shockwave/download/index.cgi?P1_Prod_Version=Shockwav
eFlash\">
</OBJECT>";
?>
```

## 12.3　网上投票系统

### 12.3.1　总体系统设计

下面要介绍的网上投票系统，除了投票和查看投票结果功能外，还提供了增加、修改和删除投票项目的功能。在这些功能中，只有投票和查看投票结果界面为 Flash 动画。下面首先介绍网上投票系统的总体要求和数据库设计。

**1. 投票原理**

这个系统要具有显示投票项目模块、统计投票结果模块、管理投票模块。普通用户只能进行投票和查看投票结果，管理员可以创建、删除和修改投票项目。为了便于实现投票项目，投票信息需要保存在数据库中。

下面介绍一下各模块的实现方法。

（1）显示投票项目模块

显示投票项目模块主要显示投票项目，以便用户投票。该界面以 Flash 动画形式实现。实现时，首先生成界面的背景和效果；然后，从数据库中读取投票项目并输出到 SWF 文件中；最后，为提交按钮设置单击动作，以提交投票结果。

（2）统计投票结果模块

统计投票结果模块显示投票的统计信息。该模块也是 Flash 动画形式，以柱状图表形式显示统计结果。虽然该界面没有“动”的部分，但是也是以 SWF 文件输出的。

（3）管理投票模块

管理投票模块主要管理投票项目，包括删除、修改和查看投票项目。该模块以普通网页显示实现，方便用户操作。

**2. 数据库设计**

投票项目存于数据表 type_prod 中，其结构如表 12-17 所示。

**表 12-17 表 type_prod 的结构**

| 字段名称 | 类型 | 说明 |
| --- | --- | --- |
| ID | int(11) | 自动编号，关键字段 |
| Name_Type | varchar(20) | 投票项目名称 |
| VoteNum | int(11) | 投票数目 |
| IsVote | tinyint(4) | 是否显示：1 显示；0 不显示 |

该系统提供了防止用户恶意投票的功能。恶意投票就是某些用户在很短时间内反复投票。该系统只允许同一个 IP 在 24 小时内投一次票。为了防止用户重复投票，系统需要记录投票用户的 IP 地址。记录 IP 地址的表为表 votenum，结构如表 12-18 所示。

**表 12-18 表 votenum 的结构**

| 字段名称 | 类型 | 说明 |
| --- | --- | --- |
| ID | 自动编号 | 关键字段 |
| IP | 文本 | 投票者 IP 地址 |

## 12.3.2 投票界面实现

投票界面以 Flash 动画形式实现，主要有以下特点：

- 投票背景色为随机生成的颜色；
- 飘动文字的背景效果；
- 形变背景效果：从六边形变化成圆形；
- 遮罩效果：旋转着的矩形飘过之处，显示背景图片；
- 形变背景效果和遮罩效果随机生成；
- 投票项目由数据库中投票项目获得；

➢ 投票按钮可提交投票信息。

下面分别介绍这些效果的实现过程。

**1．飘动的文字**

利用指定的文字在界面上移动，达到提示用户、美化界面的目的，这就是飘动的文字。在本例中，飘动的文字效果由函数 CreateAnim()实现。该函数格式如下：

```
CreateAnim($m,$x,$y ,$type=1)
```

格式说明如下：

➢ $m 表示影片对象。

➢ $x 和$y 表示文字的起始位置。

➢ $type 表示文字的飘动方向。它的默认值为 1，大于 0 表示文字向左飘动，值越大飘动速度越快；小于 0，表示文字向右飘动；值为 0 该文字就不会移动。

该函数实现步骤如下：

（1）创建字体；

（2）创建文本对象；

（3）为文本对象选择字体；

（4）设置文本对象位置和字符串；

（5）创建影片剪辑；

（6）将文本对象加入影片剪辑；

（7）将文本对象移动到影片剪辑指定位置；

（8）缩小文本对象；

（9）设置影片剪辑下一帧；

（10）放大文本对象；

（11）旋转文本对象；

（12）重复步骤（9）至步骤（11）步 20 次；

（13）设置影片剪辑下一帧；

（14）移动文本对象；

（15）重复步骤（13）至步骤（14）步 40 次；

（16）将影片剪辑加入影片中。

本函数使用了影片剪辑实现飘动的文字，该影片剪辑中的效果将和影片中的效果一起播放。若不使用影片剪辑，飘动效果将占用影片中的帧，不会实现背景效果。具体实现代码如下：

```
<?php
function CreateAnim($m,$x,$y ,$type=1)
{
//创建影片剪辑。
$myMovie = new SWFSprite();
//创建字体。Verdana.fdb 不支持中文。
$myFont=new SWFFont("Verdana.fdb");
$myText1=new SWFText();
```

```
$myText1->setFont($myFont);
$myText1->setColor(10,10,10,10);
//设置高度。
$myText1->setHeight(40);
//移动文本。
$myText1->moveTo(-($myFont->getWidth("ManJW"))/3,0);
$myText1->addString("ManJW");
//把文本对象加入影片中。
$firstText=$myMovie->add($myText1);
//移动文本。
$firstText->moveTo($x,$y);
//把文本对象缩小至 0.1。
$firstText->scaleTo(0.1,0.1);
//旋转文本对象并放大。
for($i=0; $i<60; $i++)
{
$myMovie->nextFrame();
$firstText->rotate(-6*$type);
//改变文本颜色。
$firstText->multColor($i/3,$i/3,$i/3,$i/3);
$firstText->scaleTo($i/60,$i/60);
}
//停留 15 帧。
for($i=0; $i<15; $i++)
{
$myMovie->nextFrame();
}
//移动并旋转文本。
for($i=0; $i<20; $i++)
{
$myMovie->nextFrame();
$firstText->move(-2*$type,0);
$firstText->rotate(1);
}
//移动文本直至移出影片。
for($i=0; $i<40; $i++)
{
$myMovie->nextFrame();
$firstText->move(2*$type*$i,0);
if($i<10)
```

```
{
$firstText->rotate(-2);
}
}
//把影片剪辑加入影片中。
$myMovie->nextFrame();
$d=$m->add($myMovie);
}
?>
```

通过下面方式调用该函数从而实现飘动的文字：

```
<?php
//向右飘动至消失。
CreateAnim($m,$wid_m/3,$height_m/3 );
//向左飘动至消失。
CreateAnim($m,$wid_m*3/5,$height_m*2/3,-1 );
?>
```

**2．形变背景效果：从六边形变化成圆形**

从六边形变化成圆形的形变效果，在 12.2.5 小节已经介绍过了。但该例子没有背景，只有填充色。下面的例子在转换过程中，显示其背景色。

该效果实现步骤如下：

（1）创建形变对象；
（2）读入背景图片；
（3）设置圆的直径；
（4）设置形变开始形状：六边形；
（5）设置形变结束形状：圆形；
（6）设置影片剪辑的动作；
（7）把影片剪辑添加到影片中；
（8）设置形变；
（9）使影片剪辑飘动。

具体实现代码如下：

```
<?php
$wid_m=300;
$height_m=300;
$mymorph = new SWFMorph();
$imgcont=    file_get_contents( $bgbitmap) ;
$img = new SWFBitmap($imgcont );
//获取图片的高度和宽度。
$imgwid=$img->getWidth();
$imgheight=$img->getHeight();
```

```
$rad=100;
//把图片高度和宽度最大值作为圆直径。
if($imgwid>$imgheight && $rad<$imgwid)
    $rad=$imgwid;
else if($imgwid<$imgheight && $rad<$imgheight)
    $rad=$imgheight;
//设置形变开始形状。
$shapeToMorphFrom = $mymorph->getShape1();
//把图片加入形状中。
$imgf=$shapeToMorphFrom->addFill( $img, SWFFILL_TILED_BITMAP );
//移动图片。
$imgf->moveto(-$imgwid/2,-$imgheight/2);
//把图片加入形状中，并绘制六边形。
$shapeToMorphFrom->setLeftFill( $imgf );
$shapeToMorphFrom->movePenTo(-50,-50);
$shapeToMorphFrom->drawLine(50,-20);
$shapeToMorphFrom->drawLine(50,20);
$shapeToMorphFrom->drawLine(20,50);
$shapeToMorphFrom->drawLine(-20,50);
$shapeToMorphFrom->drawLine(-50,20);
$shapeToMorphFrom->drawLine(-50,-20);
$shapeToMorphFrom->drawLine(-20,-50);
$shapeToMorphFrom->drawLine(20,-50);
// 设置形变结束形状。
$shapeToMorphTo = $mymorph->getShape2();
$imgf=$shapeToMorphTo->addFill( $img, SWFFILL_TILED_BITMAP );
$shapeToMorphTo->setLeftFill( $imgf );
$imgf->moveto(-$imgwid/2,-$imgheight/2);
$shapeToMorphTo->drawCircle($rad/2);
//创建影片剪辑。
$movie=new SWFSprite();
//设置影片剪辑的动作。
$movie->add(new SWFAction("
onMouseDown=function()
{
play();
};
"));
// 把影片剪辑添加到影片中。
$morph = $movie->add($mymorph);
```

```
$morph->moveTo($wid_m/4,$height_m/4);
// 设置形变率。
for($i=0;$i<=50;$i++)
{
$morph->setRatio($i/50);
$movie->nextFrame();
}
/*
下面为影片剪辑添加动作，当运行到该帧时，影片剪辑停止播放；
否则，会重新播放影片剪辑。
$movie->add(new SWFAction("stop();"));
$movie->nextFrame();
//移动影片剪辑。
for($i=0; $i<600; $i++)
{
 //设置移动的坐标。
$morph->moveto(abs($i -600)%300 ,abs($i -200)%200);
$movie->nextFrame();
}
?>
```

### 3．遮罩效果

Ming 库也支持遮罩效果，通过 SWFDisplayItem 对象的 setMaskLevel()方法实现。该方法设置 SWFDisplayItem 对象为遮罩对象。虽然在 PHP 5.0 手册上查不到这个方法，但是在 Ming 库源码中可以查到该方法。

遮罩效果的实现步骤如下：

（1）创建被遮罩的形状对象；

（2）读入背景图片；

（3）设置被遮罩的形状对象的边界；

（4）设置遮罩矩形；

（5）创建影片剪辑；

（6）把遮罩矩形和被遮罩的形状对象添加到影片剪辑；

（7）旋转遮罩矩形；

（8）移动遮罩矩形；

具体实现代码如下：

```
<?php
//s 为被遮罩对象。
$s = new SWFShape();
//读入图片文件。
$imgcont=   file_get_contents( $bgbitmap) ;
```

```
$img = new SWFBitmap($imgcont );
//把图片添加到形状对象中，并设置形状对象的边界。
$imgf = $s->addFill( $img );
$s->setRightFill( $imgf );
$s->movePenTo( 0, 0 );
$s->drawLineTo( $img->getWidth() , 0 );
$s->drawLineTo( $img->getWidth() , $img->getHeight() );
$s->drawLineTo( 0, $img->getHeight()   );
$s->drawLineTo( 0, 0 );
//创建影片剪辑。
$movie1=new SWFSprite();
// $squareshape 为遮罩对象。
$squareshape=new SWFShape();
$squareshape->setRightFill(255,0,0);
//设置形状的边界。
$squareshape->movePenTo(-50,-50);
$squareshape->drawLine(100,0);
$squareshape->drawLine(0,100);
$squareshape->drawLine(-100,0);
$squareshape->drawLine(0,-100);
//把遮罩对象添加到影片剪辑中。
$squaresymbol=$movie1->add($squareshape);
$squaresymbol->moveTo( 0,0);
//设置遮罩对象。
$squaresymbol->setMaskLevel(2);
//把被遮罩对象添加到影片剪辑中。
//注意遮罩对象和被遮罩对象的添加顺序。
$mm= $movie1->add($s);
$mm->moveto(0,0);
//移动遮罩对象，实现遮罩效果。
for($i=0; $i<600; $i++)
{
$squaresymbol->moveto(abs($i -300)%300 ,abs($i -200)%200);
$squaresymbol->rotate($i);
$movie1->nextFrame();
}
?>
```

**4．创建多选框**

投票界面往往以多选形式让用户选择投票项目，这就用到多选框。本例中的多选框为自定义的多选框，而且是一个影片剪辑，多选框的选中和不选状态其实就是按钮的弹起和按下状态。

多选框的实现步骤如下。

（1）创建按钮$button；

（2）按钮$button 的弹起状态为多选框的不选状态；

（3）$button 的按下状态为多选框的选中状态；

（4）设置$button 的按下脚本，保存按钮信息，并转入下一帧；

（5）创建按钮$button1；

（6）按钮$button1 的弹起状态为多选框的选中状态；

（7）$button1 的按下状态为多选框的不选状态；

（8）设置$button1 的按下脚本，保存按钮信息，并返回上一帧；

（9）创建影片剪辑；

（10）添加影片剪辑脚本；

（11）把$button 添加到影片剪辑中；

（12）影片剪辑转到下一帧；

（13）把$button1 添加到影片剪辑中；

（14）结束。

这样，当用户单击$button 按钮时，Flash 转到下一帧，显示该按钮的按下状态，也就是多选框被选中；当用户单击$button1 按钮时，Flash 转到上一帧，显示该按钮的弹起状态，也就是多选框没有被选中。

该影片剪辑的实现过程如下：

```
<?php
/*
创建按钮剪辑，也就是多选框。
$m：影片对象；
$x,$y,$x1,$y1：按钮的位置坐标；
$wid：线宽；
$r,$g,$b：线的 RGB 颜色；
$id：表示该按钮的数值，也就是项目在数据库中 ID 字段的值。
*/
function CreateButtonClip($m,$x,$y,$x1,$y1,$wid, $r,$g,$b,$id=0)
{
//创建第一帧的按钮。
  $button = new SWFButton();
  //设置按钮的弹起状态形状。用 DrawRect_button()函数绘制按钮的形状。
  //此时绘制的按钮为多选框没有选中的形状。
  $button->addShape(DrawRect_button( $x1-$x,$y1-$y,$wid,$r,$g,$b),
SWFBUTTON_UP | SWFBUTTON_HIT | SWFBUTTON_OVER);
  //设置按钮的按下形状。DrawRect_button()函数绘制按钮的形状。
  //此时绘制的按钮为多选框选中形状。
  $button->addShape(DrawRect_button( $x1-$x,$y1-$y,$wid,$r,$g,$b,2), SWFBUTTON_DOWN);
```

```
    //设置按钮按下的脚本动作。
$button->addAction(new SWFAction("
                    //当按下按钮时，跳转到下一帧，显示按钮的按下状态。
                        gotoAndStop(2);
                    //查询字符串 str 是否包含该按钮信息。
                        var n=str.indexOf(',$id,',1);
                    //n 为-1，表示不包含该按钮信息，则把该按钮信息添加到 str 中。
                        if(n==-1)
                          str=str+',$id,';
                        "),
        SWFBUTTON_MOUSEDOWN);
    //设置第二帧的按钮。
    $button1 = new SWFButton();
    //设置按钮的弹起状态形状。用 DrawRect_button()函数绘制按钮的形状。
    //此时绘制的按钮为多选框选中的形状。
    $button1->addShape(DrawRect_button( $x1-$x,$y1-$y,$wid,$r,$g,$b,2),
SWFBUTTON_UP | SWFBUTTON_HIT | SWFBUTTON_OVER);
    //设置按钮的按下状态形状。用 DrawRect_button()函数绘制按钮的形状。
    //此时绘制的按钮为多选框没有选中形状。
    $button1->addShape(DrawRect_button( $x1-$x,$y1-$y,$wid,$r,$g,$b), SWFBUTTON_DOWN);
    //添加按钮的脚本。
    $button1->addAction(new SWFAction("
                    //跳转到第一帧。
                        gotoAndStop(1);
                    //设置按钮的信息。
                        var sz=',$id,';
                    //检查 str 是否包含该按钮信息。
                        var n=str.indexOf(sz,1);
                        //检查 str 是否包含该按钮信息。
if(n!=-1)
                        {
                        //str 包含该按钮信息，则把 str 中该按钮信息删除。
                          str=str+',$id,';
                          var szt=str.substr(0,n);
                          szt=szt+str.substr(n+3);
                          str=szt;
                        }
        "),
        SWFBUTTON_MOUSEDOWN);
    //创建按钮的影片剪辑。
```

```
    $p = new SWFSprite();
    //为影片剪辑添加脚本，停止播放。
    $p->add(new SWFAction("stop();var str= ''; "));
    //把按钮添加到影片剪辑中。
    $i = $p->add($button);
    //跳转到下一帧。
    $p->nextFrame();
    //把按钮添加到影片剪辑中。
    $i = $p->add($button1);
    $p->nextFrame();
    //把影片剪辑添加到影片中。
    $d=$m->add($p);
    //把影片剪辑移动到影片指定位置。
    $d->moveTo($x,$y );
    //设置该影片剪辑的名称，以便获取该影片剪辑中 str 的值。
    $d->setName("box".$id);
}
?>
```

由上面的代码可知，创建按钮形状由函数 DrawRect_button()实现，该函数的具体实现代码如下：

```
<?php
/*
创建按钮形状。
$x,$y：按钮高和宽；
$wid：线的宽度；
$r,$g,$b：线的颜色；
$type：形状类型：1 为多选框没有选中时的形状；2 为多选框选中时的形状。
*/
function DrawRect_button( $x,$y, $wid,$r,$g,$b,$type=1)
{
//创建形状，并绘制形状边界。
$myShape1 = new SWFShape();
$myShape1->setLine( $wid, $r,$g,$b );
$myShape1->setrightfill(255,255,255);
$myShape1->movePenTo(0,0);
$myShape1->drawLineTo(0,$y);
$myShape1->drawLineTo($x,$y);
$myShape1->drawLineTo($x,0);
$myShape1->drawLineTo(0,0);
```

```
//绘制矩形中的小矩形，为多选框选中状态。
if($type==2)
{
//小矩形的坐标。
$xp= $x/4;
$yp= $y/4;
//绘制小矩形。
$myShape1->setrightfill($r,$g,$b);
$myShape1->movePenTo($xp,$yp);
$myShape1->drawLineTo($xp,$yp+$y/2);
$myShape1->drawLineTo($xp+$x/2,$yp+$y/2);
$myShape1->drawLineTo($xp+$x/2,$yp);
$myShape1->drawLineTo($xp,$yp);
}
//返回按钮形状。
return   $myShape1;
}
```

#### 5．输出数据库数据

把数据库信息输出到SWF文件中，需要经过以下步骤：

（1）设置坐标；

（2）设置字体；

（3）设置文本对象的字符串；

（4）把文本对象添加到影片中；

（5）连接数据库；

（6）设置查询SQL语句；

（7）查询数据库；

（8）获取下一查询记录信息；

（9）获取记录输出字段信息；

（10）创建多选框，并把多选框加入到影片中；

（11）把字段信息添加到影片中；

（12）设置下一记录坐标信息；

（13）重复步骤（8）至（13），直至输出所有查询记录；

（14）结束。

具体实现代码如下：

```
<?php
//设置线的信息。
$wid=1;
$r=1;
$g=1;
```

```
$b=1;
$theight=15;
//按钮的坐标。
$x=$wid_m/5;
$y=$theight*3;
//字符串输出坐标。
$x1=$x+$theight;
$y1=$y+$theight;
//按钮间的间隔数值。
$tspace=10;
//输出该界面提示信息。
$text="你最喜欢的电子相册为：";
//字体高度。
$fontHeight=$theight*1.5;
//输出提示文本。
$myFont=new SWFFont("_sans");
$tm=new SWFTextField();
$tm->setFont($myFont);
$tm->setColor($r,$g,$b);
$tm->setHeight($fontHeight);
$tm->setmargins(0,10) ;
$tm->addString($text);
$firstText=$m->add($tm);
$firstText->moveTo(15,5);
//设置查询 SQL 语句。
$Sql="Select ID,Name_Type    from type_prod where IsVote=1 order by ID";
//连接数据库时使用上一章所讲的连接数据库的类。
$db=new db();
$result=$db->Query($Sql);
$n=0;
//获取查询结果。
while($rs=$db->NextRecord())
{
$n++;
//获取查询的项目名称。
$text=$rs["Name_Type"];
//输出按钮。
CreateButtonClip( $m,$x,$y,$x1,$y1,1,$r,$g,$b,$rs["ID"]);
//输出项目信息。
$fontHeight=$y1-$y;
```

```
$myText1=new SWFTextField();
$myText1->setFont($myFont);
$myText1->setColor($r,$g,$b);
$myText1->setHeight($fontHeight);
$myText1->setmargins(0,10) ;
$myText1->addString($text);
//把项目信息添加到影片中。
$firstText=$m->add($myText1);
$firstText->moveTo($x1+10,$y-2);
//设置下一项目坐标。
$y=$y1+$tspace;
$y1=$y+$theight;
}
?>
```

### 6. 添加提交按钮

投票界面需要提供提交投票的按钮，否则用户无法提交投票。在 SWF 文件中仍然可以实现这一功能。本例中通过为按钮添加脚本来实现这一功能。

具体代码如下：

```
<?php
//创建按钮。
$button1 = new SWFButton();
//设置按钮的形状。用 DrawRect_but_submit()绘制按钮的形状。
$button1->addShape(
DrawRect_but_submit( $x1-$x+$theight/2,$y1-$y,$wid,$r+100,$g+200,$b+100),
                SWFBUTTON_DOWN|SWFBUTTON_UP | SWFBUTTON_HIT
| SWFBUTTON_OVER
);
//设置按钮按下脚本。
$straction="
//设置查询 URL 的字符串。
str='';
//循环获取所有的多选框信息。$n 为多选框的数目。
for (i=1;i<=".$n.";i++)
{
//获取多选框影片剪辑中的 str 值。
//每个多选框影片剪辑都有名称，通过 eval()函数获取该影片剪辑对象。
var szbox=eval('box'+i).str;
//若影片剪辑中 str 值为空，则该多选框没有被选中。
if(szbox=='')continue ;
```

```
//去除最后一个“,”。
    var sz=str.substr(str.length-1,1);
    if(sz==',')
        str=str.substring(0,str.length-1);
    //构建 URL 查询字符串。
    str+=szbox;
}
//提交查询。
getURL('UpVote.php?id='+ str,'_blank');
";
//把脚本添加到按钮。
$button1->addAction(new SWFAction($straction),SWFBUTTON_MOUSEDOWN);
//把按钮添加到影片中。
$d=$m->add($button1);
$d->moveTo($x1+($y1-$y)/4,$y1);
//设置按钮的文本信息。
$text="提交";
$myText2=new SWFTextField();
$myText2->setFont($myFont);
$myText2->setColor($r,$g,$b);
$myText2->setHeight($fontHeight*2 /3);
$myText2->setmargins(0,10) ;
$myText2->addString($text);
$firstText=$m->add($myText2);
$firstText->moveTo($x1+($y1-$y)/4,$y1+($y1-$y)/4);
//设置查看投票结果的按钮。
$button1 = new SWFButton();
$button1->addShape(
DrawRect_but_submit( $x1-$x+$theight/2,$y1-$y,$wid,$r+100,$g+200,$b+100),
        SWFBUTTON_DOWN|SWFBUTTON_UP | SWFBUTTON_HIT
| SWFBUTTON_OVER
);
$button1->addAction(
new SWFAction("
        getURL('Scan.php','_blank');
        "),
        SWFBUTTON_MOUSEDOWN
);
$d=$m->add($button1);
$d->moveTo($x1+($y1-$y)*9/4,$y1);
```

```
$text="查看";
$myText3=new SWFTextField();
$myText3->setFont($myFont);
$myText3->setColor($r,$g,$b);
$myText3->setHeight($fontHeight*2 /3);
$myText3->setmargins(0,10) ;
$myText3->addString($text);
$firstText=$m->add($myText3);
$firstText->moveTo($x1+($y1-$y)*9/4,$y1+($y1-$y)/4);
$m->nextFrame();
?>
```

因为提交和查看按钮不同于多选框，因此，上面的代码段中通过函数 DrawRect_but_submit()绘制提交和查看按钮形状。该函数的具体实现代码如下：

```
<?php
function DrawRect_but_submit( $x,$y, $wid,$r,$g,$b,$type=1)
{
$myShape1 = new SWFShape();
$myShape1->setLine( $wid, $r,$g,$b );
$myShape1->setrightfill($r,$g,$b);
$myShape1->movePenTo(0,0);
$myShape1->drawLineTo(0,$y);
$myShape1->drawLineTo($x,$y);
$myShape1->drawLineTo($x,0);
$myShape1->drawLineTo(0,0);
return   $myShape1;
}
?>
```

运行该段代码，得到的投票界面如图 12.8 所示。

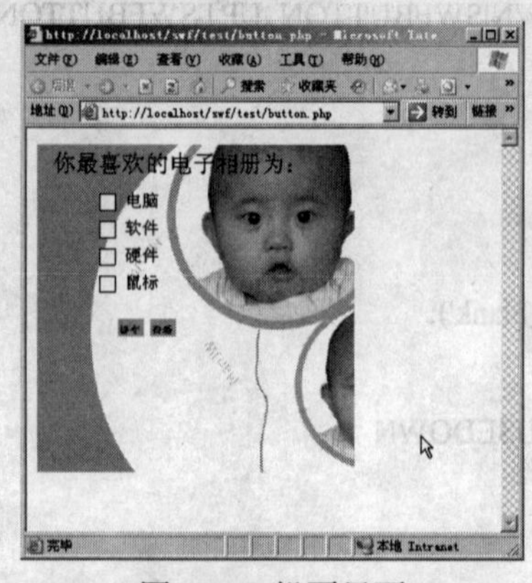


图 12.8　投票界面

### 12.3.3　实现投票功能

投票功能由文件 UpVote.php 实现，步骤如下：

（1）获取客户端 IP 地址；

（2）获取当前日期时间；

（3）设置查询 IP 地址的 SQL 语句；

（4）查询客户端 IP 地址是否存在，如不存在，则转步骤（9）；

（5）判断该 IP 地址上次投票时间；

（6）若上次投票时间与当前时间间隔不超过一天，则显示错误信息，转步骤（14）；

（7）获取投票 ID；

（8）若 ID 为空，则转步骤（14）；

（9）若该客户端 IP 地址存在，则更新该 IP 投票时间；

（10）若不存在，则添加新的新的 IP 记录；

（11）循环处理投票项目 ID；

（12）更新该 ID 的投票数目；

（13）显示投票结果；

（14）结束。

该文件的具体实现代码如下：

```
<?php
include "MySQL_Class.inc";
//获取客户端 IP 地址。
$ip=$_SERVER["REMOTE_ADDR"];
//获取当前时间。
$NowTime=date("y-d-n H:i:s");
//设置查询 IP 地址的 SQL 语句。
$Sql="Select * From votenum where IP='".$ip."' " ;
$db=new db();
//查询该 IP 地址是否投票过。
$result=$db->Query($Sql);
$rs=$db->NextRecord();
//标志同一 IP 地址投票时间间隔是否超过一天：true 表示超过一天；false 表示没有超过一天。
$NotOne=false;
//标志该 IP 地址是否投过票：false 表示没有投过；true 表示投过。
$Have=false;
//若该 IP 地址投票过，则检查投票时间。
If($rs!=false)
{
    //检查投票时间是否超过一天。
        If(DateDiff($NowTime,$rs["VoteTime"],"d")>=1)
        {
```

```
                $NotOne=True;
                $Have=true;
            }
            Else
            {
              //没有超过一天，则输出错误信息。
                echo "<tr><td align='center'><div align='center'>该 IP 地址已经投票过，请勿重复投票。
</div></td></tr>" ;
                echo "<tr><td align='center'><div align='center'><a href='Scan.php'>查看投票结果
</a></div></td></tr>" ;
            }
    }
    Else
            $NotOne=true;
    If($NotOne)
    {
    //获取投票项目 ID。
    $strVote=$_GET["id"];
    //检查投票项目 ID 是否为空，为空则退出。
    if($strVote=="")
    {
        echo "投票项目不能为空!";
        die;
    }
    //依据该 IP 地址是否存在，设置 SQL 语句。
    If($Have)
            $Sql="Update VoteIP set VoteTime='".$NowTime."'   where IP='".$ip."'";
        Else
        $Sql="Insert Into VoteIP(IP) Values('".$ip."')";
        $strVote=split(",",$strVote) ;
     //循环处理投票项目。
        foreach($strVote as $str)
        {
        $str=trim($str);
            if($str=="")continue;
            $ID=ceil($str);
        //更新投票数目。
            $Sql="Update type_prod Set VoteNum=VoteNum+1 where IsVote=true and ID=".$ID;
            $db->Query($Sql);
        }
```

```
    echo "<tr><td align='center'><div align='center'>投票成功。</div></td></tr>";
    echo "<tr><td align='center'><div align='center'><a href='Scan.php'>查看投票结果</a></div></td></tr>";
}
?>
```

单击图 12.8 中的“提交”按钮，结果如图 12.9 所示。

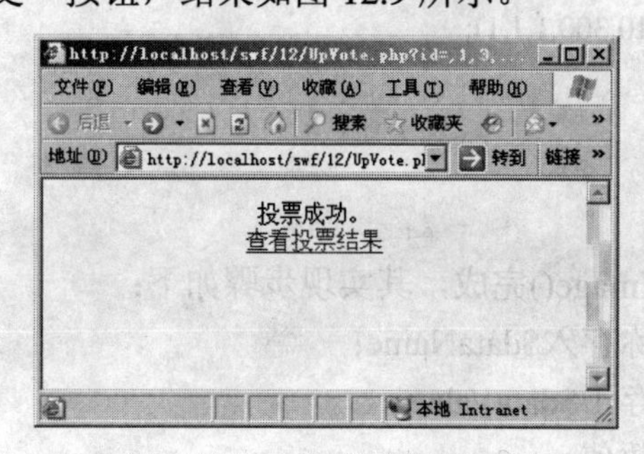


图 12.9　投票成功

## 12.3.4　查看投票

本系统提供了查看投票的功能，同样也是采用了 Flash 动画形式显示统计结果。下面详细介绍该功能的实现。

### 1．查看投票

该功能的具体实现步骤如下：

（1）设置查询项目的 SQL 语句；

（2）查询项目；

（3）把查询项目名称和投票数目加入数组$data（$data 中保存着投票项目数目，数组下标保存着投票项目名称）中；

（4）创建统计图表；

（5）输出 SWF 文件。

具体实现代码如下：

```
<?php
include "MySQL_Class.inc";
$Sql="Select ID,Name_Type,VoteNum    from type_prod where IsVote=1 order by ID";
$db=new db();
//查询项目。
$result=$db->Query($Sql);
$n=0;
$data = array();
//把投票项目和投票数目添加到数组中。
while($rs=$db->NextRecord())
{
    $text=$rs["Name_Type"];
    $num=$rs["VoteNum"];
```

```
    $data[$text]=$num;
}
$m = new SWFMovie();
$m->setDimension(400, 400 );
//创建图表。
createImage($m,$data,20,10,10,300,1,1,1);
$m->save( 'rotate.swf' );
?>
```

### 2. 创建图表

创建图表由函数 createImage()完成，其实现步骤如下：

（1）获取投票项目名称存入$dataName；

（2）获取投票数目保存于$dataValue；

（3）获取最大的投票数值；

（4）若最大投票数值太小，则扩大最大值以便显示；

（5）若最大投票数值太大，则缩小最大值以便显示；

（6）调用函数 drawLine()绘制图表的横轴和纵轴；

（7）调用函数 DrawRect()绘制矩形；

（8）调用函数 drawText()绘制项目名称；

（9）重复（6）至（8）步，直至绘制完所有项目；

（10）绘制纵轴标尺；

（11）结束。

具体实现过程如下：

```
<?php
/*
$m:影片剪辑。
$data：数据信息；
$twidth：矩形宽度；
$tspace：矩形间隔；
$x,$y：图表坐标；
$r,$g,$b：RGB 颜色。
*/
function createImage($m,$data,$twidth,$tspace,$x,$y,$r,$g,$b)
{
//声明数组用于保存项目名称和数目。
$dataName = array();
$dataValue = array();
$i=0;
$j=0;
$k = 0;
```

```
$num = sizeof($data);
foreach($data as $key => $val)
{
$dataName[] = $key;
$dataValue[] = $val;
}
//设置缩放比率。若$maxnum 太大或太小，都会产生不太美观的图表。
//需要根据$maxnum 值大小进行调整。
$scal=1;
//获取最大数值。
$maxnum = max($data);
//若$maxnum 太大或太小，都要进行调整。
if($maxnum/$y<0.5)
$scal=$y/2/$maxnum;
if($maxnum/$y>0.9)
    $scal=$y*0.9/$maxnum;
//设置宽度。
$width = ($twidth + $tspace) * $num + 4;
//绘制纵轴。
drawLine ( $m, 30 + $x, $y, 30 + $x,    $y-$maxnum*$scal - 2 ,2, $r,$g,$b);
//绘制横轴。
drawLine ( $m, 30+ $x ,    $y - 2 , $width + 30 -2+ $x    , $y - 2 ,2,$r,$g,$b);
//循环处理投票项目。
while($i < $num)
{
    $n=0;
 //为防止项目名称重叠，需要错开投票项目名称的显示。
 //$n 为项目名称的坐标修改值。
    if($i%2==0)
        $n=15;
 //绘制矩形。
DrawRect ( $m, $i * ($tspace+$twidth) + 40+ $x , $y - $dataValue[$i]*$scal ,
$i * ($tspace+$twidth) + 40 + $twidth+ $x , $y - 3 , 2,$r,$g,$b,$dataValue[$i]);
 //绘制项目名称。
drawText ( $m, $i * ($tspace+$twidth) + 40+ $x , $y+15+$n ,
$dataName[$i],12,rand(0,255),rand(0,255),rand(0,255));
$i++;
}
//绘制横轴标尺。
```

```
while($k <= (500/10))
{
if($k != 0)
drawLine ( $m, 28+ $x , $y - $k * 10 , 32+ $x , $y - $k * 10 ,2,$r,$g,$b);
$k = $k + 10;
}
}
?>
```

**3．绘制线的 drawLine()函数**

绘制线由 drawLine()函数完成。该函数比较简单，具体实现代码如下：

```
<?php
/*
$m:影片剪辑。
$x,$y：线起点坐标；
$x1,$y1：线终点坐标；
$width：宽度；
$r,$g,$b：RGB 颜色。
*/
function drawLine($m,$x,$y,$x1,$y1,$width,$r,$g,$b)
{
        $myShape1 = new SWFShape();
$myShape1->setLine( $width, $r,$g,$b );
$myShape1->movePenTo(0,0);
$myShape1->drawLineTo($x1-$x,$y1-$y );
$ts = $m->add( $myShape1 );
$ts->moveTo( $x, $y );
}
?>
```

**4．绘制矩形的 DrawRect()函数**

函数 DrawRect()不但可以绘制矩形，还可以绘制该项目数目。矩形不是由一种颜色填充而成，而是通过线绘制而成，这样可使矩形颜色由浅入深。

该函数的实现步骤如下：

（1）设置字体；

（2）设置文本域对象；

（3）在指定位置输出文本域对象；

（4）获取当前坐标；

（5）计算当前坐标线型的颜色；

（6）绘制线；

（7）重复步骤（4）至（7）步绘制矩形；

（8）把矩形添加到影片中；

（9）结束。

具体实现代码如下：

```
<?php
/*
$m:影片剪辑。
$x,$y：线起点坐标；
$x1,$y1：线终点坐标；
$wid：宽度；
$r,$g,$b：RGB 颜色；
$text：该项目的投票数值。
*/
function DrawRect($m,$x,$y,$x1,$y1,$wid,$r,$g,$b,$text)
{
$myFont=new SWFFont("_sans");
$fontHeight=12;
//绘制投票数值。
$myText1=new SWFTextField();
$myText1->setFont($myFont);
$myText1->setColor($r,$g,$b);
$myText1->setHeight($fontHeight);
$myText1->setmargins(0,10) ;
$myText1->addString($text);
$firstText=$m->add($myText1);
$firstText->moveTo($x,$y-$fontHeight-5);
$myShape1 = new SWFShape();
$myShape1->setLine( $wid, $r,$g,$b );
$myShape1->movePenTo(0,0);
$myShape1->drawLineTo(0,$y-$y1);
//绘制具有渐变色的矩形。这是绘制渐变色的另外一种方法。
for($i=1;$i<$x1-$x;$i=$i+1)
{
// DifColor()函数计算颜色值与 86 的差值。
$r1=DifColor($r,86)+($i*($r-DifColor($r,86))/($x1-$x));
$g1=DifColor($g,86)+($i*($r-DifColor($g,86))/($x1-$x));
$b1=DifColor($b,86)+($i*($r-DifColor($b,86))/($x1-$x));
$myShape1->setLine( $wid, $r1,$g1,$b1 );
$myShape1->movePenTo($i,0);
```

```
$myShape1->drawLineTo($i,$y-$y1);
}
$ts = $m->add( $myShape1 );
$ts->moveTo( $x, $y1);
}
?>
```

其中，DifColor()和 GABS()函数的具体实现代码如下：

```
<?php
function GABS ($nmbr)
{
        return ($nmbr>0)?$nmbr:-$nmbr;
}
function DifColor($color,$nDist)
{
        return    GABS($color - $nDist);
}
?>
```

### 5．绘制项目名称的 drawText()函数

可以通过 drawText()函数绘制项目名称。该函数比较简单，具体实现代码如下：

```
<?php
function drawText($m,$x,$y, $text,$fontHeight,$r,$g,$b)
{
$myFont=new SWFFont("_sans");
$myText1=new SWFTextField();
$myText1->setFont($myFont);
$myText1->setColor($r,$g,$b);
$myText1->setHeight($fontHeight);
$myText1->setmargins(0,10) ;
$myText1->addString($text);
$firstText=$m->add($myText1);
$firstText->moveTo($x,$y-$fontHeight-5);
}
?>
```

运行实例代码，结果如图 12.10 所示。

另外，本例还提供了投票管理功能，以显示和设置投票项目。下面详细介绍实现过程。

## 12.3.5　显示投票项目

显示投票项目的界面包括项目名称和投票次数。若记录的字段 IsVote 为 1，为选中状态，

则该项目为选中状态；否则，该项目为未选状态。显示投票项目的界面如图 12.11 所示。

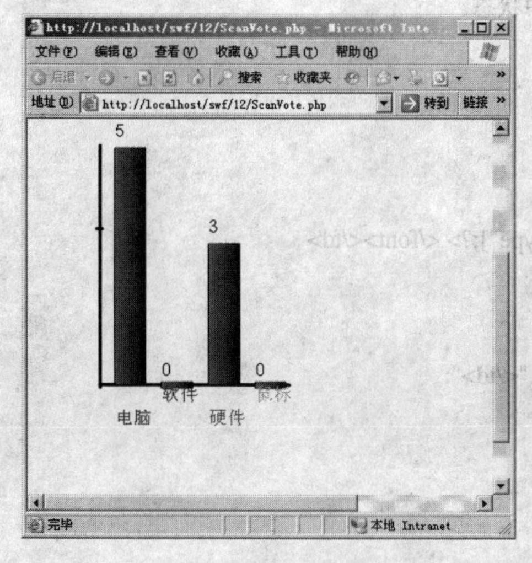


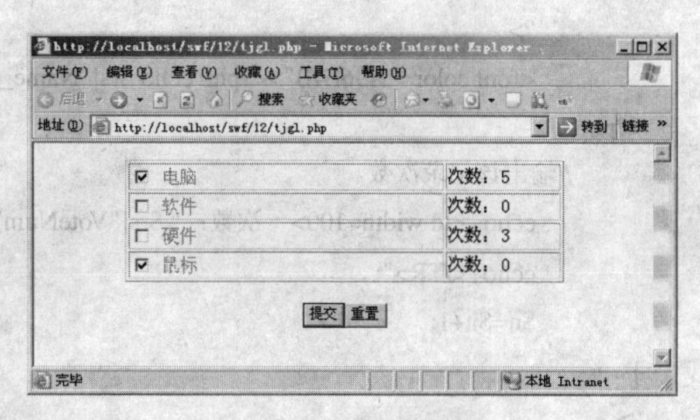


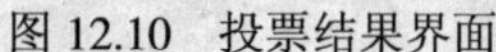

图 12.10 投票结果界面　　　　图 12.11 在线投票管理界面

### 1．获取投票项目

投票项目都保存在数据库表 type_prod 中，因此需要连接数据库。连接数据库的方法使用前面章节中介绍的连接数据库类 db，在这里不再介绍。

```
<?php
include "MySQL_Class.inc";
//设置查询数据库的 SQL 语句。
$Sql="Select * From type_prod   order by ID ";
?>
<div align="center">
<form method=post action="settj.php">
<table width="400" border="1" align=center >
<?php
//创建 db 类。
$db=new db();
$n=0;
//查询数据库。
$result=$db->Query($Sql);
//获取记录。
while($rs=$db->NextRecord())
{
//输出多选框。
?>
 <tr><td><input type="CHECKBOX" name="CHECKBOXbutton"
        <?php
    //设置多选框的值。
```

```
        $str="value=".$rs["ID"]."'";
    //若该记录的 IsVote 字段值为 1，则该多选框为选中状态。
        If($rs["IsVote"]==1)$str=$str." checked";
        $str=$str.">";
        echo $str;
        ?>
        <font color="A96F4B"><?php echo $rs["Name_Type"];?> </font></td>
<?php
    //输出该记录次数。
        echo "<td width=100>   次数：".$rs["VoteNum"]."</td>";
        echo "</TR>";
        $n=$n+1;
}
?>
 </tr>
</table>
<p><input type="submit" value="提交" name="B1"><input type="reset" value="重置" name="B2"></p>
</form>
<?php
If($n==0)echo   "暂无统计项目！<br>";
?>
```

2．设置投票项目

单击“提交”按钮，可增加新的投票项目，代码如下：

```
<?php
include "MySQL_Class.inc";
$db=new db();
$Sql="Select * From type_prod order by ID ";
$result=$db->Query($Sql);
//把所有项目的 IsVote 字段值设置为 0。
while($rs=$db->NextRecord())
{
 $Sql1="update type_prod set IsVote =0 where ID=".$rs["ID"];
 $db->Query($Sql1);
}
$strVote="";
//获取用户选择的多选框值。
$strVote=($_POST["CHECKBOXbutton"]);
//分隔多选框值。
$str=split(",",$strVote) ;
```

```
//处理多选框的值。
foreach($str as $s)
{
        if(trim($s)=="")continue;
  //更新该记录的 IsVote 字段值。
        $Sql1="update type_prod set    IsVote =1 where ID=".$s;
        $db->Query($Sql1);
}
echo "已经设置完毕";
?>
```

## 本章小结

本章先介绍 Ming 库，然后介绍使用 Ming 库输出 SWF 文件的方法，最后介绍了投票系统的实现方法。

# 第 13 章　网上购物系统

随着 Internet 的普及，网上购物已成为一种新的消费方式。网上购物系统一般都提供了注册、上传商品、浏览商品、购买商品等基本功能。

本章介绍一个网上购物系统，如图 13.1 所示。该系统使用 PHP 与 MySQL 平台完成，实现了用户登录以及商品的上传、购买、管理等功能。

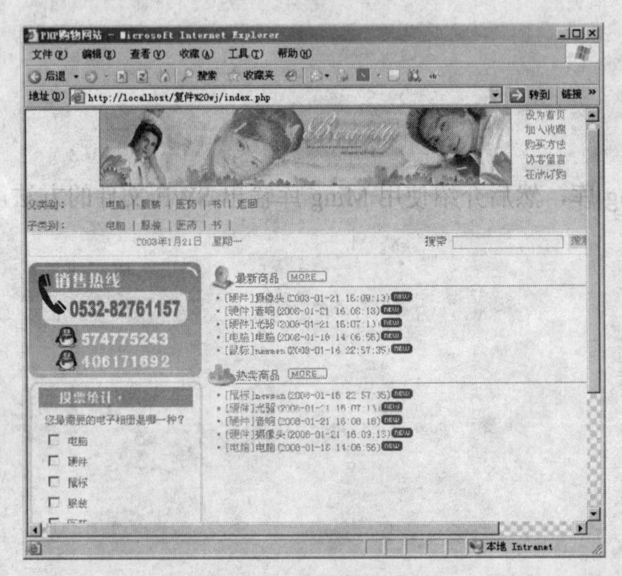


图 13.1　购物系统首页

## 13.1　总体系统设计

本章介绍的网上购物系统功能简单，但是仍然具有浏览、购买、管理商品以及下订单等功能。依据这些功能要求，制定出系统的设计目标。本例采用 B/S 模式开发，使用 PHP 作为开发工具，采用 MySQL 作为后台数据库。

### 13.1.1　设计要求

现在的购物系统大多采用 B/S（Brower/Server）模式开发。B/S 模式就是大家常说的浏览器/服务器模式。在这种模式下，客户端浏览器通过 Internet 与服务器端进行通信，获取系统信息，服务器端（Server）处理大多数系统事务，与客户端相关的少数事务在浏览器端（Browser）实现。Browser/Server 模式不受地域的限制，对客户端要求较低，大大减轻了系统升级与维护的成本和工作量。

开发系统常用的另外一种技术架构为 C/S（Client/Server）模式，即客户机/服务器模式。在这种模式下，将任务合理分配到客户机端和服务器端实现，充分利用客户机和服务器的硬件环境优势。在这种模式下，服务器的负荷较轻。但是 C/S 模式的缺点也是显而易见的，需在客户端安装和设置系统，维护和升级也比较麻烦。

另外，浏览、购买商品的用户是不确定的，他们来自不同的地方，与系统没有形成关系或者说关系是松散的，不可能要求用户安装特定软件才能登录系统。用户的系统平台可能是 Windows 操作系统，也可能是 Linux 操作系统。不同的操作系统需要开发不同的客户端软件，这会大大增加购物系统的开发费用和难度。

可以看出，B/S 模式比较适合网上商品购物系统的特点。B/S 模式支持跨平台操作，客户端只要安装浏览器就可以浏览、操作系统。这对客户端的要求不高，便于系统扩充应用，且操作简单、升级维护简便。

本例在 Windows 2000 Server 操作系统上，采用 Browser/Server 模式实现，已通过测试并运用。

### 13.1.2　设计目标

网上购物系统的设计目标如下。

**1．用户登录和身份验证**

- 只有管理员才能发布商品；
- 管理员进入系统后台管理系统时，需要进行身份验证；
- 管理员登录时，需要使用验证码验证。

**2．销售商品要求**

- 允许访问者浏览所有商品，查看商品详细信息；
- 允许访问者查找商品；
- 为访问者提供购物车功能，并允许访问者管理购物车；
- 管理员可以查看订单，并可对订单进行处理。

**3．管理商品要求**

- 管理员可以在线管理商品；
- 管理员可以上传商品，修改和删除商品信息；
- 管理员可以设置、修改商品类型；
- 管理员可以设置投票项目，调查用户的需求；

**4．管理留言要求**

- 访问者可以通过留言发表对商品的评论；
- 管理员可以查看、删除、回复留言。

## 13.2　数据库分析

我们根据系统的设计要求，对数据库进行分析和设计。

### 13.2.1　数据库功能需求

根据系统的设计要求，系统应具有管理员管理、商品类别管理、商品管理、留言管理和订单管理功能。

**1．管理员管理功能**

管理员管理的功能包括：管理员登录验证，管理员密码修改。

管理员信息包括管理员姓名、密码等信息。

**2．商品管理功能**

商品管理功能包括：商品上传，商品信息修改、删除，商品图片的上传、删除。

商品信息包括商品的名称、类别、价格、编号、销售数量、商品图片名称以及上传商品的用户等。

**3．商品类别管理**

商品类别管理包括：添加商品类别、修改类别信息、商品类别的删除以及商品类别的转移等功能。

商品类别包含商品类别名称、商品类别序号。

**4．留言管理功能**

留言管理功能包括：发布留言、留言回复和删除功能。

留言信息包括留言序号、留言者名称、联系方式、留言内容、宙言时间以及回复内容等。

**5．订单管理功能**

订单管理功能包括：订单的查询、处理以及删除功能。

订单信息包含订单号、订单信息、购买人信息、购买时间、商品号、商品数量、购买商品总价等。

通过这些功能的分析，可以确定保存用户信息、商品信息、商品类型、留言信息和订单信息所用的数据表。

### 13.2.2 数据库设计

从数据库需求中可以得出，系统拥有用户、商品类别、商品、订单和留言等实体，这些实体对应数据库中的表，具体如下：

- 用户信息表 reguser
- 商品类型表 type_prod
- 商品信息表 prod_info
- 订单表 order_list
- 留言表 ly

这些表的详细信息如下。

**1．用户信息表 reguser**

用户信息表 reguser 用于保存注册用户的基本信息，结构如表 13-1 所示。创建该表在时，创建一个系统管理员 admin。

**表 13-1 用户信息表 reguser**

| 字段名称 | 数据类型 | 说明 |
|---|---|---|
| ID | 自动编号 | 用户序号 |
| UserName | 文本 | 用户姓名 |
| PWD | 文本 | 用户密码 |
| Address | 文本 | 用户地址 |
| mail | 文本 | 用户邮件地址 |
| Phone | 文本 | 用户电话 |

**2．商品类型表 type_prod**

表 type_prod 用于保存商品类型信息，结构如表 13-2 所示。该系统支持多层次的商品类型。如，系统中存在软件类型的商品，而软件类型中可存在应用软件子类型，应用软件子类型还可有其他方面的软件子类型。

多层次类型间的关系通过字段 ChildType 实现。如软件类型不是任何类型的子类型，它的 ChildType 字段值为空，而应用软件子类型 ChildType 字段值为软件类型的 ID 值。通过类型的 ChildType 字段值，可以获取该类型的父类型。

字段 IsVote 表示该类型为投票项目，可显示在投票界面中，字段 VoteNum 表示该项目的投票数目。

**表 13-2 商品类型表 type_prod**

| 字段名称 | 数据类型 | 说明 |
|---|---|---|
| ID | 自动编号 | 商品类型序号 |
| Name_Type | 文本 | 商品类型名称 |
| IsVote | 数值 | 投票项目。0：表示不是投票项目；1：表示为投票项目 |
| VoteNum | 数值 | 投票数目 |
| ChildType | 文本 | 父类型序号，为空则表示没有父类型 |

### 3．商品信息表 prod_info

表 prod_info 用于保存商品信息，结构如表 13-3 所示。其中，字段 Image 为保存商品图片的文件夹名称，该字段值一般与商品编号相同。每种商品都具有编号 BH，可方便管理人员查找和管理商品。

**表 13-3 商品信息表 prod_info**

| 字段名称 | 数据类型 | 说明 |
|---|---|---|
| ID | 自动编号 | 商品类型序号 |
| Name | 文本 | 商品名称 |
| BH | 文本 | 商品编号 |
| TypeID | 文本 | 商品代号 |
| Info | 文本 | 商品说明 |
| Price | 数字 | 进货价格 |
| TimeUp | 日期/时间 | 商品上传时间 |
| SaleCount | 数字 | 商品被购买次数 |
| Image | 文本 | 商品图片路径 |

### 4．订单表 order_list

表 order_list 用于保存订单信息，结构如表 13-4 所示。

**表 13-4 订单表 order_list**

| 字段名称 | 数据类型 | 说明 |
|---|---|---|
| ID | 自动编号 | 订单序号 |
| Name | 文本 | 购买者名称 |
| ShopID | 数字 | 商品的序号 |

（续表）

| 字段名称 | 数据类型 | 说明 |
|---|---|---|
| Price | 数字 | 商品的单价 |
| shoplist | | |
| OrderTime | 日期/时间 | 购买时间 |
| address | | |
| phone | | |
| beizhu | | |
| IsSend | 数字 | 订单处理类型 |

### 5. 留言表 ly

表 ly 用于保存用户的留言信息，结构如表 13-5 所示。

表 13-5　用户留言表 ly

| 字段名称 | 数据类型 | 说明 |
|---|---|---|
| ID | 自动编号 | 订单序号 |
| Name | 文本 | 购买者名称 |
| address | 文本 | 地址 |
| phone | 文本 | 电话 |
| LYTime | 日期/时间 | 发表评论的时间 |
| Content | 备注 | 留言内容 |
| Result | 备注 | 留言的回复 |
| IsAnswer | 数字 | 留言的状态 |

## 13.3　通用文件

该系统需要在多处连接数据库，连接数据库文件为 MySQL_Class.inc。在该文件中，实现连接和操作 MySQL 数据库的类。包含该类的其他文件都可以调用该类，连接和操作 MySQL 数据库。

该系统的首页、浏览商品页、查询页等多个页面都具有相同的首部和尾部导航条，如图 13.2 及图 13.3 所示。

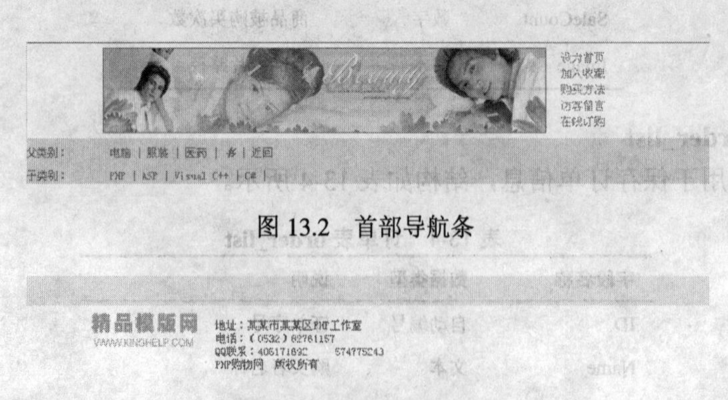


图 13.2　首部导航条

图 13.3　尾部导航条

系统把一些常用的功能编制成函数，如检查用户输入字符串是否含有特定的字符串等。对这些通用的文件和函数分别介绍如下。

## 13.3.1 连接数据库的类

连接数据库的类为 DB，该类具有连接、查询、关闭 MySQL 数据库的方法。具体实现方法如下。

### 1. 设置类常数

类 DB 设置了一些属性，用以保存连接的数据库、登录的用户名和密码等信息，具体如下：

```
//保存数据库所在的服务器。
var $Host = 'localhost';
//保存数据库名称。
var $Database = "wj";
//保存登录数据库服务器所需要的用户名。
var $User = 'root';
//保存登录数据库服务器所需要的密码。
var $Password = '123';
//保存与数据库的连接。
var $Link_ID = 0;
//保存查询结果。
var $Record = array();
```

### 2. 连接数据库方法

连接数据库的方法为 Connect()，具体代码如下：

```
<?php
function Connect()
{
/*
$this->Link_ID 为 0 表示该类没有连接数据库
        当$this->Link_ID 不为 0，表示该类已经连接数据库，不需要重新连接数据库。
*/
if ( 0 == $this->Link_ID )
{
        //连接指定的数据库
        $this->Link_ID=mysql_connect($this->Host, $this-> User , $this-> Password );
    //获取连接的错误信息。
        $err = mysql_error();
        if($err)
        {
            //输出错误号和详细的错误信息。网站正式发布后，该段代码需要修改，屏蔽错误信息
```

显示。

```
                printf("连接数据库错误:%s.\n  错误码: %s\n", mysql_error(), mysql_errno());
                exit;
            }
        }
    //设置返回结果所用的字符集。
        mysql_query("SET character_set_results =gb2312 ",$this->Link_ID);
}
?>
```

### 3. 查询数据库

查询数据库的方法为 Query()，具体代码如下：

```
<?php
function Query($Query_String)
{
//调用类中连接数据库的方法连接数据库。
$this->Connect();
//选择指定的数据库。
mysql_select_db($this->Database);
//提交指定的指令。
mysql_query("SET character_set_results =gb2312 ",$this->Link_ID);
        $this->Query_ID = mysql_query($Query_String,$this->Link_ID);
$this->Row = 0;
//获取错误信息。
$err = mysql_error();
//若发生错误，则显示错误信息。
        if($err)
        {
        //输出错误号和详细的错误信息。网站正式发布后，该段代码需要修改，屏蔽错误信息显示。
            printf("连接数据库错误:%s.\n  错误码: %s\n", mysql_error(), mysql_errno());
        exit;
        }
        return $this->Query_ID;
}
?>
```

### 4. 查询下一条记录

通过方法 NextRecord()可以获取查询结果中的下一条记录，具体代码如下：

```
<?php
function NextRecord()
{
```

```
//建立一个新的数组。
$this->Record = array();
//获取查询结果并存储在类属性 Record 中。
        $this->Record = mysql_fetch_array($this->Query_ID);
        //返回查询结果。
        return $this->Record;
}
?>
```

### 5. 关闭与数据库的连接

方法 Close()用于关闭与数据库连接，具体代码如下：

```
<?php
function Close()
{
//判断是否与数据库连接，如是，则关闭连接。
if (0 != $this->Link_ID)
{
        mysql_close($this->Link_ID);
}
}
?>
```

### 6. 类 DB 的完整代码

```
<?php
class db
{
代码见“设置类常数”，此处略
//类的构造函数，初始化类属性的值。
      function __construct($HostName='localhost',$DBName= "wj",$UserName= 'root',$PWD= '123')
      {
          $this->Host = $HostName;
          $this->Database = $DBName;
          $this->User = $UserName;
          $this->Password = $PWD;
          $this->Link_ID = 0;
          $this->Query_ID = 0;
          $this->Record = array();
          $this->Row       = 0;
          $this->Errno = 0;
          $this->Error = "";
      }
```

```
function Connect()
{
代码见“连接数据库方法”，此处略
    }
 function Query($Query_String)
 {
 代码见“查询数据库”，此处略
    }
 function NextRecord()
 {
代码见“查询下一条记录”，此处略
    }
 function Close()
 {
 代码见“关闭与数据库的连接”，此处略
 }
}
?>
```

## 13.3.2 首部导航条

首部导航条包括设为首页、收藏等菜单，也包括商品分类的菜单。单击商品的父类别，如“书”类别，在子类别中就会出现该父类别下的所有子类别。

首部导航条由文件 head.php 实现，本小节介绍首部导航条的具体实现方法。

### 1. 设为首页

首部导航条包括“设为首页”菜单。单击“设为首页”菜单，弹出如图 13.4 所示提示框，单击“是”按钮，即可把该页设为首页。

“设为首页”的代码如下：

```
<a  href="#"  onClick="{style.behavior='url(#default#homepage)';setHomePage('http://localhost')}"   target=_self>设为首页</a>
```

### 2. 收藏该页

单击首部导航条的“加入收藏”菜单，弹出如图 13.5 所示提示框，单击“确定”，把该页加入到收藏夹中。

“加入收藏”的代码如下：

```
<A onclick="window.external.addFavorite('http://localhost','精品模板网')" href="#"   class=a>加入收藏</a>
```

图 13.4 设为首页

图 13.5 加入收藏夹

其他几项菜单是超级链接，设置比较简单，这里不再介绍。

3．获取类别

该系统支持多层次的商品类别。单击父类别中的商品类别，在子类别中会出现该商品类别下的子类别，并且父类别的名称是斜体显示。

获取父类别的代码如下：

```
<tr>
<td height="24" bgcolor="FFD6D0">
<table width="752" height="24" border="0" cellpadding="0" cellspacing="0">
    <tr>
        <td width="92" valign="bottom">父类别：</td>
        <td width="659" valign="bottom">
<?php
//设置当前商品类别序号初始值为空。
$typeid="";
//读取当前商品类别序号。
if(isset($_GET["ID"]))
$typeid=$_GET["ID"];
//设置读取商品类别的 SQL。
//表 type_prod 保存商品类别。
if($typeid=="")
 //字段 ChildType 的值为空，表示该类别没有子类别。
 $sql = "SELECT * FROM type_prod where ChildType=''";
else
 //下面的 SQL 语句查询同一父类别下的子类别。
 //同一父类别下的子类别 ChildType 的字段值相同。
    $sql = "SELECT * FROM type_prod where ChildType in(select childtype from type_prod where
ID='".$typeid ."') ORDER BY ID";
//创建查询数据库的类。
$db=new db();
$result=$db->Query($sql);
//子类别的数目。
$n=0;
//父类别的 ID 值。
$parent="";
//循环处理所有的查询结果。
while($rs=$db->NextRecord())
{
 //输出商品类别名称及链接。$_SERVER["PHP_SELF"]用于获取本文件的名称。
$str= "<a href='".$_SERVER["PHP_SELF"]."?ID=" .Trim($rs["ID"]). "' class=d>";
//若商品类别为用户选择的商品类别，则斜粗体显示，并设置父类别的序号。
```

```
if($rs["ID"]==$typeid)
{
 $parent=$rs["ChildType"];
$str.="<b><i>". Trim($rs["Name_Type"]) . "</i></b></a>";
}
else
            $str.=Trim($rs["Name_Type"])."</a>";
echo $str;
echo " | ";
$n++;
}
//若$n 为 0，表示没有商品类别可输出。
If($n==0)
{
echo "没有商品类别";
     echo " | ";
}
//设置返回链接。
echo "<A href='".$_SERVER["PHP_SELF"]."?ID=".$parent."' class=d>返回</a>";
?>
</td>
</tr>
</table>
</td>
</tr>
```

获取商品子类别并输出的代码如下：

```
<tr>
<td height="24" bgcolor="FFD6D0">
<table width="752" height="24" border="0" cellpadding="0" cellspacing="0">
<tr>
<td width="92" valign="bottom">子类别：</td>
<td width="659" valign="bottom">
<?php
//设置当前商品类别序号初始值为空。
$typeid="";
//读取当前商品类别序号。
if(isset($_GET["ID"]))
$typeid=$_GET["ID"];
//设置查询指定类别下子类别的 SQL 语句。
```

```
$sql = "SELECT * FROM type_prod where ChildType ='".$typeid ."' ORDER BY ID";
$db=new db();
$result=$db->Query($sql);
$n=0;
//输出所有的子类别。
while($rs=$db->NextRecord())
{
 //文件 Disp_Type.php 输出该类别下的所有商品。
echo "<a href='Disp_Type.php?ID=" .Trim($rs["ID"]). "'   class=d>" . Trim($rs["Name_Type"]) . "</a>";
echo " | ";
$n++;
}
//若$n 为 0，表示没有商品类别可输出。
If($n==0)
{
echo "没有商品类别";
echo " | ";
}
?>
</td></tr>
</table>
</td>
</tr>
```

## 13.3.3　尾部导航条

尾部导航条由文件 bottom.htm 实现，设置了网站的联系方式及其相关信息，具体代码如下所示：

```
<tr>
    <td><img src="images/index_53.gif" width="752" height="32" alt=""></td>
  </tr>
<tr>
   <td><table width="752" border="0" cellspacing="0" cellpadding="0">
        <tr>
           <td width="211"><table width="192" border="0" cellspacing="0" cellpadding="0">
                <tr>
                   <td width="74"><img src="images/index_54.gif" width="74" height="45" alt=""></td>
                   <td width="136"><table width="135" border="0" cellspacing="0" cellpadding="0">
                       <tr>
                          <td    width="118"><img    src="images/index_55.gif"    width="118"    height="6"
alt=""></td>
```

```
                <td width="17" rowspan="2"><img src="images/index_56.gif" width="18"
height="45" alt=""></td>
                </tr>
                <tr>
                  <td><img src="images/index_58.jpg" width="118" height="39" alt=""></td>
                </tr>
              </table></td>
            </tr>
            <tr>
              <td colspan="2"><img src="images/index_59.gif" width="210" height="41" alt=""></td>
            </tr>
          </table></td>
        <td width="541"><p>
            地址：某某市某某区 PHP 工作室<br>
            电话：（0532）82761157<br>
            QQ 联系：406171692     574775243<br>
            PHP 购物网  版权所有
            </p>
          </td>
      </tr>
    </table></td>
  </tr>
```

## 13.3.4　包含首部和尾部导航条

首部和尾部导航条可以被其他网页包含。

（1）包含首部导航条的代码如下：

```
<?php
include "head.php";
?>
```

（2）包含尾部导航条的代码如下：

```
<?php
include "bottom.htm";
?>
```

## 13.3.5　常用的函数

该系统提供了两个常用的函数：

- 函数 checkchar()用于检查字符串是否含有特定的字符或字符串。
- 函数 datediff()用于获取两个日期时间的间隔。

### 1．函数 checkchar()

用户输入的字符串在与数据库交互前，需要检查是否含有特定字符串，以防止非法用户的 SQL 注入。

SQL 注入是非法用户获取管理员权限的常用方法。通过 SQL 注入，可以查询数据库存在的表或表中的字段，也可以建立表、添加字段或添加记录。常用的 SQL 注入漏洞是构造用户名绕过密码验证。

若查询数据库中用户名和密码的 SQL 语句如下：

```
$sql="select username,pwd from reguser where username='".$UserName."' and pwd='".$PWD."'";
```

当输入用户名为“1' or '1'='1 ”和密码为“1' or '1'=1”时，虽然用户名和密码都不存在，仍然可以进入系统。此时 SQL 语句变为如下形式：

```
select username,pwd from reguser where username='1' or '1'='1' and pwd='1' or '1'='1'
```

or 是逻辑或运算符，连接的条件只要其中一个成立，子句将会成立；and 是逻辑与操作符，连接的条件都成立时，子句才能成立。and 的优先级高于 or，WHERE 子句可以变为如下形式：

```
username='1' or ('1'='1' and pwd='1') or '1'='1'
```

WHERE 子句的最后部分为一个或运算符，'1'='1'是一个永远为真（成立）的逻辑表达式，因此，WHERE 子句的返回值为真。该 SQL 语句执行条件成立，从而使非法用户绕过密码验证而进入特定页面，成功骗过系统。

另外，非法用户可以提交非法的 SQL 语句，检查数据库中是否存在表 VoteItem。下面是把用户输入替换后的 SQL 语句：

```
http://localhost/DIs_Type.php?ID=16 and exists(select * from Vote)
```

当文件 DIs_Type.php 不检查 ID 的值时，就会执行该 SQL 语句。当数据库存在表 Vote 时，系统返回正常的页面。当不存在表 Vote 时，系统就会返回不正常的页面。

基于上述安全原因，系统需要屏蔽掉特定的字符串。这些特定的字符或字符串主要为 HTML 和 JavaScript 语言中的关键字符，如“<”、“>”、“'”等，或者为 SQL 语句的关键字，如“select”、“insert”、“delete”、“from”等。

本系统使用函数 checkchar()检查字符串是否含有特定字符或字符串。该函数的具体实现代码如下：

```
<?php
/*
checkchar($str)检查$str 是否含有特定的字符串。下面是该函数的返回值情况：
若$str 长度为 0，则返回空字符串；
若含有特定符号，则使用空格替换特定符号，返回替换后的字符串；
若含有特定字符串，则返回 false。
*/
function checkchar($strContent)
{
//使用空格替换特殊的字符。
```

```
$strContent =str_replace("'","",$strContent);
$strContent =str_replace(":","",$strContent) ;
$strContent =str_replace("<"," ",$strContent) ;
$strContent =str_replace(">"," ",$strContent) ;
$strContent =str_replace("%"," ",$strContent) ;
$strContent =str_replace("="," ",$strContent) ;
$strContent=strtolower($strContent) ;
//若字符串为空，则返回空。
if(strlen(trim($strContent))==0)
    return "";
//检查字符串中是否含有 SQL 关键字，如存在则返回 false。
//也可以修改此处，使用空格替换这些关键字。
    $specialchar=array("select","insert","delete","from","where","char"," and "," or ");
//标示查询结果：false 表示不存在特定字符串；true 表示存在特定字符串。
$have=false;
//循环检查字符串是否含有特定字符串。
foreach($specialchar as $sc)
{
        if( strstr($strContent,$sc)!==false)
        {
            $have=true;
            break;
        }
}
//依据查询结果，返回值。
    if($have)
        return false ;
    else
        return $strContent;
}
?>
```

2．函数 datediff()

函数 datediff()用于检查两个日期时间的间隔。该函数提供了时间的间隔单位，具体如下。

- s：间隔单位为秒；
- m：间隔单位为分钟；
- h：间隔单位为小时；
- d：间隔单位为天。

该函数的具体实现代码如下：

```
<?php
```

```
/*
参数$date1、$date2 为比较的时期/时间。
$type 为间隔的时间单位，默认值为秒。
*/
function datediff($date1,$date2,$type="s")
{
 //转换时间参数。
$t2=strtotime($date2);
$t1=strtotime($date1);
//设置间隔单位。因为$t1-$t2 的值以秒为单位，因此，$div 值为 1。
$div=1;
if(strtolower($type)=="m")
 //间隔单位为分钟，$div 的值需要乘以 60。
        $div=$div*60;
if(strtolower($type)=="h")
 //间隔单位为小时，$div 的值需要乘以 3600。
        $div=$div*3600;
if(strtolower($type)=="d")
 //间隔单位为天，$div 的值需要乘以 3600*24。
        $div=$div*3600*24;
if($div!=0)
        $diff=($t1-$t2 )/$div;
else
    $diff=0;
return $diff;
}
```

## 13.4　搜索商品

该系统提供了商品搜索功能。通过搜索功能，可以查询该系统中展示的商品。搜索时，系统将查询商品名称、商品编号和商品信息，并把搜索结果以图片的形式显示，如图 13.6 所示。若搜索结果过多，系统将以分页形式显示。

搜索的实现步骤如下：

（1）获取搜索关键字；
（2）设置网页当前位置；
（3）设置 SQL 语句搜索条件；
（4）获取符合搜索条件记录数目；
（5）设置当前页数；
（6）设置总页数；
（7）设置查询动作：前一页或后一页；

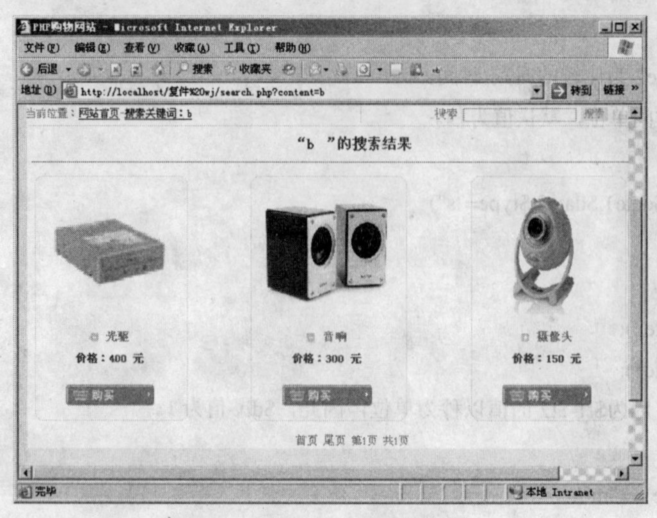


图 13.6　搜索界面

（8）获取查询记录；

（9）查询该记录相应文件夹下的图片；

（10）显示当前文件夹下的图片；

（11）显示商品的其他信息；

（12）结束。

下面详细介绍搜索的实现过程。

## 13.4.1　设置当前位置和搜索框

搜索界面的当前位置主要显示用户的搜索关键词。下面的代码设置搜索界面的当前位置和搜索界面。

```
<?php
//$Content 保存搜索关键词。
$Content="";
//获取用户的搜索关键词。
if(isset($_GET["content"]))
    $Content=Trim($_GET["content"]);
//检查搜索关键词是否包含特殊字符或字符串。
$Content=checkchar($Content);
//若字符串为空，或包含特别字符串，则不显示输出结果。
if($Content!==false and $Content!="")
{
 //设置当前位置的链接。
 $link="当前位置：<a href='index.php'>网站首页</a>" ;
 $link=$link."-";
 $link=$link."<a href='search.php?content=".$Content."'>搜索关键词： ".$Content."</a>" ;
?>
<tr>
```

```
<td>
<table width="752" border="0" cellspacing="0" cellpadding="0">
        <tr>
          <td colspan="3"><img src="images/index1_08.gif" width="752" height="3"></td>
        </tr>
        <tr>
    <td width="51%" align=left>
          <?php echo $link;?>
          </td>
          <td  background="images/index1_09.gif"><img  src="images/index1_09.gif"  width="2"  height=
          "17"></td>
          <td width="746" height="17">
          <div align="center"><font size="2">搜索</font>
              <input type="text"     name="Search" class=smallInput>
               <input  type="submit"  name="ButtonSearch"  value="搜索"  class=buttonface1  onclick=
               "FindCont();">
              </div>
    </td>
          <td  background="images/index1_11.gif"><img  src="images/index1_11.gif"  width="4"  height=
          "17">
    </td>
        </tr>
        <tr>
          <td colspan="3"><img src="images/index1_12.gif" width="752" height="5"></td>
        </tr>
 </table>
 </td>
</tr>
<?php
}
else
{
 echo "<tr><td height=60% >.名字存在非法字符！</td></tr>";
}
?>
```

可以看出，搜索文本框的名称为 Search。用户单击“搜索”按钮时，将触发该按钮的单击事件，该事件的响应函数为 FindCont()。该函数由 JavaScript 实现，具体代码如下：

```
<SCRIPT language=JavaScript>
function FindCont()
```

```
{
//把搜索关键词提交到 search.php 文件。
        location.href="search.php?content="+window.Search.value;
}
</SCRIPT>
```

## 13.4.2　设置分页参数

如果搜索结果太多，需要分页显示。若实现分页显示搜索结果，需要设置分页参数。分页参数主要有以下几部分：

（1）查询条件；

（2）记录数目；

（3）每页的记录数目；

（4）当前页；

（5）总页数；

（6）前页的记录序号；

（7）查询动作：前一页或后一页。

获取并设置分页参数的代码如下：

```
<?php
//设置搜索条件。
//若搜索内容不为空，则使用 LIKE 设置模糊搜索条件。
if($Content=="")
        $Str="";
else
        $Str=" ( (BH LIKE '%".$Content."%') or (Name LIKE '%".$Content."%') or (Info LIKE
        '%".$Content."%')) ";
//搜索结果的记录数目可由下面的 SQL 语句查询获得。
//若$Str 不为空，则依据搜索条件查询记录数目。
if($Str=="")
        $Sql="Select count(*) As RecordCount from prod_info ";
else
  $Sql="Select count(*) As RecordCount from prod_info where ".$Str;
//依据$Sql 查询数据库，获取搜索记录数目。
$db=new db();
$result=$db->Query($Sql);
$rs=$db->NextRecord();
//获取搜索记录数目。
$nCount=$rs["RecordCount"];
//设置每页显示的记录数目。
$nPageSize=20 ;
//设置总页数。总页数为总记录数目除以每页记录数目。
```

```
$nPageCount=ceil(($nCount/$nPageSize) ) ;
//获取当前页。
if(isset($_GET["page"]))
      $nPageNo=ceil($_GET["page"]);
else
      $nPageNo=1;
//检查当前页号是否正确。
if($nPageNo<1)
      $nPageNo=1;
Else If($nPageNo>$nPageCount)
      $nPageNo=$nPageCount;
//获取前页的记录序号。依据该记录序号查询下页的记录。
if(isset($_GET["CurseID"]))
      $nCursePos=ceil($_GET["CurseID"]);
else
      $nCursePos=0;
if(trim($nCursePos)=="")
      $nCursePos=0;
else
      $nCursePos=ceil($nCursePos);
//获取查询的动作：下一页或上一页。
if(isset($_GET["Type"]))
      $strType=ceil($_GET["Type"]);
else
      $strType="next";
if(trim($strType)=="")
 $strType="next";
?>
```

### 13.4.3　生成分页条件

该系统的分页方法依据当前页、当前的记录序号以及搜索的记录数目，获取当前页的记录并显示。下面的代码依据查询的动作，设置查询的 SQL 语句：

```
<?php
if($strType=="next")
 //limit 选择特定数目的记录，类似于 T-SQL 中的 Top。
 $Sql="Select ID,BH,TypeID,Name,Info,Price,Image From prod_info where ID>".$nCursePos." and ".$Str."
limit " .$nPageSize ;
else
{
 //在 MySQL 5.0 中，limit 与 IN 不能在同一子句使用。同时使用时，需要变换一下方式。
```

```
$Sql="Select ID,BH,TypeID,Name,Info,Price,Image From prod_info where ID IN";
$Sql.=" (Select   ID From ((select ID from prod_info where ID<".$nCursePos." and ".$Str;
$Sql.=" order by ID DESC limit ".$nPageSize.") as tmp) order by ID limit ".$nPageSize.")" ;
}
?>
```

### 13.4.4 显示分页链接

分页显示搜索结果时，也显示到前页和后页的链接，以便用户查看其他输出结果。下面的代码显示前页和后页的链接：

```
<?php
If( $n==0)
echo "<tr align=center ><td height=60% ><font size='3' color='A96F4B'> 暂 无 该 类 型 产 品 ！
</font></td></tr>";
?>
<tr align=center >
 <td>
<?php
//输出首页。
If($nPageNo==1)
 echo "<font size='2' color='A96F4B'>首页</font>";
//输出前一页链接。
else If($nPageNo>1)
{
 $str="<a href=search.asp?type=before&page=";
 $str.=($nPageNo-1)."&CurseID=".$nCurseStart."&content=";
 $str.=$Content."   class=l>前一页</a>   " ;
 echo $str;
}
//输出尾页。
If($nPageNo==$nPageCount)
    echo " <font size='2' color='A96F4B'>尾页</font>";
//输出下一页链接。
else If($nPageNo<$nPageCount)
{
      $str="   <a href=search.asp?type=next&page=";
 $str.=($nPageNo+1)."&CurseID=".$nCurseEnd."&content=";
 $str.=$Content."   class=l>下一页</a>" ;
 echo $str;
}
//输出页数信息。
```

```
echo "   第".$nPageNo."页  共".$nPageCount."页</font></td></tr>";
?>
 </td>
</tr>
```

## 13.4.5　显示搜索结果

该系统以图 13.6 所示的形式显示搜索结果，既显示了该商品的图片，也显示了商品的简略信息以及价格。单击商品名称就可以查看该商品的详细信息，单击"购买"按钮就可以订购该商品。

显示搜索结果的代码如下：

```
<tr>
 <td>
 <table width="752" border="0" cellspacing="0" cellpadding="0">
       <tr><td height=10></td></tr>
              <tr>
                     <td><div align="center"><font color="9900CC" size="3"><strong>
              "<?php echo $Content;?> "的搜索结果</strong></font></div></td>
              </tr>
              <tr><td height=10></td></tr>
              <tr>
                     <td><div align="center"><img src="images/fentiao.jpg" width="740" height="1">
                     </div></td>
              </tr>
              <tr>
                     <td>   </td>
              </tr>
              <tr>
                     <td><table width="752" border="0" cellspacing="0" cellpadding="0">
<?php
$n=0;
$result=$db->Query($Sql);
//显示搜索结果。每页显示$nPageSize 条记录。
for($i=1;$i<=$nPageSize;$i++)
{
 //获取下一条记录。
       $rs=$db->NextRecord();
 //若已到搜索记录结尾，则停止输出。
       If( $rs===false)break;
 //获取第一条记录的序号。
       If($i==1)$nCurseStart=$rs["ID"];
```

```
//一行输出 4 条记录。
        If($n%4 === 0)echo "<TR>" ;
?>
        <td width="7">    </td>
              <td width="180" valign="top">
        <table width="180" border="0" cellspacing="0" cellpadding="0">
                    <tr>
                    <td colspan="3"><img src="images/fangge_01.gif" width="180" height="14"></td>
                    </tr>
                    <tr>
                          <td width="8" background="images/fangge_02.gif">
                          <img src="images/fangge_02.gif" width="8" height="170"></td>
                          <td width="164" valign="top" bgcolor="F7F7F4">
                          <table width="160" border="0" cellspacing="0" cellpadding="0">
                          <tr>
                                      <td><img src="
<?php
//每个商品的上传图片保存在 img_file 文件夹下的特定文件夹中，文件夹名称一般以编号命名。
//为了显示商品的图片，需要获取该文件夹下的图片。
//检查是否存在该商品的文件夹，文件夹名称保存在字段 Image。
if(file_exists(realpath("img_file/".$rs["Image"])))
{
 //搜索该文件夹。
 if ($handle = opendir("img_file/".$rs["Image"]))
 {
        while (false !== ($file = readdir($handle)))
              {
              //若文件类型为"."和".."，则不进行搜索。
                    if ( $file == "." || $file == "..")   continue;
              //若文件类型为文件，则输出该文件名称。
              //因为该文件夹下的文件全部为图片文件，因此不需要检查文件类型。
              //若还有其他类型的文件，则需要检查文件类型。
              if(is_file("img_file/".$rs["Image"]."/".$file))
                    {
                          echo ("img_file/".$rs["Image"]."/".$file);
                          break;
                    }
        }
 }
}
```

```
?>
                              " width="160" height="140"></td>
                    </tr>
                    <tr>
                         <td><font color="777777"> </font></td>
                    </tr>
                    <tr>
                         <td height="25"> <div align="center"><font color="777777">
                         <img src="images/arrow1.jpg" width="11" height="11" align=
                         "absmiddle"><strong><font size="2">
                              <a href="Display_Info.php?ID=<?php echo $rs["ID"]; ?> " class=l>
                              <?php echo $rs["Name"]; ?> </a>
                                 </font></strong></font></div>
                         </td>
                    </tr>
                    <tr>
                         <td height="25"> <div align="center"><font color="9900CC"><strong>价
                         格：<?php echo $rs["Price"]; ?>  元</strong></font></div></td>
                    </tr>
                    <tr>
                         <td><img src="images/hengtiao.jpg" width="160" height="5"></td>
                    </tr>
               <tr>
                         <td height="35" valign="bottom">
                         <div            align="center"><img            src="images/goodstag.jpg"
onclick="newWindows('<?php echo $rs["ID"]; ?> ')" width="106" height="27"></div>
                         </td>
                    </tr>
               </table></td>
          <td width="8" background="images/fangge_04.gif"><img src="images/fangge_04.gif"
          width="8" height="170"></td>
          </tr>
          <tr>
               <td colspan="3"><img src="images/fangge_05.gif" width="180" height="16"></td>
          </tr>
          </table></td>
     <td width="6">  </td>
<?php
  If( $n % 4 ==3 ) echo "</TR>" ;
  $n=$n+1 ;
```

```
$nCurseEnd=$rs["ID"];
}
?>
 </tr>
 </table></td>
</tr>
```

## 13.5 排行榜

该系统提供了两种排行榜：最新商品排行榜和热卖商品排行榜。用户通过最新商品排行榜可以获取最新上架的商品；通过热卖商品排行榜可以获取销售数量比较大的商品。通过这两种排行榜，既可以向用户推荐最新的商品，也可以为用户指导购买行为。

本节详细介绍最新商品排行榜和热卖商品排行榜的实现过程。

### 13.5.1 最新商品排行榜

最新商品排行榜就是对商品的上传时间进行降序排序，最近上传的商品排在前面。所有商品信息保存在表 prod_info 中，字段 TimeUp 保存商品的上传时间，对该字段的值降序排序，就可以获取热卖商品排行榜。最新商品排行榜的查询 SQL 语句如下：

```
Select a.ID,BH,TypeID,Name,Info,TimeUp,Name_Type from prod_info a,type_prod b where a.TypeID=b.ID
order by TimeUp desc limit 10
```

具体实现代码如下：

```
<tr>
<td>
<table width="543" border="0" cellspacing="0" cellpadding="0">
 <tr>
 <td>
 <table width="543" border="0" cellspacing="0" cellpadding="0">
        <tr>
            <td width="37" rowspan="3"><img src="images/index_10.jpg" width="37" height="41"
            alt=""></td>
            <td width="491">
        <table width="506" height="34" border="0" cellpadding="0" cellspacing="0">
                <tr>
                <td valign="bottom">
            <font color="E93C90" size="2">最新商品
                        <a href="Disp_Type.php?ID=All&T=New" target=_blank>
                        <img src="images/more.jpg" width="51" height="15" align="bottom" border="0" >
                </a>
                </font>
```

```
			</td>
				</tr>
			</table>
		</td>
			</tr>
			<tr>
				<td><img src="images/index_12.gif" width="506" height="1" alt=""></td>
			</tr>
			<tr>
				<td><img src="images/index_13.gif" width="506" height="6" alt=""></td>
			</tr>
		</table>
	</td>
	</tr>
		<tr>
		<td>
	<table width="542" border="0" cellspacing="0" cellpadding="0">
		<tr>
			<td width="411" valign="top">
		<table width="400" border="0" align="right" cellpadding="0" cellspacing="0">
			<tr>
			<td>
	<?php
	//对时间进行降序排序，每次只显示10个查询结果。
	$Sql="Select  a.ID,BH,TypeID,Name,Info,TimeUp,Name_Type  from  prod_info  a,type_prod  b  where
a.TypeID=b.ID order by TimeUp desc limit 10";
	$db->Query($Sql);
	while($rs=$db->NextRecord())
	{
	 //显示记录所属的商品类型。
	 echo "·<font color='F97973'>[<a href='Disp_Type.php?ID=".$rs["TypeID"]."' class=n target=_blank>".
	 $rs["Name_Type"]."</a>]</font>";
	 //显示商品信息。
	 echo "<A href='Display_Info.php?ID=".$rs["ID"]."' class=m target=_blank>".$rs["Name"]."</A>
	  (".$rs["TimeUp"].")";
	 //若商品上传时间与当前时间在3天内，则显示new.gif图片，提醒用户这是新上传图片。
	 if(datediff($rs["TimeUp"],date("Y-n-d H:i:s"),"d")<3)
			echo "<img src='images/new.gif'>";
		echo   "<BR>";
	}
```

```
?>
        </td>
            </tr>
            </table>
        </td>
        </tr>
 </table></td>
 </tr>
 </table>
</td>
</tr>
```

## 13.5.2　热卖商品排行榜

热卖商品排行榜就是依据商品的销售数量进行降序排序，销售数量大的商品排在前面，销售数量少的商品排在后面。热卖商品排行榜实现方法与最新商品排行榜相同，具体的实现方法如下：

```
<tr>
<td>
<table width="543" border="0" cellspacing="0" cellpadding="0">
 <tr>
 <td>
 <table width="543" border="0" cellspacing="0" cellpadding="0">
        <tr>
            <td width="37" rowspan="3"><img src="images/index_30.jpg" width="37" height="37" alt=""></td>
            <td width="491">
        <table width="506" height="30" border="0" cellpadding="0" cellspacing="0">
                <tr>
                <td valign="bottom">
            <font color="E93C90" size="2">热卖商品
                    <a href="Disp_Type.php?ID=All&T=Sale" target=_blank>
                    <img src="images/more.jpg" width="51" height="15" align="bottom" border="0" >
                </a>
                </font>
        </td>
                </tr>
            </table>
        </td>
            </tr>
            <tr>
                <td><img src="images/index_32.gif" width="506" height="1" alt=""></td>
```

```
                </tr>
                <tr>
                    <td><img src="images/index_33.gif" width="506" height="6" alt=""></td>
                </tr>
            </table>
      </td>
      </tr>
            <tr>
            <td>
      <table width="542" border="0" cellspacing="0" cellpadding="0">
            <tr>
                <td width="411" valign="top">
            <table width="400" border="0" align="right" cellpadding="0" cellspacing="0">
                <tr>
                <td>
    <?php
    //对销售数量进行降序排序，每次只显示 10 个查询结果。
    $Sql="Select a.ID,BH,TypeID,Name,Info,TimeUp,Name_Type,SaleCount from prod_info a,type_prod b where
a.TypeID=b.ID    order by SaleCount desc limit 10";
    $db->Query($Sql);
    while($rs=$db->NextRecord())
    {
     //显示记录所属的商品类型。
     echo  "·<font  color='F97973'>[<a  href='Disp_Type.php?ID=".$rs["TypeID"]."'  class=n  target=_blank>".$rs
["Name_Type"]."</a>]</font>";
     //显示商品信息。
     echo  "<A  href='Display_Info.php?ID=".$rs["ID"]."'  class=m  target=_blank>".$rs["Name"]."</A>  (".$rs
["TimeUp"].")";
     //在 3 天内上传的商品，则显示 hew.gif 图片，提醒用户这是热卖商品中最新上传的商品。
     if(datediff($rs["TimeUp"],date("Y-n-d H:i:s"),"d")<3)
                echo "<img src='images/new.gif'>";
            echo   "<BR>";
    }
    ?>
            </td>
                </tr>
                </table>
            </td>
            </tr>
     </table></td>
```

```
    </tr>
    </table>
   </td>
   </tr>
```

## 13.6　浏览商品

本系统提供了浏览同类型商品信息和浏览单件商品详细信息的功能，以便用户查看商品。本节介绍浏览商品的实现方法。

### 13.6.1　浏览同类型商品信息

单击子类别中的商品类型，将显示该子类别的所有商品。单击“硬件”子类别，结果如图 13.7 所示。在图 13.1 中单击热卖商品和最新商品栏中的 MORE... 按钮，会以热卖排行榜或最新排行榜显示所有商品。

图 13.7　浏览商品

实现浏览同类型商品功能的文件为 Disp_Type.php。该文件把同类型商品以分页形式显示。分页显示代码和 13.4 节介绍的分页代码相似，只是分页参数和查询数据库的 SQL 语句不同。下面分别介绍设置分页参数和设置 SQL 语句的方法。

**1．设置分页参数**

文件 Disp_Type.php 的分页参数与 13.4 节的分页参数类似，具体如下。

➢ $ID：表示商品类型序号；

➢ $nPageNo：当前页号；

➢ $nCursePos：前页的记录序号；

➢ $strType：标识动作类型：若为 next 表示获取下一页记录；若为 before 表示获取上一页记录；

➢ $nPageSize：每页显示的最大记录数目；

➢ $nPageCount：总的记录数。

但是单击热卖商品和最新商品栏中的 MORE... 按钮时，查询参数 ID 为“All”，表示查询所有的商品；T 为“Sale”或“New”，分别表示热卖商品和最新商品。

设置分页参数代码如下：

```
<?php
//获取 ID 参数。
$ID="";
if(isset($_GET["ID"]))
 $ID=$_GET["ID"];
//获取$T 参数。$T 为 Sale 表示热卖商品；New 表示最新商品。
$T="";
if(isset($_GET["T"]))
 $T=$_GET["T"];
//$ID 为 All，表示查询热卖商品或最新商品。
if($ID!="All")
{
 //设置查询记录数目的 SQL 语句。
 $ID=ceil($ID);
        $Sql="Select count(*) As RecordCount from Prod_Info where TypeID=".$ID;
}
Else
        $Sql="Select count(*) As RecordCount from Prod_Info ";
$db=new db();
$result=$db->Query($Sql);
$rs=$db->NextRecord();
//获取查询记录数目。
$nCount=$rs["RecordCount"];
$nPageSize=20 ;
//设置总页数。
$nPageCount=ceil(($nCount/$nPageSize) ) ;
//设置当前页。
if(isset($_GET["page"]))
        $nPageNo=ceil($_GET["page"]);
else
        $nPageNo=1;
if($nPageNo<1)
        $nPageNo=1;
Else If($nPageNo>$nPageCount)
        $nPageNo=$nPageCount;
//设置前页记录序号。
if(isset($_GET["CurseID"]))
        $nCursePos=ceil($_GET["CurseID"]);
```

```
else
        $nCursePos=0;
if(trim($nCursePos)=="")
        $nCursePos=0;
else
        $nCursePos=ceil($nCursePos);
//设置查询动作。
if(isset($_GET["Type"]))
        $strType=ceil($_GET["Type"]);
else
        $strType="next";
if(trim($strType)=="")
        $strType="next";
if($ID!="All")
        $Str=" and TypeID=".$ID;
Else
        $Str="";
?>
```

2．设置分页语句

分页查询语句需要依据查询条件进行设置，具体代码如下：

```
<?php
//查询下一页记录。
if($strType=="next")
{
 $Sql="Select ID,BH,TypeID,Name,Info,Price,Image,Plant From prod_info where ID>".$nCursePos." ".$Str ;
 //设置查询热卖商品的 SQL 语句。
 if($T=="Sale")
            $Sql=$Sql." order by SaleCount Desc    limit " .$nPageSize;
 //设置查询最新商品的 SQL 语句。
 Else if($T=="New")
        $Sql=$Sql." order by TimeUp Desc limit " .$nPageSize;
 //设置查询某类型商品的 SQL 语句。
 Else
            $Sql=$Sql." order by ID "." limit " .$nPageSize;
 }
 Else
 {
 $Sql="Select ID,BH,TypeID,Name,Info,Price,Image,Plant From prod_info where ID IN".
            " (Select    ID From ((select ID from prod_info where ID<".$nCursePos."    ".$Str;
```

```
        if($T=="Sale")
        $Sql=$Sql."    order by SaleCount DESC limit ".$nPageSize.") as tmp) order by SaleCount asc limit
         ".$nPageSize ;
    Else if($T=="New")
                $Sql=$Sql." order by TimeUp DESC limit ".$nPageSize.") as tmp) order by TimeUp limit
                ".$nPageSize ;
    Else
                $Sql=$Sql." order by ID DESC limit ".$nPageSize.") as tmp) order by ID limit ".$nPageSize ;
}
?>
```

## 13.6.2　浏览商品信息

该系统提供了浏览商品详细信息的功能。单击图 13.7 所示中间商品的“购买”按钮，则会显示商品的详细信息，如图 13.8 所示。

实现浏览商品详细信息功能的文件为 Display_ Info.php，该功能的具体实现步骤如下：

（1）获取商品序号；

（2）查询该商品的信息；

（3）获取该商品相关文件夹下的图片；

（4）输出该商品的所有图片文件；

（5）结束。

图 13.8　浏览商品

### 1. 获取商品序号

获取商品序号的代码如下：

```
<?php
$ID="";
if(isset($_GET["ID"]))
```

```
        $ID=$_GET["ID"];
$ID=ceil($ID);
?>
```

**2．设置当前位置**

浏览商品详细信息时，需要设置当前网页的位置。当前位置由“网页首页-商品类型-商品”构成，设置方法如下：

```
<?php
$Sql="Select a.ID,BH,a.TypeID ,Name,Info,TimeUp,Price,Name_Type,image   from prod_info a,type_prod b
where a.ID=".$ID." and a.TypeID=b.ID" ;
$db=new db();
$result=$db->Query($Sql);
$rs=$db->NextRecord();
If($rs!==false)
{
 $link="当前位置：<a href='index.php' class=m>网站首页</a>";
        $link=$link."-";
        $link=$link."<a href='Disp_Type.php?ID=".$rs["TypeID"]."' class=m>".$rs["Name_Type"]."</a>-";
        $link=$link.$rs["Name"];
?>
<tr>
<td>
 <table width="752" border="0" cellspacing="0" cellpadding="0">
        <tr>
        <td colspan="3"><img src="images/index1_08.gif" width="752" height="3"></td>
        </tr>
        <tr> <td width="51%" align=left>
        <?php echo $link;?>
        </td>
        <td background="images/index1_09.gif"><img src="images/index1_09.gif" width="2" height="17">
        </td>
 </tr>
 <tr>
            <td colspan="3"><img src="images/index1_12.gif" width="752" height="5"></td>
 </tr>
 </table>
</td>
</tr>
?>
```

### 3．获取并显示商品信息

表 prod_info 的字段 Name、Info、price、Image 和 BH 分别存放商品的名称、说明信息、价格、相关图片以及编号。商品相关图片保存在字段 Image 指定的文件夹中，需要读取该目录下所有图片文件并显示。获取这些信息就可以输出商品信息。

获取并显示商品信息的代码如下：

```
<tr>
 <td>
 <table width="752" border="0" cellspacing="0" cellpadding="0">
<?php
$l=0;
//获取商品图片所在文件夹，在 img_file 文件夹下。
$FilePath=Trim($rs["image"]);
If($FilePath!="")
{
 //设置指定文件的物理路径
 $Path="img_file"."/".$FilePath;
 //判断指定的文件夹是否存在，存在则 file_exists 返回 True。
 if(file_exists(realpath($Path)))
 {
            //获取指定路径文件夹的对象并返回给 objfolder
            if ($handle = opendir($Path))
        {
            //保存图片数量。
            $numst=0;
            //循环获取所有图片。
                  while (false !== ($file = readdir($handle)))
                  {
                         if ($file != "." && $file != "..")
                         {
                         //设置当前图片文件的路径。
                                $wholeFileName = $Path."//".$file;
                         //若该文件存在，则输出该文件。
                                if (is_file($wholeFileName))
                                {
                                //检查该文件类型，若为指定类型的图片文件，则输出。
                                       $n=strrpos($file,".");
                                       if($n===false)continue;
                                       if(strtolower(substr($file,$n+1))=="jpg" or
                                       strtolower(substr($file,$n+1))=="gif" or
                                       strtolower(substr($file,$n+1))=="bmp" )
```

```
                    {
                    //每行显示两个图片。
                        if($numst%2==0)
                        echo "<TR> ";
                    //输出图片。
?>
 <td width="4">   </td>
 <td width="370">
 <table width="370" border="0" cellspacing="0" cellpadding="0">
      <tr>
      <td colspan="3"><img src="images/fangkuang_01.gif" width="370" height="32"></td>
      </tr>
      <tr>
                <td width="27" background="images/fangkuang_02.gif">
           <img src="images/fangkuang_02.gif" width="27" height="255">
           </td>
                <td width="310"><img src="img_file/
                <?php echo $FilePath."//".$file; ?>
                " width="312" height="255" alt="<?php echo $rs["Name_Type"];?> ">
           </td>
                <td width="36" background="images/fangkuang_04.gif">
           <img src="images/fangkuang_04.gif" width="31" height="255">
           </td>
      </tr>
      <tr>
                <td colspan="3"><img src="images/fangkuang_05.gif" width="370" height="34">
           </td>
           </tr>
 </table>
 </td>
<?php
                    $numst++;
                        if($numst%2==0)
                        {
                            echo "</tr>";
                        }
                    }
                }
        }
        }
```

```
            }
        if($numst==0)
                echo "<tr><td  align=center><font size='3' color='A96F4B' >暂无图片信息。</font></td> </tr>" ;

    }
    Else
        echo "<tr><td align=center height=60% ><font size='3' color='A96F4B'>暂无该产品示例图片。
</font></td></tr>";
    }
    Else
    echo "<tr><td align=center height=60% ><font size='3' color='A96F4B'>暂无该产品示例图片。
</font></td></tr>";
    ?>
    </table>
    </td>
    </tr>
    ?>
```

## 13.7　购物车

该系统提供了购物车功能，方便用户购买商品。购物车记录用户购买的商品、数量以及总价。用户单击商品的“购买”按钮后，系统自动记录用户购买的商品。用户只需要最后提交购物车里的商品就可以了。

该系统的购物车界面如图 13.9 所示。

### 13.7.1　确定订购的商品

当用户单击“购买”按钮后，就会出现确定订购商品的界面，如图 13.10 所示。这个界面含有订购商品名称、型号、价格和数量。如用户需要订购多个商品，可以在数量文本框内输入数量，单击“确定”按钮就可以了。

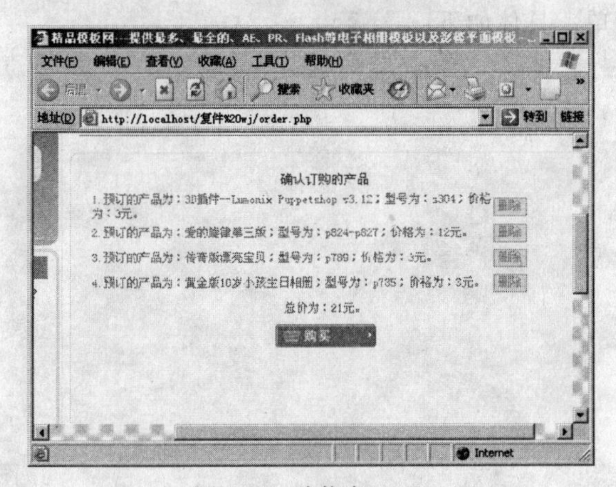


图 13.9　购物车

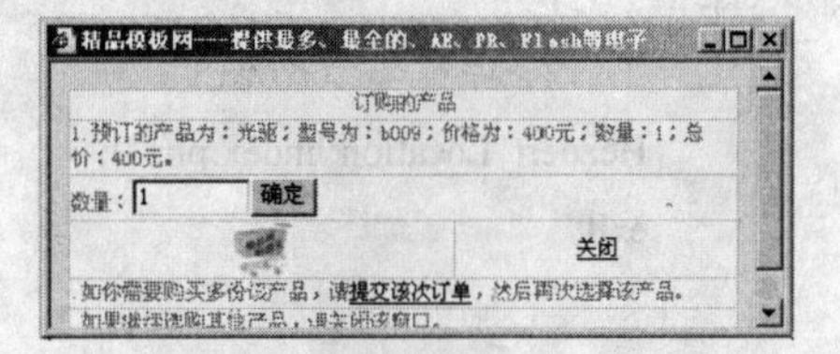


图 13.10　订购界面

用户如果需要订购其他商品，可以关闭该界面，继续购物。若用户购物完毕，可以单击图 13.10 中的按钮，提交购物车订购商品，如图 13.9 所示。在该界面，用户可以删除不需要的商品。若用户再次订购已经订购过的商品，会出现图 13.11 所示界面，防止用户重复订购商品。

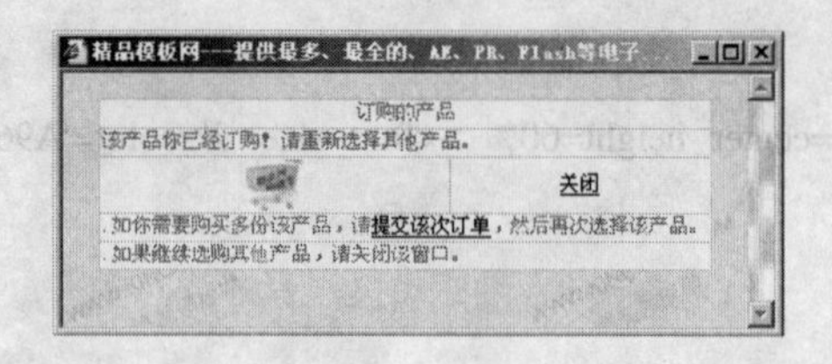


图 13.11 订购界面

订购界面由文件 OrderOne.php 实现。该文件列举用户当前订购商品的信息，具体实现步骤如下：

（1）获取商品序号；

（2）若商品序号为空，则转向（8）；

（3）获取该商品信息；

（4）若该商品不存在，则转向（8）；

（5）检查购车车中是否存在该商品：存在，则转向（6）否则，转向（7）；

（6）输出该商品信息；

（7）输出错误信息；

（8）结束。

用户订购商品保存在 Session 变量中，因此需要在文件开始包含下列代码：

```
<?php
session_start();
//连接数据库的类。
include "MySQL_Class.inc";
?>
```

**1．获取商品序号及商品信息**

获取商品序号及商品信息的代码比较简单，具体如下：

```
<?php
//获取商品序号，并检查是否为空。
if(isset($_GET["ID"]))
 $ID=$_GET["ID"];
else
{
      Header("Location: index.php");
      exit;
}
//把商品序号转换成整数。
```

```
$ID=ceil($ID);
//查询该商品信息。
$db=new db();
$Sql="Select BH,Price,Name from prod_info   where ID=".$ID;
$result=$db->Query($Sql);
$rs=$db->NextRecord();
$price="";
$Name="";
$BH="";
//若该商品存在，则获取该商品信息。
If($rs!==false)
{
 $price=trim( $rs["Price"]);
 $Name=$rs["Name"];
 $BH=$rs["BH"];
}
Else
 //若商品不存在，则输出错误信息。
 echo  "用户输入序号不正确，请检查重新输入！";
?>
```

## 2．检查是否已订购该商品

订购商品信息保存在Session变量Shop中。每种商品以“;”分隔，商品信息又以“,”分隔区分。Session变量Shop的结构如下：

- 商品的信息结构为：型号,价格,数量,总价;;
- 不同商品间以“;”间隔。

检查该变量是否含有订购商品序号，就可以确定用户是否已经订购该商品。具体代码如下：

```
<?php
//$shop保存用户订购商品。
$shop=$_SESSION["Shop"];
//分隔订购商品信息，获取每种商品信息。
$shop_Info=split(";",$shop);
$n=0;
$l=1;
//标示是否含有订购商品：false表示没有含有；true表示含有订购商品。
$Have=false;
foreach($shop_Info as $p)
{
 if(trim($p)!="")
```

```
{
        $arr_p=split(",",$p);
    //若该商品序号和订购商品序号相等，则认为已经订购该商品。
        if(ceil($arr_p[0])==$ID)$Have=true;
}
}
?>
```

### 3．输出订购商品信息

订购商品信息输出代码比较简单，具体如下：

```
<table align=center bgcolor="F7F7F4" border=1 style='border-collapse: collapse; border-style: solid; border-width: 1px'>
<tr><td align=center colspan='2'>订购的产品</td></tr>
If(!$Have)
{
//设置购物车信息。
$_SESSION["Shop"]=$_SESSION["Shop"].$ID.",".$BH.",".$price.",1,".$price.";";
echo "<tr><td colspan='2'><font color='A96F4B'>".$l.".预订的产品为：".$Name."；型号为：".$BH."；价格为：".$price."元；数量：1；总价：".$price."元。</font></td></tr>";
echo "<tr><td colspan='2'>数量：<input type='text' name='TNum' size='8' value='1'><input type='button' value='确定' onclick='order (".$ID.")'></td></tr>";
}
else
echo"<tr><td colspan='2'><font color='A96F4B'>该产品你已经订购！请重新选择其他产品。</font></td></tr>";
echo"<tr><td align=center><a href='order.php' target=_blank><img src='images/gwc.jpg' border=0></a></td><td align=center><a href='' onclick='CloseWindow()'>关闭</a></td></tr>";
echo"<tr><td colspan='2'><font color='777777'>.如你需要购买多份该产品，请<a href='order.php?ID=".$ID."' target=_blank>提交该次订单</a>，然后再次选择该产品。</font></td></tr>";
echo"<tr><td colspan='2'><font color='777777'>.如果继续选购其他产品，请关闭该窗口。</font></td></tr>";
echo "</table>";
?>
```

该界面中，设置数量的文本框名称为 TNum。设置订购数量后，单击“确定”按钮就可以确认订购数量。“确定”按钮单击事件的响应函数为 order()，“关闭”链接的单击事件响应函数为 CloseWindow()。这些函数具体代码如下：

```
<SCRIPT LANGUAGE="VBScript">
Sub CloseWindow()
 window.close()
End Sub
```

```
Sub order (ID)
        num=window.TNum.value
        if num <=0 then
            msgbox "数量错误"
            return false
        end if
window.open "setordernum.php?ID="&ID&"&num="&num
End Sub
</SCRIPT>
```

## 13.7.2　设置订购商品数量

设置订购商品数量由文件 setordernum.php 实现。该文件依据订购商品数量设置购物车内的商品总价，的实现步骤如下：

（1）获取商品序号；

（2）获取商品数量；

（3）分隔购物车信息；

（4）检查商品序号是否为订购商品序号，如是，则修改该商品的信息；否则，转步骤（6）；

（5）获取当前商品信息；

（6）保存当前处理商品信息；

（7）重复步骤（4）至（5），直至处理完所有商品；

（8）结束。

该文件代码比较简单，具体如下：

```
<?php
session_start();
//获取并检查商品序号 ID、商品数量 num。
if(isset($_GET["ID"]))
 $ID=$_GET["ID"];
else
{
      Header("Location: OrderOne.php");
      exit;
}
$ID=ceil($ID);
$shop=$_SESSION["Shop"];
if(isset($_GET["num"]))
 $num=$_GET["num"];
else
{
      Header("Location: OrderOne.php");
      exit;
```

```
}
$num=ceil($num);
if($num<=0)
{
        Header("Location: OrderOne.php");
        exit;
}
$shop=$_SESSION["Shop"];
$shop_Info=split(";",$shop);
$n=0;
$l=1;
$shop="";
//获取当前订购商品的信息并修改。
foreach($shop_Info as $p)
{
 if(trim($p)!="")
        {
        //获取商品信息。
                $arr_p=split(",",$p);
        //检查当前处理商品序号是否是订购商品序号，如是，则保存该商品信息。
        if(ceil($arr_p[0])==$ID)
                {
                $shop=$shop.$arr_p[0].",".$arr_p[1].",".$arr_p[2].",".$num.",".($num*$arr_p[2]).";";
        }
                else
                //获取并保存当前该商品信息。
                        $shop=$shop.$arr_p[0].",".$arr_p[1].",".$arr_p[2].$arr_p[3].",".$arr_p[4].";";
 }
}
//把商品信息保存到 SESSION 变量中。
$_SESSION["Shop"]=$shop;
?>
```

### 13.7.3 显示订购商品

用户订购商品后，就可以提交订单。提交订单后的界面如图 13.9 所示，它由文件 order.php 实现。该文件把订购商品的信息详细列举出来，比较容易实现，具体代码如下：

```
<table width="480" border="0" align="center" cellpadding="0" cellspacing="0">
 <tr>
 <td height="25"><div align="center"><font color="9900CC" size="2">确认订购的产品</font></div></td>
 </tr>
```

```
<?php
//若不存在订购商品，则显示没有订购商品信息。
If(Trim($_SESSION["Shop"])=="")
{
?>
 <tr>
 <td height="25"><div align="center"><font color="9900CC" size="2">你没有选择产品！</font></div></td>
 </tr>
 <tr>
 <td height="25">
        <div align="center"><font color="9900CC" size="2"><a href='index.php'>返回首页</a></font></div>
 </td>
 </tr>
<?php
}
Else
{
//显示所有订购商品信息。
?>
 <tr>
 <td>
 <form name="form2" method="post" action="">
        <table width="480" border="0" cellspacing="0" cellpadding="0">
<?php
 $shop=$_SESSION["Shop"];
 $shop_Info=split(";",$shop);
 $n=0;
 $l=1;
 //循环处理所有订单。
 foreach($shop_Info as $p)
 {
        if(trim($p)!="")
                {
                        $arr_p=split(",",$p);
                //查询该商品详细信息并输出。
                        $Sql="Select Name,Name_Type from prod_info a,type_prod b where a.ID=".$arr_p[0]." and
                         a.typeid=b.ID";
                        $result=$db->Query($Sql);
                        $rs1=$db->NextRecord();
                        if($rs1!==false)
```

```
                {
?>
 <tr>
 <td width="410" height="25"><font color="777777">
<?php
 echo $l.".预订的产品为：".$rs1["Name"]."；型号为：".$arr_p[1]."；价格为：".$arr_p[2]."元；数量：
 ".$arr_p[3]."；总价：".$arr_p[4]."元。</font></td>";
?>
 <td width="70" height="25"><input type="submit" name="Submit4" value="删除" onclick=" delorder
 ('<?php echo $arr_p[0]; ?>    ')" class=buttonface></td>
 </tr>
<?php
                        $n=$n+$arr_p[4];
                            $l=$l+1;
                }
                }
 }
?>
 <tr>
        <td height="25" colspan="2">
        <div align="center"><font color="777777">总价为：<?php echo $n; ?> 元。</font></div>
 </td>
 </tr>
 <tr>
 <td colspan="2"><div align="center"><a href="buy.php">
        <img src="images/goodstag.jpg" width="106" height="27" border=0 style="cursor:hand;"></a></div>
 </td>
 </tr>
 </table>
 </form>
</td>
</tr>
<?php
}
?>
</table>
```

“删除”按钮可以删除订单。该按钮单击事件的响应函数为 delorder()，具体代码如下：

```
<SCRIPT LANGUAGE="VBScript">
Sub delorder(ID)
```

```
window.open "delorder.php?ID="&ID
End Sub
</SCRIPT>
```

### 13.7.4　删除订单

系统提供了删除订单功能。该功能由文件 delorder.php 实现，具体代码如下：

```
<?php
session_start();
include "head.php";
if(Trim($_SESSION["Shop"])=="")
{
 echo "<table align=center border=1>";
 echo "<tr><td>你没有选择产品！ </td></tr></table>";
}
$ID="";
if(isset($_GET["ID"]))
 $ID=$_GET["ID"];
$Id=ceil($ID);
$shop=$_SESSION["Shop"];
$shop_Info=split(";",$shop);
$shop="";
//获取商品订单，并删除掉指定商品的信息。
foreach($shop_Info as $p)
{
 if(trim($p)!="")
 {
		$arr_p=split(",",$p);
	//除指定商品外，都保存在变量$shop 中。
		if(ceil($arr_p[0])!=$ID)
		$shop=$shop.$arr_p[0].",".$arr_p[1].",".$arr_p[2].$arr_p[3].",".$arr_p[4].";";
 }
}
$_SESSION["Shop"]=$shop;
$shop_Info=split(";",$shop);
$n=0;
$l=1;
$output= "<table align=center border=1>";
//输出其他订单中的商品信息。
foreach($shop_Info as $p)
{
```

```
if(trim($p)!= "" and trim($p)!=",")
{
    $arr_p=split(",",$p);
        $Sql="Select Name,Name_Type from prod_info a,type_prod b where a.ID=".$arr_p[0]." and
        a.type=b.ID";
        $db=new db();
        $result=$db->Query($Sql);
    //输出商品信息，并输出该订单的删除按钮。
        while($rs1=$db->NextRecord())
        {
            $output=$output."<tr><td>".$l.".预订的产品为：".$rs1["Name"]."；型号为：".$arr_p[1]."；
            价格为：".$arr_p[2]."元；数量：".$arr_p[3]."；总价：".$arr_p[4]."元。</td>";
            $output=$output."<td><form method='POST' action='delorder.asp?id=".$arr_p[0]."'>".
            "<input type='submit' value='删除' name='B".$arr_p[0]."'></form></td></tr>";
            $n=$n+$arr_p[4];
            $l=$l+1;
        }
}
}
if($l==1)
    echo "<table align=center border=0><tr><td>暂没有订购的产品</td></tr><tr><td><a
     href='index.php'>返回首页</a></td></tr>";
Else
{
 echo $output;
 //输出总价。
 echo "<tr><td align=center>总价为：<font color='FF0000'>".$n."元</font>。</td></tr>";
 echo "<tr><td align=center><a href='buy.asp'>购买</a></td></tr>";
}
echo "</table>"
?>
```

### 13.7.5　提交订单

用户在确定购买的商品后，单击“购买”按钮，就可以填写订单信息购买商品，这由文件 buy.php 实现，如图 13.12 所示。

下面介绍提交订单的实现过程。

**1. 获取订购商品信息**

获取订单信息比较简单，具体代码如下：

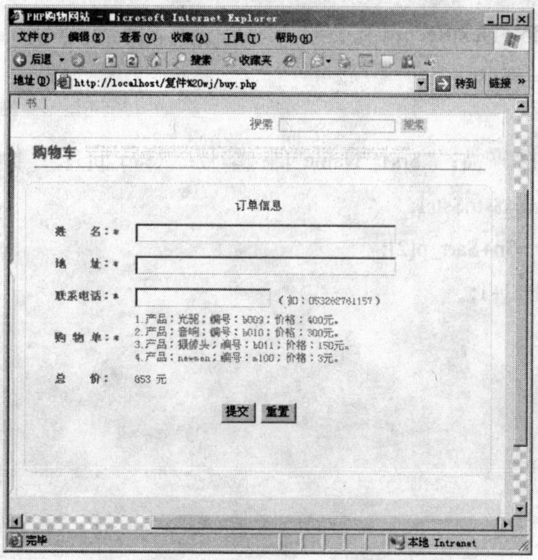

图 13.12 填写订单信息

```
<?php
If(!isset($_SESSION["Shop"]) or trim($_SESSION["Shop"])=="")
{
?>
 <tr>
 <td height="25">
       <div align="center"><font color="9900CC" size="2">你没有选择产品</font></div>
 </td>
       </tr>
<?php
}
Else
{
 $shop=$_SESSION["Shop"];
 $shop_Info=split(";",$shop);
 $n=0;
 $l=1;
 $str="";
 foreach($shop_Info as $p )
 {
       if(trim($p)!="")
            {
                 $arr_p=split(",",$p);
                 $Sql="Select Name,Name_Type from prod_info a,type_prod b where a.ID=".$arr_p[0]." and
                 a.typeid=b.ID";
                 $db->Query($Sql);
```

```
                $rs1=$db->NextRecord();
                if($rs1!==false)
                {
                $str1=$l.".产品：".$rs1["Name"]."；编号：".$arr_p[1]."；价格：".$arr_p[2]."元。<BR>";
                    $str=$str.$str1;
                    $n=$n+$arr_p[2];
                    $l=$l+1;
                }
            }
    }
    $_SESSION["Count"]=$n;
}
?>
```

**2．显示订单界面**

订单界面比较简单，具体代码如下：

```
<table width="480" border="0" align="center" cellpadding="0" cellspacing="0">
 <tr>
 <td height="25">
        <div align="center"><font color="9900CC" size="2">订单信息</font></div>
 </td>
 </tr>
 <tr>
 <td>
        <form name="form2" method="post" action="save_order.php">
        <table width="480" border="0" cellspacing="0" cellpadding="0">
        <tr>
                <td width="102" height="35">    <strong>姓      名：
                        <font color="EB4D95">*</font></strong>
                </td>
                        <td width="378" height="35">
                                <input name="name" type="text" size="40">
                        </td>
                </tr>
                <tr>
                        <td height="35">   <strong>地      址：
                        <font color="EB4D95">*</font></strong>
                        </td>
                        <td height="35">
                                <input name="address" type="text" size="40">
```

```
        </td>
        </tr>
        <tr>
            <td height="35">   <strong>联系电话：
            <font color="EB4D95">*</font></strong>
        </td>
            <td height="35">
                <input type="text" name="telephone">
                <font color="EB4D95">（如：053282761157）</font>
        </td>
    </tr>
        <tr>
            <td height="35">   <strong>购 物 单：
        <font color="EB4D95">*</font></strong></td>
            <td height="35"><?php echo $str;?> </td>
        </tr>
        <tr>
            <td height="35">   <strong>总      价：</strong></td>
            <td height="35"><?php echo $n;?>  元</td>
        </tr>
    <tr>
            <td height="35" colspan="2">
            <div align="center">
            <input type="submit" name="Submit4" value="提交">
            <input type="reset" name="Submit5" value="重置">
            </div></td>
    </tr>
  </table>
  </form></td>
  </tr>
 </table>
```

## 13.7.6　添加订单

提交订单到服务器由文件 save_order.php 实现，具体步骤如下：

（1）获取订单信息；

（2）检查订单信息：若为空，则转步骤（10）；

（3）获取用户名；

（4）检查用户名是否为空：是，则转步骤（10）；

（5）获取地址；

（6）检查地址是否为空：是，则转步骤（10）；

（7）获取电话；

（8）检查电话是否为空：是，则转步骤（10）；

（9）把商品信息插入数据库，转步骤（11）；

（10）显示错误信息；

（11）结束。

具体代码如下：

```
<?php
$errInfo="";
if(Trim($_SESSION["Shop"])=="")
{
        Header("Location: order.php");
        exit;
}
$Name="";
if(isset($_POST["name"]))
        $Name=Trim($_POST["name"]);
If(strlen($Name)==0)
        $errInfo="<tr><td height='25'><div align='left'><font color='9900CC' size='2'>.姓名不能为空！
        </font></div></td></tr>";
if(!checkchar($Name))
        $errInfo=$errInfo."<tr><td height='25'><div align='left'><font color='9900CC' size='2'>.名字存在非法
        字符！ </font></div></td></tr>" ;
$Address="";
if(isset($_POST["address"]))
 $Address=Trim($_POST["address"]);
If(strlen($Address)==0)
        $errInfo=$errInfo."<tr><td height='25'><div align='left'><font color='9900CC' size='2'>.地址不能为
        空！ </font></div></td></tr>";
if(!checkchar($Address))
        $errInfo=$errInfo."<tr><td height='25'><div align='left'><font color='9900CC' size='2'>.地址存在非法
        字符！ </font></div></td></tr>" ;
$Phone="";
if(isset($_POST["telephone"]))
        $Phone=Trim($_POST["telephone"]);
If (strlen($Phone) ==0)
        $errInfo=$errInfo."<tr><td height='25'><div align='left'><font color='9900CC' size='2'>.电话不能为
        空！ </font></div></td></tr>";
$Price="";
If(Trim($errInfo)!="")
{
```

```
        $errInfo=$errInfo."<tr><td height='25'><div align='center'><font color='9900CC' size='2'><a
        href='buy.php'>重新填写订单</a></font></div></td></tr>";
 echo $errInfo;
}
Else
{
        $Sql="Insert into order_list(Name,address,phone,price,shoplist,OrderTime ) ";
        $Sql.="values('".$Name."','".$Address."','".$Phone."','".$Price."','".$_SESSION["Shop"]."',";
        $Sql.=date("Y-n-d H:i:s")."')";
        $result=$db->Query($Sql);
        $db->close();
        $str= "订单信息已经发送！欢迎光临精品模板网！ <br>";
        $str=str."<a href='index.php'>返回首页</a><br>";
?>
<tr>
        <td height="25"><div align="center"><font color="9900CC" size="2"><?php echo str; ?>
        </font></div></td>
</tr>
<?php
}
?>
```

## 13.8　登录界面

系统管理功能包括商品类型管理、上传商品的管理、上传图片的管理、订单的管理等。在使用这些功能前，用户需要登录。本节介绍系统的登录功能。

### 13.8.1　登录

系统提供了管理员后台登录的功能，界面如图 13.13 所示。该系统虽然只允许一个用户登录，但是稍加修改后，即可以实现多用户管理。

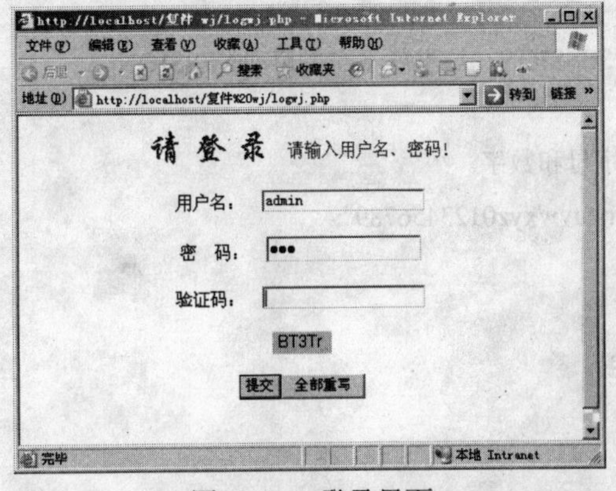


图 13.13　登录界面

说明：登录界面的验证码是 SWF 格式的文件。这种格式的验证码采用上一章介绍的 Ming 库函数实现。

登录界面的具体代码如下：

```
<p align="center"><font face="华文行楷" size="6" color="#0000FF">请 登 录</font>
<font color="#800000"><?php echo $Errmsg;?> </font></p>
<form method="POST" action="logwj.php" name="Form" >
 <p align="center">用户名：  <input type="text" name="UserName" size="20" value="admin"></p>
        <p align="center">密  码：  <input type="password" name="UserPwd" size="20"
value="123"></p>
        <p align="center">验证码：  <input type="text" name="yzm" size="20"></p>
        <p align="center">
        <OBJECT classid="clsid:D27CDB6E-AE6D-11cf-96B8-444553540000" codebase="http://active.
         macromedia.com/flash2/cabs/swflash.cab#version=4,0,0,0" ID=objects WIDTH=55 HEIGHT=20>
        <PARAM NAME=movie VALUE="yzm.swf">
        <EMBED src="yzm.swf" WIDTH=55 HEIGHT=20 TYPE="application/x-shockwave-flash"
         PLUGINSPAGE="http://www.macromedia.com/shockwave/download/index.cgi?P1_Prod_Version=Sho
         ckwaveFlash">
        </OBJECT>
 </p>
        <p align="center"><input type="submit" value="提交" name="B1"><input type="reset" value="全部重
         写" name="B2"></p>
</form>

<p align="center">  </p>
```

其中， yzm.swf 为显示验证码的文件。

### 13.8.2 验证码

验证码的生成方法有很多，但大多使用 GD 库生成验证码图片。该系统由 Ming 库生成 SWF 文件，SWF 文件含有验证码信息。该文件的生成方法如下：

```
<?php
//若登录界面文件启动了 SESSION，这里就不需要启动 SESSION。
session_start();
//设置验证码字符范围：字母和数字。
$ZD="abcdefghigklmnopqrstuvwxyz0123456789";
//验证码的字符数目。
$nCount=5;
//验证码文件的宽度和高度。
$nWidth=$nCount*10+5;
$nHeight=20;
```

```
//保存验证码字符串。
$str="";
//生成验证码字符串。
for($i=0;$i<$nCount;$i++)
{
 //生成随机数。
 $temp=rand()%strlen($ZD);
 //获取字符。
     $sz=$ZD[$temp];
 //生成随机数，确定该字符是否大写。
     $temp1=rand()%3;
 //若$temp1 为 0，则需要大写该字符。
     if($temp1==0)$sz=strtoupper($sz);
     $str.= $sz;
}
//使用 SESSION 变量保存验证码字符串。
$_SESSION['YZM']=$str;
//下面生成 SWF 文件。
$m = new SWFMovie();
//设置 SWF 文件的宽度和高度。
$m->setDimension($nWidth, $nHeight );
//随机生成 SWF 文件的背景色。
$m->setBackground(rand(0,0xFF),rand(0,0xFF),rand(0,0xFF));
$m->setRate(31);
//设置字体颜色。也可以设置成随机色，如 rand(0,0xFF)。
$r=1;
$g=1;
$b=1;
//字体高度。
$theight=15;
//设置字体。
$myFont=new SWFFont("_sans");
//生成文本域。
$tm=new SWFTextField();
$tm->setFont($myFont);
$tm->setColor($r,$g,$b);
$tm->setHeight($theight);
$tm->setmargins(5,0) ;
$tm->addString($str);
//把文本域放入影片。
```

```
$firstText=$m->add($tm);
//设置文本域的位置。
$firstText->moveTo(0,0);
//输出影片文件。
$m->save( 'yzm.swf' );
?>
```

### 13.8.3 验证用户名和密码信息

验证登录方法比较简单，具体实现如下：

```
<?php
session_start();
include "MySQL_Class.inc";
$location="wglj.php";
//如果尚未定义 Pass，则将其定义为 False，表示未登录。
if(!isset($_SESSION["Pass"]))
 $_SESSION["Pass"] = false;
//第一次执行该代码。
if($_SESSION["Pass"]==false)
{
 //读取从表单传递过来的用户名、密码和验证码。
    if(isset($_POST["UserName"]))
        $UserName=trim( $_POST["UserName"]);
    else
        $UserName ="";
    if(isset($_POST["UserPwd"]))
        $UserPwd= trim($_POST["UserPwd"]);
    else
        $UserPwd="";
    if(isset($_POST["yzm"]))
        $YZMImage=trim( $_POST["yzm"]);
    else
        $YZMImage ="";
    //用户名为空，显示错误信息。
    if($UserName == "")
    {
        $Errmsg = "请输入用户名、密码!";
    }
    else
    {
    //验证验证码是否正确。
```

```
    if($YZMImage!=$_SESSION['YZM'])
    {
        $Errmsg ="错误！验证码不正确！";
    }
else
{
        $Have=false;
        $UserName=checkchar($UserName);
        $sql="select username,pwd from reguser where username='".$UserName."'";
        $db=new db();
        $db->Query($sql);
        $rs=$db->NextRecord();
    //检查密码是否正确。密码使用 MD5 加密。
        if( md5(Trim($UserPwd ))==$rs["pwd"])
            $Have=true;
        //用户不存在，或密码错误，显示错误信息
    if(!$Have)
        {
        $Errmsg = "用户不存在或密码错误";
    }
        else
        {
        //登录成功
        $Errmsg = "";
            $_SESSION["Pass"] = True ;
            $_SESSION["UserName"] = Trim($UserName);
            $_SESSION["Password"]=Trim($UserPwd );
        //转向前一个文件。
            Header("Location: ".$location);
            exit;
        }
    }
}
}
?>
```

### 13.8.4 验证登录信息

管理文件只有登录的管理员才可以访问和操作，因此需要验证访问者是否已经登录。验证访问者登录的代码如下：

```
<?php
session_start();
//检查是否存在登录时设置的 SESSION 变量。
if((!isset($_SESSION["Pass"])) or (!isset($_SESSION["UserName"]))
 or (!isset($_SESSION["Password"])))
{
 //转向登录界面。
 Header("Location: logwj.php");
      exit;
}
//检查 SESSION 变量是否正确。
if($_SESSION["Pass"]==false or Trim($_SESSION["UserName"])==""
 or Trim($_SESSION["Password"])=="")
{
 Header("Location: logwj.php");
      exit;
}
?>
```

## 13.9 产品管理

该系统提供了对商品的管理，包括：上传商品、上传商品图片、修改商品、删除商品以及管理订单。

### 13.9.1 上传商品

系统提供了上传商品信息的功能，如图 13.14 所示。在该界面中，示例图片一栏标识保存该商品所有图片的文件夹，一般与商品编号相同。

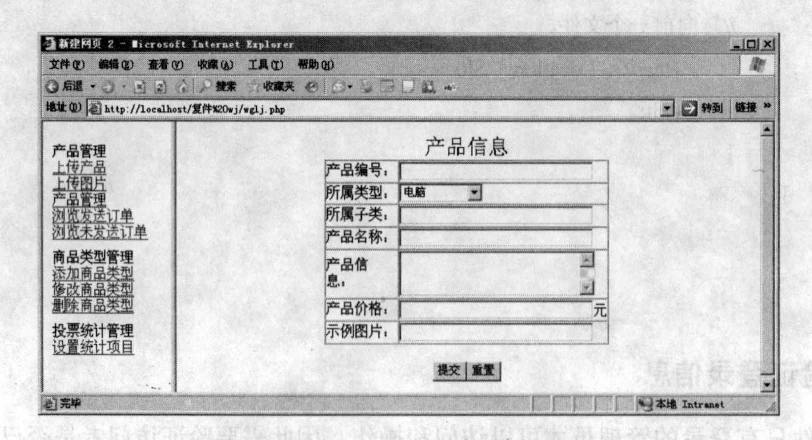


图 13.14　上传商品界面

上传商品信息功能的具体实现过程如下。

## 1．上传商品信息界面

上传商品信息界面比较简单，具体代码如下：

```
<form method="POST" action="wj.php?wj=1">
 <p align=center style="margin-top: 0; margin-bottom: 0">
 <font size="5" color="#0000FF">产品信息</font></p>
 <table border="1" width="50%" align="center" cellspacing="0" cellpadding="0" id="table1">
        <tr>
        <td>
               <p align="left" style="margin-top: 0; margin-bottom: 0">产品编号：
        </td>
               <td>
               <p style="margin-top: 0; margin-bottom: 0"><input type="text" name="BH" size="30">
        </td>
 </tr>
 <tr>
               <td height="24">所属类型：</td>
               <td height="24">
               <select name="Type">
<?php
//输出商品的类型。
$Sql="select * from type_prod order by ID ";
$db->Query($Sql);
$n=0;
while($rs=$db->NextRecord())
{
 $str="<option value='".$rs["ID"]."'>";
 echo $str.$rs["Name_Type"]."</option>";
 $n++;
}
if($n==0)
 echo "<h2>不存在商品类型！</h2>";
?>
                      </select>
        </td>
 </tr>
 <tr>
               <td height="24">所属子类：</td>
               <td height="24"><input type="text" name="ChildType" size="30" value=""></td>
 </tr>
 <tr>
```

```
            <td >产品名称：</td>
            <td><input type="text" name="Name" size="30"></td>
    </tr>
    <tr>
            <td    height="51">产品信息：<font color="#FF0000"> </font></td>
           <td height="51"><?php echo $str;?>
            <textarea rows="3" name="Info" cols="29"></textarea>
        </td>
    </tr>
    <tr>
            <td >产品价格：</td>
            <td><input type="text" name="Price" size="30" value="">元</td>
    </tr>
    <tr>
            <td >示例图片：</td>
            <td><input type="text" name="image" size="30"></td>
    </tr>
    </table>
    <p align="center" ><input type="submit" value="提交" name="B1"><input type="reset" value="重置"
     name="B2"></p>
</form>
```

## 2. 上传商品信息

上传商品信息界面比较简单，具体代码如下：

```
<?php
//由于上传商品界面和处理代码在一个文件中，使用$wj 标识是否处理上传商品。
//$wj：0 表示显示上传界面；1 表示处理上传商品。
$wj=0;
$db=new db();
if(isset($_GET["wj"]))
      $wj=$_GET["wj"];
//处理上传商品。
if($wj==1)
{
      //获取商品信息。
      $BH=Trim($_POST["BH"]);
      $TypeProd=Trim($_POST["Type"]);
      $Name=Trim($_POST["Name"]);
      $ChildType=Trim($_POST["ChildType"]);
      $Info=Trim($_POST["Info"]);
```

```
        $Price=$_POST["Price"];
        $Image=Trim($_POST["image"]);
        //检查商品信息是否含有特殊字符。
        if(( checkchar($BH)===false or strlen($BH)>8) or ( checkchar($TypeProd)===false)
              or ( checkchar($Name)===false)   or ( checkchar($Image)===false) )
    {
            //若商品信息含有特殊字符，则转向登录界面。
                Header("Location: logwj.php");
                exit;
    }
        if($Price=="")$Price=0;
        //创建保存商品图片的文件夹。所有商品图片保存在文件夹 img_file 中。
        $path="img_file/".$Image;
        //检查该文件夹是否存在，如存在，则显示错误信息。
        if(file_exists($path))
        {
          echo "该商品图片目录已经存在！";
              return false;
        }
        //创建目录。
        mkdir($path);
        //把商品信息上传到数据库。
        $Sql="Insert into prod_info( BH , Name , TypeID , Info , Price , Image,TimeUp,SaleCount   ) ";
              $Sql.="values('".$BH."','".$Name."',".$TypeProd.",'";
              $Sql.= $Info ."', ".($Price)." ,'".$Image."','".date("Y-m-d H:i:s")."',0)";
              $db->Query($Sql);
              echo "<table align=center><tr><td><font color=FF0000>";
              echo $Name."（编号：".$BH."）已经上传成功</font></td></tr></table>";
    }
    ?>
```

## 13.9.2　上传图片

在上传商品信息后，用户可以为指定商品提供商品图片。上传图片界面如图 13.15 所示，上传图片前需要选定指定的商品名称。

上传图片具体实现过程如下。

### 1. 上传图片界面

上传图片界面的具体代码如下：

```
<center>
<form method="post" action="upload.php" enctype="multipart/form-data">
产品名称：<select name="Imagedir">
```

```
<?php
include "MySQL_Class.inc";
//获取所有含有图片的商品。
$db1=new db();
$Sql="select * from prod_info where Image<>'' order by ID ";
$result=$db1->Query($Sql);
$n=0;
while($rs =$db1->NextRecord())
{
    $str="<option value='".$rs["Image"]."'";
        $str=$str.">";
        echo $str.$rs["Name"]."</option>";
    $n++;
    }
?>
</select>
<INPUT TYPE="hidden" name="MAX_FILE_SIZE" value="1000000"> <br>
上传文件:
<input type="file" name="form_data" size="40">
<p><input type="submit" name="submit" value="提交图片">
</form>
</center>
```

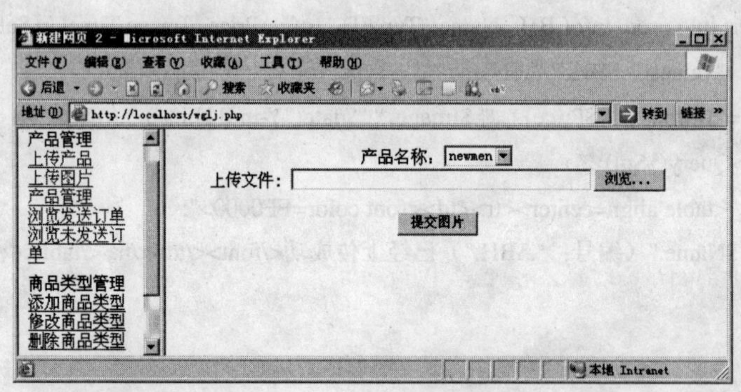


图 13.15 上传图片界面

**2．保存上传图片**

使用$_FILES 可以获取上传的图片，步骤如下。

（1）获取上传图片的原文件名称；

（2）获取保存商品图片的文件夹；

（3）获取原图片文件的扩展名；

（4）检查原图片文件扩展名是否为图片文件，如不是，则转步骤（11）；

（5）获取商品保存图片的文件夹；

（6）检查该文件夹是否存在，如存在，则转步骤（8）；

（7）创建该文件夹；
（8）设置新图片的名称；
（9）获取图片临时文件名称；
（10）复制图片临时文件到指定文件夹下；
（11）结束。

保存上传图片的具体代码如下：

```
<?php
if (isset($_POST['submit']))
{
 //获取图片在客户端上的原文件名称。
 $dest_data_name =$_FILES['form_data']['name'];
 //获取图片在服务器上的临时文件名称。
 $dest_data = $_FILES['form_data']['tmp_name'];
 $Imagedir="";
 /*
      获取保存商品图片的文件夹。
      此处存在安全问题。发布网站时，保存图片的文件夹名称不能来自客户端。
      应该由服务器进行设置，如从客户端获取商品序号，并检查商品序号不能包含特殊字符。
 */
 if(isset($_POST["Imagedir"]))
          $Imagedir=$_POST["Imagedir"];
 //设置保存图片的文件夹路径，相对于根目录路径。
 $updir="img_file/".$Imagedir;
 //设置新图片的名称。若存在该名称，还需要重新设置。
 $name=mktime(date("H"),date("i"),date("s"),date("m"),date("d"),date("Y"));
 $name.=rand(0,1000);
 //获取图片的扩展名，并检查合法性。
 $n=strrpos($dest_data_name,".");
 if($n!==false)
 {
      //获取图片扩展名。
          $extname=substr($dest_data_name,$n);
      //服务器只接受 jpg、gif、png 和 bmp 格式文件。
          if(!(strtolower($extname)==".jpg" or strtolower($extname)==".gif" or
          strtolower($extname)==".png" or strtolower($extname)==".bmp") )
          {
               echo "文件类型错误!";
               die;
          }
      //设置新图片的全名称。
```

```
            $name.=$extname;
    }
    //检查保存图片的文件夹是否存在，如不存在，则建立。
    if(!file_exists(realpath($updir)))
            mkdir(realpath($updir));
    //检查新图片名称是否存在。
    if(!file_exists(realpath($updir."/".$name)))
    {
        //复制临时文件到指定文件夹下。
        if(!copy($_FILES['form_data']['tmp_name'],$updir."/".$name))
                echo   "建立文件失败!";
        else
                echo $updir."//".$dest_data_name."上传文件成功!";
    }
    }
    ?>
```

代码说明：

➢ $_FILES['form_data']['tmp_name']：上传文件在服务端储存的临时文件名；

➢ $_FILES['form_data']['name']：文件在客户端的原名称；

➢ $_FILES['form_data']['type']：文件的 MIME 类型，需要浏览器提供该信息的支持，例如“image/gif”，通过该变量显示上传文件的类型；

➢ $_FILES['form_data']['size']：已上传文件的大小，单位为字节，通过该变量显示文件的尺寸；

➢ $_FILES['form_data']['error']：该文件上传相关的错误代码，如表 13-6 所示。通过该变量获取上传文件时发生的错误信息。

**表 13-6　文件上传相关的错误代码**

| 字段名称 | 说明 |
|---|---|
| UPLOAD_ERR_OK | 值为 0，表示没有错误发生，文件上传成功 |
| UPLOAD_ERR_INI_SIZE | 值为 1，表示上传的文件超过了 php.ini 中 upload_max_filesize 选项限制的值 |
| UPLOAD_ERR_FORM_SIZE | 值为 2，表示上传文件的大小超过了 HTML 表单中 MAX_FILE_SIZE 选项指定的值 |
| UPLOAD_ERR_PARTIAL | 值为 3，表示文件只有部分被上传 |
| UPLOAD_ERR_NO_FILE | 值为 4，表示没有文件被上传 |

### 13.9.3　产品管理

产品管理界面提供了两种功能：产品信息的修改和删除，如图 13.16 所示。下面介绍实现过程。

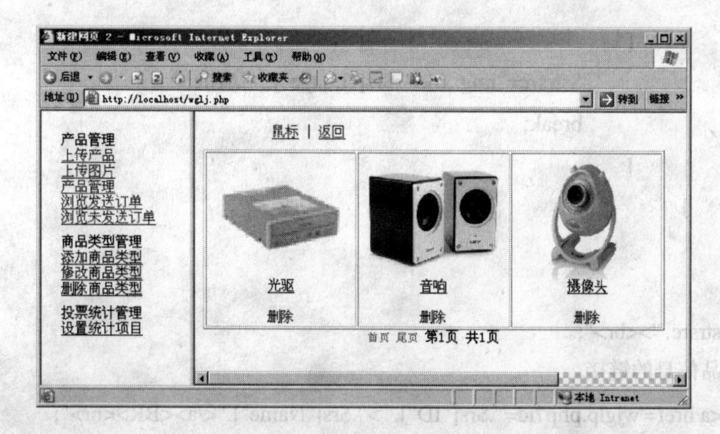


图 13.16 产品管理界面

### 1. 管理界面

管理界面比较简单，以分页形式显示商品，关于分页参数的设置，这里不再介绍，具体代码如下所示：

```
<table width="200" border="1" >
<?php
$n=0;
//查询指定商品类型的所有商品。$ID 为指定商品类型的序号。
$Sql="Select ID,BH,TypeID,Name,Info,Price,Image,Plant From prod_info where TypeID=".$ID;
$result=$db->Query($Sql);
//输出一页的商品。$nPageSize 为一页显示商品的数量。
for($i=1;$i<=$nPageSize;$i++)
{
 $rs=$db->NextRecord();
    If( $rs===false)break;
 //记录第一条记录的序号。
    If($i==1)$nCurseStart=$rs["ID"];
 //每行显示 4 个商品。
    If($n%4 === 0)echo "<TR>" ;
    $str1="<td align=center><img width=176 height=144 src='";
    $strsrc="";
 //若商品存在图片，则获取该商品的一张图片。
    if(file_exists(realpath("img_file/".$rs["Image"])))
    {
        if ($handle = opendir("img_file/".$rs["Image"]))
        {
            while (false !== ($file = readdir($handle)))
            {
                if ( $file == "." || $file == "..")    continue;
                if(is_file("img_file/".$rs["Image"]."/".$file))
```

```
                    {
                        $strsrc="img_file/".$rs["Image"]."/".$file;
                        break;
                    }
                }
            }
        }
        $str1.=$strsrc."'><br>";
    //输出显示商品信息的链接。
        $str1.="<a href='wjglp.php?id=".$rs["ID"]."'>".$rs["Name"]."</a><BR><br>";
    //输出删除商品的链接。
    echo $str1."<a onclick=\"delgg(".$rs["ID"].")\" style='cursor:hand;'><font color='#0000FF'>删除</font></a>
</td>";
        If( $n % 4 ==3 ) echo "</TR>" ;
        $n=$n+1 ;
        $nCurseEnd=$rs["ID"];
    }
    $db->Close();
    If( $n==0)echo "<tr align=center ><td height=60% ><font size='3' color='A96F4B'>暂无该类型产品！
</font></td></tr>";
    ?>
    </table>
```

## 2．显示商品信息

单击图 13.16 中的商品名称，如图 13.17 所示，会显示商品信息，用户可以在此修改商品信息。

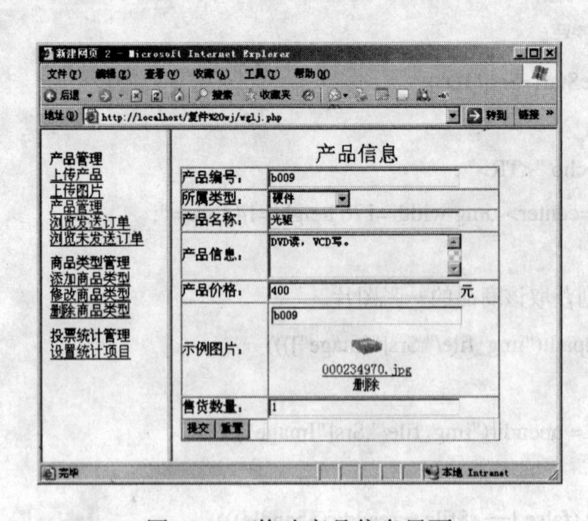

图 13.17　修改商品信息界面

显示商品信息由文件 wjglp.php 实现，具体代码如下：

```
<?php
//获取商品序号。
$ID="";
if(isset($_GET["id"]))
 $ID=$_GET["id"];
$ID=ceil($ID);
//设置查询商品信息的 SQL 语句。
$sql="select * from prod_info where ID=".$ID;
$db=new db();
$result=$db->Query($sql);
$rs=$db->NextRecord();
//若商品信息存在，则输出商品信息。
If($rs!==false)
{
?>
<form method="POST" action="wjps.php?ID=<?php echo $rs["ID"] ;?> ">
<p align=center style="margin-top: 0; margin-bottom: 0">
<font size="5" color="#0000FF">产品信息</font></p>
<table border="1" width="50%" align="center" cellspacing="0" cellpadding="0" id="table1">
 <tr>
    <td><p align="left" style="margin-top: 0; margin-bottom: 0">产品编号：</td>
        <td> <p style="margin-top: 0; margin-bottom: 0">
            <input type="text" name="BH" size="30" value="<?php echo $rs["BH"];?> ">
    </td>
 </tr>
 <tr>
    <td height="22">所属类型：</td>
        <td height="22"><select name="Type">
<?php
//下面的代码输出所有的商品类型。
$db1=new db();
$Sql="select * from type_prod order by ID ";
$result=$db1->Query($Sql);
$n=0;
while($rs_group=$db1->NextRecord())
{
        $str="<option value='".$rs_group["ID"]."'";
        If(ceil($rs_group["ID"])==ceil($rs["TypeID"])) $str=$str." selected ";
        $str=$str.">";
        echo $str.$rs_group["Name_Type"]."</option>";
```

```
        $n++;
    }
    If( $n==0)
            echo "<h2>不存在商品类型！ </h2>";
?>
        </select></td>
    </tr>
    <tr><td >产品名称：</td>
        <td><input type="text" name="Name" size="30" value="<?php echo $rs["Name"];?> ">
        </td>
    </tr>
    <tr><td    height="51">产品信息：<font color="#FF0000"> </font></td>
        <td height="51"><textarea rows="3" name="Info" cols="29"><?php echo $rs["Info"];?> </textarea></td>
    </tr>
    <tr>
        <td >产品价格：</td>
            <td><input type="text" name="Price" size="30" value="<?php echo $rs['price'];?>">元</td>
    </tr>
    <tr>  <td >示例图片：</td>
            <td><table>
                <tr><td colspan="4"><input type="text" name="image" size="30" disabled value="<?php echo
                $rs["Image"];?> "></td></tr>
<?php
//输出商品的所有图片，以便用户进行删除。
$Path="img_file"."/".$rs["Image"];
//若该商品存在图片文件夹，则获取该商品所有文件夹。
if(file_exists(realpath($Path)))
{
        if ($handle = opendir($Path))
        {
            $n=0;
            while (false !== ($file = readdir($handle)))
        {
                if ($file != "." && $file != "..")
                {
                //获取图片的路径。
                    $wholeFileName = $Path."/".$file;
                //若该图片存在，则进行输出。
                    if (is_file(realpath($wholeFileName)))
                    {
```

```
                    $npos=strrpos($file,".");
                    if($n===false)continue;
                //检查图片的文件类型，若是指定文件类型，则输出。
                if(strtolower(substr($file,$npos+1))=="jpg" or
                        strtolower(substr($file,$npos+1))=="gif" or
                        strtolower(substr($file,$npos+1))=="bmp" )
                    {
                        If($n%4 === 0)echo "<TR>" ;
                        $str1="<td align=center><img width=44 height=36 src='img_file/".$rs
                        ["Image"]."/$file'><br>";
                        $str1.="<a href='wjglp.php?id=".$rs["ID"]."'>".$file."</a><BR>";
                        echo $str1."<a onclick=\"delgg '".$file."','".$rs["Image"]."' \" style=
                        'cursor:hand;'><font color='#0000FF'>删除</font></a></td>";
                        If( $n % 4 ==3 ) echo "</TR>" ;
                        $n=$n+1 ;
                    }
                }
            }
        }
    }
}
?>
            </table>
        </td>
        </tr>
    <tr>
        <td >售货数量：</td>
            <td><input type="text" name="SaleCount" size="30" value="<?php echo $rs["SaleCount"];?> "></td>
    </tr>
</table>
<p align="center" ><input type="submit" value="提交" name="B1"><input type="reset" value="重置"
name="B2"></p>
</form>
<?php
}
Else
 echo "<table><tr><td><font color=#FF0000>暂无该产品信息！</font></td></tr></table>";
?>
```

### 3．修改商品信息

修改商品信息的代码如下：

```
<?php
//获取商品序号。
$ID="";
if(isset($_POST["ID"]))
 $ID=$_POST["ID"];
$ID=ceil($ID);
//获取商品编号。
$BH="";
if(isset($_POST["BH"]))
 $BH=$_POST["BH"];
//获取商品类型序号。
$TypeProd="";
if(isset($_POST["Type"]))
 $TypeProd=$_POST["Type"];
//获取商品名称。
$Name="";
if(isset($_POST["Name"]))
 $Name=$_POST["Name"];
//获取商品说明信息。
$Info="";
if(isset($_POST["Info"]))
 $Info=$_POST["Info"];
//获取商品价格。
$Price="";
if(isset($_POST["Price"]))
 $Price=$_POST["Price"];
//获取保存商品图片的文件夹。
$Image="";
if(isset($_POST["image"]))
 $Image=$_POST["image"];
//获取商品销售数量。
$SaleCount="";
if(isset($_POST["SaleCount"]))
 $SaleCount=$_POST["SaleCount"];
//检查商品信息是否含有特定字符或字符串，如存在，则显示错误信息。
If ((checkchar($BH) ===false or strlen($BH)>8) or (checkchar($TypeProd) ===false)
 or (checkchar($Name) ===false)   or (checkchar($Image) ===false) )
 {
```

```
 echo "输入字符串中存在非法字符!" ;
 exit;
}
if(trim($BH)=="" or trim($TypeProd)=="" or trim($Name)=="")
{
 echo "存在为空的输入字符串!" ;
 exit;
}
//查询当前数据库中同类型商品是否存在
$Sql="Select * from prod_info where BH='".$BH."' and TypeID=".$TypeProd."  and ID<>".$ID;
$db=new db();
$result=$db->Query($Sql);
$rs= $db->NextRecord();
 If($rs!==false)
      echo "<table align=center><tr><td><font color=FF0000>该产品类型已经存在，请重新设置产品类型！
       </font></td></tr></table>";
      Else
 {
          $Sql="Update Prod_Info   Set BH ='".$BH."', Name ='".$Name."', TypeID =".$TypeProd.", Info
          ='".$Info."', Price ='".$Price."', Image ='".$Image."', SaleCount =".$SaleCount;
          $Sql=$Sql." where ID=".ceil($ID);
          $db1->Query($Sql);
          echo   "<table align=center><tr><td><font color=FF0000>".$Name."（编号：".$BH."）已经修改
          成功</font></td></tr></table>";
}
?>
```

### 4．删除商品信息和图片

系统提供了删除商品信息和删除图片的功能，由文件 wj_delgg.php 实现，具体要求如下：

➢ 删除商品信息时，该文件需要两个参数：ID 和 path。ID 表示商品序号，path 为空。

➢ 删除商品图片时，该文件需要两个参数：path 和 file。path 表示待删除图片的路径，file 表示待删除图片的名称。

具体实现代码如下：

```
<?php
$ID="";
if(isset($_GET["id"]))
 $ID=$_GET["id"];
$ID=ceil($ID);
$path="";
if(isset($_GET["path"]))
```

```
 $path=$_GET["path"];
$db=new db();
if($path=="")
{
 //获取该商品的图片文件夹。
        $Sql="select Image from prod_info where ID=".$ID;
        $result=$db->Query($Sql);
        $rs=$db->nextrecord();
        $path="";
 //若该商品存在图片文件夹，则设置图片路径。
        if($rs!==false && $rs["Image"]!="")
                $path="img_file/".$rs["Image"];
 //若图片路径不为空，则删除该商品所有图片。
        if($path!="")
        {
                if(file_exists(realpath($path)))
                {
                        if ($handle = opendir($path))
                        {
                        //删除所有图片。
                        while (false !== ($file = readdir($handle)))
                                {
                                        if ( $file == "." || $file == "..") continue;
                                        if(is_file($path."/".$file))
                                        {
                                                unlink ($path."/".$file);
                                        }
                                }
                        }
                }
        }
 //删除该文件夹。
        rmdir($path);
}
else
{
 //获取待删除文件的名称。
 if(isset($_GET["file"]))
                $file=$_GET["file"];
 //文件名称不能为空。
```

```
        if( $file=="")
        {
        echo "文件不能为空!";
                die;
        }
        $path="img_file/".$path."/".$file;
    //若文件存在，则删除该文件。
        if(is_file($path))
        {
                unlink ($path);
        }
    }
    ?>
```

### 13.9.4 订单管理

系统提供了订单查看、删除和设置的功能。管理员可以查看未发货的订单，如图13.18所示。若已经发货，管理员单击“否”链接，可以设置该订单为已发货状态；单击“删除”链接可以删除该订单。

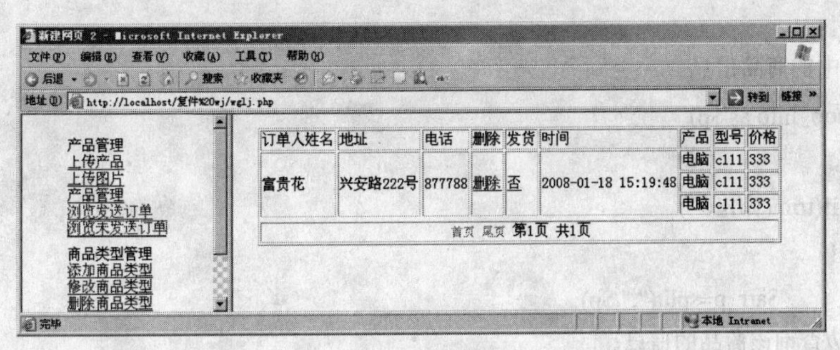

图13.18 订单管理界面

订单管理的具体实现过程如下。

#### 1．订单查看界面

订单查看界面的具体实现代码如下：

```
<tr><td>订单人姓名</td><td>地址</td><td>电话</td><td>删除</td><td>发货</td><td>时间</td>
<td>产品</td><td>型号</td><td>价格</td></tr>
<?php
//获取用户查看的订单状态。
$IsSend=0;
if(isset($_GET["IsSend"]))
 $IsSend=$_GET["IsSend"];
$IsSend=ceil($IsSend);
If($IsSend===false or $IsSend==0)
 $IsSend=0;
```

```
Else
 $IsSend=1;
//设置查询订单的 SQL 语句。
$str=" IsSend=".$IsSend;
$Sql="Select *   From order_list where ".$str ;
$result=$db->Query($Sql);
$db1=new db();
//输出订单信息，$nPageSize 为每页显示的订单数目。
for($i=1;$i<=$nPageSize;$i++)
{
 $rs=$db->NextRecord();
 If( $rs===false)break;
 If($i==1)$nCurseStart=$rs["ID"];
 //$rs["shoplist"]为订的商品信息，可能含有多个商品。
 $shop=$rs["shoplist"];
 $shop_Info=split(";",$shop);
 $price=0;
 $l=0;
 $htmlstr="";
 //输出订单中的商品信息。
 foreach($shop_Info as $p)
 {
            if(trim($p)!="")
            {
                  $arr_p=split(",",$p);
            //查询该商品的信息。
                  $Sql="Select Name,Name_Type from prod_info a,type_prod b where a.ID=".$arr_p[0]." and
a.typeid=b.ID";
                  $result=$db1->Query($Sql);
                  $rs1=$db1->NextRecord();
                  if($rs1!==false)
                  {
                  $htmlstr.="<td>".$rs1["Name"]."</td><td>";
                  $htmlstr.=$arr_p[1]."</td><td>".$arr_p[2]."</td></tr>";
                        $price=$price+$arr_p[2];
                  //$l 保存该订单含有的商品数量，以便设置订单占有表的行数。
                        $l=$l+1;
            }
            }
 }
```

```
//设置表格的 rowspan。
echo "<TR><TD rowspan='$l'> ".$rs["Name"]." </td>";
    echo "<TD rowspan='$l'>".$rs["address"]."</td>";
    echo "<TD rowspan='$l'>".$rs["phone"]."</td>";
    echo "<TD rowspan='$l'><a href='wjdddel.php?id=".$rs["ID"]."'>删除</a></td>";
    if($rs["IsSend"]==1)
        echo "<TD rowspan='$l'><a href='wjsetorder.php?IsSend=0&id=".$rs["ID"]."'>是</a></td>";
    else
        echo "<TD rowspan='$l'><a href='wjsetorder.php?IsSend=1&id=".$rs["ID"]."'>否</a></td>";
    echo  "<td rowspan='$l'>".$rs["OrderTime"]."</td>";
    if($htmlstr=="")
        echo "<td colspan='3'>暂无信息.</td>";
    else
        echo $htmlstr;
}
?>
```

**2．设置订单状态**

设置订单状态由文件 wjsetorder.php 实现，具体代码如下：

```
<?php
$ID="";
if(isset($_GET["id"]))
 $ID=$_GET["id"];
$ID=ceil($ID);
$IsSend="";
if(isset($_GET["IsSend"]))
 $IsSend=$_GET["IsSend"];
$IsSend=ceil($IsSend);
$Sql="update order_list set IsSend=".$IsSend."   where ID=".$ID;
$db=new db();
$result=$db->Query($Sql);
echo "已经设置!";
?>
```

**3．删除订单**

删除订单由文件 wjdddel.php 实现，具体代码如下：

```
<?php
$ID="";
if(isset($_GET["id"]))
    $ID=$_GET["id"];
$ID=ceil($ID);
```

```
$Sql="delete from order_list where ID=".$ID;
$db=new db();
$result=$db->Query($Sql);
echo "已经删除";
?>
```

## 13.10　管理商品类型

管理员可以在后台界面管理商品类型，既可以添加新商品类型，也可以修改和删除已有的商品类型。

### 13.10.1　添加和修改商品类型

添加和修改商品类型由同一界面完成，如图 13.19 所示。管理员单击商品类型单选框，在名称和子类型后的文本框内将显示该商品类型的名称和子类型。管理员可以修改名称和子类型，单击“添加”或“修改”按钮，就可以添加或修改该商品类型。

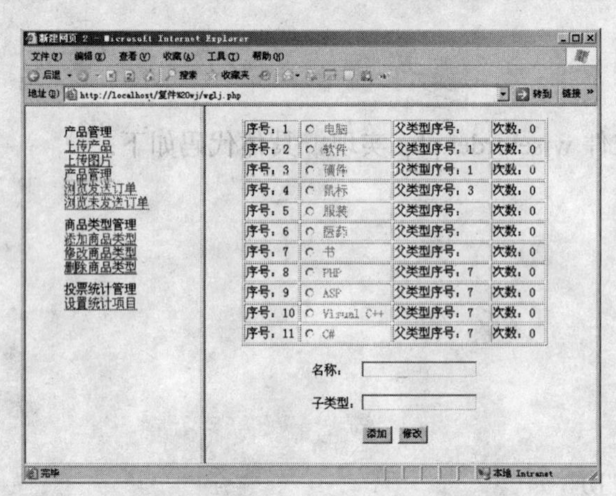

图 13.19　商品类型管理界面

#### 1. 添加和修改商品类型界面

该界面具体实现代码如下：

```
<form method=post name="TForm">
<input type="hidden" value="" name="id">
<table width="400" border="1" align=center >
<?php
$db=new db();
$result=$db->Query($Sql);
$n=0;
while($rs=$db->NextRecord())
{
?>
 <tr>
```

```
<?php echo "<td width=70>序号：".$rs["ID"]."</td>";?>
<td width=120> <input type="radio" name="radio" onclick="
<?php
$str="clickbox ".$rs["ID"].",'".$rs["Name_Type"]."','".$rs["ChildType"]."'\" value='".$rs["ID"]."'";
$str=$str.">";
echo $str;
?>
<font color="A96F4B"><?php echo $rs["Name_Type"];?> </font></td>
<?php
echo "<td width=130>父类型序号：".$rs["ChildType"]."</td>";
echo "<td width=70>  次数：".$rs["VoteNum"]."</td>";
echo "</TR>";
$n=$n+1;
}
?>
</tr>
</table>
<p>名称：  <input type="text" name="TValue" size="20"></p>
子类型：<input type="text" name="TTValue" size="20">
<p><input type="button" value="添加" name="B3" onclick="addtype()">
<input type="button" value="修改" name="B3"  onclick="modifytype()">
</p>
</form>
```

**2．客户端函数**

单选框、“添加”和“删除”按钮的单击事件响应函数分别为 clickbox()、addtype()和modifytype()。这些函数的具体代码如下：

```
<SCRIPT LANGUAGE="VBScript">
Sub clickbox(ID,value,Parent)
    '设置文本框的值。
    window.TForm.TValue.value=value
    window.TForm.id.value=ID
    window.TForm.TTValue.value=Parent
End Sub
Sub addtype()
    '获取文本框的值，并提交到服务器 modifytype.php。
    value=window.TForm.TValue.value
    tvalue=window.TForm.TTValue.value
    window.open "modifytype.php?ID=add&"&"value="&value&"&tvalue="&tvalue
End Sub
```

```
Sub modifytype()
    '获取文本框的值，并提交到服务器 modifytype.php。
    value=window.TForm.TValue.value
    ID=window.TForm.id.value
    tvalue=window.TForm.TTValue.value
    window.open "modifytype.php?ID="&ID&"&value="&value&"&tvalue="&tvalue
End Sub
</SCRIPT>
```

3．添加和修改商品类型

添加和修改商品类型由文件 modifytype.php 实现。当$ID 为“add”时，表示添加商品类型；当$ID 为其他值时，表示修改商品类型。具体代码如下：

```
<?php
$ID="";
if(isset($_GET["ID"]))
 $ID=trim($_GET["ID"]);
//$value 保存商品类型名称。
$value="";
if(isset($_GET["value"]))
 $value=trim($_GET["value"]);
//$tvalue 保存商品的子类型。
$tvalue="";
if(isset($_GET["tvalue"]))
 $tvalue=trim($_GET["tvalue"]);
$db=new db();
if($ID=="add")
{
 //检查该名称是否存在，如存在，则显示错误。
 $Sql="select * from type_prod where Name_Type='".$value."'";
 $result=$db->Query($Sql);
 $rs=$db->nextrecord();
 if($rs!==false)
 {
     echo "已存在该类型！";
 }
 else
 {
     //添加新商品类型。
     $sql="INSERT INTO type_prod(IsVote,VoteNum,Name_Type,ChildType) VALUES(0,0,'".$value."','".$tvalue."')";
     $db->Query($sql);
```

```
        echo "添加完毕";
    }
  }
  else
  {
   //获取更新商品的序号。
   $ID=ceil($ID);
   $Sql="Update type_prod Set Name_Type='".$value."',"." ChildType='".$tvalue."' where id=".$ID;
   $db->Query($Sql);
   echo "更新完毕";
  }
  ?>
```

## 13. 10. 2　删除商品类型

删除商品的界面如图 13.20 所示。选中复选框，单击“删除”按钮就可以删除所选商品类型。

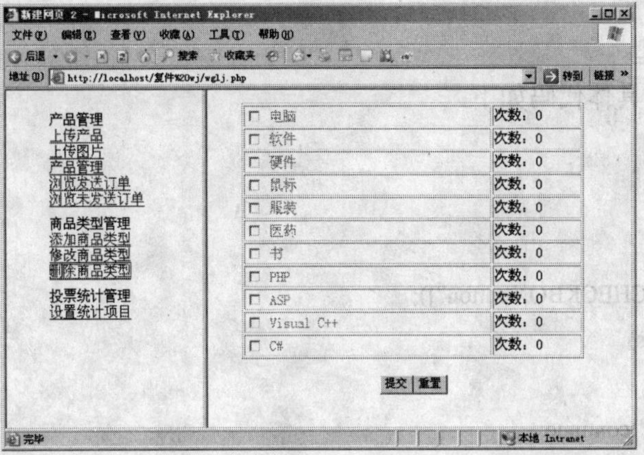

图 13.20　商品类型删除界面

### 1．删除商品类型界面

删除商品类型界面具体代码如下：

```
<form method=post action="deltype.php">
<table width="400" border="1" align=center >
<?php
$Sql="Select * From type_prod   order by ID ";
$db=new db();
$result=$db->Query($Sql);
$n=0;
while($rs=$db->NextRecord())
{
?>
        <tr><td><input type="CHECKBOX" name="CHECKBOXbutton[]"
```

```
<?php
 $str="value='".$rs["ID"]."'";
 If($rs["IsVote"]==1)$str=$str." checked";
 $str=$str.">";
 echo $str;
?>
<font color="A96F4B"><?php echo $rs["Name_Type"];?> </font></td>
<?php
 echo "<td width=100>    次数：".$rs["VoteNum"]."</td>";
 echo "</TR>";
 $n=$n+1;
}
?>
</table>
<p><input type="submit" value="提交" name="B1"><input type="reset" value="重置" name="B2"></p>
</form>
```

**2．删除商品类型**

删除商品类型的具体代码如下：

```
<?php
$db=new db();
$strVote="";
$strVote=($_POST["CHECKBOXbutton"]);
foreach($strVote as $s)
{
        if(trim($s)=="")continue;
        $Sql1="delete from type_prod where ID=".$s;
        $db->Query($Sql1);
}
echo "已经删除完毕";
?>
```

## 本章小结

本章所开发的系统在 Window 2003 平台上发布并测试。通过该系统可以使读者进步掌握使用 PHP 开发系统的方法。另外，本章还向读者介绍了使用 Ming 库实现 SWF 验证码的方法。

举报电话：（010）88254396；（010）88258888

传　　真：（010）88254397

E-mail：　dbqq@phei.com.cn

通信地址：北京市万寿路 173 信箱

电子工业出版社总编办公室

邮　　编：100036